Jean-Claude Duplessy et Gilles Ramstein

Paléoclimatologie

Enquête sur les climats anciens

Tome 1

Trouver, dater et interpréter les indices

SAVOIRS ACTUELS

EDP Sciences/CNRS Éditions

Illustration de couverture : Icebergs relâchés depuis la côte Antarctique au large de la station française de Dumont d'Urville. Cliché d'Irène Lefèvre (LSCE) pris pendant la compagne océanographique CADO du N/O Marion Dufresne.

Imprimé en France.

ISBN EDP Sciences 978-2-7598-0740-6
ISBN CNRS Éditions 978-2-271-07598-7

Biographie

André Berger est Professeur Émérite à l'université catholique de Louvain, à Louvain-la-Neuve, Belgique. Il est maître en sciences météorologiques du MIT (Massachusetts Institute of Technology, USA) et docteur en sciences de l'université catholique de Louvain, où il a enseigné la météorologie et la climatologie. Il est Docteur *honoris causa* des universités de Aix-Marseille III, Paul Sabatier de Toulouse et de la faculté Polytechnique de Mons. Il est membre de l'Academia europaea, de la Royal Astronomical Society et des Académies des Sciences de Paris, des Pays-Bas, de Serbie, du Canada et de Belgique. Il fut membre du comité d'orientation scientifique et stratégique du Collège de France, du conseil scientifique de l'Agence européenne de l'environnement et du Conseil de l'environnement de Électricité de France, et est membre du comité scientifique consultatif auprès de Météo-France depuis 2001. Il est titulaire du prix Lemaître, du prix Quinquennal du Fonds national belge de la recherche scientifique et du prix Latsis de la Fondation européenne de la science. Il est président honoraire de l'Union européenne de géosciences.

André Berger est un pionnier reconnu de l'étude des variations du climat à l'échelle astronomique. Son calcul des variations à long terme des éléments astronomiques a permis d'établir une échelle chronologique de haute précision sur le dernier million d'années, indispensable à l'interprétation des données paléoclimatiques. Il y a démontré l'existence des nouvelles périodicités de 19 000, 23 000, 54 000 et 400 0000 ans et, avec son équipe, a construit le premier modèle de complexité intermédiaire permettant le calcul des variations du climat sur des périodes de centaines de milliers d'années. Il est l'auteur du *Climat de la Terre, un passé pour quel avenir*, a édité dix livres sur les climats anciens et a écrit plus de deux cents articles sur les variations du climat passé, présent et à venir.

André Berger a été anobli par le Roi des Belges au titre de Chevalier et est Officier de la Légion d'Honneur en France.

Préface

Une brève histoire des paléoclimats

Le climat est incontestablement un sujet d'actualité. Il jouit d'un intérêt certain depuis quelques décennies, décennies au cours desquelles l'étude des climats anciens (la paléoclimatologie) a acquis ses lettres de noblesse. Actuellement, elle est devenue indispensable pour appréhender le fonctionnement du système climatique et valider les modèles qui servent à établir des projections pour le futur. Grâce à l'étude des climats du passé, une banque de données, qui comporte une diversité de changements climatiques bien supérieure à celle qui caractérise les derniers siècles, a pu être créée. Cette diversité permet de tester les modèles climatiques dans des situations largement différentes de celles que nous avons connues au cours des 150 dernières années et, pour certains climats, plus proches de celles qui nous attendent dans le futur si on s'en réfère aux conclusions du Groupe intergouvernemental pour l'étude du climat.

Le climat de la Terre change, n'a cessé de changer au cours des temps et continuera de le faire dans l'avenir. Si tous nous sommes conscients de l'existence des phénomènes météorologiques qui conditionnent notre vie jour après jour, peu d'entre nous sont informés de ce qu'est en réalité le climat. C'est la grande variabilité du « temps » météorologique dans l'espace et au cours de l'histoire qui est à l'origine de cette science. Ce mot vient du grec *klima* qui signifie inclinaison, celle des rayons du Soleil en l'occurrence. C'est donc dès l'aube de notre civilisation que variations du climat et de l'énergie qui nous vient du Soleil furent associées dans une relation de cause à effet. Ce terme climat a très longtemps été réservé à la description des caractéristiques de la température de l'air et des précipitations propres à différents endroits du globe. Cette description était basée sur les mesures météorologiques et leur moyenne effectuées au cours des quelques décennies. Ce n'est que récemment qu'on a compris que le climat variait aussi sur des échelles de temps beaucoup plus longues et concernait dès lors plus que la seule atmosphère. À l'heure actuelle, les spécialistes qui étudient le climat et ses variations analysent l'ensemble des enveloppes fluides et solides de la Terre. À l'atmosphère, on associe l'hydrosphère et la cryosphère qui regroupent les systèmes où l'eau existe sous forme solide (champs de neige, glaciers et inlandsis) et liquide (rivières, lacs et mers), la biosphère des continents où tectonique des plaques et activité volcanique se manifestent, et finalement la surface, ensemble du monde vivant qui influencent la nature et les propriétés de la couverture du sol et les cycles biogéochimiques.

D'une discipline descriptive, la climatologie est devenue une science multidisciplinaire faisant intervenir cinq systèmes complexes et leurs interactions mutuelles. Il n'est dès lors pas surprenant que le climat qui en résulte varie aux échelles allant de la saison à des millions d'années. Bien que ce soit au cours des dernières décennies seulement que cette science ait littéralement explosé, la découverte et l'étude des premières traces de variations du climat dépassant l'échelle annuelle et décennale remontent au XVIIIe siècle. C'est à cette époque que l'existence de blocs erratiques dans le paysage montagneux fut associée pour la première fois à l'extension spectaculaire des glaciers. En 1744, le géographe grenoblois Pierre Martel (1706-1767) rapporte en effet que les habitants de la vallée de Chamonix dans les Alpes de Savoie attribuaient la dispersion de ces roches moutonnées aux glaciers eux-mêmes, dont l'extension aurait été beaucoup plus importante dans le passé. Cette idée était révolutionnaire, car jusqu'alors, la plupart des scientifiques se référaient encore au mythe du Déluge de la Bible pour expliquer la structure des paysages. Ce fut le cas du genevois Horace Bénédicte de Chaussure (1740-1799), du paléontologue français Georges Cuvier (1769-1832) et du géologue écossais Charles Lyell (1797-1875), qui continuaient à supposer que ces blocs étaient charriés par la violence des eaux. Toutefois, la localisation et la nature de ces blocs et autres moraines conduisirent quelques scientifiques à admettre que le transport par la glace expliquerait mieux les diverses observations. Le naturaliste écossais James Hutton (1726-1797) fut le premier à cautionner cette idée. D'autres suivirent et verront dans les fluctuations de l'étendue des glaciers l'empreinte de changements climatiques. Ce sont l'ingénieur suisse Ignace Venetz (1788-1859), l'ingénieur forestier allemand Albrecht Reinhart Benhardi (1797-1849), le géologue suisse Jean de Charpentier (1786-1855) et le botaniste allemand Karl Fredrich Schimper (1803-1867), lequel introduisit la notion d'âge glaciaire. Mais c'est le géologue danois-norvégien Jens Esmark (1763-1839) qui, poursuivant son analyse du transport par les glaciers, proposa en 1824 et ce, pour la première fois, que les changements climatiques en seraient la cause et surtout que ceux-ci trouvaient leur origine dans les variations de l'orbite terrestre.

Ce sont les travaux de ces précurseurs qui conduisirent le géologue suisse Louis Agassiz (1801-1873) à formuler en 1837 son adresse à la Société helvétique des sciences naturelles de Neufchatel sur « Upon glaciers, moraines and erratic blocks ». C'est aussi en ce début du XIXe siècle que le Français Joseph Adhémar (1797-1862), non content d'étudier les calottes polaires, tenta d'expliquer dans son livre *Révolutions de la mer, déluges périodiques* (1842) la récurrence des âges glaciaires à partir de la précession des équinoxes. La théorie astronomique des paléoclimats voyait le jour et allait pouvoir être poursuivie grâce au développement de la mécanique céleste, avec les Français Jean le Rond d'Alembert (1717-1783), Jean-Baptiste Joseph Delambre (1749-1822), Pierre-Simon de Laplace (1749-1827), Louis Benjamin Francoeur (1773-1849) et Urbain Le Verrier (1811-1877). Parallèlement, une étape supplémentaire devait être franchie avec les premiers calculs des variations à long terme de l'énergie reçue du Soleil, variations dues aux éléments astronomiques que sont l'excentricité de l'orbite de la Terre, la précession des équinoxes et l'obliquité de l'écliptique. Ainsi, s'illustreront John Frederick William Herschel (1792-1871), L.W. Meech (1855) et Chr. Wiener (1876), et ce, aussi grâce aux travaux des mathématiciens André-Marie Legendre (1751-1833) et Simon-Denis Poisson (1781-1840).

Tout était dès lors prêt pour permettre à l'Écossais James Croll (1821-1890) d'élaborer une théorie des âges glaciaires basée sur l'effet conjugué des trois paramètres astronomiques, théorie selon laquelle l'hiver de l'hémisphère nord devait jouer un rôle déterminant. Cette théorie fut fort appréciée par le naturaliste Charles Robert Darwin (1809-1882) et reprise par les frères géologues écossais Archibald (1835-1924) et James (1839-1914) Geikie, qui introduisirent la notion d'interglaciaire. Elle est aussi à la base de la classification des glaciations alpines par Albrecht Penck (1858-1945) et Edouard Brückner (1862-1927) et des américaines par Thomas Chowder Chamberlin (1843-1928). Toutefois, les géologues allaient être de moins en moins satisfaits de la théorie de Croll et de nombreuses critiques virent le jour. Beaucoup réfutèrent la théorie astronomique et lui préférèrent des explications liées à la seule planète Terre. Le géologue écossais Charles Lyell (1797-1875) insista sur la répartition géographique des terres et des mers pour expliquer l'alternance des climats chauds et froids, tandis que d'autres se tournèrent vers les variations de la concentration de certains gaz dans l'atmosphère. C'est ainsi que le physicien français Joseph Fourier (1786-1830) exposa l'idée originale de la théorie de l'effet de serre. Il allait être suivi par le chimiste irlandais John Tyndall (1820-1893) à qui l'on doit les premières expériences sur l'absorption du rayonnement infrarouge et l'hypothèse du rôle fondamental joué par la vapeur d'eau dans l'effet de serre. Plus tard, l'italien Luigi de Marchi (1857-1937) et le chimiste suédois Svante Arrhenius (1859-1927) proposèrent, avec d'autres scientifiques de leur époque, que les périodes glaciaires étaient causées par des baisses de la teneur atmosphérique en gaz carbonique. En 1895, Arrhenius suggéra dans un article publié à la Société de physique de Stockholm que la réduction ou l'augmentation de 40 % de la concentration en CO_2 dans l'atmosphère pouvait engendrer des processus de rétroaction qui expliqueraient les avances et retraits glaciaires.

Une renaissance de la théorie astronomique allait cependant être possible avec les améliorations apportées au calcul des éléments astronomiques par John Nelson Stockwell (1822-1920) et à celui de l'irradiation solaire (1904) par le mathématicien allemand Ludwig Pilgrim. C'est toutefois à Joseph John

Murphy que l'on doit d'avoir émis, dès 1869, l'hypothèse fondamentale selon laquelle ce sont les étés frais de l'hémisphère nord qui sont à la base de l'existence des périodes glaciaires. Cette idée originale fut reprise par Rudolf Spitaler en 1921, mais fut surtout popularisée par l'ingénieur-géophysicien serbe Milutin Milankovitch (1879-1958), principalement au travers de ses livres *Théorie mathématique des phénomènes thermiques produits par la radiation solaire* (1920) et *Kanon der Erdbestrahlung und seine Anwendung auf des Eizeitenproblem* (1941). L'ère moderne de la théorie astronomique était née, même si l'absence de données paléoclimatiques et d'une échelle de temps fiables allaient être à la base de nombreuses critiques, issues à la fois du monde des géologues et de celui des météorologues. Il a ainsi fallu attendre les années 1950 et 1960 pour que de nouvelles techniques permettent à la fois de dater, de mesurer et d'interpréter les archives du climat contenues dans les sédiments marins, les glaces et sur les continents. L'Américain Cesare Emiliani proposa en 1955 une stratigraphie, toujours en vigueur, basée sur la succession des minima et maxima du rapport isotopique oxygène-18/oxygène-16 mesuré dans les coquilles des foraminifères retrouvées dans les sédiments de l'océan profond. L'interprétation de ce rapport isotopique allait suivre en termes de salinité avec Jean-Claude Duplessy (1970), et en termes de température et de volume de glace avec Nicholas Shackleton et Niels Opdyke (1973). Les outils mathématiques permirent alors de créer des fonctions de transfert pour interpréter quantitativement les informations recueillies dans les océans (John Imbrie et Nilva Kipp, 1974) ou grâce aux cernes d'arbres (Harold Fritts, 1968). L'effort déployé par le groupe CLIMAP (1976) déboucha sur la première carte climatique saisonnière du Dernier Maximum glaciaire et sur l'article déterminant de James Hays, John Imbrie et Nicholas Shackleton (1976). L'avènement des grands ordinateurs autorisa les premières simulations climatiques à partir de modèles de circulation générale (Fred Nelson Alyea, 1972) et la poursuite des calculs astronomiques conduisit à une échelle temporelle de référence de grande précision, ainsi qu'à la détermination de l'irradiation journalière et saisonnière indispensable à la modélisation du climat (André Berger, 1973).

Cette évolution et le développement récent de la paléoclimatologie montrent toute la difficulté d'aborder l'étude du système climatique. Cette difficulté requiert l'existence de livres de qualité pour aider à comprendre et à mettre à jour les disciplines en jeu. C'est dans cette optique que s'inscrit le présent ouvrage. Écrit en français, il comble incontestablement une lacune dans le domaine de l'enseignement universitaire gradué et post-gradué en dépassant largement le niveau de la description. Il fait, en effet, le point des connaissances sur un certain nombre de sujets clefs en fournissant l'information nécessaire pour comprendre et apprécier la complexité des disciplines abordées, ce qui en fait un livre de référence en la matière. Un des deux volumes est consacré aux méthodes de reconstitution des climats anciens, l'autre au comportement du système climatique dans le passé. Les trente chapitres sont souvent écrits par des chercheurs du Laboratoire des Sciences du Climat et de l'Environnement et apparentés, chacun dans son domaine d'expertise, ce qui permet un texte sûr où l'expérience transpire.

Comprendre l'évolution du climat de la Terre et ses multiples variations n'est pas seulement un défi académique. C'est aussi fondamental pour pouvoir mieux cerner le climat futur et ses incidences possibles sur la société de demain. Jean-Claude Duplessy et Gilles Ramstein ont réussi ce tour de force de rassembler une cinquantaine de chercheurs parmi les plus connus. Le livre qu'ils ont écrit est une somme livrant à la fois les bases nécessaires sur les techniques de reconstructions des climats anciens, sur leur cadre chronologique et sur le fonctionnement du système climatique du passé à partir d'observations et modèles. Ce livre permettra à tous ceux qui veulent en savoir plus de pénétrer une science, certes difficile, mais combien enthousiasmante. Il leur donnera aussi l'information indispensable pour se faire une idée objective du climat et de ses variations passées et futures.

André BERGER,

Professeur Émérite à l'Université catholique de Louvain, Louvain la Neuve

Table des matières

Avant-propos

Avant de partir dans ce voyage dans les paléoclimats de la Terre, il convient de savoir à quoi nous allons être confrontés. Cette exploration va nous conduire au sein du « système Terre » : un enchevêtrement imbriqué de composantes dont les caractéristiques et les temps de réponse peuvent être très différents, un système en interaction permanente que nous allons disséquer dans la première partie de cet ouvrage, afin que le lecteur parte équipé d'un « kit climatique » avant de se plonger dans l'étude des paléoclimats. Ce rapide survol montre la très grande diversité des systèmes en présence. Entre la physique des nuages qu'on peut voir évoluer de minutes en minutes au-dessus de nos têtes et celle des calottes glaciaires qui mettent près de 100 000 ans à atteindre leur apogée, les écarts temporels sont vertigineux. Mais l'hétérogénéité des dimensions spatiales l'est également : des processus à des échelles millimétriques pour la condensation des gouttes d'eau impliquées dans la formation des nuages aux immenses calottes de glace de 3 000 m de hauteur, qui enfoncent leur socle rocheux sur près de 1 000 m, l'écart spatial est aussi impressionnant. Pourtant il s'agit bien du même système Terre qui va au cours des âges subir différentes perturbations que nous allons discuter.

L'étude des paléoclimats implique très fortement la maîtrise de deux notions indispensables pour commencer à décrire les climats passés de la Terre.

La première est tellement évidente qu'on n'y pense pas *a priori*, et pourtant, c'est la plus importante pour se repérer et établir des liens de causalité. C'est la notion de temps. Être en mesure de bien se repérer dans le temps face à des enregistrements paléoclimatiques de natures variées est essentiel. En effet, la mesure du temps est à la base de nos recherches. Celle qu'on utilise tous les jours ne nous est utile que sur les derniers siècles. Au-delà, il va falloir utiliser d'autres « montres », d'autres marqueurs du temps. La seconde partie de cet ouvrage est entièrement consacrée à cette question. Différents techniques doivent être mises en œuvre pour les différentes échelles de temps envisagées dans le chapitre 2. Ainsi le carbone-14 (chapitre 3) est-il capable de fournir des mesures fiables jusqu'à 30 à 40 000 ans ? Il faudra utiliser d'autres déséquilibres radioactifs (chapitres 4 et 5) pour accéder à des échelles de temps plus longues. Mais il n'y a pas que des méthodes basées sur la radioactivité qui permettent de révéler l'âge des sédiments ; l'utilisation du magnétisme (chapitre 6) s'avère également une méthode puissante pour reconnaître des événements bien datés par ailleurs. Sur des échelles de temps plus courtes, l'utilisation des cernes d'arbres est également une méthode performante (chapitre 7). Enfin, on peut même dater les carottes de glace (chapitre 8). Ce spectre très varié de méthodes montre comment les chercheurs ont réussi à inventer des « chronomètres » qui sont essentiels pour placer les sédiments géologiques dans un contexte temporel mais aussi pour établir des liens de cause à effet entre les différentes composantes du système Terre lors de changements climatiques.

La seconde notion est celle de reconstruction climatique. En effet, pas plus qu'il n'existe de chronomètre unique qui nous permettrait de remonter dans le temps, il n'existe pas non plus de paléo thermomètre, pluviomètre ou anémomètre. De même qu'il a fallu d'abord inventer ses pseudos paléo chronomètres sur des bases physiques ou biologiques pour attribuer aux sédiments un âge avec une estimation de son incertitude, de même pour le climat, il a fallu inventer les indicateurs climatiques pertinents pour quantifier les variations de températures, de cycle hydrologique, ou de courant. La troisième partie de ce livre est consacrée à ce lent et difficile travail de reconstruction à travers toute une palette d'indicateurs.

On reconstitue ainsi le climat des grandes composantes du système climatique l'atmosphère, l'océan, la cryosphère, la végétation. Mais on tire aussi partie des spécificités des lacs tempérés ou tropicaux, des grottes et spéléothèmes, des cernes d'arbres et même, plus récemment, des dates de vendanges (chapitre 16).

Comment peut-on reconstituer les paléo vents ou, dans un jargon plus scientifique, les variations de la dynamique de l'atmosphère ? À partir de la composition isotopique des précipitations (chapitre 9) ou des lœss (chapitre 12). On sait reconstruire l'évolution de l'océan en surface et au fond, mais également restituer la géométrie et la dynamique des grandes masses d'eau (chapitre 20). Pour la surface continentale, la palynologie et la dendroclimatologie nous permettent de restituer l'évolution de la végétation et du climat respectivement (chapitres 11 et 15). Enfin les carottages effectués sur les calottes de glace des deux hémisphères permettent de restituer le climat polaire (chapitre 10). Mais en plus de ces deux grands traits, on doit aussi comprendre comment les fluctuations de l'hydrologie des zones tropicales a fait varier les lacs (chapitres 17 et 18) et les glaciers (chapitre 19) ; ceux-ci vont raconter une partie de cette histoire. D'autres marqueurs, comme les spéléothèmes (chapitre 13) ou les ostracodes des lacs (chapitre 14) vont dévoiler les changements climatiques dans des zones plus tempérées.

Ainsi, des reconstructions climatiques aux échelles locales ou régionales de la surface des continents émerge une description du climat global. C'est à partir du couplage de ces reconstitutions et des datations que se développe sans cesse notre savoir sur l'évolution du climat. Cette image reste néanmoins parcellaire, car il y a une très forte disparité géographique et temporelle sur nos connaissances, et floue, car associées à ces reconstitutions, il y des incertitudes que le paléoclimatologue s'efforce de réduire.

Il reste donc encore bien du chemin à parcourir en termes de développement de nouveaux *proxies* et d'améliorations de ceux qui sont couramment utilisés pour rendre l'image plus complète et plus fine.

Introduction

Pendant longtemps, les climats passés de notre planète n'ont été l'objet que de quelques lignes dans les livres de géologie, essentiellement pour fixer le cadre dans lequel s'étaient déposés les sédiments que les géologues retrouvaient sur les continents, le seul domaine qui leur était accessible. Les scientifiques ont très vite compris que les abondants dépôts de charbon de l'Angleterre, de la Belgique, du Nord de la France, de l'Allemagne et de la Pologne résultaient de la fossilisation d'une végétation abondante permise par un climat équatorial chaud et humide qui régnait sur l'Europe occidentale, il y a quelques 350 millions d'années. (Un cahier hors-texte fournit une illustration de la dérive des continents depuis 540 Ma.) Cinquante millions d'années plus tard, les sédiments de ces mêmes régions, des grès rouges, pauvres en fossiles et associés à des produits d'évaporation témoignent de la disparition des forêts remplacées par des zones désertiques, parsemées de lacs épisodiques sursalés, comme on en trouve actuellement en Afrique saharienne. L'humidité avait fait place à une aridité intense et on ne savait guère pourquoi. Il a fallu attendre la tectonique des plaques pour réaliser que l'Europe, très lentement, avait dérivé vers les tropiques. Cette transformation du visage de la Terre due à la tectonique est illustrée dans le cahier hors-texte de cet ouvrage.

La découverte des glaciations constitue une nouvelle surprise pour les géologues du XIXe siècle. C'est un véritable scandale qui éclabousse la Société suisse de sciences naturelles de Neuchâtel lorsque son président, Louis Agassiz, en 1837, présente une interprétation, incroyable pour l'époque, de la présence de gigantesques blocs de rocher qui parsèment les montagnes du Jura : il ose prétendre que ces blocs erratiques ne sont pas la trace du Déluge de la Bible, mais d'énormes cailloux transportés sur de longues distances par de gigantesques glaciers, qui auraient recouvert les hautes latitudes de notre hémisphère.

La polémique s'apaisa très rapidement, parce que les géologues européens et américains découvrirent qu'ils étaient capables de retrouver sur tout l'hémisphère nord la trace des glaciers imaginés par Agassiz. En Europe comme en Amérique du Nord, la cartographie des moraines terminales abandonnées par les glaciers au moment de leur fonte, apporta la preuve de la présence de gigantesques calottes glaciaires dans un passé qui semblait lointain... d'autant plus qu'on ne savait pas le dater.

Le Déluge biblique étant passé de mode, très vite une théorie, reposant sur des bases astronomiques, apparaît. Des scientifiques comme Joseph Adhémar et James Croll réalisent que le mouvement de la Terre autour du Soleil présente de faibles variations quasi périodiques au cours du temps, et ils suggèrent des mécanismes susceptibles d'engendrer périodiquement des avancées et des reculs des glaciers. C'est finalement Milutin Milankovitch, professeur à Belgrade, qui jettera les bases d'une théorie mathématique complète des glaciations, dont la pertinence s'est révélée lorsque les paléocéanographes ont retrouvé dans l'analyse isotopique des carottes marines, les fréquences des paramètres orbitaux. Nous savons maintenant que la dernière a culminé il y a seulement 20 000 ans et qu'elle avait été précédée par de nombreuses autres.

Le grand mérite de Milankovitch a été de faire germer une nouvelle idée au sein de la communauté scientifique : les climats anciens ne sont pas seulement une curiosité fascinante pour les géologues ; ils obéissent à des lois physiques qui sont les mêmes que celles qui gouvernent le climat actuel.

Cette révolution intellectuelle a eu des conséquences considérables et elle a profondément modifié l'approche de l'étude des climats anciens pour en faire une science, la paléoclimatologie, qui a de nombreuses interactions avec la géologie, la géochimie, l'océanographie, la glaciologie, ainsi qu'avec l'approche physique et dynamique du climat. La première partie de ce livre décrit les phénomènes physiques, chimiques et biologiques qui gouvernent le fonctionnement du système climatique et montre comment il est possible de reconstituer ses variations dans le passé.

C'est le travail des paléoclimatologues. Dès qu'ils en ont eu les moyens, dans la seconde moitié du XXe siècle, ils ont entrepris de retrouver toutes les traces de l'évolution du climat pour acquérir une vision planétaire. Ceci les a conduit à développer de nouvelles méthodes de prélèvements des sédiments continentaux, mais aussi des sédiments marins dans le cadre de grandes campagnes océanographiques, et des glaces en réalisant de lourdes campagnes de forages des glaciers de montagne et surtout des calottes glaciaires du Groenland et de l'Antarctique. L'ampleur des moyens à mettre en œuvre est telle que les campagnes de forage des glaces polaires ou des sédiments de tous les océans du globe n'ont pu être réalisées que dans un cadre coopératif international qui a permis de coordonner les efforts des différentes équipes.

Cet investissement scientifique a fourni une moisson abondante d'échantillons susceptibles d'enregistrer les climats passés. Sur les continents, les sédiments lacustres, les tourbières mais aussi les concrétions des grottes ou les anneaux des arbres fossiles ont apporté de nombreux témoignages des conditions environnementales, notamment sur le comportement de la végétation et de l'atmosphère. Dans l'océan, tous les grands bassins ont été échantillonnés et des carottes permettant de retracer l'histoire des dernières dizaines de millions d'années ont été prélevées. Enfin, les grands forages effectués dans les calottes glaciaires ont fourni des indications non seulement sur les températures des zones polaires mais aussi sur la composition de l'atmosphère (teneur en poussières et en gaz à effet de serre, comme le gaz carbonique et le méthane).

Malheureusement, il n'y a pas dans la nature de paléothermomètre, ni de paléopluviomètre donc pas d'indicateur direct des variations de la température et des précipitations ; il allait falloir tout construire. Non seulement pour restituer des climats, mais aussi pour les dater. Extraire de ces échantillons une reconstitution de l'évolution des climats a nécessité des développements considérables qui ont fait appel aux méthodes les plus innovantes de la géochimie, de la biologie et de la physique. Tout d'abord, il a été nécessaire de déterminer une échelle de temps pour savoir quelle période était couverte par chaque échantillon. De nombreuses méthodes ont été développées (et elles font l'objet de toute la deuxième partie de ce livre). Les décroissances radioactives, gouvernées par des lois strictes, jouent un rôle essentiel. Elles ont permis d'obtenir des échelles de temps exprimables en années calendaires, telles que nous les connaissons, et elles ont éclairé toute la géologie stratigraphique. D'autres approches plus stratigraphiques ont été mises en œuvre : recherche d'événements caractéristiques qui doivent être datés par ailleurs, comptage de couches annuelles ou modélisation de l'écoulement de la glace. Il a été ainsi possible d'établir un cadre chronologique, et les paléoclimatologues visent maintenant à le rendre commun à tous par un effort continu de corrélations multiples entre les divers enregistrements. Peu de climatologues se fient à un seul indicateur. L'assurance qu'ils reconstituent un changement climatique à une période donnée s'obtient grâce au croisement des reconstitutions par des indicateurs indépendants mais également par la confrontation des résultats de modèles.

Il a fallu ensuite développer les méthodes permettant de reconstituer l'évolution des différentes composantes du système climatique à partir des indicateurs géologiques. Celles-ci sont extrêmement variées (et sont présentées dans la troisième partie de ce livre). Beaucoup font appel aux développements les plus récents du paléomagnétisme, de la géochimie et des méthodes statistiques liant empiriquement la distribution des plantes et animaux fossiles aux paramètres environnementaux, la température de l'air ou de l'eau au premier chef. Les reconstitutions ainsi acquises ont maintenant atteint un niveau de fiabilité tel qu'il permet pour certaines périodes de reproduire les variations non plus qualitatives en termes de chaud/froid, sec/humide, mais en termes quantitatifs associés également à la quantification des incertitudes. C'est ce niveau de reconstruction climatique qui va permettre la confrontation avec les modèles climatiques.

Les modèles climatiques ont également pris leur essor pendant la seconde moitié du XXe siècle. D'abord établis pour simuler la circulation atmosphérique, ils se sont développés en intégrant une physique, des processus et une paramétrisation de plus en plus performants du bilan radiatif et du cycle hydrologique, en particulier en prenant en compte les données satellitaires. Mais l'atmosphère ne représente que la composante rapide du système climatique.

La fin des années 1990 allait démontrer de manière éclatante la nécessité de coupler le modèle atmosphérique aux modèles globaux d'océan et de végétation pour restituer les changements climatiques. En effet, des équipes du GISS aux États-Unis et de Météo-France indépendamment, fortes de leurs modèles atmosphériques qui s'étaient avérés capables de restituer le climat actuel, ont voulu utiliser la perturbation du bilan radiatif calculée par M. Milankovitch pour simuler la dernière entrée en glaciation il y a 115 000 ans. Dans les deux cas, ce fût un fiasco total. Les changements induits dans ces modèles par la variation des paramètres orbitaux étaient bien trop faibles pour générer de la neige pérenne. Il manquait des composantes et des rétroactions liées à l'océan et à la végétation. Développer un modèle couplant ces trois composantes, c'est ce que les modélisateurs se sont échinés à réaliser ces vingt dernières années, et ce sont ces modèles qui participent maintenant à l'effort international mené dans le cadre de l'IPCC.

Aujourd'hui les modèles dits du « système Terre » qui intègrent atmosphère-océan-biosphère terrestre et marine, chimie et calottes de glace sont utilisés pour explorer le climat du futur et les climats du passé. Ils sont de plus en plus précis spatialement, comportent un très grand nombre de processus, tournent sur les plus gros ordinateurs du monde... mais, c'est le revers de la médaille, ils ne peuvent explorer qu'un petit nombre de trajectoires en raison des temps de calcul considérables qu'ils nécessitent. Aussi, dès le début, les modélisateurs du climat, ce sont équipés de toute une palette de modèles. Des « mastodontes » comme des « modèles de circulation générale » aux modèles conceptuels en passant par des modèles de complexité intermédiaire. Dans cette boîte à outils, suivant les questions soulevées par les données paléoclimatiques, ils choisissent l'outil le plus approprié ou ils le développent s'il n'existe pas. Avec les modèles les plus simples, ils peuvent explorer l'espace des variations possibles de paramètres et, en comparant avec les données, chercher à établir le scénario le plus plausible. L'ensemble de ces stratégies de modélisation est décrit dans la quatrième partie de cet ouvrage et en constitue le tome 2.

C'est cette démarche d'enquêteur à chaque étape du travail de recherche, la datation, la reconstruction, la modélisation et les va-et-vient entre ces étapes qui permettent d'élaborer, d'affiner nos scénarios de compréhension de l'évolution du climat passé de la Terre. Nous avons la certitude que cette approche permet aussi, par une meilleure compréhension des phénomènes qui gouvernent le climat de notre planète et l'amélioration continue de nos modèles, de mieux prévoir les changements climatiques à venir.

Chapitre 1

Le système climatique : son fonctionnement et son histoire

Sylvie Joussaume, *Laboratoire des Sciences du Climat et de l'Environnement LSCE/IPSL, Laboratoire CEA-CNRS-UVSQ, Orme des Merisiers, bât. 701, 91191 Gif-sur-Yvette Cedex, France.*

Jean-Claude Duplessy, *Laboratoire des Sciences du Climat et de l'Environnement LSCE/IPSL, Laboratoire CEA-CNRS-UVSQ, Domaine du CNRS, Bât. 12, avenue de la terrasse, 91198 Gif-sur-Yvette Cedex, France.*

Le climat joue un rôle important pour l'homme. Il détermine les conditions de développement de ses sociétés, ainsi que les ressources disponibles, que ce soit celles en eau ou celles d'origine biologique (agriculture, forêt, élevage...). Toutefois, le climat est un système complexe. Il résulte des interactions non seulement entre l'atmosphère, les océans, la surface des continents et les glaces mais également la biosphère, c'est-à-dire le monde du vivant. Il varie à différentes échelles de temps et, pour chaque échelle, peut impliquer des mécanismes différents. L'objectif de ce livre est de montrer comment une communauté scientifique pluridisciplinaire est maintenant capable de reconstituer avec de plus en plus de précision les grandes traits des climats passés et de découvrir comment ils sont déterminés par l'évolution géologique, géochimique, physique et biologique de cette planète vivante qu'est la Terre.

Si les conditions de vie de l'homme dépendent du climat, l'homme devient également un acteur du système climatique. Il modifie la concentration des gaz à effet de serre, la quantité de particules présentes dans l'air, mais aussi la végétation à la surface des continents avec la déforestation et la mise en culture de vastes régions. C'est pourquoi comprendre comment fonctionne le climat et comment l'homme risque d'en altérer le cours est devenu une préoccupation importante pour la société. C'est un problème scientifique complexe en raison du grand nombre de rétroactions susceptibles de se développer, et l'étude des climats anciens permet de les mettre en évidence en analysant le déroulement des grands changements climatiques qui sont survenus en raison de causes purement naturelles.

1.1 L'évolution du climat

1.1.1 Définition du climat

Le climat est défini par la statistique des caractéristiques physiques de l'atmosphère. Il est très proche de la météorologie, mais en diffère par sa dimension statistique qui porte sur plusieurs dizaines d'années et conduit à calculer l'état moyen de l'atmosphère et sa variabilité autour de cet état moyen. En pratique, on définit le climat en considérant une moyenne sur trente ans. Si cette définition pratique prend tout son sens lorsque le climat reste relativement stable, elle devient plus difficile à appliquer lorsqu'il présente une évolution rapide. Ce fut le cas au cours du XXe siècle pendant lequel deux phases d'augmentation rapide de la température moyenne de notre planète ont été détectées par les stations du réseau météorologique mondial, l'une de 1910 à 1940 et l'autre à partir de 1975 (Fig. 1.1D). On prend en général comme référence la période de 1961 à 1990 que l'on appelle souvent « normale climatique », pour caractériser le climat actuel.

1.1.2 L'évolution passée du climat

Le climat est essentiellement variable, quelles que soient les échelles de temps que l'on considère. Au cours des derniers millénaires, les chroniques historiques et les toutes premières mesures instrumentales qui remontent au XVIIe siècle ont montré l'existence d'une période très froide sur l'Europe du XVIe au XIXe siècle (le Petit Âge glaciaire), précédée d'un optimum climatique au Moyen Âge et d'un autre pendant la période romaine.

Les données géologiques témoignent également de grands bouleversements du climat. Évidemment, il n'est plus question de parler de période de trente ans, mais les géologues s'attachent à définir un cadre stratigraphique et géochronologique précis pour replacer ces événements dans l'histoire de notre planète (Fig. 1.1). Par exemple, il y a environ sept cent cinquante millions d'années, la Terre est passée par une phase de glaciation intense ; des glaciers descendaient alors jusqu'au niveau de la mer sur tous les continents, même aux basses latitudes, au point que l'on représente de manière imagée l'état de notre planète comme une boule de neige. À l'inverse, au cours de l'ère secondaire (de 225 à 65 millions d'années), les conditions sont chaudes, même aux hautes latitudes. Pendant l'ère tertiaire, les glaciers se développent petit à petit, d'abord sur le continent Antarctique, puis sur le Groenland, et depuis quelque trois millions d'années, la Terre connaît une succession de glaciations, marquées par une avancée des glaciers sur les continents de hautes

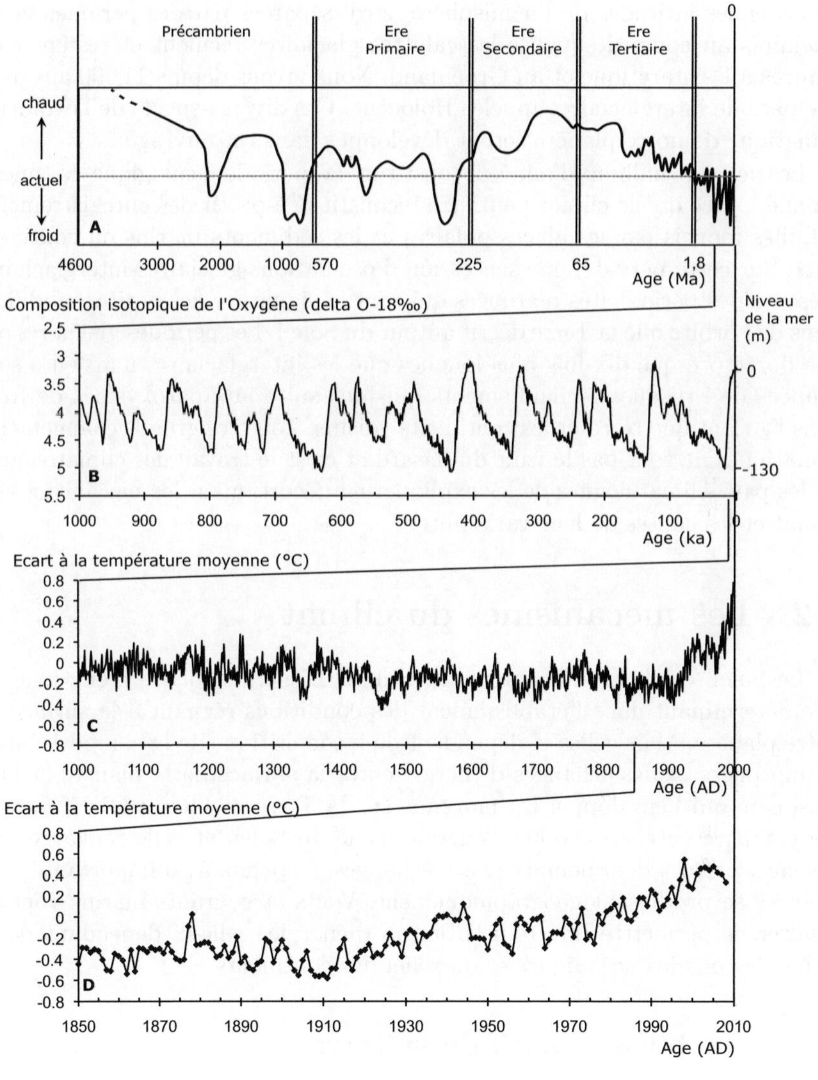

FIG. 1.1 – A – Variations du climat de la Terre depuis 4 milliards d'années, estimées à partir des données géologiques. B – Variations du climat moyen de la Terre estimées à partir des variations du volume des glaciers et calottes glaciaires présents à la surface des continents au cours du dernier million d'années. C – Variations de la température moyenne de l'air de l'hémisphère nord depuis l'An Mil reconstituées à partir de données paléoclimatiques, notamment les données historiques et l'étude des anneaux d'arbre. D – Variations de la température moyenne de l'air de la planète Terre au niveau du sol calculées à partir des données du réseau météorologique mondial pour la période 1860-2010. Noter que le nombre de stations a varié pendant cette période et était peu dense pendant toute la fin du XIXe siècle.

et moyennes latitudes de l'hémisphère nord, séparées par des périodes interglaciaires au cours desquelles les calottes glaciaires reculent et restent cantonnées à l'Antarctique et au Groenland. Nous vivons depuis 11 000 ans dans une période interglaciaire, appelée Holocène. Ces divers aspects de l'évolution climatique de notre planète seront développés dans cet ouvrage.

Le dernier million d'années constitue la période géologique la mieux connue, parce que le climat peut être reconstitué à partir des enregistrements détaillés fournis par les glaces polaires et les sédiments marins ou continentaux. Sur cette période, une succession d'oscillations glaciaires-interglaciaires présente des périodicités marquées qui sont la signature des petites modifications de l'orbite que la Terre décrit autour du Soleil. Les périodes glaciaires ont une durée presque dix fois plus longues que les interglaciaires mais elles sont coupées de brusques réchauffements qui font suite aux paroxysmes de froid dans l'Atlantique Nord et les continents voisins. Tous ces grands changements climatiques ne sont pas le fruit du hasard et c'est le travail des climatologues et des paléoclimatologues de les expliquer en décortiquant les mécanismes du climat et les causes de leur variabilité.

1.2 Les mécanismes du climat

Le Soleil est le grand moteur du climat. L'énergie solaire reçue joue un rôle déterminant dans l'établissement des conditions régnant à la surface de notre planète. Mais celles-ci dépendent de façon critique de la composition de l'atmosphère et des échanges d'énergie entre la surface de la planète et l'atmosphère qui l'enveloppe. En moyenne sur la Terre, le bilan radiatif moyen, qui compare en chaque point l'énergie reçue du Soleil et celle renvoyée vers l'espace, permet de schématiser ces échanges. Cependant, d'importantes différences se produisent géographiquement. Vents et courants marins vont en résulter et permettre une redistribution d'énergie, celle-ci dépendant de la forme des bassins océaniques et du relief des continents.

1.2.1 Le bilan radiatif de la Terre

1.2.1.1 L'effet de serre

Un disque de surface 1 m^2 situé à la même distance du Soleil que la Terre et interceptant perpendiculairement le rayonnement solaire recevrait un flux d'énergie de 1 368 Watts. Mais la Terre est une sphère dont la surface est quatre fois celle du disque de même diamètre. C'est pourquoi, en moyenne, sur toute la Terre et au cours d'une année, le flux d'énergie solaire intercepté par une surface unité est quatre fois plus faible. Elle correspond à une puissance de 342 W/m^2 connue avec une précision de plus ou moins 1 W/m^2 (Fig. 1.2). Mais toute cette énergie n'est pas disponible pour l'ensemble Terre-atmosphère. Une partie, environ 31 %, repart à nouveau vers l'espace après avoir été réfléchie par les nuages, les particules en suspension dans l'air, la surface, ainsi que par les molécules d'air elles-mêmes. L'énergie vraiment absorbée s'élève donc à 235 W/m^2. Elle est compensée par un flux infrarouge émis par la Terre et son atmosphère vers l'espace. La Terre se comporte en effet comme un « corps noir » : elle émet un flux d'énergie dont l'intensité est proportionnelle à la puissance quatrième de sa température absolue, en accord avec la loi de Stefan. Ce rayonnement est presque uniquement concentré dans le domaine infrarouge, entre 4 et 100 micromètres (μm), avec un maximum d'intensité centré autour de 12 μm. Le rayonnement solaire, par contre, émis par le Soleil qui se comporte comme un « corps noir » à une température avoisinant 6 000 Kelvin, s'étend dans une gamme de longueurs d'onde couvrant l'ultraviolet jusqu'au proche infrarouge, de 0,2 à 4 μm, et présente un maximum d'intensité dans les longueurs d'onde du visible, autour de 0,6 μm.

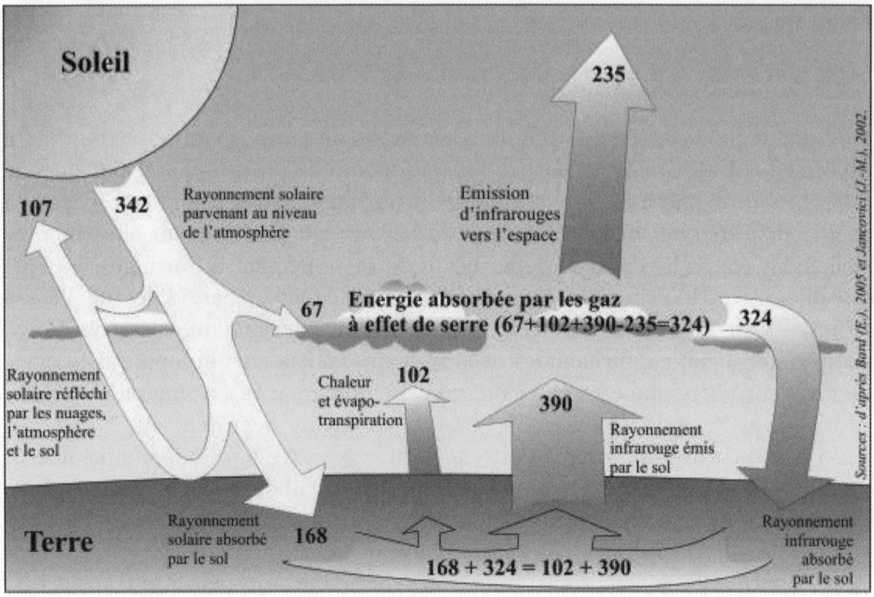

FIG. 1.2 – Bilan radiatif de la Terre. Le rayonnement solaire parvenant au niveau du sol est intégralement compensé par une émission de rayonnement infrarouge vers l'espace.

En l'absence de tout effet de serre, si l'atmosphère était parfaitement transparente au rayonnement infrarouge émis par la surface de la Terre, la température à l'équilibre avec le flux moyen absorbé de 235 W/m^2 ne serait que –19 °C. En réalité, la vapeur d'eau, l'eau liquide des nuages, le gaz carbonique et d'autres éléments présents à l'état de traces dans l'air absorbent une fraction importante du rayonnement infrarouge émis par la surface, limitant la déperdition d'énergie en direction de l'espace. Agissant comme des « corps noirs », tous ces constituants renvoient un flux d'énergie infrarouge dans toutes les directions et notamment vers le sol. Grâce à cet apport supplémentaire, la température moyenne à la surface de la Terre atteint +14 °C, et non −19 °C. L'effet de serre est donc un phénomène naturel qui résulte en grande partie de la présence de vapeur d'eau, puisque celle-ci contribue à environ 55 % de l'effet de serre total ; les autres gaz à effet de serre (gaz carbonique, méthane, oxyde nitreux...) ne contribuent que pour 28 %, le reste étant dû à l'effet des nuages... Au cours de l'histoire géologique de la Terre, la composition de l'atmosphère a considérablement changé, et les variations de l'effet de serre ont largement contribué aux changements climatiques passés (voir chapitres 5 et 6, tome 2). Depuis le début de l'ère industrielle (vers 1850), les activités humaines ont significativement contribué à augmenter la concentration des gaz à effet de serre présents naturellement dans l'air et à en introduire de nouveaux, qui tels les composés chloro-fluoro-carbonés sont d'actifs agents de l'effet de serre.

1.2.1.2 Le cycle de l'eau

Lors de la traversée des différentes couches de l'atmosphère, une partie du rayonnement solaire est absorbée au sein même de l'atmosphère, par l'ozone dans la stratosphère et par la vapeur d'eau dans la troposphère. Environ la moitié de l'énergie incidente atteint la surface de la Terre, où elle est partiellement compensée par la déperdition de rayonnement infrarouge vers l'atmosphère. Reste disponible à la surface un excédent d'énergie de 102 W/m^2 (Fig. 1.2), ce qui permet le réchauffement de l'air environnant et surtout l'évaporation de l'eau en surface des océans et des continents, alimentant le cycle de l'eau sur notre planète. L'océan, qui est chauffé par le rayonnement solaire, reçoit ainsi l'énergie nécessaire à la vaporisation de l'eau (chaleur latente de vaporisation). La vapeur d'eau est ensuite transportée par les vents jusqu'à ce qu'elle se condense sous forme de précipitations, libérant dans l'atmosphère l'énergie prélevée à la surface lors de l'évaporation. Ainsi, le cycle de l'évaporation et de la précipitation de l'eau prélève de l'énergie à la surface des océans et des continents pour la redistribuer au sein de l'atmosphère. Ce transfert de chaleur latente refroidit la surface des mers et réchauffe l'atmosphère, atténuant ainsi les différences de température entre les couches basses et hautes de l'atmosphère d'une part, l'équateur et les pôles d'autre part. Le cycle de l'eau joue de ce fait un rôle fondamental dans la répartition de l'énergie entre la surface et l'atmosphère.

Évaporation et condensation régénèrent en permanence le stock de vapeur d'eau de l'atmosphère, mais la quantité de vapeur d'eau présente à un instant donné dans l'air reste cependant assez faible. Si elle était totalement condensée, la couche liquide formée recouvrirait la surface du globe sur 2,5 centimètres d'épaisseur. Pourtant, le cycle de l'eau implique en moyenne l'évaporation et la précipitation d'une couche qui correspondrait à environ 80 centimètres d'eau au cours d'une année. Le temps de recyclage de l'eau dans l'atmosphère est par conséquent très rapide et permet un renouvellement complet de la vapeur d'eau en une dizaine de jours. L'eau, dont l'essentiel s'évapore au-dessus des océans (86 %), y retourne soit directement par précipitation, soit par la décharge des fleuves et des rivières, après ruissellement sur les continents. Globalement, évaporation et pluies se compensent exactement, maintenant une concentration pratiquement constante de vapeur d'eau dans l'air, tant que la température moyenne de l'atmosphère reste constante.

1.2.2 Les variations associées au Soleil

Les variations de l'énergie émise par le Soleil ou encore les variations de l'énergie solaire reçue par la Terre vont moduler le climat. Dans le premier cas, ce sont les cycles d'activité solaire ou l'évolution du Soleil depuis la formation du système solaire qui modulent la quantité d'énergie émise par cette étoile. Dans le deuxième cas, ce sont les variations lentes du mouvement de la Terre autour du Soleil qui modulent la répartition saisonnière et géographique de la quantité d'énergie reçue par notre planète en un lieu donné.

1.2.2.1 Les cycles solaires

Le Soleil présente à sa surface des taches qui apparaissent et disparaissent suivant un cycle d'environ onze ans découvert par l'astronome allemand Heinrich Schwabe dans le milieu du XIXe siècle. Lorsque l'activité solaire est plus intense, marquée par un plus grand nombre de taches, le Soleil émet davantage d'énergie. Les mesures satellitaires disponibles depuis les années 1980 ont permis de mesurer les variations d'intensité de l'énergie solaire. Celles-ci sont de l'ordre de 0,1 %, ce qui correspond à une perturbation très minime (0,24 W/m^2) du bilan radiatif de la Terre. L'activité solaire est le reflet direct des variations du champ magnétique du Soleil. Les taches réapparaissent en grand nombre lorsque le champ magnétique s'intensifie. Les éruptions solaires sont alors plus importantes ; elles éjectent une plus grande quantité de particules vers l'espace interplanétaire et renforcent ainsi le vent solaire. Ces particules chargées électriquement, essentiellement des électrons et des protons, atteignent l'atmosphère terrestre où elles provoquent des orages magnétiques – fortes perturbations du champ magnétique terrestre –, ainsi que de magnifiques aurores polaires.

L'influence de l'activité solaire sur le climat est un sujet débattu depuis de nombreuses années. Dans la deuxième moitié du XVIIe siècle, les observations disponibles témoignent d'une disparition presque totale des taches pendant une période de plusieurs décennies, au moment du Petit Âge glaciaire (Fig. 1.3). À la fin du XIXe siècle, l'astronome allemand H. Spörer et son collègue anglais W. Maunder proposèrent de relier ces deux phénomènes, engageant ainsi une polémique qui persiste de nos jours. Il reste en effet à expliquer comment relier ce minimum d'activité solaire (appelé minimum de Maunder) à une diminution de l'intensité du rayonnement solaire suffisante

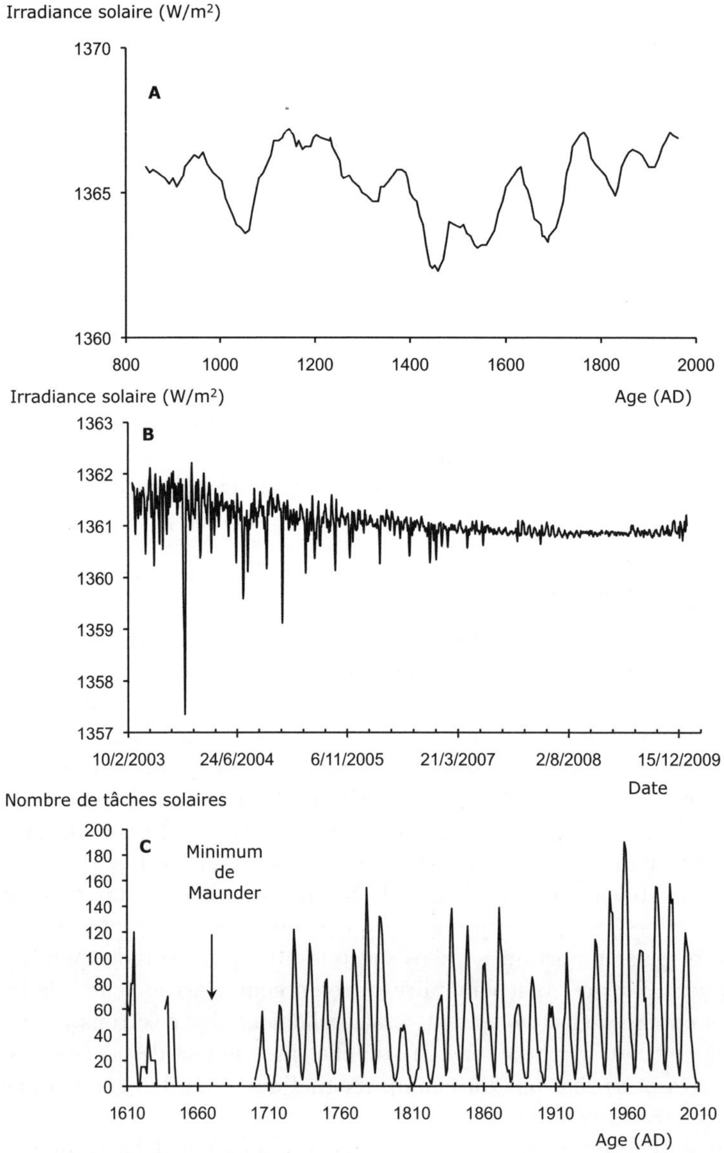

FIG. 1.3 – A – Variations de l'énergie solaire reconstituées à partir des variations de la teneur en béryllium des glaces polaires et d'un modèle d'activité stellaire. On remarquera que les valeurs moyennes calculées à l'aide d'un modèle d'activité stellaire sont plus élevées, d'environ 5 W/m^2, en comparaison des valeurs mesurées à l'aide des satellites. B – Variations de l'énergie émise par le Soleil, mesurées à l'aide des satellites de la NASA. C – Variations du nombre de taches solaires observées par les astronomes depuis 1610.

pour induire un refroidissement aussi marqué que celui qui s'est produit à cette époque. Comme la perturbation directe du bilan radiatif est trop petite pour l'expliquer, on pense que l'activité solaire pourrait influer sur le climat à travers la circulation de la haute atmosphère. Néanmoins, le lien entre les variations de l'activité solaire et le climat terrestre reste un sujet de recherche, objet de nombreuses controverses en absence d'un mécanisme physique reconnu.

Le Soleil présente des variations sur de plus longues périodes. Elles se manifestent non seulement par le nombre de taches solaires, mais aussi par des variations du diamètre solaire. Celui-ci varie avec une périodicité de 900 jours, mais cette oscillation est modulée par l'activité solaire. Elle est minimale lorsque l'activité est maximale. Comme pour les taches solaires, les mesures du diamètre solaire ont commencé dès le XVIIe siècle. Elles ont conduit à la découverte d'un cycle de 80-90 ans, appelé cycle de Gleisberg, qui module le cycle de Schwabe.

Le vent solaire n'est qu'une composante mineure du flux de particules chargées reçues par la Terre. L'essentiel provient du rayonnement cosmique galactique qui est constitué d'électrons, de protons, de particules α (noyaux d'hélium ionisés) et d'ions plus lourds en très faible quantité. Il est isotrope et provient de tout l'espace. En période de forte activité solaire, le vent solaire intense agit, par l'intermédiaire du champ magnétique qu'il crée, comme un bouclier qui repousse le rayonnement cosmique galactique tombant sur Terre. Ce phénomène est à l'origine d'une méthode géochimique de détermination des variations de l'activité solaire. En effet, le rayonnement cosmique galactique, par réaction de spallation sur les atomes présents dans la haute atmosphère, est responsable de la production de plusieurs cosmonucléides dont le plus célèbre est le carbone-14. Moins de carbone-14 est donc produit en période d'activité solaire intense. Les mesures effectuées par les géochimistes sur les anneaux d'arbre bien datés ont montré des variations pseudo-périodiques de production de ce cosmonucléide, attribuées aux fluctuations de l'activité solaire, avec des périodes d'environ 150 à 300 ans (cycles de Suess) et de 2 300 ans (cycles d'Hallstattzeit). L'existence de ces cycles a été confirmée par la mesure d'autres cosmonucléides, comme le beryllium-10 dans les glaces polaires. Celui-ci est piégé dans les glaces du Groenland, dont l'échelle de temps peut être déterminée simplement en comptant visuellement les couches annuelles ou, pour les périodes anciennes, par des méthodes plus complexes décrites chapitre 8. Les paléoclimatologues recherchent maintenant s'ils peuvent détecter ces périodicités dans leurs enregistrements géologiques.

1.2.2.2 Les variations lentes du mouvement de la Terre autour du Soleil

Le mouvement de la Terre autour du Soleil varie au cours du temps sous l'influence de l'attraction gravitationnelle exercée par les autres planètes (voir chapitre 7, tome 2). En une année, l'orbite parcourue par la Terre décrit presque exactement une ellipse dont l'excentricité, paramètre qui caractérise le degré d'aplatissement de l'ellipse par rapport à un cercle, peut varier très lentement au cours du temps. Avec des périodes voisines de 100 000 et 400 000 ans, l'orbite passe d'un cercle (excentricité nulle) à une ellipse légèrement aplatie (excentricité maximale de 6 %).

L'inclinaison de l'axe de la Terre par rapport au plan de l'écliptique, angle défini comme l'obliquité, module la quantité d'ensoleillement reçue aux différentes latitudes suivant les saisons. Elle est à l'origine de phénomènes tels que la nuit polaire en hiver et le soleil de minuit en été, aux latitudes les plus élevées. Ainsi, le climat des hautes latitudes est-il particulièrement sensible aux variations de l'obliquité. Avec une périodicité de l'ordre de 41 000 ans, cet angle oscille entre 22° et 25°, la valeur actuelle étant voisine de 23°30′.

En raison de la forme elliptique de l'orbite terrestre, la distance entre la Terre et le Soleil varie au cours de l'année. Actuellement, dans l'hémisphère nord, la distance est minimale en hiver et maximale en été, et inversement dans l'hémisphère sud. Or, la quantité de rayonnement solaire interceptée par la Terre diminue lorsque la distance augmente. Ainsi, nous sommes dans une situation qui adoucit les hivers et refroidit les étés de l'hémisphère nord, alors qu'elle accroît les contrastes saisonniers de l'hémisphère sud (ceci dans une proportion qui reste toutefois petite par rapport aux variations saisonnières induites par l'obliquité dans les hautes latitudes).

Au cours des millénaires, la position des solstices et des équinoxes se déplace lentement le long de l'ellipse ce qui entraîne une variation de l'énergie solaire reçue à chaque saison. Ce mouvement de précession des équinoxes résulte d'une combinaison de deux mouvements de rotation. Celui de l'axe de rotation de la Terre qui tourne autour d'un axe perpendiculaire au plan de l'écliptique sous l'effet de l'attraction exercée par le Soleil et la Lune et qui fait décrire au pôle Nord un cercle dans l'espace en 26 000 ans. Superposé à ce phénomène, s'ajoute un deuxième mouvement de rotation, celui de l'orbite elliptique de la Terre qui tourne également autour du Soleil. La combinaison de ces deux mouvements ramène à environ 22 000 ans la périodicité de la précession des équinoxes. Plus précisément, la distance Terre-Soleil, modulée non seulement par le mouvement de précession des équinoxes mais également par les variations de l'excentricité, varie suivant un ensemble de composantes périodiques qui se groupent autour de deux périodes voisines, l'une de 19 000 ans et l'autre de 23 000 ans. Ainsi, il y a environ 10 000 ans, la Terre passait par le point le plus proche du Soleil au moment du solstice d'été boréal et non au solstice d'hiver comme de nos jours. L'hémisphère nord recevait alors plus d'énergie solaire qu'aujourd'hui en été et évidemment moins en hiver.

Toutes ces modifications des paramètres orbitaux affectent l'ensoleillement (encore désigné sous le terme d'insolation) des différentes bandes de latitude de la Terre, en particulier l'intensité du cycle des saisons. Le mathématicien serbe Milutin Milankovitch a proposé dès 1924 d'expliquer les cycles de glaciation à partir de ces variations lentes du mouvement de la Terre autour du Soleil. En effet, lorsque les variations lentes induisent une diminution de l'énergie solaire reçue en été vers 60 °N, la neige, qui s'est déposée en hiver, ne fond pas complètement. Or, celle-ci réfléchit fortement le rayonnement solaire, facilitant la persistance de la neige. Peu à peu, cette neige s'accumule et se transforme en calotte glaciaire. Cette hypothèse a été débattue durant de nombreuses années et a été fortement contestée jusqu'aux années 1970, lorsque les périodicités prédites par cette théorie ont été reconnues sans ambiguïté dans les enregistrements paléoclimatiques des sédiments marins, puis des glaces polaires. Nous verrons plus précisément dans le chapitre 7 du tome 2 l'état de notre connaissance sur la théorie de Milankovitch, ou « théorie astronomique » des paléoclimats.

1.2.2.3 L'évolution du Soleil

Depuis la formation du système solaire, le Soleil, comme toutes les étoiles du même type, consomme lentement son hydrogène pour produire de l'hélium, et la quantité de chaleur qu'il émet varie très lentement, sur de longues échelles de temps. Les modèles standard d'évolution des étoiles permettent de calculer que la luminosité du Soleil était 25 à 30 % plus faible qu'aujourd'hui, il y a 4 milliards d'années, et qu'elle a augmenté à peu près linéairement au cours du temps. Ce modèle paraît en bon accord avec les observations effectuées par les astronomes sur des étoiles jeunes. Or, si l'atmosphère terrestre était la même qu'aujourd'hui, la température moyenne de la Terre serait inférieure à 0 °C, les océans gelés et toute vie impossible. Les observations géologiques témoignent de l'existence d'eau à l'état liquide dès cette époque et des premières traces de vie, il y a 3,5 milliards d'années. C'est le « paradoxe du Soleil pâle » que les climatologues lèvent classiquement en supposant que l'atmosphère avait une composition chimique très différente de celle d'aujourd'hui : le dégazage de gaz carbonique par la Terre primitive et la faiblesse des taux d'altération en absence de croûte continentale permettaient à l'atmosphère de ces périodes très anciennes d'acquérir une exceptionnelle richesse en CO_2 et donc d'être responsable d'un effet de serre considérable, encore renforcé par la présence de méthane produit par des bactéries. Ce point sera discuté en détail dans le chapitre sur le Précambrien (chapitre 5, tome 2).

1.2.3 Reconstruire l'histoire de la composition de l'atmosphère

Si le Soleil est la source d'énergie pour la Terre, l'énergie disponible dépend de façon cruciale de la composition de l'atmosphère : gaz à effet de serre et particules. Reconstruire l'histoire passée de la composition de l'atmosphère est donc un élément important pour comprendre la dynamique du climat.

Une fois encore, ce sont les dernières centaines de milliers d'années qui constituent la période la mieux documentée, parce que les glaces polaires renferment des bulles d'air fossile. En effet, les neiges tombant sur les calottes polaires forment un névé poreux, au sein duquel l'air circule librement. Sous le poids des neiges qui s'accumulent, les pores se compactent progressivement et le névé se transforme en glace qui emprisonne de minuscules bulles d'air, désormais bloquées au sein de la glace. Cet air conserve sa composition chimique d'origine, ce qui permet de reconstituer les variations de la composition de l'atmosphère au cours du temps... tant qu'on peut trouver des glaces anciennes bien conservées. C'est en Antarctique que l'on retrouve les glaces les plus anciennes, où un enregistrement continu de la teneur en gaz à effet de serre (CO_2, CH_4) couvre maintenant les 800 000 dernières années. Il montre que les teneurs en gaz carbonique ne sont pas restées constantes, qu'elles étaient élevées en période chaude, voisines de 280 ppmv (soit 280 cm^3 de CO_2 par m^3 d'air) pour seulement 200 ppmv en période froide. De même, le méthane a oscillé entre $\sim$700 ppbv (mm^3 par m^3 d'air) en période chaude pour moins de 400 ppbv en période froide, avec une forte variabilité temporelle (Fig. 1.4).

Les glaces polaires constituent le seul enregistreur direct de la composition de l'atmosphère. Comme la glace des calottes glaciaires flue très lentement et est ainsi continûment renouvelée à l'échelle des temps géologiques, on ne peut guère espérer reconstituer un enregistrement des teneurs en gaz carbonique au-delà d'un million d'années. Pour les périodes plus anciennes, il est donc nécessaire de faire appel à des méthodes empiriques indirectes, dont la précision est beaucoup plus faible. Par exemple, les botanistes ont remarqué que les stomates, qui sont des pores au travers desquels les feuilles absorbent le gaz carbonique de l'air, sont plus petits et moins nombreux lorsque la teneur en gaz carbonique de l'air est élevée. Ils ont donc pensé utiliser cette caractéristique des plantes pour reconstituer les teneurs en CO_2 dans le passé. Toutefois les résultats ont été ambigus. Il faut en effet que les espèces fossiles utilisées soient les mêmes que les espèces actuelles sur lesquelles est établie la relation empirique entre les teneurs en gaz carbonique et le nombre ou le diamètre des stomates. Malheureusement, ce n'est pas la seule condition. La relation qui ne peut être établie que sur des conditions actuelles dépend également de la disponibilité en eau dont bénéficie la plante, de sorte qu'on ne sait pas si les modifications des stomates observées sur des fossiles sont le reflet d'une variation du CO_2 ou de l'humidité.

Comme la teneur de l'air en CO_2 est gouvernée par la pression partielle de ce gaz dans les eaux superficielles de l'océan, les géochimistes ont tenté d'utiliser le carbone-13, traceur de la phase océanique du cycle du carbone, comme outil pour reconstituer les variations du CO_2 atmosphérique. Un des marqueurs proposés est le rapport $^{13}C/^{12}C$ des foraminifères, animaux microscopiques dont les formes planctoniques vivent dans les eaux superficielles des océans. Ces animaux sécrètent une coquille calcaire dont la taille est de quelques dixièmes de millimètres et que l'on retrouve en abondance dans les sédiments marins. Le rapport $^{13}C/^{12}C$ des foraminifères planctoniques dépend donc de la composition isotopique du CO_2 dissous dans les eaux superficielles

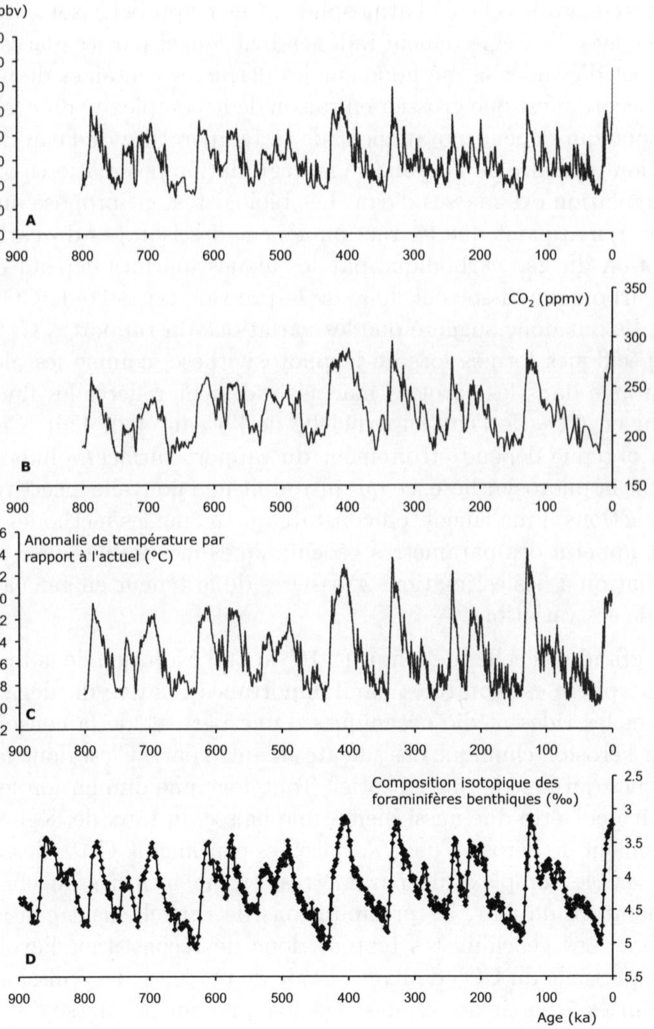

FIG. 1.4 – A – Variations de la teneur en méthane de l'air déduites des variations de la concentration en méthane dans les bulles d'air piégées dans les glaces du forage effectué au Dôme C (projet EPICA). B – Variations de la teneur en gaz carbonique de l'air déduites des variations de la concentration en gaz carbonique dans les bulles d'air piégées dans les glaces du forage effectué au Dôme C (projet EPICA). C – Variations de la température de l'air en Antarctique déduites des variations de la composition isotopique des glaces du forage effectué au Dôme C (projet EPICA). D – Variations du climat moyen de la Terre estimées à partir des variations de la composition isotopique de l'oxygène des foraminifères benthiques, un proxy des variations du volume des glaciers et calottes glaciaires présents à la surface des continents au cours du dernier million d'années.

et indirectement de celle de l'atmosphère. Cette approche isotopique peut être comparée avec l'enregistrement indépendant fourni par les glaces polaires, ce qui permet d'évaluer la méthode sur les dernières centaines de milliers d'années. L'accord n'est que grossier en raison de la complexité du cycle océanique du carbone qui dépend notamment de la température de l'eau de mer, de la production primaire de l'océan, de la dégradation des matières organiques et de la circulation des masses d'eau. Les biologistes ont proposé une autre méthode en remarquant que le fractionnement des isotopes du carbone lors de l'absorption du gaz carbonique par les algues marines dépend de la teneur en gaz carbonique dissous et donc de la pression partielle de CO_2 dans l'eau de mer. Ils ont donc suggéré que les variations du rapport $^{13}C/^{12}C$ de composés spécifiques formés lors de la photosynthèse, comme les alcénones que l'on retrouve dans les carottes marines, devaient refléter les fluctuations de la teneur en CO_2 de l'eau superficielle de l'océan et de l'air. Cependant, la relation obtenue dépend étroitement du rapport surface/volume des cellules effectuant la photosynthèse, ce qui introduit une nouvelle incertitude dans les reconstructions. Finalement, on constate que même les méthodes isotopiques, qui font appel à des paramètres géochimiques mesurables avec précision, ne conduisent qu'à des estimations grossières de la teneur en gaz carbonique de l'air et de ses variations.

Aux grandes échelles de temps ($>10^6$ ans), l'évolution de la teneur en CO_2 de l'atmosphère est contrôlée par l'importance relative du dégazage par les volcans et les rides médio-océaniques d'une part, et de la consommation de CO_2 par l'érosion chimique des silicates d'autre part. C'est donc la tectonique des plaques qui joue le rôle essentiel. Toutefois, une diminution lente du CO_2 dans l'air peut être due aussi bien à une baisse du taux de dégazage qu'à un accroissement de l'érosion de la surface des continents. Cette dernière dépend d'un ensemble complexe de paramètres, eux-mêmes liés au climat, comme la température de l'air, les précipitations, le ruissellement continental et la végétation. Les géochimistes tentent donc de reconstituer l'évolution de la pression partielle du CO_2 de l'air à l'aide de modèles ; les émissions de CO_2 y sont estimées à partir des données géologiques sur la vitesse de déplacement des plaques ; la consommation de ce gaz est prise en compte par des modèles simplifiés couplant le cycle du carbone au climat et tenant compte du contexte géographique résultant de la tectonique des plaques. À titre d'exemple, la cassure du supercontinent Rodinia, aride, en une multitude de petites masses continentales humides, il y a 800 à 700 millions d'années, a conduit à la mise en place de provinces basaltiques facilement érodables chimiquement. Il en est résulté une baisse importante des teneurs en gaz carbonique de l'air susceptible d'expliquer les grandes glaciations de cette période.

Les poussières en suspension dans l'air jouent également un rôle important dans le bilan radiatif de l'atmosphère, le plus souvent en interceptant le rayonnement solaire et en diminuant la quantité d'énergie arrivant au niveau du sol. Les teneurs en poussières ont considérablement varié dans le passé, comme en témoignent les glaces polaires. En effet, les neiges en tombant entraînent les poussières atmosphériques qui restent ensuite emprisonnées dans les glaces. Plus l'air est chargé en poussières, plus les neiges en absorbent. C'est ainsi qu'ont été mises en évidence de fortes teneurs en poussières atmosphériques pendant les périodes glaciaires du Quaternaire. Celles-ci provenaient de l'érosion des continents et étaient transportées par les vents. Elles ont donné naissance à de gigantesques accumulations de particules très fines. Celles-ci constituent les loess présents en Chine et, en plus modeste quantité, en Europe occidentale.

1.3 L'atmosphère

1.3.1 Les grandes caractéristiques de la circulation atmosphérique

Le bilan net entre le rayonnement reçu du Soleil et celui émis vers l'espace ne présente pas une distribution uniforme. Le flux net d'énergie varie suivant la latitude, les régions géographiques et la saison. Le rayonnement solaire décroît fortement de l'équateur vers les pôles, alors que le rayonnement infrarouge émis varie peu. Il s'ensuit un excédent d'énergie dans les régions tropicales et un déficit dans les latitudes situées au-delà de 40° nord et sud. Chauffés à l'équateur, refroidis au pôle, l'atmosphère et l'océan s'animent et transportent l'excédent d'énergie des régions tropicales vers les hautes latitudes déficitaires. Au vu des mesures dont on dispose actuellement, les deux fluides de la planète contribuent dans des proportions voisines à ce transport (Fig. 1.5).

Une grande circulation tend à s'établir dans l'atmosphère entre l'équateur et les pôles, afin d'assurer le transport d'énergie nécessaire à l'équilibre thermique de la planète. L'air plus chaud, et donc plus léger, s'élève au-dessus de l'équateu R, et diverge pour se diriger en altitude vers les pôles ; au-dessus des régions polaires, au contraire, l'air froid et dense redescend vers la surface, et retourne en direction de l'équateur, ce qui ferme une grande boucle reliant équateur et pôle. Ce mécanisme, décrit en 1735 par le scientifique anglais George Hadley, se produirait si la Terre tournait très lentement. En réalité, cette grande cellule de convection reste confinée entre l'équateur et les régions subtropicales, où elle forme la circulation dite de « Hadley ». Associées à la circulation de Hadley, des basses pressions ceinturent les régions équatoriales, alors que des hautes pressions prédominent dans les régions subtropicales. On observe ainsi dans la zone intertropicale, au niveau de la mer, une convergence des vents d'est, les alizés, vers l'équateur. Les alizés sont au départ des vents secs, puisqu'ils sont alimentés par la branche descendante de la cellule de Hadley. Tels l'harmattan sur l'Afrique, ils entretiennent les déserts au dessus des continents tropicaux. Au-dessus de l'océan, l'évaporation des eaux superficielles chauffées par le rayonnement solaire est intense et les alizés transportent cette vapeur vers les basses latitudes. Au niveau de l'équateur,

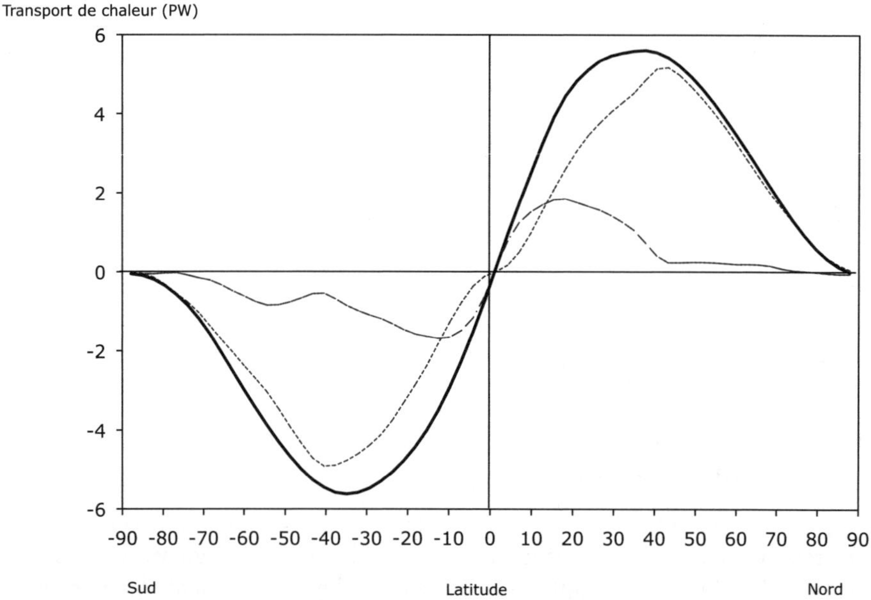

FIG. 1.5 – Transports moyens d'énergie par l'atmosphère (pointillé fin) et l'océan (tireté), et transport total (trait continu). Les transports sont notés positivement vers le nord et négativement vers le sud.

sous sa branche ascendante d'air chaud et humide, la convergence à basse altitude se manifeste par une forte activité convective et des pluies intenses. Celles-ci permettent le développement d'une végétation luxuriante, la forêt tropicale humide, sur les continents, tandis que sur les grands bassins océaniques, l'activité convective s'organise suivant une bande longitudinale étroite d'une centaine de kilomètres de large, la zone de convergence intertropicale. C'est là que sont concentrés les orages et la pluie : c'est le « pot au noir » redouté des voiliers dans le passé et maintenant des navigateurs solitaires.

Au-delà de 30° de latitude, l'écoulement de l'air, dévié vers l'est par la force de Coriolis, atteint des vitesses telles qu'il devient instable et se brise en tourbillons et méandres. De larges méandres apparaissent dans cette circulation d'ouest sous la forme de vastes oscillations, trois à six le plus souvent, qui ceinturent la Terre. Dépressions et anticyclones se succèdent dans les moyennes latitudes, entre 30 et 60 degrés nord et sud, créant des conditions météorologiques très variables. C'est là l'origine du climat « tempéré » qui règne sur l'Europe occidentale. En brassant l'air chaud subtropical et l'air froid polaire, ces tourbillons prennent le relais de la circulation de Hadley pour transférer l'excédent d'énergie des régions tropicales vers les pôles. Cette circulation est cependant influencée par les contrastes entre continents et océans, et par la présence des reliefs, favorisant l'ancrage d'ondes d'échelle planétaire dont l'intensité et la position varient dans le temps. Ces ondes modulent la répartition géographique du climat et induisent, par exemple, un climat plus chaud sur les côtes ouest que sur les côtes est des continents de l'hémisphère nord. Le contraste entre le climat du Canada et celui de la France en constitue un exemple frappant.

Les variations de l'intensité et de la position des vents ont été importantes dans le passé, notamment pendant les oscillations glaciaires-interglaciaires. Elles se manifestent par la présence plus ou moins marquée de pollens ou de poussières désertiques transportés dans l'océan, parfois très loin des côtes, où ils contribuent à la sédimentation marine. En milieu marin, lorsque le vent souffle parallèlement à la côte, il provoque des remontées d'eau profonde froide (*upwelling*). Leurs variations d'intensité, qui reflètent celle du vent, se traduisent par des variations de la température des eaux superficielles que les paléo-océanographes ont appris à reconstruire (voir chapitre 20).

Pour la période historique, des chroniques fournissent des informations, parfois subtiles, sur la variabilité des vents et des tempêtes. Par exemple, pendant le Petit Âge glaciaire, des variations de la position des vents ont été décelées dans l'océan Pacifique en analysant la durée des trajets des galions qui faisaient le transport de marchandises entre Manille (Philippines) et Acapulco (Mexique). Les Archives Générales des Indes conservées à Séville rapportent que les voyages pouvaient durer de moins de trois mois à plus de quatre mois. Les routes étaient toujours les mêmes : au départ de Manille, les galions faisaient route vers l'est, en se laissant porter par les vents d'ouest, très stables. Au retour, ils faisaient route vers l'ouest en rejoignant l'alizé de nord-est, et la durée du voyage était finalement conditionnée par la position des vents contraires (de sud-ouest) qu'ils rencontraient en s'approchant de Manille. Les historiens ont ainsi pu mettre en évidence, au milieu du XVIIe siècle, une période d'environ quarante ans, pendant laquelle les vents contraires ont été très fréquents en raison d'un déplacement vers le nord des grandes dépressions. Les variations de la force et de la direction des vents constituent donc une manifestation majeure de changements climatiques passés.

1.3.2 Vapeur d'eau, nuages et précipitations

L'eau dans l'atmosphère, sous forme de vapeur dans l'air, de liquide ou de glace dans les nuages, joue un rôle important dans la dynamique du climat. En premier lieu, la quantité de vapeur d'eau contenue dans l'air est une fonction croissante de la température par la relation de Clausius-Clapeyron qui relie le seuil de saturation de la vapeur d'eau dans l'air à la température. Lorsque la température de l'air augmente, sa teneur en vapeur d'eau augmente. Or, la vapeur d'eau est le plus important des gaz à effet de serre de l'atmosphère. Toute augmentation de sa concentration dans l'air induit à son tour un réchauffement supplémentaire de l'atmosphère, enclenchant un mécanisme de rétroaction positive, qui amplifie la perturbation initiale.

Lorsque la teneur en vapeur d'eau dépasse le seuil de la saturation, la vapeur d'eau se condense provoquant la formation de nuages. Ceux-ci ont un rôle particulièrement complexe, parce qu'il comporte deux aspects qui jouent dans des directions opposées. D'une part, ils réfléchissent une partie du rayonnement solaire, ce qui a pour effet de refroidir la surface de la Terre. D'autre part, ils produisent un effet de serre qui, au contraire, la réchauffe. Ces deux effets ne s'équilibrent pas complètement. En moyenne, sous les conditions climatiques actuelles, le pouvoir de réflexion prédomine sur l'effet de serre, et les nuages refroidissent la surface de la Terre. Mais dans le cas d'un changement du climat, les nuages joueront-ils un rôle modérateur ou amplificateur ? Nuages proches de la surface et nuages des hautes couches de la troposphère ne se ressemblent pas. Les nuages bas, généralement plus épais, réfléchissent le rayonnement solaire, par contre, proches de la surface, ils modifient peu l'effet de serre. À l'inverse, les nuages de haute altitude, comme les cirrus, sont beaucoup plus minces et très froids. Ils laissent largement passer le rayonnement solaire, mais ils contribuent fortement à accentuer l'effet de serre. Rien ne nous permet de savoir si un réchauffement climatique va s'accompagner de davantage de nuages bas, avec un effet modérateur, ou de nuages hauts à l'effet amplificateur. La réponse est d'autant plus complexe qu'elle dépend des changements de la circulation générale de l'atmosphère.

Par coalescence, les micro-goutelettes d'eau grossissent et se transforment en précipitations d'eau, de neige ou de glace, selon les températures. La répartition des précipitations reflète les grandes caractéristiques de la circulation générale de l'atmosphère : ascendances et fortes pluies vers l'équateur, subsidences associées à un déficit de précipitations dans les sub-tropiques, précipitations dans les moyennes latitudes associées aux passages des dépressions. En moyenne, un excédent d'évaporation sur les océans est compensé par un excédent de pluies sur les continents. Ce transfert d'eau, des océans vers les continents, est particulièrement apparent lors du phénomène saisonnier de « mousson », bien connu dans le sud-est asiatique mais présent aussi en Afrique. En été, lorsque les continents se réchauffent, une basse pression thermique se développe et entraîne une convergence des vents des océans vers le continent. Chargés d'humidité, ces vents s'élèvent et déchargent une grande quantité de pluie au-dessus des terres.

1.3.3 Reconstruire les variations des précipitations

On retrouve à la surface de notre planète de nombreux témoins des variations passées de la quantité de précipitation tombant dans une zone donnée. L'accumulation des glaces dans les calottes glaciaires polaires dépend directement de leur alimentation en neige. Les glaciologues ont ainsi montré que les précipitations neigeuses étaient deux fois moins abondantes qu'aujourd'hui pendant les périodes glaciaires. Aux plus basses latitudes, les fluctuations des précipitations sont enregistrées par les sédiments lacustres. Des dépôts laissés au-dessus du niveau actuel témoignent de phases pluviales intenses, notamment au début des périodes interglaciaires. Le niveau du lac baisse lorsque les pluies diminuent. À titre d'exemple, en survolant en avion le lac Tchad, on peut visualiser au sol les traces des différentes lignes de rivage qui enregistrent la régression qui a affecté ce lac au cours des derniers millénaires. Il occupait une superficie de 340 000 km^2 (représentant plus des 2/3 de celle de la France), il y a environ six à huit mille ans. En l'an 2000, il était réduit à 1 500 km^2, soit moins de 1 % de sa surface maximale.

Les lacs ne sont pas les seuls enregistreurs des fluctuations des pluies sur les continents. En terrain calcaire, les variations de croissance des concrétions des cavernes constituent un autre indicateur des fluctuations de l'alimentation des eaux souterraines par les pluies. Les datations par les méthodes géochronologiques (voir chapitre 13) permettent de déceler des ralentissements ou des arrêts de croissance en période sèche, suivis d'une reprise lorsque l'alimentation des eaux souterraines reprend en période humide.

Les moussons constituent un exemple majeur de précipitations intenses affectant de vastes régions, tant en Afrique qu'en Asie. Les pluies tombent pendant les mois d'été, lorsque les masses continentales surchauffées sont le siège de basses pressions vers lesquelles convergent les masses d'air océaniques chargées d'humidité. L'intensité de la mousson a subi des fluctuations considérables au cours du Quaternaire. Celles-ci se sont traduites par des variations énormes du débit des grands fleuves qui sont alimentés par ces pluies, comme le Niger et le Nil en Afrique, ou encore les grands fleuves qui drainent l'Himalaya et se déversent en baie du Bengale. Les variations des apports d'eau douce à l'océan ont été tellement intenses qu'elles se sont traduites par de grandes fluctuations de salinité dans les zones proches de l'embouchure de ces fleuves. Les paléo-océanographes savent les reconstituer par l'analyse isotopique ou micropaléontologique des sédiments marins déposés à proximité des continents (Fig. 1.6).

Les surfaces continentales portent de nombreuses autres traces des grands changements du cycle hydrologique dans le passé. Pendant les périodes de forte aridité, les vents secs ont permis le développement de dunes qui se stabilisent lorsque reviennent les pluies. La végétation qui se développe dans les différentes régions porte autant la marque des températures de l'air que celle des précipitations et de la disponibilité en eau. L'épaisseur et la densité des cernes annuels des arbres en dépendent. Les pollens que les géologues retrouvent dans les sédiments lacustres et les tourbières, voire dans les sédiments marins non loin des côtes permettent de reconstituer les grands types de végétation qui se sont développés au cours des périodes géologiques et donc les conditions de température et d'humidité qui régnaient alors.

1.3.4 Les modes de variabilité de l'atmosphère

La circulation atmosphérique est très variable. Aux courtes échelles de temps, la variabilité est dominée par la durée de vie des dépressions, c'est-à-dire quelques jours. Aux plus longues échelles de temps, la circulation présente

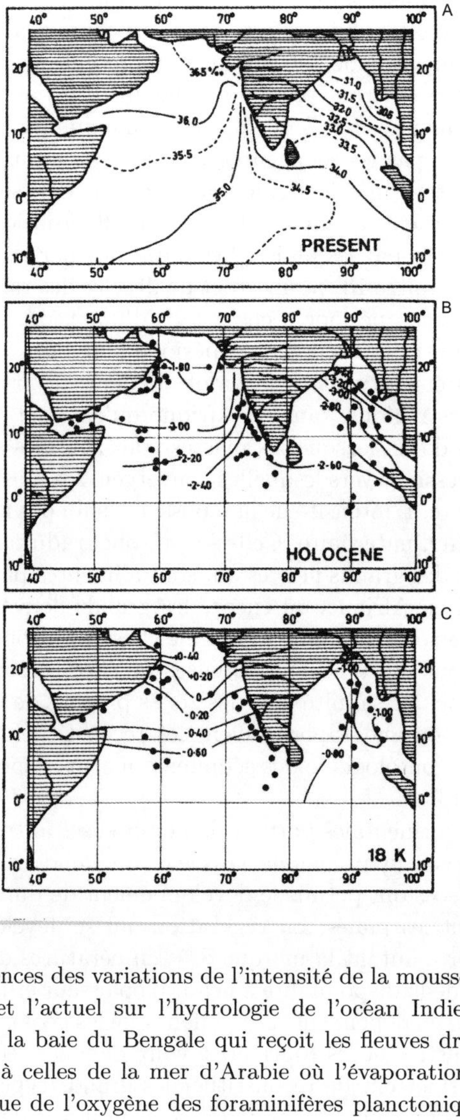

FIG. 1.6 – Conséquences des variations de l'intensité de la mousson entre le dernier maximum glaciaire et l'actuel sur l'hydrologie de l'océan Indien Nord. A – Les salinités actuelles de la baie du Bengale qui reçoit les fleuves drainant l'Himalaya sont très inférieures à celles de la mer d'Arabie où l'évaporation domine. B – La composition isotopique de l'oxygène des foraminifères planctoniques des sédiments marins récents enregistre bien ces variations parce que la température varie peu dans le nord de l'océan Indien. C – La composition isotopique de l'oxygène des foraminifères planctoniques des sédiments marins déposés lors du dernier maximum glaciaire dont l'âge ^{14}C est voisin de 18 Ka BP) reflète une diminution considérable du débit des fleuves qui se déversent en baie du Bengale et donc de l'intensité des pluies de mousson.

des modes de variabilité sur des périodes pouvant aller jusqu'à plusieurs années. En Europe, la variabilité est dominée par les fluctuations du système basse pression d'Islande/haute pression des Açores. Ce dipôle oscille entre une phase dite « positive » marquée par un renforcement de la basse et de la haute pression, des vents d'ouest plus forts, apportant pluies et températures chaudes au nord de l'Europe, et une phase dite « négative » où pressions et vents d'ouest s'atténuent, déplaçant la zone de pluies vers le sud de l'Europe (Fig. 1.7). Cette « oscillation nord-atlantique » (souvent désignée par son acronyme anglais NAO) se produit à toutes les échelles de temps et explique environ un tiers de la variabilité des situations météorologiques en Europe de l'Ouest, principalement en hiver. Les phases positives ou négatives sont susceptibles de prédominer sur plus d'une dizaine d'années, ce qui confère à la NAO un intérêt particulier pour l'étude du climat de l'Europe. Ce mode semble bien résulter de l'atmosphère seule, néanmoins il influence la circulation océanique. Des questions se posent encore sur les mécanismes qui permettent à la circulation atmosphérique de présenter une oscillation sur une durée aussi longue.

L'oscillation nord-atlantique a-t-elle existé dans le passé ? Les mesures instrumentales de pression atmosphérique, notamment celles qui ont été effectuées à Reykjavik et à Gibraltar, permettent de la reconstituer jusque vers 1850. La comparaison avec les températures hivernales de l'air relevées dans les stations météorologiques montre qu'en phase positive de la NAO, la température est supérieure à la moyenne en Europe occidentale et le sud-est de l'Amérique du Nord, mais inférieure à la moyenne au Groenland, en mer du Labrador, dans le nord-ouest de l'Afrique et en Méditerranée orientale. C'est l'inverse en phase de NAO négative.

Ces téléconnexions sont utilisées par les paléoclimatologues pour reconstituer l'évolution de la NAO dans la période pré-instrumentale. Les anneaux d'arbre sont de bons enregistreurs des conditions climatiques, et notamment de leurs extrêmes thermiques ou hydriques. Les enregistrements obtenus à partir d'arbres d'Amérique du Nord et d'Europe témoignent d'une alternance de phases tantôt positives, tantôt négatives depuis le début du XVIIIe siècle, avec des composantes périodiques non seulement courtes (8 et 2,1 ans) mais aussi pluri décennales (70 et 24 ans).

Les précipitations neigeuses et l'accumulation de glace dans la partie occidentale du Groenland sont anormalement faibles en phase de NAO positive, ce qui a permis d'obtenir une reconstitution de l'intensité de la NAO sur les 350 dernières années avec, là encore, la détection de périodicités pluriannuelles et multi décennales. Les téléconnexions associées à la NAO sont également enregistrées dans les sédiments marins. Au cours des dix mille dernières années, on observe une tendance au refroidissement des eaux superficielles de l'océan Atlantique Nord oriental opposée à un réchauffement de l'océan Atlantique subtropical occidental et de la Méditerranée orientale. Cette évolution a été considérée comme la marque d'un affaiblissement continu de la NAO au cours

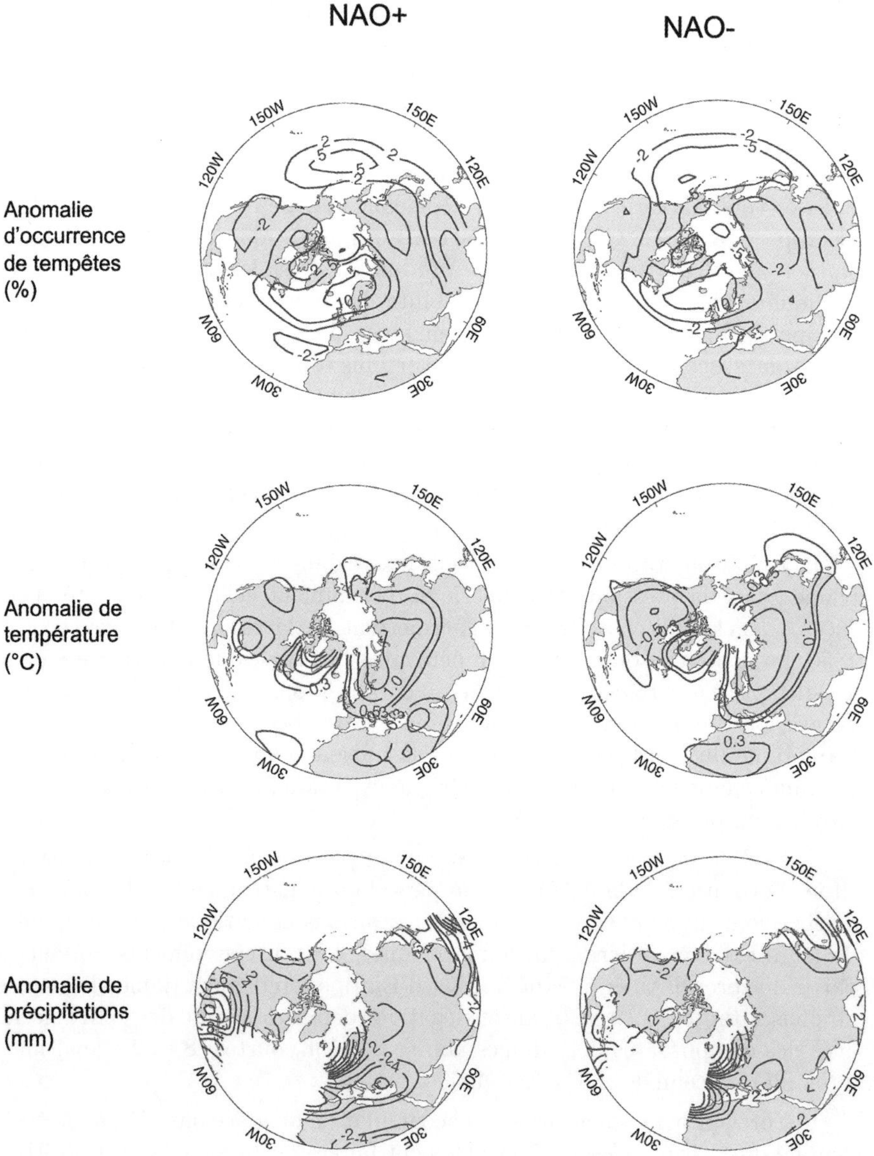

FIG. 1.7 – Les phases positives et négatives de l'oscillation nord-atlantique, et ses conséquences sur la distribution des températures, des précipitations et des vents.

de l'Holocène. Toutefois, sur ces échelles de temps, il devient difficile de faire la part entre une variation de la NAO s'exprimant sur plusieurs millénaires et une tendance climatique à long terme, pilotée par les variations lentes des paramètres orbitaux. En effet, la variation cyclique de la précession (avec la période de 21 000 ans) a été responsable d'une augmentation hivernale du flux de rayonnement solaire tombant sur les tropiques il y a 10 000 ans, puis de sa diminution progressive qui s'est accompagnée d'une baisse de la différence de pression atmosphérique entre les tropiques et les hautes latitudes nordiques au cours de l'Holocène. On retrouve ici un exemple de l'importance des variations d'insolation prédites par la théorie astronomique.

1.4 Les océans

1.4.1 Les grandes caractéristiques des océans

Les océans couvrent les deux tiers de la surface de la planète. Avec leurs 3 900 m de profondeur moyenne, ils présentent une très grande inertie thermique, bien plus grande que celle de l'atmosphère. En effet, une couche de surface de 3 m d'océan a la même capacité calorifique que les 10 km d'épaisseur de la troposphère. Cette caractéristique explique que les régions situées en bordure des océans bénéficient d'un climat beaucoup moins contrasté que l'intérieur des grandes masses continentales. Elle joue également un rôle important sur la détermination du temps de réponse du système atmosphère-océan à une perturbation du bilan radiatif.

L'atmosphère et les océans échangent de la quantité de mouvement par la friction exercée par les vents à l'interface air-mer. Ceux-ci sont ainsi responsables des grands courants marins bien connus des navigateurs hauturiers.

Atmosphère et océans échangent également de l'énergie et de l'eau. Les échanges d'énergie, à travers le rayonnement solaire, le flux infrarouge et les flux turbulents de surface, chaleur sensible et latente, modulent la température des eaux superficielles de l'océan. Les échanges d'eau, à travers l'évaporation et les précipitations, modulent leur salinité : l'évaporation enrichit l'eau de mer en sel tandis que les pluies, à l'inverse, diminuent la salinité. Ces interactions qui induisent des variations de la température et de la salinité de l'eau de mer déterminent finalement sa densité. En effet, celle-ci est une fonction décroissante de la température et une fonction croissante de la salinité. Il faut noter que, contrairement aux eaux douces, l'eau de mer ne passe pas par un maximum de densité vers 4 °C. Les différences de densité vont ensuite entraîner la circulation des grandes masses d'eau profonde de l'océan mondial.

Ces interactions physiques, schématisées sur la figure 1.8, sont complétées par des échanges de matière, comme, par exemple, de gaz carbonique ou de composés soufrés, qui vont intervenir dans les cycles biogéochimiques des différents éléments. Ainsi physique, chimie et biologie sont très étroitement liées au sein de l'océan.

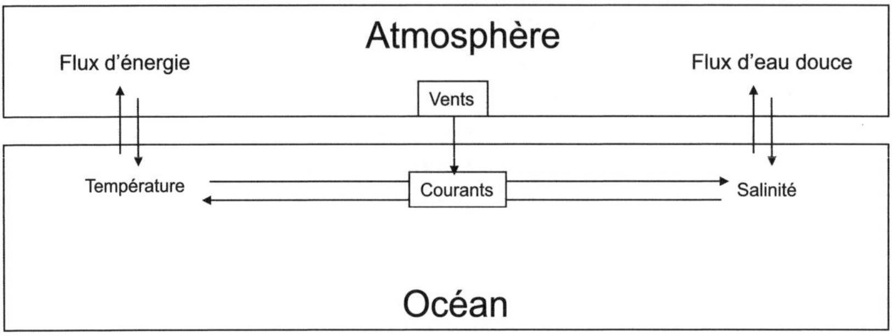

FIG. 1.8 – Interactions entre l'atmosphère et l'océan : Les vents entraînent les courants superficiels qui transportent température et sel au sein des océans. Les échanges d'énergie et d'eau entre l'atmosphère et les océans conditionnent la température et la salinité de surface des océans qui, en modulant la densité de l'eau, entraînent également des courants marins.

1.4.2 La circulation océanique

Dans les tropiques, les vents entraînent de grandes circulations anticycloniques, dénommées « tourbillons » ou « gyres », tournant dans le sens des aiguilles d'une montre dans l'hémisphère nord et dans le sens inverse dans l'hémisphère sud. Une dissymétrie très marquée existe cependant entre l'est et l'ouest des bassins océaniques. À l'est de l'Atlantique Nord par exemple, le courant des Canaries s'étend sur une zone beaucoup plus large et présente une intensité bien plus faible que le courant de bord ouest, le Gulf Stream, très intense et ne s'étendant sur guère plus de 100 km de large. Ce renforcement des courants le long des bords ouest des bassins océaniques n'est pas spécifique à l'océan Atlantique. On l'observe notamment dans le Pacifique Nord avec le courant chaud du Kouro-Shivo ou dans l'hémisphère sud avec le courant des Aiguilles qui longe la côte sud-africaine. Il résulte de façon complexe de l'accroissement de la force de Coriolis avec l'éloignement de l'équateur.

Les différences de densité entraînent également de grands mouvements des masses d'eau océaniques. Les eaux les plus denses se situent dans les régions polaires où se forme la glace de mer : celles-ci, déjà denses en raison de leur faible température, sont encore alourdies par deux apports de sel : celui qui est transporté par les courants depuis les régions subtropicales, où l'évaporation est intense et celui qui est rejeté lors de la formation de glace de mer. Ces eaux denses tendent à plonger par gravité sous les eaux plus chaudes et moins salées, et à se répandre ensuite dans les fonds océaniques dont la température, voisine de 0 à 2 °C, varie peu des pôles à l'équateur. Ces plongées d'eau sont le point de départ de la grande boucle de circulation globale de l'océan, qualifiée de thermohaline, puisque les eaux les plus denses tendent à passer sous les eaux les moins denses et que la densité des masses d'eau ne dépend que de leur température et de leur salinité. Ce mécanisme joue un rôle important dans la circulation océanique, puisqu'il contribue pour plus de 75 % à la formation de la totalité des masses d'eaux profondes de l'océan mondial. Paradoxalement, ce processus de plongées d'eau profonde ne se produit que dans une fraction très réduite de la surface des océans : dans la mer du Labrador, en mer de Norvège et du Groenland et dans quelques régions de l'Atlantique Nord, ainsi que sur le pourtour du continent Antarctique, notamment dans la mer de Weddell. En réalité, circulation thermohaline et circulation induite par les vents se combinent et on qualifie l'ensemble de circulation méridienne (*meridional overturning circulation* en anglais).

La plongée d'eau dans le nord de l'Atlantique s'écoule vers 2 000 à 3 000 m de profondeur jusqu'aux alentours de 60° de latitude sud, où les masses d'eau subissent un lent mouvement de remontée vers la surface. Entraînée dans le courant circumpolaire antarctique qui tourne d'ouest en est autour du continent polaire austral, l'eau profonde de l'Atlantique Nord se répand ensuite dans le Pacifique Sud et l'océan Indien. Le retour de cette grande circulation se fait par l'intermédiaire de courants chauds proches de la surface. Passant entre les îles indonésiennes, traversant l'océan Indien, contournant l'Afrique par le courant des Aiguilles, puis remontant vers l'Atlantique Nord, avec le Gulf Stream et la dérive nord atlantique. Mais si le retour par les courants chauds s'effectue en quelques dizaines voire une centaine d'années, plusieurs centaines à un millier d'années s'écoulent au contraire entre la plongée d'eau froide dans l'Atlantique Nord et l'arrivée de cette eau dans le centre du Pacifique, montrant la lenteur du gigantesque mouvement de brassage accompli par la circulation profonde.

1.4.3 Reconstruire la circulation océanique dans le passé

C'est l'objet de la paléo-océanographie qui repose sur l'analyse des sédiments qui se sont déposés en couches plus ou moins régulières sur le fond des océans, les couches les plus superficielles correspondant aux dépôts les plus récents. Cette discipline a pris son essor grâce à plusieurs développements scientifiques et techniques. D'une part, les méthodes de carottage et de forage ont permis de ramener au laboratoire des carottes de sédiments peu perturbés, qui ont enregistré fidèlement les conditions régnant dans l'océan au moment où ces sédiments se déposaient. D'autre part, l'analyse approfondie des faunes (foraminifères) et flores (diatomées, coccolites) fossiles, qui vivaient dans la zone éclairée ou dans la colonne d'eau, ont permis de reconstituer les températures des eaux superficielles (voir chapitre 20). Enfin, des méthodes géochimiques nouvelles reposant sur l'analyse des isotopes stables ou radioactifs des éléments présents dans les sédiments marins ont fourni des méthodes de datation, des marqueurs stratigraphiques et des traceurs des grands courants marins (voir chapitres 3, 5 et 6). Il est maintenant possible de dresser des cartes de la température des eaux superficielles de l'océan à des moments critiques de l'histoire climatique de la Terre, tels le dernier maximum glaciaire dont l'âge ^{14}C est proche de 18 000 ans (soit un âge calendaire d'environ 20 000 ans, chapitre 2) ou des périodes interglaciaires du Quaternaire. La paléo-océanographie permet également de reconstituer les déplacements des fronts séparant des masses d'eau superficielle de caractéristiques très différentes : une descente des eaux polaires vers les basses latitudes, chassant les eaux tempérées, s'accompagne d'un fort refroidissement ressenti également par les zones côtières voisines. Inversement, leur recul s'accompagne immédiatement d'un réchauffement sensible.

Les sédiments marins contiennent également des marqueurs des conditions ayant régné à grande profondeur à l'interface eau-sédiment. Les plus importants d'entre eux sont les foraminifères benthiques, animaux microscopiques à coquille calcaire dont la composition isotopique reflète notamment la température des eaux de fond et la teneur en gaz carbonique dissous dans les eaux profondes de l'océan. Les mesures des océanographes montrent qu'à une profondeur donnée dans l'océan, les caractéristiques physiques et chimiques des eaux sont quasiment constantes dans un rayon de plusieurs dizaines de kilomètres. En prélevant des carottes de sédiments à différentes profondeurs dans un bassin océanique, il est possible de reconstituer les caractéristiques de grandes masses d'eau profonde, d'en déduire les grands traits de leur circulation à une époque donnée et de suivre leurs variations au cours du temps. La paléo-océanographie permet donc de reconstituer les grands traits de l'évolution de l'océan en trois dimensions.

1.4.4 El Niño, du jeu des interactions entre l'atmosphère et les océans

Les interactions entre l'atmosphère et les océans peuvent conduire à des modes de variabilité du climat. Le phénomène El Niño en est la parfaite illustration. Tous les deux à dix ans, une situation anormale se produit dans le Pacifique, se manifestant par l'apparition d'eaux exceptionnellement chaudes le long des côtes du Pérou et de fortes perturbations dans le régime des pluies tropicales.

En période dite « normale », la température de l'eau avoisine 28-29 °C à l'ouest du Pacifique tropical, alors qu'elle ne dépasse pas 20-25 °C à l'est. Cette forte dissymétrie de température entre l'est et l'ouest entretient la circulation atmosphérique qui, en retour, maintient le gradient de température. Les eaux les plus chaudes fournissent en effet la chaleur et l'humidité nécessaires au développement d'une forte activité convective au-dessus du Pacifique Ouest, où se développe l'ascendance associée à la circulation de Hadley, alors que l'air redescend au-dessus des eaux froides de l'est du Pacifique. Cette dissymétrie entre l'est et l'ouest du Pacifique est associée à une circulation, dite de Walker. À leur tour, les alizés en surface, qui soufflent de l'est vers l'ouest, entretiennent le gradient est-ouest de température. Dans l'est du Pacifique, ils induisent un courant de surface dévié vers la droite dans l'hémisphère nord et vers la gauche dans l'hémisphère sud par la rotation de la Terre, ce qui chasse l'eau superficielle de part et d'autre de l'équateur, et provoque une remontée d'eaux froides par compensation. Les alizés entraînent également les eaux de surface vers l'ouest où l'accumulation d'eau inhibe le processus d'*upwelling* ; chauffées par le Soleil, ces eaux atteignent les températures océaniques les plus élevées, favorisant une intense activité convective. Cette situation est désignée sous le nom d'El Niño lorsqu'elle est particulièrement marquée avec des contrastes est-ouest renforcés.

Au cours d'un événement El Niño, la circulation de l'océan et celle de l'atmosphère changent simultanément suivant un processus d'action et de réaction mutuelles dans lequel il est impossible de distinguer qui, de l'océan ou de l'atmosphère, déclenche le phénomène. En particulier, le réchauffement du Pacifique central produit des eaux à 28-29 °C, ce qui a pour effet de déplacer vers l'est la région de forte activité convective. Il s'ensuit une diminution de la force des vents alizés dans l'ouest du Pacifique, voire même une inversion de leur direction. Soumis à des alizés plus faibles, le courant de surface s'affaiblit et les eaux chaudes de l'ouest du Pacifique refluent vers l'est, engendrant par contrecoup un réchauffement du Pacifique central et l'interruption des remontées d'eaux froides devant les côtes d'Amérique du Sud. Mais le phénomène El Niño amorce un jeu d'ondes dans l'océan qui mène à sa fin et au rétablissement de la situation dite « normale ».

On connaît l'existence de variations de l'intensité et de la fréquence des événements El Niño dans le passé en raison de leurs conséquences très variées. Dans les Andes, l'arrivée des eaux chaudes sur les côtes du Pacifique se traduit par des précipitations intenses, parfois catastrophiques qui s'accompagnent d'inondations, voire d'énormes glissements de terrain que les géologues savent dater. Les sites préhistoriques portent également la trace de ces événements, et les archéologues ont établi que certaines civilisations andines se sont développées à l'occasion de périodes où les événements El Niño avaient été rares ou peu intenses et ont régressé avec le retour des pluies torrentielles. Cependant, l'approche la plus précise pour reconstituer la succession de ces événements est l'analyse géochimique des coraux qui sont abondants dans les eaux de l'océan Pacifique équatorial, au cœur même du phénomène. Par exemple, l'atoll de Tarawa situé près de la ligne de changement de date (méridien 180°) a habituellement un climat sec, quasi désertique. Lorsque se développe un événement El Niño, les eaux chaudes l'atteignent, la convection atmosphérique devient localement intense et des pluies abondantes arrosent tout l'atoll et le récif corallien qui l'entoure. Les coraux, animaux à squelette calcaire dans lesquels on peut reconnaître des bandes annuelles, enregistrent ces passages pluvieux. Leur analyse a permis de dénombrer les El Niños sur le dernier siècle et de montrer que leur fréquence avait changé au cours des cent dernières années. À l'inverse, près de l'Australie qui est habituellement dans la zone des eaux les plus chaudes, les événements El Niño sont marqués par une diminution des pluies et un refroidissement qui a été bien enregistré par les récifs coralliens de Nouvelle Guinée ou aux îles Fidji. Ces enregistrements montrent que les événements El Niño ont existé également pendant les périodes de climat glaciaire, et confirment que leur fréquence et leur intensité ont beaucoup varié dans le passé, le XXe siècle étant une période au cours de laquelle ils ont été particulièrement forts (Fig. 1.9).

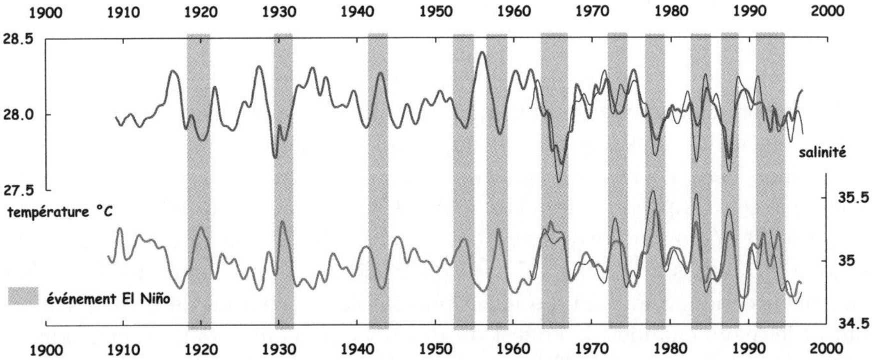

FIG. 1.9 – Variations de la température et de la salinité des eaux superficielles dans l'archipel des îles Fidji (Pacifique Ouest) reconstituées à partir des variations de la composition isotopique des coraux qui se développent en zone côtière. La période 1960-1995 pour laquelle des mesures instrumentales sont disponibles a été utilisée comme période de calibration (courtoisie du Dr Anne Juillet, LSCE).

1.5 La biosphère terrestre et marine

La biosphère, définie comme l'ensemble des organismes vivants, intervient également dans le fonctionnement de la machine climatique, au point que certaines théories imaginent même que le comportement de la biosphère a contribué à réguler le climat dans des conditions compatibles avec la vie tout au long des temps géologiques.

1.5.1 La distribution géographique de la biosphère

Sur les continents, elle est principalement constituée par la végétation dont la répartition dépend de façon critique des caractéristiques du climat que sont l'insolation, la température et les précipitations. La forêt tropicale humide ne peut se développer que si température et humidité restent favorables pendant les douze mois de l'année. Elle est remplacée par une forêt sèche ou une savane si la teneur en eau des sols diminue pendant plusieurs mois. La savane devient elle-même de plus en plus clairsemée lorsque l'aridité augmente pour disparaître dans les déserts. Au nord des tropiques, les variations saisonnières de température et d'humidité dominent la scène climatique. La végétation prend la forme d'une forêt à feuilles caduques dans les régions tempérées humides, d'une flore plus résistante à la sécheresse en zone méditerranéenne ou d'une prairie herbacée dans les zones sèches à fort contraste saisonnier. Encore plus au nord se trouve le domaine de la forêt boréale (taïga), constituée de bouleaux et de conifères, ou bien de la maigre toundra, si les arbres ne peuvent se développer. La carte de la végétation actuelle est donc étroitement liée aux grandes zones climatiques.

Dans les océans, la biosphère marine, dépend de la température et de la salinité, mais également de la quantité de lumière et de nutriments disponibles pour permettre la production de phytoplancton qui constitue la base de la chaîne alimentaire des océans. Les régions où la production de phytoplancton est abondante sont cependant très restreintes. Exceptées certaines franges côtières des régions tropicales, l'océan Austral et l'Atlantique Nord, capables de fournir les substances nutritives en quantité suffisante pour alimenter une production continue de matière vivante, la majeure partie des aires océaniques est constituée d'eau pratiquement stérile, d'où la belle couleur bleue des eaux tropicales.

1.5.2 Le rôle de la biosphère

Sur les continents, la végétation modifie les échanges d'énergie, d'eau et de quantité de mouvement. La végétation permet une absorption plus grande d'énergie solaire qu'un sol nu. En effet, l'albédo (pouvoir Réflecture) d'un couvert végétal atteint de 10 à 15 % contre 35 % pour un sol nu. Les arbres renforcent également l'évaporation de la surface, par transpiration du feuillage et pompage de l'eau du sol par leur système racinaire. Enfin, un arbre représente un obstacle près de la surface qui accroît la turbulence près du sol et freine plus efficacement le vent qu'un sol nu. D'après des expériences numériques, ces effets physiques de la végétation semblent avoir renforcé l'intensification des pluies de mousson pendant l'Holocène moyen, il y a 6 000 ans.

Au cours des années 1980, la découverte des variations passées du gaz carbonique et du méthane dans l'air piégé dans les glaces de l'Antarctique a orienté les projecteurs sur un rôle de la biosphère, jusque-là négligé. En effet, ces variations qui sont la signature d'une perturbation des cycles biogéochimiques ne peuvent s'expliquer par les seuls échanges physiques entre l'atmosphère et les océans. La biosphère doit intervenir. La biosphère continentale absorbe du gaz carbonique par le processus de photosynthèse, mais en rejette par respiration, non seulement durant la vie des plantes mais aussi ultérieurement, au cours de leur décomposition dans le sol, sous l'action des bactéries. En moyenne, tant que le climat reste constant, l'absorption et l'émission de gaz carbonique par la biosphère continentale s'équilibrent et l'activité biologique produit un recyclage du carbone atmosphérique. Dans les océans, le phytoplancton absorbe également du gaz carbonique par photosynthèse. Ce carbone est ensuite réutilisé pour constituer les tissus des autres organismes vivants au cours de la chaîne alimentaire ainsi que des déchets organiques de toutes sortes. Le phytoplancton est de cette manière responsable d'un recyclage rapide du carbone dans les eaux de surface des océans : l'absorption réalisée au cours de la photosynthèse est compensée par un dégagement permanent de gaz carbonique provoqué par la respiration des algues, du zooplancton, des poissons, ainsi que par l'oxydation des déchets. Une fraction de ce carbone, environ 10 %, est soustraite de ce recyclage. Pelotes fécales, tissus morts et autres déchets sombrent sous l'effet de leur poids et emportent avec eux en profondeur une partie du carbone absorbé à la surface des océans. La majeure partie de cette « neige marine » se dissout ou se décompose sous l'action de bactéries avant même de parvenir au fond des océans, libérant ainsi le carbone de la matière organique pour l'ajouter au carbone dissous dans les eaux profondes des océans. Une infime fraction de la « neige marine », environ 1 % du carbone quittant la surface, parvient jusqu'aux abysses et se dépose, formant des sédiments, dans lesquels le carbone se retrouve piégé pour des millions d'années.

1.5.3 Biosphère passée et paléoclimats

Depuis longtemps, les géologues savent que la biosphère continentale et marine a considérablement varié dans le passé, en réponse aux lents processus d'évolution (à l'échelle des millions d'années) mais aussi aux changements du climat planétaire et de la circulation générale de l'atmosphère et des océans, notamment au rythme dicté par la théorie astronomique des paléoclimats.

La plupart des plantes produisent au cours de leur cycle de reproduction de minuscules grains, aux formes et à la décoration caractéristiques de l'espèce qui les a produits. Ce sont les pollens (élément mâle fécondant de la fleur) ou les spores (structure de multiplication végétative ou de reproduction) dont l'enveloppe externe est très résistante. Ils sont transportés par les vents ou les eaux de ruissellement et se conservent bien s'ils sont fixés dans un milieu pauvre en oxygène. On les retrouve donc dans les sédiments lacustres et les tourbières, où ils fournissent une image raisonnablement précise du couvert végétal dans le voisinage du lac ou de la tourbière. C'est ainsi que l'on a pu déterminer que la végétation de la France était celle d'une steppe polaire, il y a vingt mille ans, au moment du paroxysme de la dernière glaciation.

Les sédiments continentaux contiennent d'autres fossiles qui renseignent également sur les conditions climatiques locales : diatomées, mollusques, ostracodes (petits crustacés à la carapace calcaire) vivant en eau douce, macro restes de plantes (tige ou feuille), charbon de bois témoins de grands feux naturels, restes fossiles d'animaux supérieurs, comme les ossements de mammifères que l'on retrouve dans les sites archéologiques.

Le lien entre le climat et les fossiles végétaux est si étroit que des méthodes statistiques ont été développées pour le quantifier sur la situation actuelle. Les relations ainsi obtenues, appelées « fonctions de transfert » permettent d'estimer les conditions climatiques passées si l'on retrouve dans des sédiments anciens les mêmes associations végétales que celles connues aujourd'hui (voir chapitre 11).

Sans parler des abondants fossiles présents en milieu côtier ou dans les récifs coralliens, la biosphère marine laisse de nombreuses traces de sa diversité dans les sédiments marins : dents et otolithes de poissons, coquilles aragonitiques de ptéropodes (gastéropodes marins), coquille calcaire des foraminifères planctoniques et benthiques, coccolites (plaques calcaires sécrétées par des algues microscopique, appelées coccolithophoridés et vivant en eaux chaudes ou tempérées), squelettes siliceux des diatomées marines (algues vivant dans les eaux froides riches en silice) et des radiolaires (animaux microscopiques vivant en eau profonde... La relation entre la température de l'eau de mer et l'abondance des diverses espèces fossiles de foraminifères ou de diatomées est étroite, ce qui a permis d'établir des fonctions de transfert permettant d'estimer les paléotempératures marines avec une précision voisine de 1 à 2 °C (chapitre 11).

Il faut être conscient que les fonctions de transfert n'ont de validité que dans la mesure où ce sont les mêmes espèces que celles d'aujourd'hui qui sont présentes dans les sédiments anciens, qu'ils soient continentaux ou marins. Même si l'on veut plus simplement estimer grossièrement les conditions ayant régné dans le passé géologique, il ne faut pas oublier que les espèces évoluent et sont susceptibles de s'adapter à des environnements très différents au fil des millions d'années. C'est ainsi qu'au Jurassique, il y a 150 à 200 millions d'années, des récifs coralliens très développés dans les eaux chaudes abritaient des espèces de mollusques variées, comme *Pholadomya, Tridacna* et *Astarte.* Leurs lointains descendants peuvent être trouvés aujourd'hui dans des environnements bien différents : enfouis dans la vase pour *Pholadomya,* dans des eaux côtières chaudes ou en milieu récifal pour *Tridacna* et dans des eaux polaires pour *Astarte.* On voit ainsi combien la reconstitution des paléoenvironnements nécessite de précautions et de confrontations des divers indices que l'on peut retrouver fossilisés.

1.6 La cryosphère

L'eau sous forme de glace ou de neige constitue la cryosphère. Glaciers et calottes glaciaires couvrent environ 11 % de la surface de la Terre ; répartie sur les océans, l'eau qu'ils contiennent augmenterait le niveau de la mer d'environ 77 mètres. La glace de mer, qui se forme par congélation de l'eau de mer, couvre en moyenne 7 % des océans, mais ne représente qu'une couche de quelques mètres d'épaisseur. Comme elle flotte, sa fonte ne provoquerait aucune variation du niveau marin. Sur les continents, la couverture neigeuse varie de façon importante avec les saisons.

1.6.1 Le rôle de la cryosphère

La principale propriété de la cryosphère est son albédo. Celui-ci peut atteindre 80 à 90 % pour de la neige fraîche et ne descend guère en dessous de 50 % lors de la fonte de glace en surface ou lorsque la neige recouvre des arbres. Cette propriété introduit la deuxième grande boucle de rétroaction positive du système climatique. Les régions libérées de leur manteau de neige ou de glace absorbent une plus grande fraction de l'énergie solaire incidente. Disposant de plus d'énergie, elles se réchauffent, facilitant ainsi la fonte de la neige et de la glace restantes. Le processus s'amplifie de lui-même. Dans la théorie de Milankovitch des cycles glaciaires (voir chapitre 7, tome 2), la diminution d'énergie solaire en été en raison des variations lentes du mouvement de la Terre autour du Soleil permet d'enclencher la formation de calottes de glace, grâce à cette rétroaction positive : en effet, suite à la diminution d'ensoleillement, la neige accumulée en hiver ne fond pas complètement, l'énergie absorbée diminue en retour et permet à la neige de s'accumuler jusqu'à former des calottes de glace. Nous verrons (chapitre 4, tome 2) que le mécanisme est en fait plus complexe, et fait intervenir des rétroactions de l'océan et de la biosphère boréale en réponse aux changements d'insolation, même si ceux-ci constituent bien le facteur déclenchant l'entrée en glaciation.

Mais le rôle de la cryosphère ne s'arrête pas à son impact sur l'albédo de surface. Sur les océans, la glace de mer isole atmosphère et océans, et bloque les échanges air-mer d'eau, de sel et d'autres substances chimiques. Lorsqu'elle se forme, la glace de mer rejette du sel qui densifie l'eau de mer et provoque la plongée des eaux en profondeur, alimentant ensuite la circulation océanique thermohaline méridienne. À l'inverse, lorsqu'elle fond en été, la salinité des eaux superficielles diminue brutalement. Sur les continents, les glaciers ne sont pas statiques. Ils s'écoulent sous l'effet de leur poids avec une vitesse qui peut atteindre plusieurs centaines de mètres par an. Lorsqu'ils atteignent les côtes, ces glaces se cassent en icebergs qui sont entraînés par les vents et les courants, et fondent lorsqu'ils arrivent en eau plus chaude, provoquant une baisse de salinité des eaux superficielles de l'océan. De tels changements sont susceptibles d'entraîner des rétroactions importantes, tel un arrêt des formations d'eau profonde et de la circulation thermohaline (voir chapitre 8, tome 2).

Un changement climatique favorisant l'écoulement des glaciers peut favoriser la déstabilisation d'une calotte glaciaire peu stable, comme celle recouvrant l'Antarctique de l'Ouest. En effet, celle-ci repose sur des fonds qui seraient normalement occupés par la mer, et la totalité des bords de cette calotte se trouve en contact avec l'océan. Une telle masse de glace est instable. Du fait de cette instabilité, de gigantesques plates-formes de glace flottante, épaisses de plusieurs centaines de mètres, bordent toute la zone de contact de la calotte glaciaire avec l'océan. Celle qui recouvre la mer de Ross et celle de Ronne qui rejette d'énormes icebergs, longues de plusieurs dizaines de kilomètres, en mer de Weddell, ont chacune une surface voisine de celle de la France. En absence de relief rocheux, elles sont en prise directe sur la calotte glaciaire et leur écoulement atteint couramment des vitesses de plusieurs mètres par jour. Ce qui assure la sauvegarde de la calotte Antarctique de l'Ouest, c'est l'existence de nombreuses îles sur son pourtour. Celles-ci se comportent comme des points d'ancrage qui font office de ralentisseurs. Les glaces ne progressent donc que lentement jusqu'à cette ultime barrière, qui une fois franchie, laisse le champ libre au vêlage des icebergs résultant de la fragmentation de la plateforme glaciaire. Le devenir de la calotte Antarctique de l'Ouest en réponse au changement climatique en cours est un réel sujet de préoccupation pour les prochains siècles.

1.6.2 Cryosphère passée et paléoclimats

La variabilité de la cryosphère est considérable, quelles que soient les échelles de temps que l'on considère. À l'échelle de la saison, c'est bien sûr le manteau neigeux et la glace de mer qui présentent de fortes variations. Des mesures effectuées depuis le milieu du XXe siècle montrent que l'étendue de la glace de mer passait chaque année de 15 millions de km^2 en début de printemps à seulement 7 millions de km^2 à la fin de l'été. Toutefois, depuis 1980, on observe une nette tendance à la diminution de cette étendue, qui est devenue voisine de 5 millions de km^2 au cours des derniers étés. Une même tendance au retrait des glaciers de montagne est observée au cours du XXe siècle, que ce soit dans les Alpes, dans les montagnes africaines ou en Amérique du Sud.

À l'échelle géologique, la variabilité de la cryosphère est encore plus considérable. Elle est documentée par les traces que les glaciers laissent de leur passage ou de leur extension maximale (moraines, blocs erratiques, roches striées par le frottement des blocs transportés par le glacier à la surface du socle rocheux sur lequel il repose, vastes boucliers continentaux érodés comme le Canada...). Les observations géologiques ont ainsi conduit à penser que tous les continents étaient recouverts de glaciers, il y a quelque 750 millions d'années, et que les océans étaient probablement recouverts de glace de mer pérenne à la même époque.

Il y a environ 450 millions d'années, à l'Ordovicien, une gigantesque calotte glaciaire recouvrait le Sahara où, aujourd'hui encore, on peut voir des roches striées, des vallées glaciaires, des restes de moraines, et les chenaux qui collectaient les eaux résultant de la fonte des glaces en été et les entraînaient vers l'Afrique du Nord. En survolant la Mauritanie occidentale, on peut ainsi reconnaître le lit sableux d'un vaste fleuve qui prenait naissance au front de la calotte glaciaire et décrivait de nombreux méandres avant de se jeter, plus au nord, dans les mers qui bordaient le continent africain englacé. Celles-ci étaient parcourues par des icebergs qui fondaient lentement et relâchaient les cailloux qu'ils transportaient. On les retrouve dans des terrains aujourd'hui émergés, aussi bien au Maroc qu'en Galice ou même dans le massif Armoricain, au sud de Caen.

Il y a quelque deux cents millions d'années commence une longue période globalement chaude (le Jurassique et le Crétacé), au cours de laquelle les glaciers semblent avoir été rares, s'ils n'avaient pas complètement disparu. La grande variété de faune et de flore témoigne de conditions environnementales très diverses, passant de tempérées au Japon, en Sibérie ou en Australie, à très chaudes en Amérique, en Afrique ou en Eurasie. On ne connaît aucune trace de grands glaciers, même sur le continent Antarctique, mais, bien sûr, ce continent aujourd'hui recouvert d'une épaisse calotte glaciaire n'est accessible à l'observation géologique qu'à sa périphérie.

Les glaciations du Quaternaire marquent l'aboutissement d'un long processus de refroidissement de la Terre qui a commencé il y a plus de trente millions d'années, avec le développement d'une calotte glaciaire d'abord sur l'Antarctique, puis plus tardivement sur le Groenland. Au cours du dernier million d'années, les oscillations glaciaires-interglaciaires ont dominé le climat de notre planète. Alors qu'aujourd'hui, l'hémisphère sud est le plus englacé avec la calotte Antarctique contenant environ 28 millions de km^3 de glace pour seulement 1 million de km^3 de glace au Groenland, c'était l'hémisphère nord le plus englacé au paroxysme de la dernière glaciation datant de 20 000 ans avec 50 millions de km^3 de glace sur le Canada (calotte glaciaire Laurentide, épaisse de 4 km) et sur le nord de l'Europe.

Tout au long de la dernière glaciation, la calotte glaciaire Laurentide débordait du continent américain jusqu'à atteindre le plateau continental Atlantique et celui de la mer du Labrador. Cette calotte pouvait alors devenir instable et relâcher brusquement des quantités énormes d'icebergs qui envahissaient tout l'Atlantique Nord où ils fondaient. Ces débâcles glaciaires brusques, désignées sous le nom « d'événements de Heinrich » provoquaient une diminution sensible de la salinité des eaux dans les hautes latitudes, ce qui empêchait les plongées d'eau profonde en hiver, arrêtait la circulation thermohaline et stoppait le transport d'eau chaude par le Gulf Stream et la dérive nord-atlantique. Il en résultait un coup de froid sur l'Europe et une perturbation du climat sur presque toute la planète. Le comportement de l'ensemble océan-atmosphère-cryosphère pendant les périodes de climat glaciaire est complexe. Outre les événements de Heinrich qui se sont développés durant la dernière glaciation, avec une périodicité de huit à dix mille ans, l'enregistrement paléoclimatique déduit de l'analyse isotopique des glaces du Groenland témoigne de l'existence, entre deux événements de Heinrich, de réchauffements brutaux (>10 °C), dont la durée n'excède pas quelques siècles et qui se terminent par un refroidissement plus lent conduisant à un retour des conditions glaciaires. Ce sont les événements de Dansgaard-Oeschger qui reviennent avec une récurrence de deux à trois mille ans et qui ne bénéficient pas d'une explication unanimement acceptée (instabilité des calottes glaciaires européennes, oscillation interne de la circulation océanique, amplification d'un faible forçage solaire...). Le climat des périodes glaciaires semble donc avoir été beaucoup plus instable que celui que nous connaissons depuis 10 000 ans, mais les conditions de stabilité du système climatique restent un sujet de recherche qui est loin d'être totalement défriché (chapitre 8, tome 2).

1.7 La lithosphère : les grandes échelles de temps

La surface de la Terre, qui constitue la lithosphère, intervient également sur les grandes échelles de temps, de l'ordre du million d'années ou davantage. La tectonique des plaques détermine ainsi la position des continents, le relief, la forme des bassins océaniques, ainsi que le niveau de gaz carbonique émis par le volcanisme (chapitre 3, tome 2). Par exemple, la glaciation du Sahara au cours de l'Ordovicien est associée à un déplacement de la plaque africaine qui se trouvait alors en position polaire. Certains géologues pensent également que la calotte Antarctique a pu se former il y a environ 34 millions d'années, lorsque les continents américains et australiens se sont suffisamment éloignés de l'Antarctique pour permettre l'établissement du courant circumpolaire qui isole l'Antarctique des latitudes moyennes. La surrection de l'Himalaya, par ses conséquences sur l'altération et l'érosion des roches superficielles, a vraisemblablement contribué à une consommation accrue de gaz carbonique atmosphérique et au refroidissement global observé depuis l'Oligocène. La surrection du Tibet a contribué à amplifier la mousson sur l'Asie. Les grands phénomènes tectoniques ont donc un impact majeur sur le climat planétaire aux échelles géologiques (chapitres 3 et 6, tome 2).

La lithosphère interagit également avec l'atmosphère par le volcanisme. Lors de violentes éruptions volcaniques, des quantités importantes de poussières et de gaz sont éjectées dans l'atmosphère, pouvant atteindre plusieurs dizaines de kilomètres d'altitude. Le gaz sulfureux émis se combine avec la vapeur d'eau présente dans la stratosphère pour former de microgouttelettes d'acide sulfurique, qui réfléchissent très efficacement les rayons lumineux et provoquent un refroidissement sensible de la surface de la Terre, de l'ordre de 0,5 à 1 °C en moyenne. De plus, de dimension très petite, ces gouttelettes peuvent résider jusqu'à plusieurs années dans la stratosphère, avant de retomber dans la troposphère où elles sont éliminées par les pluies. Par exemple, l'éruption volcanique la plus intense des deux derniers siècles, celle du volcan indonésien Tambora en 1815, a projeté environ 150 km^3 de débris et de gaz dans l'atmosphère ; elle a été suivie par deux années exceptionnellement froides. L'année 1816 est même réputée au Canada et en Nouvelle-Angleterre pour avoir été « l'année sans été ». Tout récemment, après l'éruption du volcan philippin Pinatubo en juin 1991, une des plus importantes de ce siècle, les stations météorologiques ont enregistré un abaissement notable des températures pendant quelques mois.

Si l'influence des éruptions volcaniques sur le climat se limite la plupart du temps à un refroidissement de relativement courte durée, excédant rarement quelques années, les géologues estiment que des éruptions exceptionnellement intenses auraient pu contribuer à perturber le climat à grande échelle par leurs émissions. Par exemple, on estime que les éruptions fissurales qui se sont poursuivies pendant plusieurs centaines de millénaires pour donner naissance au gigantesque plateau du Dekkan, auraient eu une ampleur suffisante pour tripler la teneur en gaz carbonique de l'air et la réchauffer de 3 à 4 °C... jusqu'à ce que l'altération des roches consomme cet excès. Plus loin dans le passé, il y a 250 millions d'années, les énormes éruptions fissurales en Sibérie sont souvent invoquées comme l'un des facteurs responsables du réchauffement qui a marqué la fin du Permien.

1.8 Le système climatique

Atmosphère, océans, cryosphère, biosphère, jusqu'à la Terre elle-même, contribuent à l'évolution du climat par un jeu complexe d'actions et de réactions, tant physico-chimiques que biologiques (Fig. 1.10). L'atmosphère et l'océan, ces deux fluides qui assurent le transport vers les pôles de l'excédent d'énergie reçue sous les tropiques, tiennent une place centrale dans la dynamique du climat, et ceci pour toutes les périodes de temps allant de quelques années à des millénaires. Fortement couplés par l'effet mécanique du vent sur la surface de la mer et à travers les échanges de chaleur et d'eau, ils peuvent ensemble engendrer des fluctuations naturelles du climat dont le phénomène El Niño nous laisse entrevoir l'ampleur. Leurs interactions peuvent être fortement modifiées par les changements affectant les surfaces continentales (végétation, neige, glace). Par leur impact sur l'albédo et sur le cycle hydrologique, ces changements modulent les échanges de chaleur et d'eau entre les deux hémisphères, et entre l'océan et les continents. Enfin, les climats du passé fournissent de nombreux exemples de réorganisations profondes du système climatique.

Pour des périodes s'étendant au-delà de quelques milliers d'années, les variations d'insolation dues aux faibles modifications de l'orbite que la Terre décrit autour du Soleil, la formation des calottes de glace, l'enfoncement du socle rocheux, les modifications de la composition de l'air deviennent également des moteurs de l'évolution du climat. Moteurs qui sont cependant eux-mêmes dépendants des autres composantes du système climatique : l'atmosphère, l'océan et la biosphère, à travers les cycles fondamentaux de l'énergie, de l'eau et du carbone. La formation des calottes de glace est en effet contrôlée par la température de l'air et par l'accumulation et la fonte de neige. La concentration de gaz carbonique dépend des échanges de gaz entre l'atmosphère et l'océan, eux-mêmes régis par les vents et la température ; elle

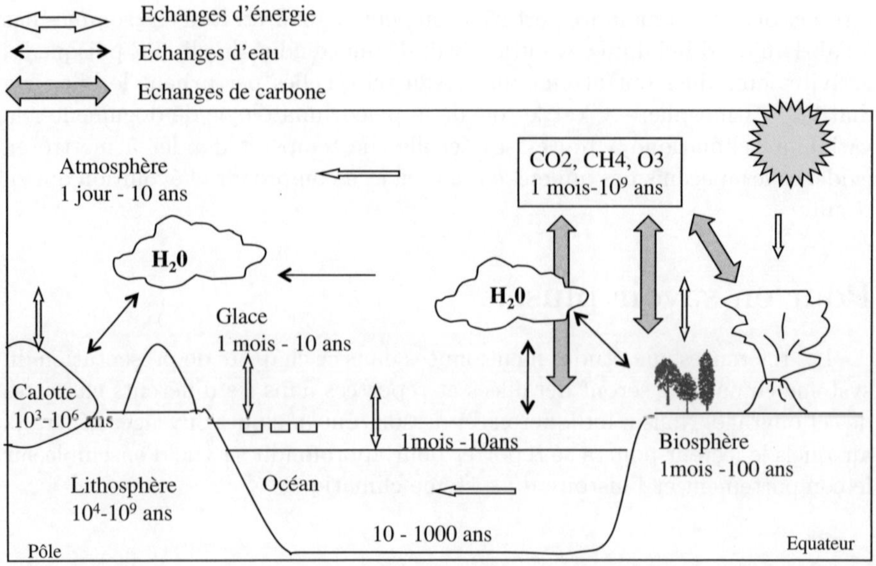

FIG. 1.10 – Le système climatique et les échanges d'énergie, d'eau et de carbone qui l'affectent.

varie également avec l'activité du phytoplancton marin, elle-même fortement contrôlée par la circulation océanique. Résultat : cette imbrication de processus peut transformer les variations lentes du mouvement de la Terre autour du Soleil en glaciations spectaculaires.

Sur des millions d'années, la tectonique des plaques devient prépondérante, modifiant non seulement la géographie de la surface mais également la composition de l'atmosphère.

Pendant longtemps, les scientifiques ont cru que les variations climatiques de très grande amplitude étaient des phénomènes lents à l'échelle d'une vie humaine, gouvernées essentiellement par des phénomènes à grande constante de temps, comme l'évolution du Soleil sensible à l'échelle des centaines de millions d'années, la tectonique des plaques dont les effets se font sentir progressivement sur des millions d'années, ou le forçage astronomique avec ses périodicités de quelques dizaines de millénaires. La découverte récente des grandes débâcles d'icebergs (événements de Heinrich) qui, en quelques dizaines d'années seulement, peuvent faire basculer le climat vers un état glaciaire, montre qu'il n'en est rien. Dès que le rejet d'icebergs cesse, le climat se réchauffe brutalement, nouvelle variation rapide à laquelle les hommes de Neandertal et de Cro-Magnon ont assisté. Et entre deux événements de Heinrich, les événements de Dansgaard-Oeschger constituaient une autre manifestation de la variabilité rapide, abrupte du climat. Toutes ces observations prouvent que le système climatique pris dans son ensemble est instable en raison des multiples rétroactions que la moindre perturbation peut engendrer. Nous ne sommes pas à l'abri aujourd'hui d'une évolution brutale, inattendue du climat, puisque les activités humaines ont atteint un niveau tel qu'elles perturbent le bilan radiatif de l'atmosphère. C'est le rôle de la paléoclimatologie de documenter la variabilité climatique à toutes ses échelles de temps et d'aider à mettre en évidence les mécanismes qui entrent en jeu et à comprendre l'évolution qui en résulte.

Pour en savoir plus...

Les références aux études mentionnées dans ce chapitre de présentation du système climatique seront détaillées et reportées dans les différents chapitres de cet ouvrage. Nous n'indiquerons ci-dessous que quelques ouvrages généraux auxquels le lecteur pourra se reporter pour approfondir sa vue d'ensemble sur le comportement et l'histoire du système climatique.

Berger, A. (1978), « Long-term Variations of Daily Insolation and Quaternary Climatic Changes », *Journal of the Atmospheric Sciences*, 35, 2 362-2 367.

Berger, A. (1992), *Le Climat de la Terre, un passé pour quel avenir*, De Boeck Université, Bruxelles, 479 p.

Broecker, W. S. et Peng, T.-H. (1982), *Tracers in the sea*, Eldigio press, Palisades, N.Y., 690 p.

Crowley, T. J. et North, G. R. (1991), *Paleoclimatology*, Oxford University Press, 349 p.

Duplessy, J. C. et Morel, P. (1990), *Gros Temps sur la planète*, Éditions Odile Jacob, 296 p.

Holland, W. R. *et al.* (1999), *Modeling the Earth's climate and its variability*, École des Houches, Elsevier, 565 p.

Hurrell, J. W. (2003), *The North Atlantic Oscillation: Climatic Significance and Environmental Impact*, American geophysical Union, 279 p.

Jeandel, C. et Mosseri, R. (2011), *Le Climat à découvert*, CNRS éditions, 288 p.

Joussaume, S. (2000), *Climat, d'hier à demain*, CNRS éditions, 143 p.

Philander, G. S. (1989), *El Niño, La Niña, and the Southern Oscillation*, Academic Press, London, 293 p.

Steffen, W. *et al.* (2005), *Global Change and the Earth System*, IGBP Series, Springer, 336 p.

Tomczak, M. et Godfrey, J. S. (2005), *Regional Oceanography: An Introduction,* PDF version accessible sur le web à l'adresse : http://www.cmima.csic.es/mirror/mattom/regoc/pdfversion.html

Wang, B. (2006), *The Asian Monsoon*, Springer-Praxis books in environmental sciences, 779 p.

Chapitre 2

Introduction à la géochronologie

Hervé Guillou, *Laboratoire des Sciences du Climat et de l'Environnement LSCE/IPSL, Laboratoire CEA-CNRS-UVSQ, Domaine du CNRS, Bât. 12, avenue de la terrasse, 91198 Gif-sur-Yvette Cedex, France.*

La connaissance précise des variations climatiques dans le passé, préambule indispensable à toute modélisation réaliste du climat du futur nécessite la compréhension des mécanismes qui régissent la dynamique naturelle du climat, et en particulier, celle de ses variations rapides. Un des enjeux majeurs actuels de ces recherches est la quantification du déphasage climatique entre les différentes régions du globe. Ceci nécessite de disposer d'outils chrono-stratigraphiques fiables, précis et globaux, pour le calage temporel et la synchronisation des différentes archives.

Établir un cadre chronologique commun pour l'ensemble des archives climatiques reste un défi majeur. Si les recherches aux grandes échelles de temps mettent l'accent sur la réponse du système climatique à des forçages externes, l'étude des variations rapides et abruptes du climat, quant à elle, permet d'aborder l'analyse de la variabilité interne du système climatique et des interactions entre ses diverses composantes. La dernière période glaciaire est caractérisée par une succession de changements climatiques très rapides dans l'Atlantique Nord, qui se traduisent par des réorganisations massives du système climatique à l'échelle globale et se manifestent en particulier par des débâcles massives d'icebergs qui engendrent les événements océaniques dits de Heinrich. Ceux-ci surviennent principalement en période glaciaire mais certains ont eu lieu dès que des calottes glaciaires s'installaient sur les continents de l'hémisphère nord, à la fin du dernier interglaciaire, et aussi au début de l'Holocène, alors que les interglaciaires proprement dits semblaient beaucoup plus stables. Afin de comprendre et de modéliser les mécanismes entrant en jeu, il est indispensable de connaître précisément la chronologie de tous ces événements.

Une autre finalité des études géochronologiques est de pouvoir comparer sur une échelle de temps commune et absolue, les enregistrements climatiques. C'est seulement par ce biais que les déphasages inter-hémisphériques ou entre les basses et les hautes latitudes peuvent être appréhendés. En permettant l'unification des échelles de temps pour les différents types d'archives continentales et océaniques, la stratigraphie isotopique joue un rôle essentiel dans une meilleure compréhension de la chronologie et de la dynamique des mécanismes responsables des variations climatiques.

Les causes des variations du climat sont nombreuses et ont des durées caractéristiques allant des centaines de millions d'années pour l'évolution d'une étoile de type Soleil à quelques années pour les réorganisations internes du système climatique. De plus, les archives potentiellement datables des signaux climatiques sont représentées par des supports différents (sédiments, glaces, coraux, concrétions des cavernes souvent appelées spéléothèmes...). Le choix des outils géochronologiques les plus adaptés à leur datation dépendra donc de la nature des matériaux archives, de leur âge, de la durée des phénomènes que l'on veut dater et de la précision souhaitée.

Les méthodes de datation les plus communément mises en œuvre en paléoclimatologie sont : la dendrochronologie, le ^{14}C, le rapport uranium/thorium, le potassium-argon ($^{40}K/^{40}Ar$) et sa variante $^{40}Ar/^{39}Ar$ (méthodes isotopiques), et la stratigraphie magnétique (méthode de datation indirecte). Bien souvent, dans le but de fournir un cadre géochronologique juste et précis, il convient de coupler deux ou plusieurs de ces méthodes.

Dans les chapitres suivants, nous présenterons les méthodes de datations absolues mises en œuvre pour fournir une échelle de temps indépendante des paramètres astronomiques et pour affiner les échelles stratigraphiques couramment utilisées en paléoclimatologie et en paléo-océanographie, très souvent basées sur les variations du rapport $^{18}O/^{16}O$ des glaces ou des foraminifères benthiques et calées sur le signal orbital. Nous y présenterons le principe des méthodes citées plus haut, leur domaine d'application, leur mise en œuvre au laboratoire, leurs précisions et limites. Le domaine d'application de chaque méthode sera illustré par un exemple concret.

La géochronologie a joué un rôle essentiel tant pour les géologues que pour les paléoclimatologues. Aux géologues, elle a permis de joindre à la stratigraphie traditionnelle une échelle temporelle couvrant toute l'histoire de la Terre et permettant d'estimer les constantes de temps des grands phénomènes géologiques (tectonique des plaques, surrection des montagnes, renouvellement des bassins océaniques, variations à long terme du climat planétaire...). La version la plus récente de l'échelle chrono-stratigraphique est accessible sur la site de la Commission internationale de stratigraphie : http://www.stratigraphy.org/.

Aux paléoclimatologues, elle a fourni une échelle de temps entièrement indépendante des paramètres astronomiques. Celle-ci a permis de valider la théorie de Milankovitch, un travail qui a focalisé l'action des géochimistes au cours des quarante dernières années. Actuellement, un effort expérimental majeur est mené pour essayer d'accroître la précision des datations et de détecter les déphasages qui accompagnent la réponse des différentes composantes du système climatique au forçage de l'insolation.

Chapitre 3

Le carbone-14

Martine Paterne, Élisabeth Michel, Christine Hatté et Jean-Claude Dutay, *Laboratoire des Sciences du Climat et de l'Environnement, Laboratoire CEA-CNRS-UVSQ/IPSL, Domaine du CNRS, Avenue de la terrasse, 91198 Gif-sur-Yvette Cedex, France.*

La méthode de datation par le carbone-14 a fêté ses soixante ans d'existence en 2009 et son intérêt ne s'est jamais démenti depuis la parution en 1949 des premières mesures de radioactivité d'échantillons d'âges connus par Libby *et al.* [1, 2]. Quelque cent cinquante laboratoires de datation existent à ce jour dans le monde, et leurs mesures d'âge couvrent de larges domaines scientifiques (biologie, sciences de la Terre, climat, environnement ou archéologie). Libby reçut le prix Nobel de chimie en 1960 pour cette découverte et l'étendue de ces applications, avec cette citation "*Seldom has a single discovery in chemistry had such an impact on the thinking of so many fields of human endeavour. Seldom has a single discovery generated such wide public interest*[1]". La mesure du carbone-14 et ses nombreuses applications constituent une histoire exemplaire des échanges entre différents domaines scientifiques et de la complémentarité entre avancées scientifiques et innovations technologiques. Les innovations technologiques récentes dans le domaine de la mesure des faibles radioactivités par spectrométrie de masse ont permis une précision accrue des âges carbone-14 et font appel à des échantillons dont la masse est de plus en plus réduite. Les datations carbone-14 appréhendent maintenant l'échelle macromoléculaire, permettant l'étude des mécanismes des transformations physico-chimiques des matériaux dans les milieux naturels.

Le principe de la méthode du carbone-14 et les techniques de mesures ont été exposées de nombreuses fois, et le lecteur peut se référer à plusieurs auteurs [2–6].

---

1. Rarement une seule découverte en chimie a eu un tel impact sur la pensée dans autant de domaines de connaissance. Rarement une seule découverte a produit un aussi large intérêt public.

3.1 Principe de la méthode radiocarbone

3.1.1 La découverte de la méthode

Kamen [7] a décrit l'histoire de la découverte du carbone-14 et de la rencontre de Libby avec le carbone-14, à Berkeley, en 1939. Il attribue la prédiction *physique* de l'existence de cet isotope au physicien Kurie [7]. Ce dernier étudiait la désintégration de noyaux légers comme celui de l'azote (^{14}N) soumis à un bombardement de neutrons. Lors de ces expériences, certaines réactions conduisaient à l'émission peu fréquente et *anormale* de longues traces fines photographiées dans une chambre à brouillard (*cloud chamber*[2]). Kurie attribua ces traces à l'émission de protons suivant la réaction $^{14}N(n, {}^{1}H)^{14}C$, mais d'autres réactions, telles $^{14}N(n, {}^{2}H)^{12}C$ et ^{14}N $(n, {}^{3}H)^{12}C$, pouvaient également être envisagées. En 1936, Burcham et Goldhaber [7] démontrèrent que seule la réaction $^{14}N(n, {}^{1}H)^{14}C$, notée aussi $^{14}N(n, p)^{14}C$, comprenant l'émission d'un proton et la formation de ^{14}C, était possible.

C'est à Ruben, chimiste et élève de Libby, et à Kamen, radiochimiste, au Lawrence Livermore Radiation Laboratory de Berkeley, que nous devons la mise en évidence *chimique* du carbone-14 en 1939. Tous deux avaient pour objectif l'étude de la photosynthèse, et plus particulièrement celle des mécanismes d'assimilation du CO_2, qu'ils étudiaient en marquant le carbone des plantes par du ^{11}C. Celui-ci était produit avec le cyclotron du laboratoire et mesuré sous forme de solutions déposées sur un buvard. Une fois séchées, ces dernières étaient protégées par un film plastique puis enroulées autour d'un compteur Geiger [1, 2]. Avec une demi-vie du ^{11}C de 21 minutes et de longues phases de séparation des différents pigments photosynthétiques par ultracentrifugation, l'utilisation de cet isotope était difficile et devenait peu compétitive par rapport aux techniques de marquage par enrichissement isotopique avec le ^{13}C. Aussi, à la demande de Lawrence, inventeur du cyclotron et prix Nobel de physique en 1939, est née une recherche systématique des isotopes radioactifs de longue période pour chacun des éléments de la première colonne de la classification périodique (H, C, N, O), et donc la recherche de l'existence chimique du carbone-14. Après que Kamen ait soumis une cible de graphite à un bombardement de deutérons durant une nuit dans le cyclotron du laboratoire, ce graphite fut brûlé par Ruben et le CO_2 obtenu précipité sous la forme carbonate. Ce précipité fut confié à leur collègue du département de chimie, Libby, qui avait développé un compteur proportionnel permettant de mesurer la radioactivité d'éléments tels que néodyme, samarium, rubidium ou lutétium, et de déterminer leur période [7]. La détection d'une activité faible fut la première preuve de l'existence du ^{14}C créé artificiellement ; sa période était estimée entre quelque 10^3 ans et 10^5 ans [7].

2. Les termes anglais ont été laissés pour que le lecteur puisse rechercher des informations supplémentaires.

Ces recherches ont été interrompues au début des années 1940 car, avec le projet Manhattan de mise au point d'une arme nucléaire, Libby a intégré l'équipe d'Harold Urey à Chicago, pour développer des techniques d'enrichissement isotopique de l'uranium. Ce sont ces techniques qu'il utilisera plus tard pour enrichir en ^{14}C des échantillons naturels et pour détecter leur radioactivité. Bien que la preuve de l'existence du carbone-14 artificiel ait été apportée, il restait à mettre en évidence une production naturelle de ^{14}C et donc l'existence de neutrons lents dans l'atmosphère terrestre pour que la méthode de datation puisse exister.

La méthode de datation par le carbone-14 est liée à la découverte d'un rayonnement d'origine cosmique par Victor Hess en 1912, grâce à des expériences menées à partir d'électroscopes embarqués lors de vols en ballon [8]. Cette découverte a été à l'origine d'expériences dont le but était de déterminer la composition, l'intensité, l'origine, et l'effet de ce rayonnement cosmique sur l'atmosphère terrestre. Celui-ci provoque des réactions de désintégrations nucléaires dans l'atmosphère, qui furent suspectées par Grosse [1, 2]. La première preuve fut apportée par Blau en 1932, après qu'elle ait exposée une plaque recouverte d'une émulsion photographique dans les Alpes autrichiennes et révélée par la suite des traces en étoiles dans l'émulsion [8]. Pour déterminer la nature de ce rayonnement, Rumbaugh et Locher [8] ont utilisé la technique d'émulsion photographique en exposant à la fois des plaques recouvertes de différents matériaux d'un centimètre d'épaisseur et des plaques témoins exemptes de matériaux, l'ensemble étant porté à une altitude d'environ 20 km, dans la nacelle d'un ballon. Les plaques témoins ne présentaient aucune trace, tandis que les plaques posées sous une paraffine, par exemple, révélaient des traces quatre fois plus nombreuses que celles situées sous du plomb ou du carbone. En raison de l'absence de traces laissées sur les plaques témoins, les traces révélées ne pouvaient être que des protons et non des particules α. Ces protons ne pouvaient avoir été éjectés des différents matériaux que lors de collisions des atomes par des neutrons. De nouvelles expériences ont été menées par le physicien Korff et ses collaborateurs [1, 2, 8, 9] à partir de compteurs proportionnels embarqués sous des ballons, les uns remplis par du trifluorure de bore (le bore est un accepteur de neutrons et émet une particule α lors de la collision avec un neutron), et les autres remplis par un mélange d'hydrogène, de méthane et de monoxyde de carbone (sensibles aux neutrons rapides). Ces compteurs permettaient de mesurer avec une bonne précision la densité de neutrons et leur spectre en énergie. Ces auteurs ont ainsi montré que la densité des neutrons lents passait par un maximum entre 12 km et 16 km d'altitude, puis diminuait jusqu'au niveau de la mer. En entrant dans l'atmosphère, les protons qui constituent environ 90 % du rayonnement cosmique de haute énergie entrent en collision avec les atomes de l'air (essentiellement l'azote et l'oxygène). Les produits de leur désintégration sont des protons et des neutrons qui vont entrer eux-mêmes en collision avec d'autres atomes de l'air, ce qui explique l'augmentation de la densité de neutrons autour de

16 km d'altitude. Au cours de ces collisions, les neutrons ralentissent, et Korff *et al.* [1, 2, 8, 9] ont suggéré que ces neutrons lents secondaires étaient capturés principalement par un noyau d'azote pour former l'isotope cosmogénique ^{14}C suivant la réaction ^{14}N(n, p)^{14}C. Lors de la réception du prix Nobel en 1960, Libby [2] a indiqué que l'idée de la datation carbone-14 était née de la lecture des travaux de Korff. Plus tard, Simpson *et al.* [9] ont démontré que la densité de neutrons variait avec la latitude, ceci en fonction des lignes du champ magnétique terrestre qui défléchissent les particules (chargées électriquement) du rayonnement cosmique. La production moyenne de ^{14}C est de l'ordre de 2,25 ± 0,1 atomes de $^{14}\mathrm{C/cm^2/s}$. Elle varie de un à six entre l'équateur et les pôles et, aux pôles, elle peut varier de près d'un facteur quatre en fonction de l'activité solaire. De plus, d'autres réactions, d'importance mineure, conduisent aussi à la formation de carbone-14 dans l'atmosphère [4].

3.1.2 Établissement du principe de la méthode de datation

Libby postulait en 1946 [2] que la production d'atomes de ^{14}C et sa désintégration sous forme de ^{14}N par émission d'un rayonnement β devait être en équilibre (Fig. 3.1). L'âge de la Terre est en effet très supérieur à la période, estimée entre 10^3 ans et 10^5 ans, cette dernière étant suffisamment longue pour permettre la redistribution de carbone-14 dans tous les réservoirs échangeables de carbone (atmosphère, océan, biosphère). Estimant la production de neutrons par cm^2 et par seconde à partir de la distribution des neutrons observée par Korff [2], ainsi que la quantité de carbone échangeable entre les différents réservoirs, Libby écrivit que l'activité spécifique du carbone échangeable pouvait être calculée facilement compte tenu de l'équilibre entre production et disparition :

$$\frac{\mathrm{d}\,^{14}\mathrm{C}}{\mathrm{d}t} = Q - \lambda\,^{14}\mathrm{C} = 0$$

où Q est la production d'atome de carbone-14 par seconde et λ, sa constante de désintégration, est égale à $\ln(2)/T$, T étant la période (ou demi-vie, durée au bout de laquelle la moitié des atomes radioactifs d'un échantillon se sont désintégrés).

$$\text{Ou } \frac{\mathrm{d}\left(\frac{^{14}\mathrm{C}}{^{12}\mathrm{C}}\right)}{\mathrm{d}t} = 0 = \frac{1}{(^{12}\mathrm{C})^2}\left[\,^{12}\mathrm{C}\frac{\mathrm{d}\,^{14}\mathrm{C}}{\mathrm{d}t} - {}^{14}\mathrm{C}\underbrace{\frac{\mathrm{d}\,^{12}\mathrm{C}}{\mathrm{d}t}}_{\substack{= \\ 0}}\right] = \frac{^{12}\mathrm{C}}{(^{12}\mathrm{C})^2}\left[Q - \lambda^{14}\mathrm{C}\right]$$

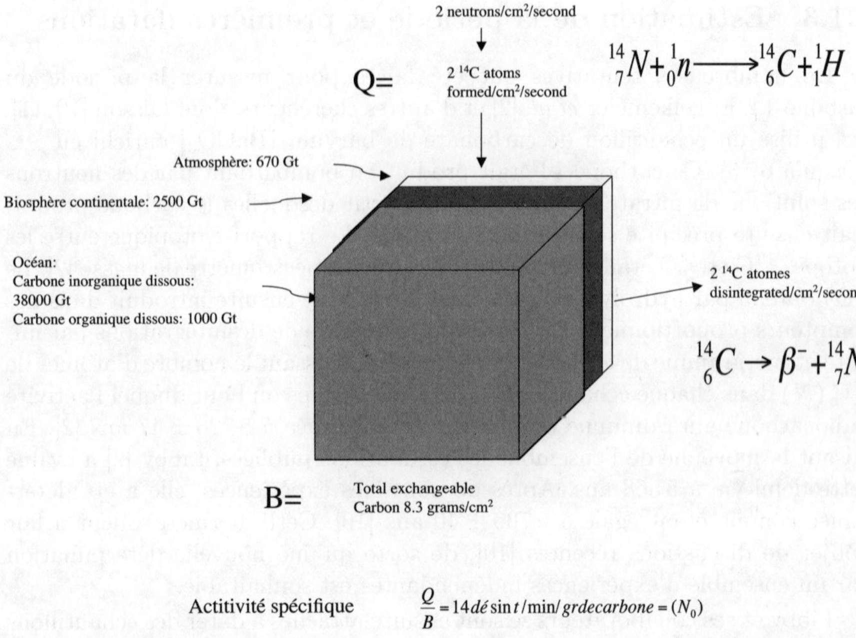

FIG. 3.1 – Schéma intégrant la formation du carbone-14 et son mélange dans les différents réservoirs terrestres [2]. Les teneurs en carbone, exprimées en gigatonnes, et le nombre de neutrons par cm^2 par seconde correspondent aux estimations avant 1950 (modifiées d'après 2).

soit

$$\lambda \frac{^{14}\mathrm{C}}{^{12}\{\mathrm{C}\}} = \frac{Q}{^{12}\mathrm{C}}$$

Cette activité devait être comprise, compte tenu des incertitudes, entre 1 et 10 désintégrations par minute et par gramme de carbone, et ceci dans toutes les matières vivantes. Les premières mesures d'activité obtenues en 1947 à partir d'échantillons de biométhane, préparés par la méthode d'enrichissement isotopique, étaient de 10,5 désintégrations par minute et par gramme, en bon accord avec la prédiction. L'amélioration du bruit de fond des installations de comptage par un blindage de plomb et de fer a permis, par la suite, à Libby et ses collaborateurs de mesurer l'activité spécifique d'échantillons naturels provenant d'arbres, prélevés sur les différents continents, et de montrer son homogénéité voisine de 12,5 désint./min/g de carbone[3] [2]. Pour valider la méthode de datation, l'étape suivante était alors de mesurer la période du carbone-14 avec précision, puis l'activité spécifique d'échantillons d'âges connus.

3. L'activité spécifique est aujourd'hui déterminée comme étant égale à 13,56 ± 0,07 désint./min/g de carbone.

3.1.3 Estimation de la période et premières datations

De nombreuses tentatives ont été faites pour mesurer la période du carbone-14. Engelkemeier *et al.* [2] et d'autres chercheurs, dont Olsson [10, 11], ont utilisé un échantillon de carbonate de baryum ($BaCO_3$] enrichi en ^{14}C (jusqu'à 6 %). Ce carbone-14 était produit en bombardant par des neutrons des solutions de nitrate d'ammonium, à partir desquelles le carbone produit était ensuite précipité sous forme de $BaCO_3$. Le rapport isotopique entre les isotopes ^{12}C et ^{14}C était précisément mesuré au spectromètre de masse [2]. Le CO_2 obtenu par hydrolyse de ces échantillons était ensuite introduit dans des compteurs proportionnels. En mesurant le nombre de désintégrations par minute et par gramme de carbone ($\mathrm{d}N/\mathrm{d}t$) et connaissant le nombre d'atomes de ^{14}C (N) dans chaque échantillon, la demi-vie, temps au bout duquel l'activité radiocarbone aura diminué de moitié, a été estimée à $5\,720 \pm 47$ ans [2]. En faisant la moyenne de l'ensemble des estimations publiées, Libby [2] a évalué cette demi-vie à 5 568 ans. Après de nouvelles expériences, elle a été déterminée comme étant égale à $5\,730 \pm 40$ ans [10]. Cette dernière valeur a fait l'objet de discussions récentes [10], de sorte qu'une nouvelle détermination par un ensemble d'expériences indépendantes est souhaitable.

Libby et ses collaborateurs se sont ensuite attachés à dater des échantillons provenant essentiellement des tombes des pharaons d'égypte, d'âges connus, pour valider leur méthode. Ces premiers résultats sont connus sous le terme de *Curve of Knowns* [2].

3.1.4 Principe de la méthode

Le carbone-14 est formé dans la haute atmosphère, où il s'oxyde rapidement pour former des molécules de $^{14}CO_2$. Toute matière vivante contient du carbone et, si elle échange du carbone avec l'atmosphère, alors elle contient du ^{14}C en très faible proportion. L'abondance du carbone-14 est en effet de $1{,}2 \times 10^{-10}$ %, (soit $1{,}2 \times 10^{-12}$ g de ^{14}C par g de carbone), alors que celles des isotopes ^{13}C et ^{12}C sont respectivement de 1,108 % et de 98,892 %. La formation et les échanges de carbone-14 par les organismes cessent à leur mort. Le temps écoulé (t) depuis celle-ci peut être mesuré en comparant l'activité spécifique résiduelle dans les organismes morts à celle de l'atmosphère.

L'âge (t) est calculé suivant la formule classique de la décroissance exponentielle radioactive :

$$\frac{^{14}C}{^{12}C} = \left(\frac{^{14}C}{^{12}C}\right)_0 e^{-\lambda t}$$

où $(^{14}C/^{12}C)_0$ est le rapport atmosphérique. Par convention, la détermination de T par Libby à 5 568 ans a été conservée pour calculer les âges carbone-14, car de très nombreuses datations avaient été faites entre 1950 et 1962, date de ré-évaluation de la période à 5 730 ans.

Le calcul d'âge devient :

$$t = -\frac{1}{\lambda} \ln \left(\frac{\frac{^{14}C}{^{12}C}}{\frac{^{14}C}{^{12}C}_0} \right).$$

Le principe de la datation carbone-14 repose sur l'hypothèse d'un équilibre radioactif permanent entre la formation de ^{14}C et sa désintégration. Si nous reprenons le schéma formulé par Libby en 1960 (Fig. 3.1), nous voyons que cette hypothèse n'est vérifiée que si la production de ^{14}C, la taille des différents réservoirs (atmosphère, biosphère terrestre et marine, et océans) et leur teneur en carbone sont restées constantes au cours du temps, de même que les flux échangés entre ces différents réservoirs. De plus, l'intégrité physico-chimique des restes fossiles doit avoir été préservée après la mort des organismes. Par exemple, aucun échange isotopique ou bien aucune cristallisation secondaire ne doit intervenir. Enfin, l'échantillon doit être représentatif de l'événement que l'on souhaite dater et ne doit donc pas avoir subi de déplacement après son enfouissement.

3.1.5 Validité des hypothèses et définition d'un standard de référence d'atmosphère

Les premiers écarts des âges carbone-14 par rapport aux âges connus sont apparus très rapidement, grâce à l'apport essentiel de la dendrochronologie, méthode de comptage des cernes de croissance annuelle des arbres. Dès 1955, Suess [4, 6, 11] montrait que la teneur en ^{14}C de l'atmosphère avait changé au cours des derniers cent ans et qu'elle était plus faible après 1890 AD qu'auparavant (Fig. 3.2). Il suggérait que l'augmentation dans l'atmosphère des émissions industrielles et domestiques de CO_2 dépourvu de ^{14}C (charbon, pétrole) en était responsable. Ces émissions annuelles, de l'ordre de 150 Gt de C sous forme de CO_2 jusqu'en 1950 AD, ont été responsables d'un vieillissement de l'âge carbone-14 de l'atmosphère d'environ 160 ans entre 1890 AD et 1950 AD, ce que l'on nomme « effet Suess ». En 1957, Rafter et Fergusson [6] ont observé une augmentation rapide de la teneur en ^{14}C de l'atmosphère qu'ils ont attribuée à la production de ^{14}C résultant des essais nucléaires aériens. Ces derniers ont culminé entre 1960 et 1961 et ont été responsables d'un doublement de la teneur en ^{14}C de l'atmosphère. Cet apport a conduit à une expérience grandeur nature de suivi des échanges de carbone entre les différents réservoirs.

À côté de ces effets anthropiques, des variations naturelles de la teneur en ^{14}C des différents réservoirs de carbone ont ensuite été identifiées en comparant les âges carbone-14 et dendrochronologiques au cours des derniers millénaires [12]. Elles sont généralement attribuées à une modification de la production de ^{14}C et aux variations du cycle naturel du carbone (modification de

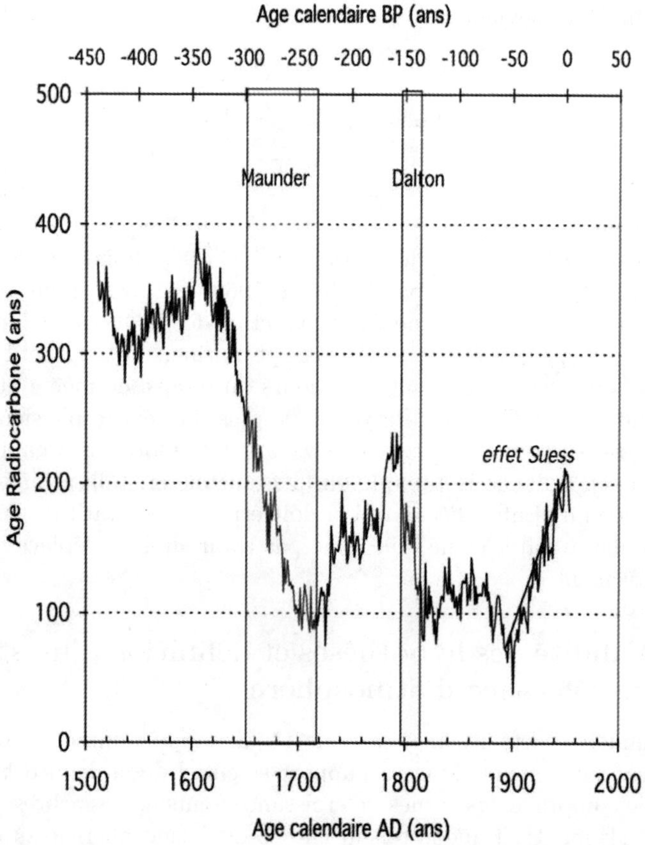

FIG. 3.2 – Variations des âges carbone-14 en fonction des âges calendaires obtenus par comptage des cernes de croissance annuelle d'arbres. Les périodes de temps correspondant à l'« effet Suess », les minima d'activité magnétique solaire de Maunder et Dalton sont figurés. Ces derniers coïncident avec un rajeunissement de l'âge carbone-14 de l'atmosphère dû à un filtrage amoindri des protons cosmiques par le champ magnétique solaire. L'« effet Suess » correspond à un vieillissement des âges en raison de la dilution du $^{14}CO_2$ atmosphérique par les émissions industrielles et domestiques de CO_2 provenant des énergies fossiles dépourvues de carbone-14.

la taille des réservoirs de carbone, de leur teneur et des flux de carbone échangés). Ainsi, de Vries [12] a observé des fluctuations rapides de la teneur en ^{14}C de l'atmosphère (*wiggles*) à partir de cernes d'arbres couvrant une période de temps de 500 ans (Fig. 3.2). Il a suggéré leur lien avec des changements à la fois du climat et de l'activité solaire, car durant ce laps de temps, se sont produits le Petit Âge glaciaire (environ 1560 AD à 1830 AD) et les minima de Maunder et Dalton, caractérisés par un très faible nombre de taches solaires.

Ces dernières correspondent à l'émission de particules chargées par le Soleil qui créent un champ magnétique dans l'espace interplanétaire. Ces éruptions sont une manifestation de l'activité magnétique du Soleil, et leur intensité s'inverse tous les 11 ans. Le champ magnétique solaire varie avec un cycle de 22 ans, sa polarité s'inversant à chaque changement de l'activité solaire. Les particules du rayonnement cosmique galactique sont déviées par le champ magnétique solaire et elles pénètrent moins dans l'atmosphère lorsque l'activité magnétique solaire est élevée. Il s'ensuit que la production de ^{14}C diminue lorsque l'activité solaire augmente, et inversement. De même, l'intensité du rayonnement cosmique est modulée par les variations du champ magnétique terrestre, ce dernier agissant comme un bouclier contre les protons cosmiques chargés électriquement. Plus l'intensité du champ géomagnétique est élevée, moins la quantité de protons cosmiques arrivant dans la haute atmosphère est importante, et donc plus faible est la production de ^{14}C dans l'atmosphère [11–13]. Les modifications du champ magnétique terrestre pourraient expliquer environ 50 % de la variation de la teneur en ^{14}C de l'atmosphère et le rajeunissement des âges carbone-14 pendant la dernière période glaciaire [13].

L'enregistrement détaillé des variations de la teneur en ^{14}C de l'atmosphère au cours des derniers 10 000 ans a offert en retour la possibilité d'évaluer celle de l'activité solaire au-delà des premières observations qui n'ont commencé qu'au XVIIe siècle. Les cycles longs d'activité solaire ont des périodes de 88 ans, 208 ans et 2 050 ans, qui sont observées à l'identique dans les variations de la teneur en ^{14}C de l'atmosphère [11]. Ainsi, l'activité solaire a été d'un niveau exceptionnellement élevé au cours des derniers 70 ans, et de nombreuses autres périodes d'activité élevée, mais moins longues, se sont produites dans le passé, comme, par exemple, au début de l'Holocène. Aussi certains auteurs ont-ils pensé que l'activité inhabituelle du Soleil pouvait avoir contribué, pour une part très modeste, au changement climatique récent observé à la fin du XXe siècle [14].

Les variations du climat perturbent les échanges de CO_2 entre les différents réservoirs terrestres, modifient leur taille et donc la teneur en $^{14}CO_2$ de l'atmosphère, comme l'avait noté de Vries [12]. Libby [1] avait analysé dès 1952 l'impact des changements climatiques sur les âges carbone 14. Il supposait que l'abaissement du niveau marin ($\sim$100 m) et la diminution de température pendant la dernière période glaciaire avaient eu pour effet de diminuer la quantité de carbone échangeable entre les différents réservoirs, et donc d'augmenter l'activité spécifique du carbone-14 au glaciaire. Estimant que cette dernière ne pouvait être que de 10 % au maximum supérieure à l'activité moderne, Libby [2] avait calculé que l'effet « climatique glaciaire » pouvait conduire à un rajeunissement des âges carbone-14 de 800 ans au maximum. On sait maintenant que les âges carbone-14 sont trop jeunes d'environ 2 000 ans par rapport aux âges réels pendant le dernier maximum glaciaire [15, 16]. De plus, la circulation océanique, les flux échangés entre les différentes masses d'eau de l'océan et le cycle du carbone ont été profondément modifiés au cours de la dernière période glaciaire, ce qui a modulé la teneur en CO_2 de l'atmosphère. Les enregistrements obtenus dans les carottes de glace antarctique ont notamment montré que cette teneur avait varié de 190 ppm à 280 ppm entre le dernier maximum glaciaire et l'Holocène.

Les preuves de plus en plus nombreuses de la variabilité de l'activité spécifique du carbone-14 dans l'atmosphère au cours du temps eurent deux conséquences : la mise en place d'un standard, c'est-à-dire une valeur ^{14}C de référence pour l'atmosphère (N_0), et la détermination précise de l'écart entre les âges réels, ou « absolus », et les âges carbone-14, aussi appelée procédure de calibration.

Sous l'impulsion d'Arnold en 1956, le Bureau national des standards (Washington) prépare un standard NBS-I à partir de 450 kg d'un acide oxalique (HOOC-COOH), composé organique extrait d'une récolte française de betteraves de l'année 1955 [2]. L'année de référence zéro, à partir de laquelle l'âge carbone-14 d'un échantillon est calculé, a été fixée à l'année 1950, et les âges carbone-14 sont exprimés en années BP (*before present*, *present* étant égal à 1950 AD). En archéologie, ont été ajoutées les notions de *Anno Domini* (AD) et *Before Christ* (BC).

Avant de mesurer la décroissance du carbone-14 dans un échantillon et calculer son âge, il convient de tenir compte des fractionnements isotopiques du carbone intervenant lors des processus biologiques et physico-chimiques qui se produisent au cours de la formation de l'échantillon. Le fractionnement isotopique $\delta^{13}C$, exprimé en ‰ par rapport au standard PDB (Pee Dee Belemnite), est de l'ordre de –6,5 ‰ pour le CO_2 de l'atmosphère pré-industrielle. Il varie entre –2 ‰ et +3 ‰ dans les carbonates des coquilles marines, et entre –20 ‰ et +3 ‰ pour ceux des coquilles lacustres. Les valeurs $\delta^{13}C$ des végétaux varient entre –27 ‰ et –14 ‰ en fonction des mécanismes de la photosynthèse. En effet, les processus d'assimilation du CO_2 atmosphérique par les plantes s'effectuent principalement suivant deux cycles de transformation des composés organiques, nommés cycle de Calvin et cycle de Hatch et Slack, ou bien aussi C3 et C4, le second s'accompagnant d'une discrimination isotopique plus faible que le premier. La procédure complète de calcul d'âge est développée dans l'encadré 1.

Encadré 1

Comme pour tout fractionnement isotopique, la teneur en ^{14}C est exprimée par un δ en ‰ qui définit la différence entre un échantillon et un standard, qui peut être le NBS-I, dont le $\delta\,^{13}C$ est égal à –19 ‰ par rapport au PDB [1, 4, 15]. Avec A_{ech} et A_{Ox} et A_{ON}, les activités respectives de l'échantillon, du standard NBS-I d'acide oxalique et de ce standard normalisé à l'activité de l'atmosphère en 1950, on écrit :

$$\delta\,^{14}C = \left(\frac{A_{ech}}{A_{Ox}} - 1\right) \times 1\,000 \quad (1)$$

$$A_{ON} = 0{,}95 \times A_{Ox}\left[1 - \frac{2 \times (19 + \delta\,^{13}\mathrm{C}_{Ox})}{1\,000}\right]. \tag{2}$$

L'activité carbone-14 de l'atmosphère en 1950 est égale à 95 % de l'activité du standard NBS-I, corrigé du fractionnement isotopique $\delta\,^{13}$C (équation 2). Dans l'équation 2, il est tenu compte du fractionnement isotopique qui affecte l'abondance isotopique de la masse 14. Le chiffre 2 indique que le fractionnement entre la masse 14 et la masse 12 est le double de celui qui existe entre les masses 13 et 12. Le signe négatif affecté au fractionnement $\delta\,^{13}$C signifie que l'activité ^{14}C mesurée dans des organismes qui ont un $\delta\,^{13}$C négatif, c'est-à-dire qui ont moins d'affinité pour la masse 13 que le standard PDB, doit augmenter pour compenser la perte en ^{14}C causée par le fractionnement [1, 4, 15]. On définit $d\,^{14}$C :

$$d\,^{14}\mathrm{C} = \left(\frac{A_{ech}}{A_{ON}} - 1\right) \times 1\,000. \tag{3}$$

Pour tenir compte de la variabilité des fractionnements isotopiques $\delta\,^{13}$C mesurés dans les échantillons, $\delta\,^{14}$C est normalisé à une valeur commune $\delta\,^{13}$C fixée à –25 ‰ *vs.* PDB, quel que soit le type d'échantillon (carbonate, carbone inorganique dissous ou matière organique) [1, 4, 15]. Cette valeur a été obtenue en moyennant les mesures du rapport isotopique $\delta\,^{13}$C de plusieurs bois d'âge inférieur à 1890 AD. On définit :

$$D\,^{14}\mathrm{C}(‰) = \left(\frac{A_{echN}}{A_{ON}} - 1\right) \times 1000 \tag{4}$$

$$\text{avec} \quad A_{echN} = A_{ech}\left(1 - \frac{2(25 + \delta\,^{13}\mathrm{C}_{ech})}{1000}\right) \tag{5}$$

$$D\,^{14}\mathrm{C}(‰) = d\,^{14}\mathrm{C} - 2(\delta\,^{13}\mathrm{C}_{ech} + 25)\left(1 + \frac{d\,^{14}\mathrm{C}}{1000}\right). \tag{6}$$

Le calcul d'âge carbone 14 est alors :

$$t(\text{ans}) = 1/\lambda \times \ln\left(\frac{1}{1 + D\,^{14}\mathrm{C}/1000}\right).$$

Dans le cas des mesures précises d'activité effectuées en océanographie ou bien pour calibrer les âges carbone-14, il est nécessaire de tenir compte de la décroissance du carbone-14 entre l'âge de l'échantillon (x) et sa mesure (y) en utilisant la période T de 5 730 ans. Les équations 1 et 6 sont alors :

$$\delta_n\,^{14}\mathrm{C} = \left(\frac{A_{echN}\,\mathrm{e}^{\lambda(y-x)}}{A_{OxN}\,\mathrm{e}^{\lambda(y-1950)}} - 1\right) \times 1\,000$$

puisque l'activité ^{14}C de l'échantillon décroît comme celle du standard

$$\delta_n\,^{14}\mathrm{C} = \left(\frac{A_{echN}\,\mathrm{e}^{\lambda(1950-x)}}{A_{OxN}} - 1\right) \times 1\,000$$

et

$$\Delta\,^{14}\mathrm{C}(‰) = \delta\,^{14}\mathrm{C} - 2(\delta\,^{13}\mathrm{C}_{ech} + 25)\left(1 + \frac{\delta\,^{14}\mathrm{C}}{1\,000}\right).$$

L'activité d'un échantillon en 1950 étant équivalente à celle du standard, $\Delta\,^{14}C$ est nul en 1950 AD.

3.2 Calibration des âges ^{14}C

La calibration des âges carbone-14 consiste en une mesure précise de la différence entre un âge absolu et un âge carbone-14. Les différentes étapes qui ont marqué sa construction ont été évoquées par Damon [11]. Cette procédure et sa validation, confiées à un groupe de scientifiques, ont conduit successivement à différentes calibrations telle IntCal 04 publiée en 2004 [15, 16].

3.2.1 Méthodes et résultats

La procédure de calibration consiste à mesurer l'âge carbone-14 d'un échantillon représentatif de la teneur en ^{14}C de l'atmosphère, dont l'âge absolu est déterminé indépendamment avec la meilleure précision possible. L'acquisition de ces âges absolus relève de trois méthodes. La première repose sur le comptage des cernes de croissance annuelle des arbres (dendrochronologie) ou sur celui des lamines annuelles (varves) déposées dans des sédiments marins ou lacustres. La deuxième consiste en une datation précise $^{230}Th/U$ par spectrométrie de masse (chapitre 5) de carbonates (coraux des eaux chaudes ou stalagmites). Enfin, la troisième consiste à synchroniser les variations climatiques enregistrées dans les sédiments marins et dans les glaces du Groenland, dont les âges absolus sont issus du comptage des dépôts annuels de neige jusqu'à environ 50 000 ans BP [17].

L'évolution des techniques de mesures par spectrométrie de masse entre les années 1986 et 1993 – spectrométrie de masse couplée à un accélérateur pour les datations ^{14}C et spectrométrie de masse par thermo-ionisation (TIMS) pour la mesure des rapports $^{230}Th/U$ – a permis une amélioration des précisions et une réduction d'un facteur 1 000 (du gramme à quelques milligrammes de carbone) des quantités d'échantillons nécessaires aux datations. Bard [15, 16] a ainsi proposé une extension de la calibration de 10 000 à 22 000 cal. ans BP grâce aux datations de coraux provenant des îles Barbades (Fig. 3.3). En 2004, cette calibration a été étendue aux derniers 26 000 cal. ans BP [15, 16]. Au-delà, de très nombreuses datations ont été obtenues à partir de sédiments marins et lacustres, de coraux et de stalagmites (Fig. 3.4). Toutefois, un consensus n'a pu émerger au vu des différences de quelques milliers d'années observées entre ces différents essais de calibration. Une part de ces divergences peut être liée à l'absence de varves ou à la perturbation

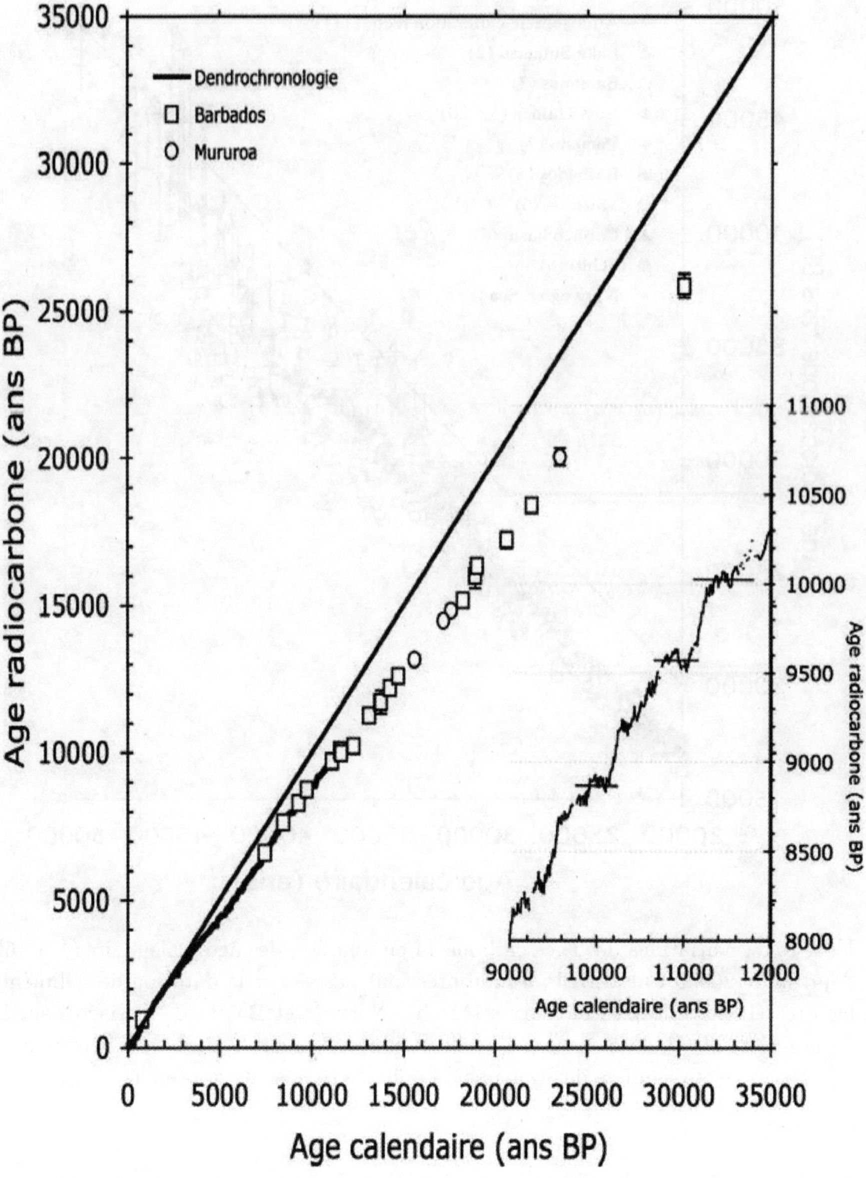

FIG. 3.3 – Variations des âges carbone-14 en fonction des âges calendaires [15, 16]. Les mesures sont basées sur la datation de cernes d'arbres jusqu'à 11950 Cal ans BP, et sur la datation ^{230}Th/ U de coraux de la Barbade et de Tahiti [*in* 16]. Les âges plateaux sont soulignés par un trait entre 9000 cal ans BP et 12000 cal ans BP.

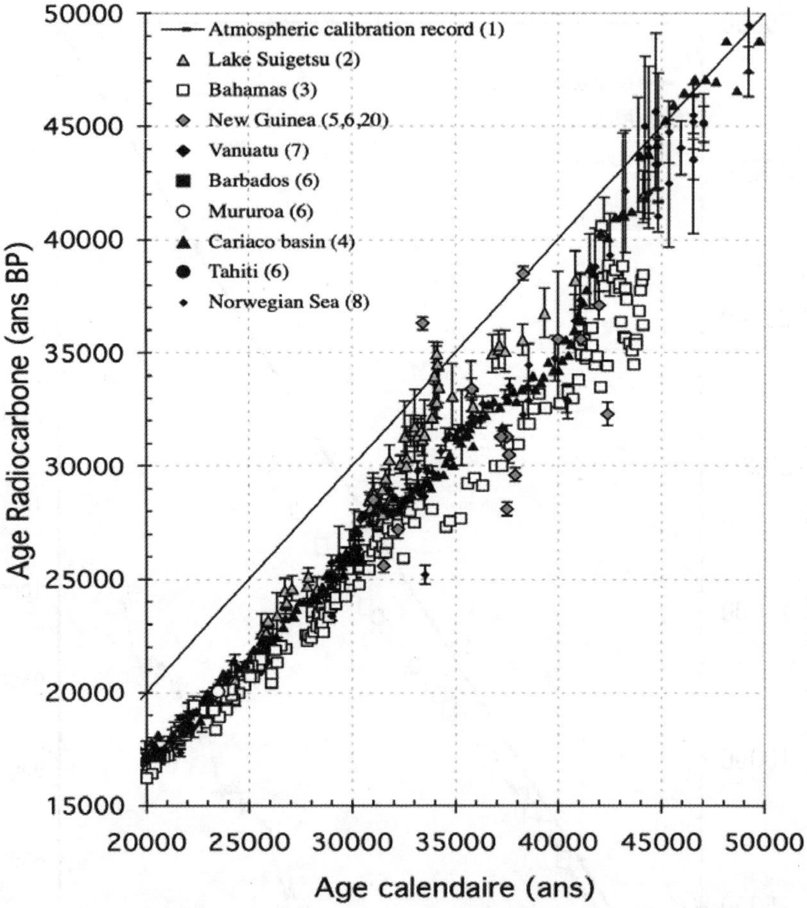

FIG. 3.4 – Variations des âges carbone-14 en fonction des âges calendaires [15, 16]. Au-delà de 26000 Cal ans BP, les mesures sont basées sur la datation de sédiments lacustes (Lake Suigetsu) et marins (Mer de Norvège et Bassin de Cariaco), sur la datation $^{230}Th/U$ de coraux (Nouvelles Guinée, Vanuatu, Barbares, Mururoa et Tahiti), et de stalagmites des Bahamas. La droite représente la première bissectrice.

des dépôts sédimentaires, ou bien à l'origine des matériaux datés dont le carbone constitutif est issu des réservoirs qui ne sont pas en équilibre isotopique avec l'atmosphère. De plus, une incertitude demeure sur la chronologie des variations climatiques observées dans les glaces du Groenland [17]. En effet, les variations climatiques observées le long de deux enregistrements glaciaires prélevés au centre du Groenland, GISP2 et GRIP, bien qu'identiques, ont des âges qui diffèrent d'une centaine d'années entre 8 000 cal. ans BP et 14 000 cal. ans BP, et jusqu'à 700 ans entre 22 000 cal. ans BP et 30 000 cal. ans BP.

La calibration IntCal 04 repose sur la datation carbone-14 des cernes d'arbres jusqu'à 12 400 cal. ans BP, puis sur celle de foraminifères planctoniques prélevés dans les sédiments varvés du bassin de Cariaco, combinée aux datations ^{14}C et $^{230}Th/U$ de coraux jusqu'à 14 700 cal. ans BP. Elle est basée ensuite sur la datation de coraux jusqu'à 26 000 cal. ans BP, et sur la corrélation des signaux climatiques observés dans les glaces du Groenland (GISP 2) et dans les sédiments marins non varvés du site de Cariaco [15, 16]. Les âges carbone-14 sont plus jeunes de 2 000 ans par rapport aux âges calendaires à 15 000 cal. ans BP environ, et de quelques 4 000 ans, il y a 25 000 cal. ans BP. Cet écart est aussi caractérisé par la présence de plateaux d'âges ^{14}C de différentes durées, c'est-à-dire une invariance des âges ^{14}C pendant quelques siècles au fur et à mesure que le temps s'écoule (Fig. 3.3). Ces âges plateaux sont liés à des modifications des échanges de CO_2 entre l'atmosphère et l'océan, à des variations de la circulation océanique globale ou bien à des variations de la production [12].

IntCal04 repose néanmoins sur un consensus, car quelques centaines d'années peuvent séparer les différentes estimations de l'écart âges ^{14}C âges absolus, en fonction de l'origine des matériaux datés. Au-delà de 12 400 cal. ans BP, les coraux et foraminifères planctoniques utilisés sont issus du réservoir océanique qui n'est pas en équilibre radioactif avec l'atmosphère et une correction s'impose [16, 17].

3.2.2 Exemples de l'apport d'une calibration précise des âges carbone-14

3.2.2.1 La datation de l'éruption de Santorin

Responsable de la disparition de la civilisation minoenne, l'éruption de Thera, sur l'île de Santorin, dans les Cyclades en mer Égée, a projeté d'importantes quantités de cendres volcaniques dans l'atmosphère. Dispersées vers l'est et le sud, ces cendres ont recouvert une grande partie du Moyen-Orient. Elles constituent un marqueur chronologique unique pour l'ensemble de cette région, permettant de préciser la chronologie des relations géographiques entretenues entre les différentes civilisations vivant dans tout le bassin oriental de la Méditerranée au cours du second millénaire avant JC. Les archéologues ont, par exemple, relié l'apogée de la civilisation minoenne à celle du Nouvel Empire en Égypte, au XVIe BC, en raison du raffinement et des décors des objets retrouvés dans la couche de cendres à Santorin. L'âge de cette éruption est cependant dispersé sur un intervalle de temps calendaire de 60 ans environ, bien qu'une centaine de datations carbone-14 aient été effectuées [18]. La découverte récente d'une branche d'olivier ensevelie avec ses feuilles dans les cendres volcaniques a permis de dater très précisément cette éruption. Friedrich *et al.* [18] ont daté des échantillons regroupant plusieurs cernes de croissance annuelle du bois (Fig. 3.5). Les âges carbone-14 obtenus recouvrent très précisément ceux de la courbe de calibration (*wiggle matching*), le nombre

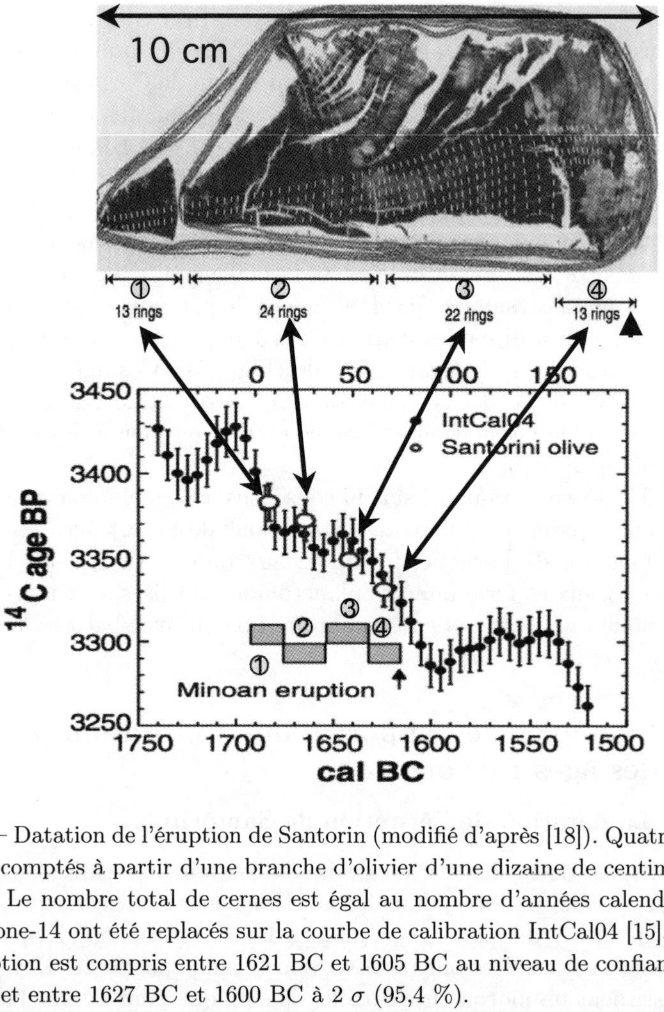

FIG. 3.5 – Datation de l'éruption de Santorin (modifié d'après [18]). Quatre groupes de cernes comptés à partir d'une branche d'olivier d'une dizaine de centimètres ont été datés. Le nombre total de cernes est égal au nombre d'années calendaires. Les âges carbone-14 ont été replacés sur la courbe de calibration IntCal04 [15]. L'âge de cette éruption est compris entre 1621 BC et 1605 BC au niveau de confiance de 1 σ (68,2 %), et entre 1627 BC et 1600 BC à 2 σ (95,4 %).

d'années calendaires étant égal au nombre de cernes. L'âge de l'éruption de Santorin est ainsi estimé entre 1 627 et 1 600 cal. ans BC, avec un niveau de confiance de 95 %. L'apogée de la civilisation minoenne serait donc antérieure à celle du Nouvel Empire, et contemporaine d'une époque où les souverains étrangers – Hyksos – occupaient ce pays [18].

3.2.2.2 Le schéma de bascule du transfert nord-sud de chaleur

Au cours de la dernière glaciation, des fluctuations rapides du climat ponctuent la dernière période glaciaire et la déglaciation (événements de Heinrich, Dryas récent, événements de Dansgard-Oeschger). Ces fluctuations ont été expliquées par des variations de l'intensité de la circulation océanique thermohaline (voir chapitre 20). Ce scénario a été précisé grâce aux mesures de la teneur en ^{14}C de l'atmosphère, obtenues au cours de la déglaciation par le croisement des âges ^{14}C et des âges absolus déduits du comptage des varves sédimentaires déposées annuellement dans le bassin de Cariaco [15, 16]. La teneur en $^{14}CO_2$ de l'atmosphère est très sensible au taux de formation des eaux profondes, car le CO_2 de l'atmosphère est transféré vers les couches profondes de l'océan via la circulation océanique. Ce taux régule aussi les apports de chaleur vers les hautes latitudes. Au cours de l'événement climatique froid du Dryas récent, dont la durée est environ 1 200 ans calendaires, la teneur en ^{14}C de l'atmosphère a d'abord augmenté pendant les premiers 200 ans, puis diminué au cours des 1 000 ans suivants (Fig. 3.6A). Si cette augmentation est en accord avec un schéma de réduction de la formation des eaux profondes dans l'océan Atlantique Nord, et donc un climat froid, comment expliquer la diminution observée postérieurement dans un contexte climatique identique ?

Les glaciologues ont montré que les refroidissements abrupts observés dans l'hémisphère nord s'accompagnaient d'un réchauffement en Antarctique, et inversement [19]. Rapprochant ces deux résultats, Broecker [19] a proposé un schéma de bascule du transfert nord-sud de chaleur via l'océan ou « *thermal bipolar seesaw* » (Fig. 3.6B) : Une réduction de la formation d'eaux profondes dans l'océan Atlantique Nord induit l'installation d'un climat froid dans l'hémisphère nord, et l'augmentation de la teneur en ^{14}C de l'atmosphère. L'océan Austral prend ensuite le relais avec la formation d'eaux profondes, permettant ainsi la diminution de la teneur en ^{14}C de l'atmosphère et l'installation d'un climat plus clément en Antarctique.

3.2.3 Les âges apparents

3.2.3.1 Milieux océaniques : les âges de ventilation et les âges réservoirs

Le carbone se présente sous diverses formes : monoxyde CO et dioxyde de carbone CO_2, méthane CH_4, nombreuses molécules complexes organiques (cellulose...), les formes dominantes étant les ions bicarbonates et carbonates (CO_3^{2-}, HCO_3^-, $H_2CO_3^2$) dissous dans les eaux, et des carbonates de calcium, baryum ou magnésium ($CaCO_3$, $BaCO_3$, $MgCO_3$). La plupart des végétaux et des êtres vivant à la surface de la Terre assimilent directement le $^{14}CO_2$ de l'atmosphère. Dans l'océan, les organismes incorporent du ^{14}C qui n'est pas en équilibre avec le $^{14}CO_2$ de l'atmosphère.

Les foraminifères benthiques, organismes carbonatés vivant *actuellement* à la surface des sédiments marins, prélevés vivants à une profondeur de 2 000 m dans les océans Atlantique Nord et Pacifique, auront respectivement des âges ^{14}C d'environ 600 ans et 1 400 ans, ou âges de ventilation. Ces âges carbone-14 sont des âges apparents qui incluent l'âge de l'organisme et celui de la masse d'eau dans laquelle l'organisme a sécrété son test carbonaté à partir des ions

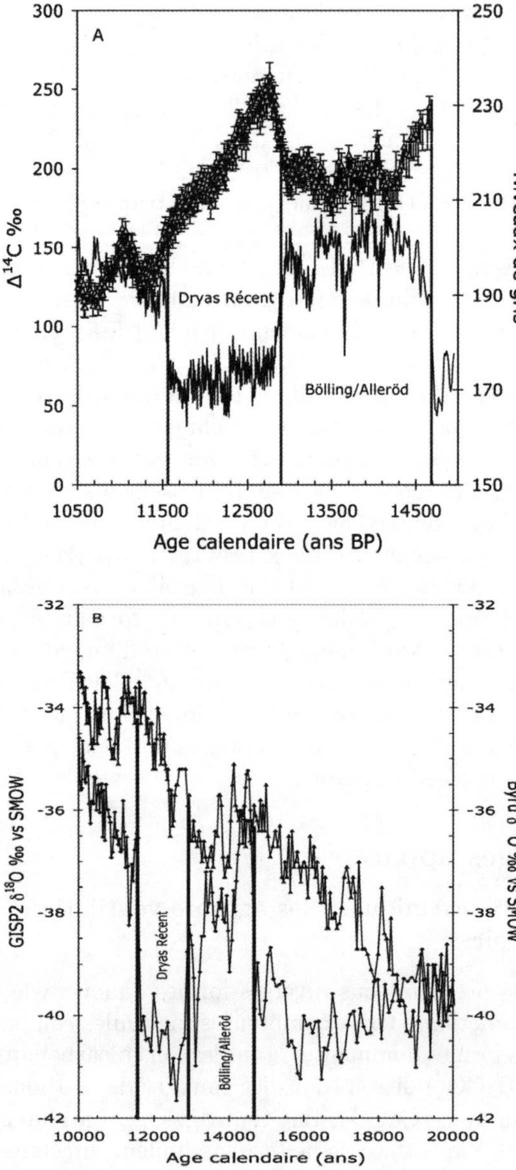

FIG. 3.6 – A – Variations de la teneur en ^{14}C de l'atmosphère exprimée en ‰ (triangle) et variations de couleur (trait) mesurées à partir des sédiments marins du bassin de Cariaco en fonction du temps, obtenues par comptage de varves [15, 16]. B – Variations de la composition isotopique $\delta^{18}O$ du CO_2 piégé dans les bulles de glace des carottages prélevés aux sites GISP2 au Groenland (trait) et Byrd en Antarctique (losange) en fonction du temps, synchronisées par les co-variations de la teneur en méthane de la glace aux deux sites [19].

dissous suivant :

$$CO_2 + H_2O \leftrightarrow H_2CO_3 \leftrightarrow H^+ + HCO_3^-$$

$$HCO_3^- \leftrightarrow H^+ + CO_3^{2-}$$

$$(Ca_2^+ + 2HCO_3^- \rightarrow CaCO_3 + H_2O + CO_2).$$

Les âges de ventilation des eaux profondes actuelles sont le résultat de la boucle de circulation thermohaline que décrit notre océan moderne, avec le plongement des masses d'eau en mer de Norvège, leur mouvement en profondeur depuis l'océan Nord Atlantique vers les océans Indien et Pacifique, et leur retour en surface vers l'océan Nord Atlantique. Une fois isolé de l'atmosphère par la formation d'eau profonde, le $^{14}CO_2$ dissous des eaux intermédiaires et profondes commence à décroître. Par ailleurs, bien qu'en contact avec l'atmosphère, les eaux de surface de l'océan ont une teneur différente en ^{14}C de celle de l'atmosphère, car elles se mélangent avec les eaux sous-jacentes qui sont appauvries en ^{14}C. Les âges ^{14}C des organismes vivant dans l'océan sont des âges apparents. La différence entre ces âges apparents et l'âge ^{14}C de l'atmosphère pour un même âge absolu est nommée âge réservoir R. Ce dernier a une valeur différente dans les masses d'eau océanique de surface, intermédiaire ou profonde.

La valeur moyenne de R est obtenue en soustrayant l'âge carbone-14 d'un organisme marin à celui des cernes d'arbre qui ont un même âge absolu. Les eaux de surface des régions équatoriales et subtropicales ont une valeur moyenne de 400 ans, qui peut atteindre quelque 1 100 ans autour du continent Antarctique. Des valeurs de 700 ans environ sont mesurées dans les régions océaniques proches des zones de remontées des eaux intermédiaires et profondes dans l'océan Indien Nord, ainsi qu'en bordure de l'océan Pacifique. ΔR définit la différence entre l'âge réservoir ^{14}C d'un site et l'âge réservoir moyen ^{14}C de l'océan global. Ce dernier est calculé à partir d'un modèle simple en boîtes intégrant la production du ^{14}C, modulée par l'activité solaire et par le champ géomagnétique, et le cycle du carbone [12].

Dans le passé, la circulation océanique a changé et les âges réservoirs ont donc varié. L'amplitude de ces variations peut être estimée en datant les produits éruptifs ou tephra qui sont largement dispersés à la fois dans les sédiments marins et sur le continent [20], ou bien encore en datant des couples d'échantillons de charbons et coquilles de mollusques marins déposés en même temps dans des sédiments côtiers [21]. Ces estimations montrent, par exemple, que les âges réservoirs des eaux de surface ont au moins doublé pour atteindre 800 ans dans l'océan Atlantique Nord, il y a 11 000 cal. ans BP, ainsi qu'en mer Méditerranée, il y a 15 000 cal. ans BP [20, 21]. Dans l'océan Pacifique Sud, au large de la Nouvelle-Zélande, les âges réservoirs des eaux superficielles, actuellement de 500 ans, étaient d'environ 2 000 ans pendant la période glaciaire [21]. Outre les changements du schéma de circulation océanique moderne, les variations de R sont aussi attribuées à des modifications des échanges entre l'océan et l'atmosphère, notamment liées à l'accroissement de la couverture spatiale de glace de mer aux hautes latitudes, pendant les périodes glaciaires, et donc à une limitation des échanges de $^{14}CO_2$ entre l'atmosphère et l'océan [20]. Aussi, seules les datations des coraux et des foraminifères planctoniques prélevés dans les zones tropicales sont incluses dans la procédure de calibration des âges ^{14}C, une fois corrigées de la valeur R présumée invariante au cours du temps.

3.2.3.2 Milieux continentaux : les effets d'eau dure et le carbone mort

Les végétaux lacustres modernes, ainsi que les carbonates de précipitation dans les lacs de régions calcaires présentent eux aussi des âges ^{14}C plus anciens que ceux de l'atmosphère, et ce vieillissement peut atteindre quelque 2 000 ans [12, 15, 16]. Le $^{14}CO_2$ utilisé lors de la photosynthèse ou lors de la précipitation de ces carbonates provient pour partie de la dissolution des carbonates d'âge géologique dépourvus de ^{14}C (*dead carbon*). Ce vieillissement est appelé effet d'eau dure (*hardwater effect*). De plus, la stratification des eaux dans les lacs ou bien l'extension d'une couverture de glace dans les zones d'altitude et les régions polaires tendent à limiter l'apport de $^{14}CO_2$ d'origine atmosphérique vers les eaux de fond des lacs. Ces deux effets tendent à vieillir l'âge carbone-14 des eaux des lacs par rapport à l'âge de l'atmosphère.

Les stalagmites sont des concrétions carbonatées formées par l'action des eaux légèrement acidifiées par du CO_2 d'origine atmosphérique et du CO_2 provenant de la dégradation des sols sur les carbonates géologiques dépourvus de ^{14}C ou carbone mort (*dead carbon*). Leurs âges carbone-14 présentent aussi un vieillissement par rapport à ceux de l'atmosphère. Sur la figure 3.7 est reportée la procédure d'estimation de cette proportion de carbone mort pour une stalagmite provenant des îles Bahamas, situées à l'ouest de l'océan Atlantique Nord [15]. À l'âge absolu mesuré par la méthode $^{230}Th/U$, correspond un âge carbone-14 « atmosphérique », dérivé des courbes de calibration. La différence entre cet âge « atmosphérique » et l'âge carbone-14 mesuré dans la stalagmite est en moyenne de 1 450 ans entre 11 000 cal. ans BP et 15 000 cal. ans BP, ce qui correspond à une proportion de carbone mort de 16 %. Néanmoins, ce vieillissement n'est pas constant et varie de quelque 1 000 ans à 2 000 ans. Ces variations semblent étroitement corrélées aux fluctuations climatiques observées dans les glaces au site GISP2 et dans les sédiments marins du bassin de Cariaco. Ces fluctuations climatiques (température locale, régime des précipitations) peuvent expliquer environ 30 % de la variabilité de la proportion de carbone mort dans cette stalagmite.

Les sols sont potentiellement datables par le ^{14}C [22]. Ils sont soumis à l'action conjuguée de la dégradation bactérienne et du mélange mécanique induit par la rhizosphère. Ce sont des systèmes ouverts, biologiquement actifs avec un renouvellement permanent du stock de matière organique du sol. Cette dernière est minéralisée par l'activité biologique, et elle est

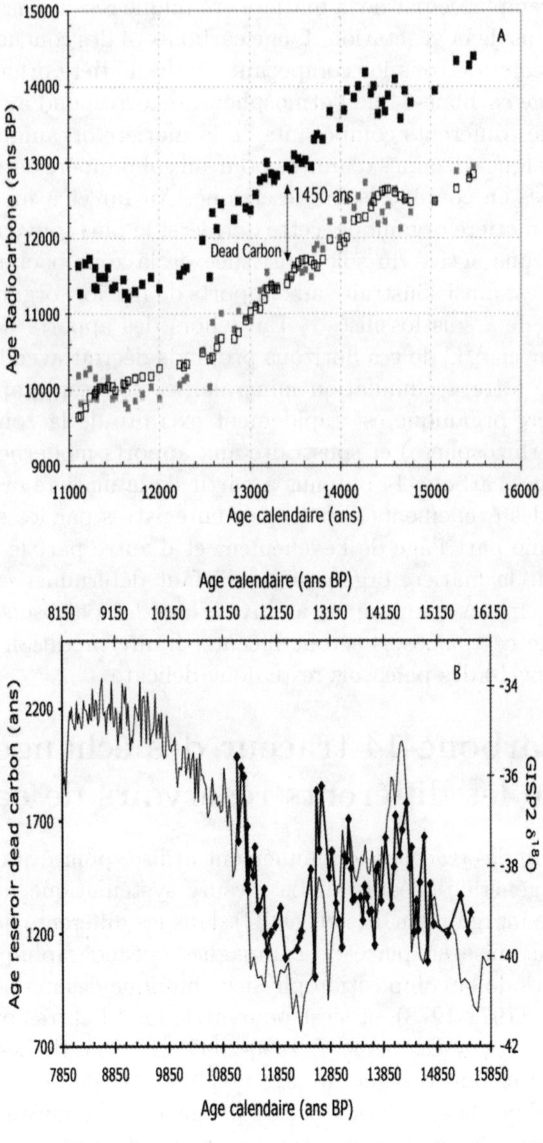

FIG. 3.7 – Variations des âges carbone-14 en fonction des âges $^{230}Th/U$, mesurés dans une stalagmite des îles Bahamas [15]. A – Les carrés noirs représentent les âges mesurés à partir de la stalagmite ; les carrés blancs correspondent aux âges corrigés de 1 450 ans ; les carrés grisés correspondent aux âges du réservoir atmosphérique, déduits des âges $^{230}Th/U$ et de la courbe de calibration. B – Comparaison de la variation de la proportion de carbone mort en fonction des âges $^{230}Th/U$ (trait gras) et des fluctuations isotopiques $\delta\,^{18}O$ (trait fin) enregistrées dans la carotte de glace groenlandaise GISP2 (*Paterne, unp*).

constamment remplacée par de la matière organique récente, issue de l'humification des résidus de la végétation. L'âge carbone-14 des couches superficielles du sol intègre celui de tous les composants de la matière organique, et il est différent de l'âge carbone-14 de l'atmosphère. Il correspond au temps de résidence moyen des différents composants de la matière organique superficielle, qui varie de quelques dizaines d'années pour un sol tempéré cultivé à plusieurs milliers d'années en contexte semi-désertique. Au fur et à mesure de l'accumulation de la matière organique, cette dernière, le plus souvent minérale, est extraite de la zone active du sol, constituée de la zone bactérienne et de la rhizosphère, et est ainsi soustraite aux apports de matière organique moderne. On parle alors de « sols fossilisés ». En dehors des apports de carbone moderne, la teneur en ^{14}C de ces horizons profonds décroît avec le temps. Dans un contexte de forte accumulation minérale, les sols sont rapidement fossilisés : la matière organique est rapidement extraite de la zone active (zone bactérienne et rhizosphère) et soustraite aux apports modernes. Dans un tel contexte, les âges carbone-14 obtenus à partir de la matière organique seront représentatifs des événements climatiques enregistrés par les sols. Toutefois, ils incluent d'une part l'âge de l'événement et d'autre part le temps de résidence moyen de la matière organique, qu'il faut déterminer empiriquement. L'âge des événements climatiques archivés dans les paléosols sera d'autant plus affecté que ces paléosols seront récents. L'interprétation chronologique des âges carbone-14 des paléosols reste donc délicate.

3.3 Le carbone-14 traceur des échanges entre les différents réservoirs de carbone

Le ^{14}C est un des traceurs communément utilisés pour évaluer les modèles de circulation générale océanique. La mesure systématique de la teneur en ^{14}C du carbone inorganique dissous (DIC) dans les différents océans du globe a débuté par la mise en place de campagnes océanographiques internationales de mesures de la composition physico-chimique des masses d'eau, telles que GEOSECS (1972-1978), et s'est poursuivie lors d'autres programmes tel WOCE (*World Ocean Experiment*, 1990-2002) [12, 23, 24]. Les deux composantes naturelle et anthropique de la teneur en ^{14}C de l'océan offrent l'opportunité de valider la circulation océanique générale simulée par les modèles numériques [23]. La composante naturelle permet d'évaluer la circulation des eaux profondes, tandis que la composante anthropique, issue des essais thermonucléaires réalisés dans les années 1960, offre la possibilité d'analyser les processus physiques dont les constantes de temps sont voisines de quelques décennies, telles que la formation des eaux profondes et intermédiaires et la ventilation de la thermocline. Du fait de sa décroissance radioactive, la teneur en ^{14}C d'une masse d'eau océanique diminue régulièrement lors de son transport au sein de l'océan, une fois que la masse d'eau est isolée des échanges avec l'atmosphère. Cette caractéristique apporte une information indépendante et supplémentaire par rapport aux traceurs classiques (température, salinité) utilisés pour valider les modèles, en permettant d'évaluer les constantes de temps de la ventilation de l'océan.

3.3.1 Exemples de simulation de la circulation océanique moderne

La Figure 3.8 représente l'évaluation de la circulation profonde grâce au modèle ORCA de l'institut Pierre Simon Laplace (IPSL), à partir des données GEOSECS mesurées dans l'océan Pacifique Est [24]. Le modèle reproduit une structure réaliste de la ventilation de l'océan profond avec des concentrations simulées très proches des observations. On remarque notamment la signature de la ventilation de l'océan profond liée à la formation d'eau profonde

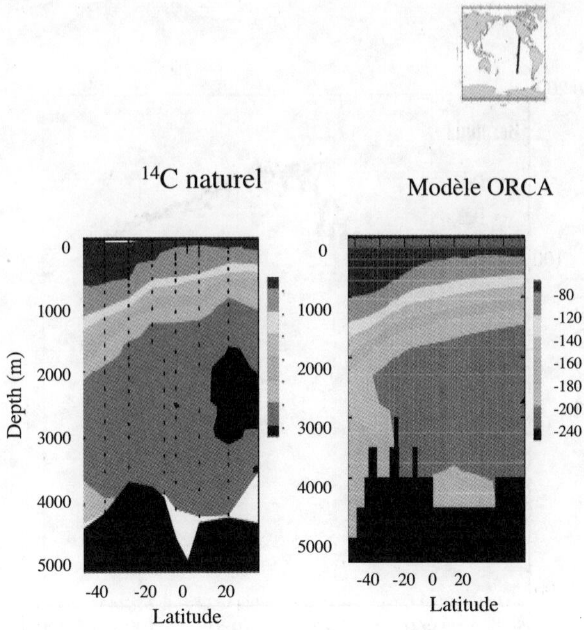

FIG. 3.8 – Simulation à l'aide du modèle ORCA de la teneur en ^{14}C (exprimée en ‰) des eaux en fonction de la profondeur de l'océan Pacifique. La valeur négative indique un vieillissement des masses d'eau par rapport à l'âge de l'atmosphère. Une diminution de 10 ‰ est équivalente à un vieillissement de 80 ans environ. Une masse d'eau quasi-homogène entre –200 ‰ et –240 ‰ occupe l'océan Pacifique Est aux profondeurs situées entre 2 000 m et 3 500 m. À environ 40 °S, il est à noter la présence d'une masse d'eau plus récente à 4 000 m, entre –180 ‰ et –200 ‰, formée sur la bordure du continent Antarctique. Elle correspond à l'eau de fond Antarctique (*Antarctic Bottom Water* AABW).

antarctique provenant de l'océan Austral (*Antarctic Bottom Water* AABW) qui est caractérisée par des teneurs en ^{14}C plus élevées au fond de l'océan. Le Pacifique Est est marqué par la présence d'une masse d'eau quasi-homogène aux profondeurs situées entre 2 000 m et 3 500 m, caractérisée par des teneurs de ^{14}C faibles entre –200 ‰ et –240 ‰, qui correspondent aux eaux profondes les plus vieilles de l'océan, respectivement de 1 790 ans et 2 200 ans.

Des séries temporelles quasi-continues d'observation de la variabilité de la teneur en ^{14}C des masses d'eau peuvent être obtenues à partir de sa mesure dans les bandes de croissance annuelle des coraux récents couvrant plusieurs dizaines d'années. Ces séries apportent un complément de validation des modèles de circulation générale, ces derniers permettant en retour de mieux identifier les causes et mécanismes responsables de cette variabilité temporelle. La Figure 3.9 représente la simulation des données ^{14}C mesurées dans les coraux de surface des Bermudes, obtenue à partir du modèle ORCA.

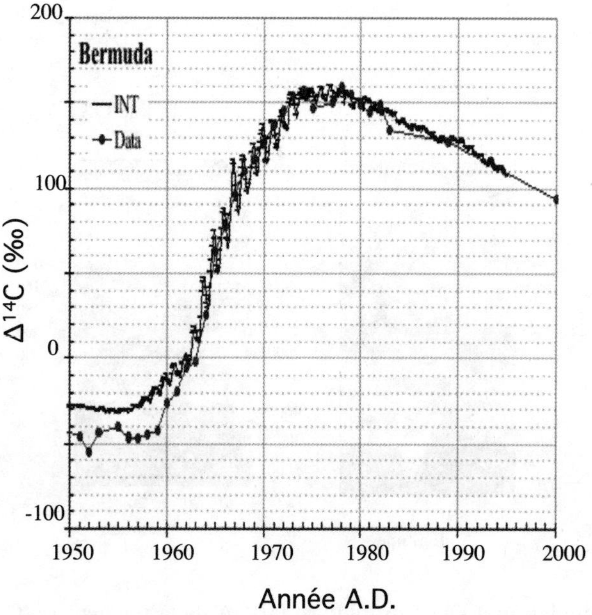

FIG. 3.9 – Variations de la teneur en ^{14}C, exprimée en $\Delta\, ^{14}C$ ‰ (cercles), des eaux de surface de la gyre subtropicale Atlantique au cours des derniers 50 ans, mesurées dans un corail prélevé aux Bermudes. Son augmentation rapide entre 1960 AD et 1965 AD correspond à l'injection de ^{14}C dans l'atmosphère lors des essais nucléaires aériens et sa pénétration dans l'océan. Les résultats issus de la simulation interannuelle OPA (8.1) sont figurés par des traits. Cette simulation met notamment en évidence l'importance des vents dans les échanges entre l'atmosphère et l'océan dans cette zone de l'océan Atlantique subtropical (*Tisnérat, comm. pers.*).

Les concentrations de ^{14}C simulées par le modèle suivent l'évolution temporelle observée à partir des données, indiquant que le transfert du traceur à l'interface océan-atmosphère, ainsi que sa pénétration en sub-surface dans l'océan sont correctement reproduits par le modèle.

3.3.2 Paléocirculation océanique

Au vu des progrès importants dans la connaissance de la circulation océanique, réalisés grâce aux mesures du rapport $^{14}C/^{12}C$ dans la colonne d'eau, l'idée a bien vite germé de retracer les variations passées de la circulation océanique grâce au traceur ^{14}C. Des datations ^{14}C ont été ainsi effectuées sur des couples de foraminifères planctoniques et benthiques prélevés dans les mêmes horizons de carottes de sédiments. Dans l'océan Pacifique, la différence d'âges ^{14}C entre le fond et la surface de l'océan était réduite en période glaciaire par rapport à celle qui est observée actuellement à des profondeurs de 2 000 m environ, et plus importante pour les foraminifères extraits de carottes prélevées à plus grande profondeur [25]. Le renouvellement des eaux intermédiaires semblait donc plus rapide que le renouvellement des eaux de fond. Cette différence ne représente cependant pas uniquement le temps de renouvellement des eaux intermédiaires et profondes depuis qu'elles ont quitté la surface océanique. En effet, les âges réservoirs des eaux de surface ont augmenté pendant la dernière période glaciaire [20, 21]. La différence des âges ^{14}C mesurés entre le fond et la surface de l'océan au glaciaire peut refléter un vieillissement des eaux de surface dans la zone de formation des eaux intermédiaires et profondes, ou bien un changement de la ventilation des masses d'eau, ou encore les deux. De plus, les mesures ponctuelles de la variation de R dans le passé montrent que cette dernière a une amplitude différente dans chaque océan [20, 21]. En l'absence d'une bonne connaissance de R, les âges ^{14}C des foraminifères planctoniques ne peuvent pas être corrigés pour être intégrés dans un référentiel chronologique calendaire. Les variations de la teneur en ^{14}C des masses d'eau des différents océans ne peuvent donc pas être comparées directement par cette méthode, ce qui rend plus difficile une évaluation des modifications de la circulation océanique dans le passé.

D'autres incertitudes associées à ces études ont aussi été soulevées par la suite. En effet, les âges carbone-14 des différentes espèces de foraminifères planctoniques peuvent être différents bien que prélevées dans le même niveau sédimentaire. En effet, peu de foraminifères planctoniques passent l'intégralité de leur vie en surface de l'océan, et leur valeur $\Delta\,^{14}C$ sera donc représentative de celle des dizaines à centaines de premiers mètres de la colonne d'eau dans laquelle ils se sont développés. De plus, le phénomène de bioturbation conduit à mélanger dans le même niveau sédimentaire des foraminifères d'âge différent.

Une part de ces difficultés a pu être levée grâce à l'existence de coraux benthiques vivant en individus isolés ou bien en colonies, formant des monts carbonatés sous-marins jusqu'à des profondeurs de plus de 3 000 m dans l'océan. Leur test en aragonite a une concentration en uranium bien supérieure à celle des foraminifères, ce qui permet de dater ces coraux par le couple radioactif uranium-thorium. Leur datation ^{230}Th/U permet donc de replacer dans une échelle de temps calendaire les âges carbone-14 de ces coraux. Ils ont, de plus, des temps de vie plus longs que ceux des foraminifères benthiques (100 à 200 ans par rapport à quelques mois ou années), ce qui permet d'enregistrer les variations rapides de l'âge des eaux océaniques profondes [26]. Toutefois, une variation de l'âge ^{14}C des coraux benthiques peut refléter celle de l'âge des eaux de surface dans la zone de formation des eaux profondes, et non une modification de la vitesse ou du schéma de la circulation océanique globale.

Ce traceur de circulation ne peut donc être utilisé pour retracer une circulation « à l'équilibre » à un instant passé t, sans prendre en compte l'évolution du carbone-14 dans les différents réservoirs, pendant les milliers d'années qui ont précédé cet instant t. En revanche, une carte de la répartition de la teneur en Δ^{14}C en surface et en profondeur dans l'océan pour une période de stabilité de la teneur en ^{14}C de l'atmosphère de quelques milliers d'années est une contrainte importante pour les simulations numériques du dernier maximum glaciaire utilisant les modèles trois dimensions (Fig. 3.10). Ce traceur est particulièrement intéressant pour retracer la dynamique des changements de circulation, notamment au cours des variations climatiques abruptes de la déglaciation [26].

3.3.3 Minéralisation de la matière organique des sols

La contribution des sols et leur rôle en termes de puits et de sources dans le cycle global du carbone restent jusqu'à ce jour mal évalués. Dans les sols, le stock de carbone organique présente un équilibre dynamique entre les apports de débris végétaux et la perte due à leur décomposition (minéralisation). Il peut être perturbé par les changements de pratiques agricoles et les variations climatiques. Pour mieux évaluer l'effet de ces perturbations et leur impact sur le cycle du carbone global, il est nécessaire, d'une part, de caractériser ces stocks et leur dynamique, et d'autre part, d'élaborer des modèles décrivant les processus biogéochimiques et physiques qui participent à l'évolution du carbone organique pédologique.

La matière organique du sol a une composition très complexe et hétérogène, et elle est le plus souvent mélangée ou associée aux constituants minéraux du sol. Sa cinétique de dégradation est fonction de sa composition biochimique qui lui confère un caractère plus ou moins réfractaire vis-à-vis de l'activité biologique. La lignine est, par exemple, plus stable que la cellulose. Des méthodes de séparation physique des composés organiques telles que le fractionnement en fonction de la dimension des particules, de leur densité, ou le fractionnement selon la dimension des agrégats permettent de se rapprocher d'une certaine homogénéité des fractions vis-à-vis de l'activité pédologique [22]. Une autre voie qui permet une représentation plus réaliste des

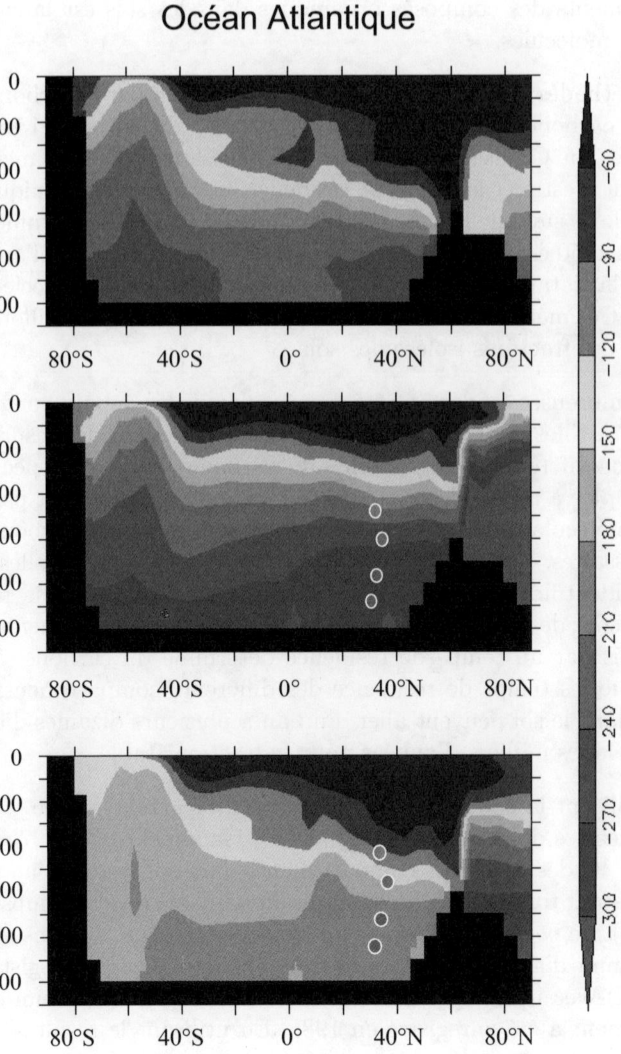

FIG. 3.10 – Simulation de la distribution du Δ^{14}C par le modèle ORCA de l'IPSL. Coupe latitude profondeur de l'océan Atlantique. En haut, simulation pré-industrielle, milieu et bas, deux simulations glaciaires avec des circulations profondes différentes. Dans les deux cas, la réduction de la formation d'eau profonde dans les mers nordiques diminue fortement les concentrations en ^{14}C de l'Atlantique Nord profond. Pour la coupe du milieu, la simulation produit également une réduction de la formation d'eau de fond autour de l'Antarctique, tandis qu'elle reste similaire à l'actuelle, voire légèrement renforcée pour la simulation présentée en bas. Les cercles indiquent des mesures de Δ^{14}C pour la dernière période glaciaire effectuée sur des coraux profonds (*Tagliabue, comm. pers.*).

comportements des composés organiques dans les sols est la séparation par famille de molécules.

Les méthodes isotopiques, telles que la datation par le carbone-14, le marquage en carbone-13 ou l'abondance naturelle du carbone 13 (pourcentage des plantes en C3 et en C4), sont très puissantes dans la mesure où elles permettent d'estimer le temps de résidence des matières organiques naturelles dans le sol. Le suivi de la teneur en ^{13}C sur des parcelles instrumentées depuis les années 1950 est utilisable pour des temps de résidence de l'année jusqu'au siècle, et la datation au ^{14}C pour des périodes allant du siècle aux milliers d'années. Ces méthodes peuvent être appliquées à des échantillons bruts aussi bien qu'à des fractions isolées des sols.

De nombreuses études ont été menées depuis les débuts de la méthode du ^{14}C [22, 27]. Elles ont été réalisées tout d'abord à partir de mesures par comptage radioactif (quelques grammes de carbone), puis par spectrométrie de masse couplée à un accélérateur (SMA), ce qui ne permettait pas d'atteindre l'échelle moléculaire visée, car quelques milligrammes de carbone étaient encore nécessaires. Néanmoins, leur portée fut grande, puisqu'elles sont à l'origine de l'identification, parmi les différents constituants de la matière organique des sols, des *pools* cinétiques, c'est-à-dire des compartiments qui peuvent être définis par un temps de résidence déterminé du carbone. Il a ainsi été montré que les temps de résidence des différents compartiments de carbone existant dans le sol peuvent aller d'un an à plusieurs dizaines d'années, voire même quelques milliers d'années pour la fraction stable.

En utilisant la contamination des espèces végétales par le ^{14}C des explosions nucléaires dans les années 1960 AD, Gaudinski *et al.* [27] ont modélisé l'activité ^{14}C des différents compartiments d'un sol recevant un apport organique constant tous les ans, en fonction du temps et de leur temps de résidence (Fig. 3.11). Le *pool* dont le temps de résidence est égal à 10 ans a ainsi atteint un maximum d'activité ^{14}C en 1972, 8 ans après celui enregistré dans l'atmosphère. Avec un temps de résidence de 50 ans, le maximum d'activité du compartiment a été enregistré en 1985. En utilisant le résultat de cette modélisation pour interpréter les mesures faites sur des fractions séparées d'un même sol, on peut estimer les temps de résidence des différentes fractions. Ceux-ci, associées aux poids relatifs des différentes fractions, permettent alors de caractériser la dynamique du carbone de ce sol et d'évaluer ses stocks de carbone en fonction du temps.

Grâce aux améliorations technologiques dans les nouvelles générations de SMA, quelques microgrammes de carbone sont maintenant suffisants pour obtenir une mesure ^{14}C de bonne précision, ce qui rend accessible l'échelle moléculaire. La formulation et le développement de modèles mathématiques qui simulent les modifications dans la composition moléculaire de la matière organique des sols deviennent envisageables à moyen terme.

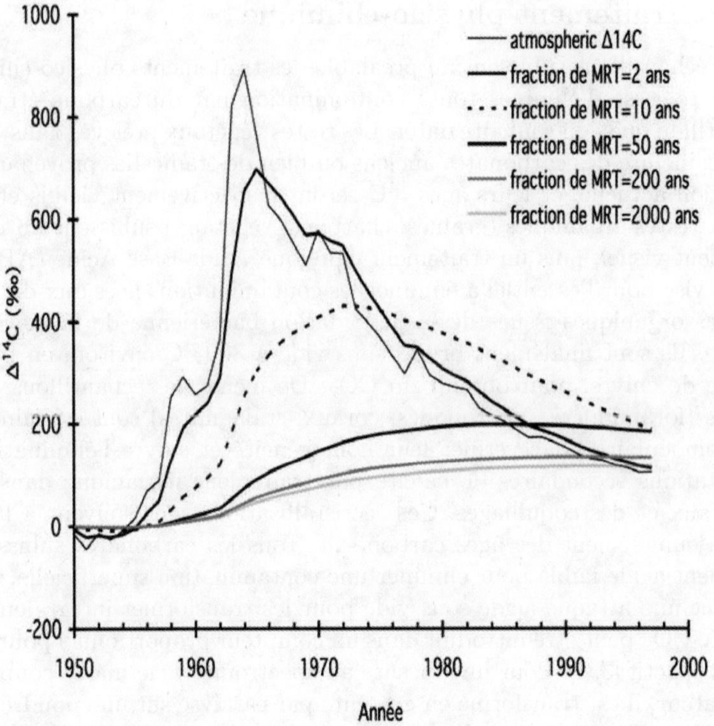

FIG. 3.11 – Activité ^{14}C d'un sol, exprimée en $\Delta\,^{14}C$ en ‰, sous apport en carbone annuel constant en fonction du temps [27]. La courbe noire, en trait fin, représente l'activité ^{14}C de l'atmosphère dans l'hémisphère nord, les courbes en traits gras celle des fractions du sol avec des MRT différents. On constate que le pic des bombes se répercute nettement dans les fractions récentes (<10 ans), alors que son effet est dilué dans les fractions de MRT de quelques dizaines d'années. Il est quasi-inexistant dans les fractions plus anciennes.

3.4 Traitements des échantillons et calculs d'âge carbone-14

Les méthodes de mesures du carbone-14 sont basées soit sur la mesure de la radioactivité d'un gaz (CO_2, C_2H_2, C_6H_6) introduit par la suite dans des compteurs de différents types (proportionnels ou à scintillation liquide), soit sur le comptage direct des atomes de ^{14}C, ^{13}C et ^{12}C à partir d'une cible de graphite-fer, grâce à un spectromètre de masse couplé à un accélérateur. Le lecteur peut se référer à diverses publications sur les équipements et les méthodes de mesures [3–5].

3.4.1 Traitement physico-chimique

Les échantillons subissent au préalable des traitements physico-chimiques dont le rôle est d'éliminer toute contamination par du carbone étranger à l'échantillon que l'on souhaite dater. Les restes végétaux prélevés dans des sols peuvent inclure des carbonates anciens ou bien des radicelles provenant de la végétation actuelle, et leurs âges ^{14}C seront respectivement vieillis et rajeunis. Les restes organiques (graines, charbons, végétaux) subissent un premier traitement visuel, puis un traitement chimique Acide-Base-Acide (ABA). Ce dernier vise pour l'essentiel à éliminer les contaminations liées aux différentes fractions organiques issues de la dégradation bactérienne de la matière organique. Ils sont finalement brûlés sous vide à 800 °C environ, en présence d'oxyde de cuivre, pour obtenir du CO_2. De même, les échantillons de carbonates (foraminifères, ptéropodes, coraux, stalagmites) sont examinés sous loupe binoculaire pour vérifier leur homogénéité et suivre l'élimination des précipitations secondaires de calcite par traitement mécanique dans le cas des coraux et des coquillages. Ces recristallisations sont souvent à l'origine d'un rajeunissement des âges carbone-14. Tous les carbonates subissent un traitement acide faible pour éliminer une contamination superficielle, puis ils subissent une attaque acide sous vide pour les transformer intégralement en CO_2. Ce CO_2 peut être introduit dans un compteur proportionnel pour comptage radioactif [3, 4]. Pour une mesure au spectromètre de masse couplé à un accélérateur, il est transformé en graphite par catalyse sur une poudre de fer, en présence d'hydrogène, à des températures variant entre 500 °C et 700 °C environ [3, 5].

3.4.2 Détermination d'un âge carbone-14

La détermination de l'âge carbone-14 d'un échantillon nécessite trois mesures, quelle que soit la technique de comptage utilisée. L'activité ^{14}C d'un échantillon et celle d'un standard de référence de la teneur en ^{14}C de l'atmosphère en 1950 AD (NBS-I ; NBS-II ; sucrose) sont mesurées dans les mêmes conditions, puis comparées pour en déduire un âge. Les produits utilisés lors du traitement physico-chimique des échantillons, ainsi que les matériaux de construction des lignes à vide et des instruments de mesures sont contaminés par du carbone-14 moderne, dont le rapport $^{14}C/^{12}C$ était de $1{,}2 \times 10^{-12}$ en 1950 AD. On peut calculer par une simple équation de mélange l'effet d'une contamination par du carbone moderne pour 1 mg de carbone extrait d'un échantillon. Une contamination de 5 μg ou 10 μg de carbone moderne aura pour effet de rajeunir de 4 300 ans et 7 200 ans respectivement un échantillon ayant un âge ^{14}C de 40 000 ans ($^{14}C/C = 6{,}88 \times 10^{-15}$). À l'inverse, de telles masses de contamination par du carbone dépourvu de ^{14}C (carbone géologique) n'ont que peu d'effet : environ 40 ans à 80 ans respectivement quel que soit l'âge ^{14}C de l'échantillon [4]. Il faudrait environ 900 μg de carbone d'âge infini pour donner à un échantillon d'âge réel 15 000 ans un âge mesuré de

33 000 ans. Les premières datations carbone-14 de l'art pariétal ont constitué une révolution dans l'approche chrono-stratigraphique de l'évolution culturelle de l'Homme, en révélant un âge d'environ 31 000 ans BP [28]. On peut voir qu'un vieillissement artificiel de ces âges, souvent évoqué, impliquerait des masses de contamination par du carbone d'âge géologique aisément identifiables.

Les contaminations internes liées à la procédure de datation sont donc soigneusement estimées. Pour cela, une correction de « blanc » est effectuée. Elle consiste à mesurer l'activité ^{14}C d'un échantillon très ancien, dépourvu de carbone-14, traité chimiquement et mesuré dans des conditions identiques à celles suivies par les échantillons. Plus la masse de l'échantillon est faible, plus l'effet de la contamination sur l'âge sera grand. Cette contamination interne varie en fonction de la nature des échantillons, et quelquefois en fonction des espèces, comme dans le cas des foraminifères planctoniques. Au cours d'une série de mesures, des échantillons de blanc sont donc intercalés entre les échantillons d'âge indéterminé, et les valeurs moyennes d'activité de ces blancs sont soustraites à celle de l'échantillon. Si l'activité ^{14}C du blanc doit être la plus faible possible, c'est sa variabilité qui détermine à la fois la précision d'un âge et la limite de datation. Prenons deux échantillons de carbonate et de charbon, dont l'activité mesurée est $^{14}C/C = 6{,}88 \times 10^{-15}$ (âge 40 000 ans BP), avec une erreur absolue de 5 %, à laquelle une valeur de blanc carbonate ou charbon de 5×10^{-16} et 19×10^{-16} respectivement, est soustraite. Si l'incertitude sur la contamination augmente de 25 % à 50 %, l'erreur sur l'âge de l'échantillon augmentera d'une centaine d'années pour les carbonates et de 700 ans pour les charbons. La justesse de l'âge d'un événement ancien (>30 000 ans BP) peut être affectée par quelques milliers d'années lorsque l'estimation de la valeur ^{14}C des blancs est erronée.

3.5 Quelques exemples de perturbations post-dépôts des âges carbone-14

La validité des datations carbone-14 d'événements climatiques, archéologiques ou géologiques dépend aussi, bien souvent, des perturbations qui peuvent se produire après la mort et l'enfouissement des organismes dans les sédiments. Dans les sites archéologiques, les occupations successives par les hommes et les animaux, de même que les déplacements des sols soumis à l'action des vents et de l'eau, ou à l'activité biologique peuvent être à l'origine d'inversion stratigraphique des âges carbone-14, mesurés dans les strates sédimentaires successives. La masse toujours plus faible des échantillons prélevés, puis analysés peut être à l'origine de telles incohérences, car ces petits échantillons ont tendance à migrer à travers les dépôts sédimentaires.

Les sites archéologiques recèlent de nombreux restes qui peuvent faire l'objet de datations par le radiocarbone, tels des coquillages, des charbons et des os. De nombreuses fois, les chercheurs donnent une priorité à la datation des charbons, car celle des coquillages nécessite une correction d'âge réservoir. Une expérience menée par Kennett [29] sur un site situé sur la côte Péruvienne a permis de comparer des datations de coquillages marins et de charbons, prélevés dans les mêmes strates sédimentaires, pour évaluer la variation des âges réservoirs des eaux superficielles dans cette région. Alors que l'âge réservoir moderne varie de 540 ans à 970 ans en fonction de l'intensité de l'*upwelling* péruvien, *i.e.* de la remontée en surface d'eaux intermédiaires appauvries en ^{14}C, il est de 430 ans entre 5 000 cal. ans BP et 5 300 cal. ans BP et de seulement 30 ans entre 5 600 cal. ans BP et 5 900 cal. ans BP. Si l'âge réservoir de 430 ans est proche de la valeur moderne, celui de 30 ans n'est pas vraisemblable, car il indique un âge des charbons pratiquement égal à celui des coquillages marins. Ceci peut être lié à deux phénomènes : les charbons proviennent d'arbres qui avaient des âges de quelques centaines d'années au moment de leur enfouissement, ou bien ils ont migré vers le bas des strates archéologiques. Seule une analyse statistique des âges ^{14}C des charbons et des coquillages mesurés dans une même strate permettrait d'apporter une conclusion.

Un second exemple est extrait de la datation des différentes étapes de la déglaciation, mesurée à partir d'échantillons de foraminifères planctoniques prélevés dans une carotte de sédiments marins de l'océan Atlantique Nord [30]. Les deux espèces datées, prélevées à la même profondeur dans le sédiment, sont caractéristiques, l'une des eaux polaires (*Neogloboquadrina pachyderma* sénestre) et l'autre des eaux subpolaires (*Globigerina bulloides*). Deux observations peuvent être faites à partir de la Figure 3.12. Les âges carbone-14 obtenus à partir de l'espèce *G. bulloides* restent constants, alors qu'ils diminuent pour l'espèce *N. pachyderma* entre 155 cm et 140 cm. De plus, ces derniers sont beaucoup plus anciens que les âges obtenus à partir de l'espèce subpolaire à cette profondeur. L'abondance de ces espèces varie en fonction de la profondeur avec des maxima, ou pics, qui s'étalent sur plusieurs dizaines de centimètres. Cet étalement est le résultat d'un phénomène de mélange dû à la présence d'organismes benthiques, qui déplacent vers le haut et vers le bas les grains sédimentaires (bioturbation). En utilisant un simple filtre de mélange, d'épaisseur constante au cours du temps, nous pouvons observer que l'abondance estimée après un phénomène de bioturbation est plus faible qu'au moment du dépôt. Le pic d'abondance n'occupe plus sa position initiale dans le sédiment, et sa position dépend de la profondeur de mélange (h) (Fig. 3.13). Dans l'exemple choisi, l'effet de la bioturbation conduit à rajeunir l'âge du début de l'événement de 900 ans à 1 400 ans en fonction de h et pour un taux de sédimentation de l'ordre de 10 cm par 1 000 ans. Lorsque le taux de sédimentation est de 30 cm par 1 000 ans, cet effet devient 270 ans et 420 ans, avec h égal à 10 cm et 15 cm respectivement. L'âge de la fin de l'événement considéré est vieilli après bioturbation : ce vieillissement atteint quelque 600 ans pour un taux de sédimentation de 10 cm par 1 000 ans. Les effets de rajeunissement ou vieillissement des âges carbone-14 sont limités lorsque les taux

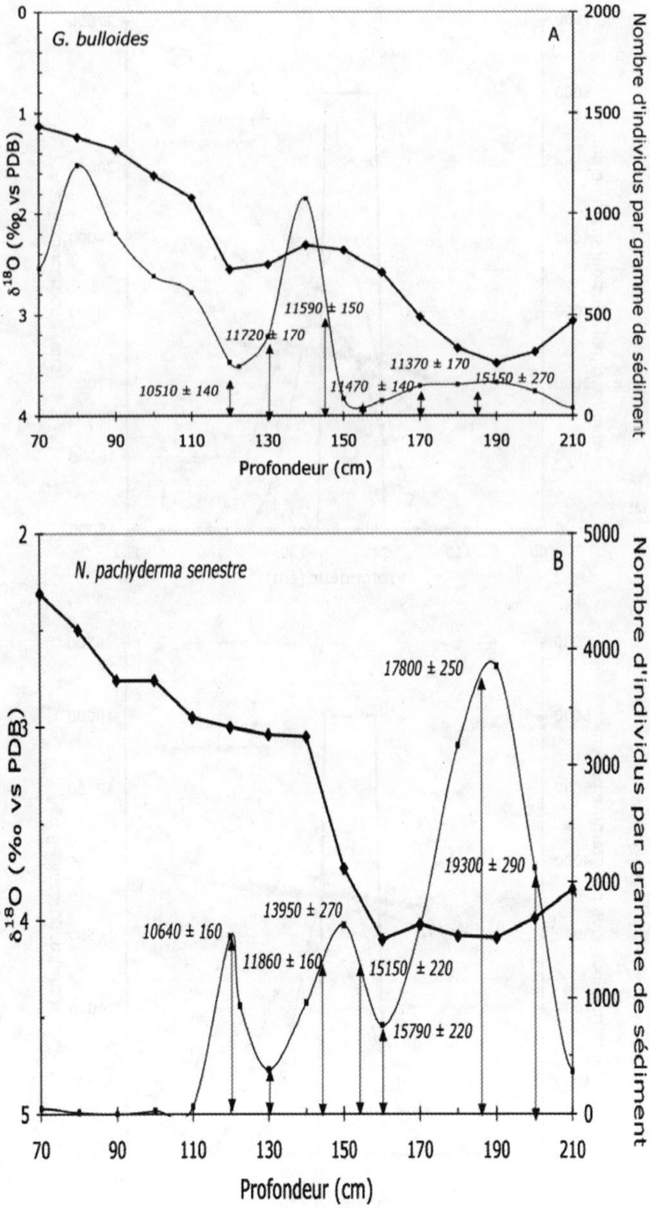

FIG. 3.12 – Variations de la composition isotopique (trait gras, losange) et du nombre d'individus par cm^2 et par gramme de sédiment (trait fin) : A – des foraminifères planctoniques subpolaires *Globigerina bulloides* ; B – des foraminifères planctoniques polaires *Neogloboquadrina pachyderma* sénestre en fonction de la profondeur dans une carotte de l'océan Atlantique Nord. Les âges carbone-14 et les incertitudes (en années BP) sont figurés (modifié d'après [30]).

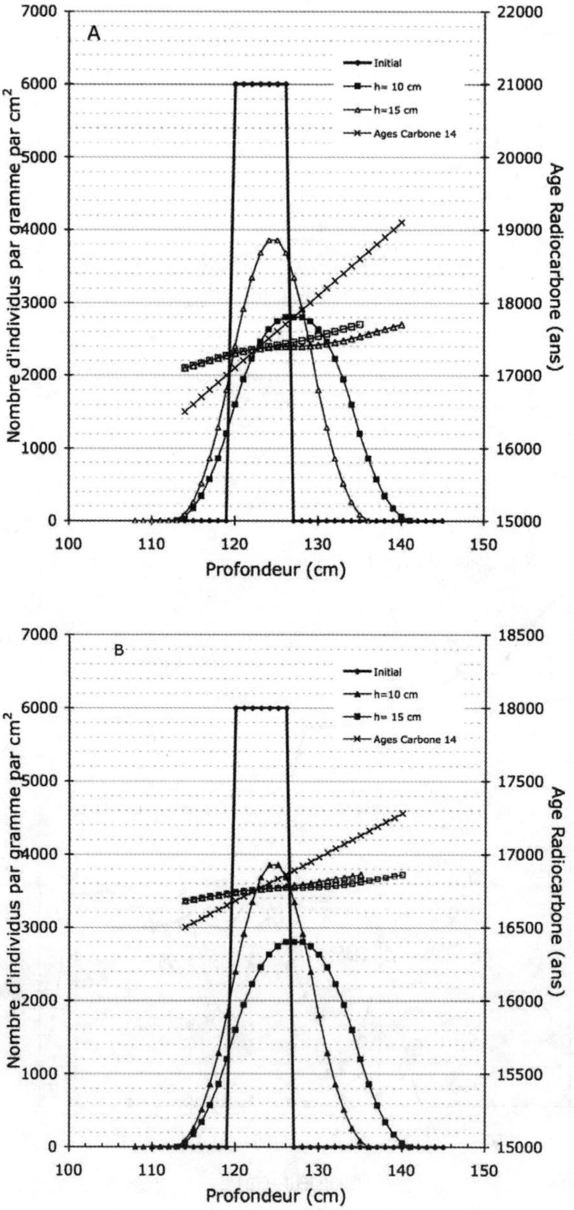

FIG. 3.13 – Évaluation de l'impact de la bioturbation sur les âges carbone-14 mesurés à partir de foraminifères planctoniques monospécifiques, prélevés dans un carottage ayant un taux de sédimentation : A – de 10 cm par 1 000 ans ; B – de 30 cm par 1 000 ans. Noter le changement d'échelle d'âges carbone-14 par rapport à la figure 3.12A.

de sédimentations sont très supérieurs à la profondeur de bioturbation. De cet exemple, Bard *et al.* [30] ont noté que l'âge carbone-14 des événements considérés peut être obtenu avec une bonne justesse, en prélevant les foraminifères dans leur pic d'abondance, et en respectant une adéquation entre les espèces de foraminifères et la période climatique considérée : datation des espèces polaires pendant les périodes glaciaires et des espèces subpolaires lors de la déglaciation et l'Holocène.

Références bibliographiques

[1] Libby, W. F. (1952), *Radiocarbon dating*, The University of Chicago Press, Chicago 37, Illinois, USA, 124 p.

[2] Libby, W. F. (1981), « Radiocarbon and Tritium », Geo Science Analytical Inc., 129 Ocean Way Santa Monica, CA 90402, Berger R. et Libby L. M. (eds.), vol. I, 300 p.

[3] Labeyrie, J. (1983), « Datations par le carbone 14 : le recul des limites », *La Recherche*, 14, 992-994.

[4] Delibrias, G. (1985), « Le carbone 14 », Roth, E. et Poty, B. (Ed.), *Méthodes de datation par les phénomènes nucléaires naturels. Applications*, Masson, Commissariat à l'énergie atomique, pp. 423-455.

[5] Duplessy, J. C. et Arnold, M. (1985), « La mesure du carbone 14 en spectrométrie de masse par accélérateur : premières applications », Roth, E. et Poty, B. (Ed.), *Méthodes de datation par les phénomènes nucléaires naturels. Applications*, Masson, Commissariat à l'énergie atomique, pp. 461-473.

[6] Taylor, R. E. (1987), *Radiocarbon Dating: An Archeological Perspective*, Academic Press Inc. (London) LTD, 212 p.

[7] Kamen, M. D. (1963), « Early History of Carbon-14 », *Science*, 140, pp. 584-590.

[8] Rossi, B. (1952), « High Energy Particles », *Prentice Hall Physics series*, Inc., Englewood cliffs, USA, 268 p.

[9] Simpson, J. A. (2000), « The Cosmic Ray Nucleonic Component: the Invention and Scientific Uses of the Neutron Monitor », *Space Science Reviews*, 93, pp. 11-32.

[10] Chiu, T. C., Fairbanks, R. G., Cao, L. et Mortlock, R. A. (2007), « Analysis of the Atmospheric C-14 Record Spanning the Past 50 000 Years Derived from High-Precision Th-230/U-234/U-238, Pa-231/U-235 and C-14 Dates on Fossil Corals », *Quaternary Science Review*, 26, pp. 18-36.

[11] Damon, P. E., Lerman, J. C. et Long, A. (1978), « Temporal Fluctuations of Atmospheric 14C: Causal Factors and Implications », *The Annual Review of Earth and Planetary Sciences*, 6, pp. 457-494.

[12] Stuiver, M., Braziunas, T. F., Becker, B. et Kromer, B. (1991), « Climatic, Solar, Oceanic and Geomagnetic Influences on Late-Glacial and Holocene Atmospheric $^{14}C/^{12}C$ Change », *Quatemary Research*, 35, pp. 1-24.

[13] Lal, D. et Charles, C. (2007), « Deconvolution of the Atmospheric Radiocarbon Record in the Last 50 000 Years », *Earth and Planetary Science Letters*, 258, pp. 550-560.

[14] Muscheler, R., Joos, F., Müller, S. A. et Snowball, I. (2005), « Climate: How Unusual Is Today's Solar Activity ? », *Nature*, 436, E3-E4.

[15] Reimer, P. J., Baillie, M. G. L., Bard, E., Bayliss, A., Beck, J. W., Bertrand, C. H. J., Blackwell, P. G., Buck, C. E., Burr, G. S., Cutler, K. B., Damon, P. E., Edwards, R. L., Fairbanks, R. G., Friedrich, M., Guilderson, T. P., Hogg, A. G., Hughen, K. A., Kromer, B., McCormac, G., Manning, S., Bronk Ramsey, C., Reimer, R. W., Remmel, S., Southon, J. R., Stuiver, M., Talamo, S., Taylor, F. W., van der Plicht, J. et Weyhenmeyer, C. E. (2004), « IntCal04 Terrestrial Radiocarbon Age Calibration, 0-26 cal kyr BP », *Radiocarbon*, 46, pp. 1 029-1 058.

[16] Hughen, K., Baillie, M. G. L., Bard, E., Bayliss, A., Beck, J. W., Buck, C. E., Burr, G., Cutler, K. B., Damon, P. E., Guilderson, T. P., Kromer, B., McCormac, F. G., Manning, S., Reimer, R. W., Remmele, S., Southon, J. R., Stuiver, M., van der Plicht, J. et Weyhenmeyer, C. E. (2004), « IntCal04 Marine Radiocarbon Age Calibration, 0-26 Cal Kyr BP », *Radiocarbon*, 46, pp. 1 059-1 086.

[17] Southon, J. (2004), « A Radiocarbon Perspective on Greenland Ice-Core Chronologies: Can We Use Ice Cores for C-14 Calibration? », *Radiocarbon*, 46, pp. 1 239-1 259.

[18] Friedrich, W. L., Kromer, B., Friedrich, M., Heinemeier, J., Pfeiffer, T. et Talamo, S. (2006), « Santorini Eruption Radiocarbon Dated to 1627-1600 BC », *Science*, 312, p. 548.

[19] Broecker, W. B. F. (1998), « Paleocean Circulation During the Last Deglaciation: A BipolarSseesaw », *Paleoceanography*, 13, pp. 119-121.

[20] Siani, G., Paterne, M., Michel, E., Sulpizio, R., Sbrana, A., Arnold, M. et Haddad, G. (2001), « Mediterranean Sea Surface Radiocarbon Reservoir Age Changes Since the Last Glacial Maximum », *Science*, 294, pp. 1 917-1 920.

[21] Bondevik, S., Mangerud, J., Birks, H., Gulliksen, S. et Reimer, P. (2006), « Changes in North Atlantic Radiocarbon Reservoir Ages During the Allerod and Younger Dryas », *Science*, 312, pp. 1 514-1 517.

[22] Balesdent, J. et Guillet, B. (1982), « Les datations par le ^{14}C des matières organiques des sols », *Science du sol*, 2, pp. 93-112.

[23] Toggweiler, J. R., Dixon, K. et Bryan, K. (1989), « Simulations of Radiocarbon in a Coarse-Resolution World Ocean Model. 1. Steady State Prebomb Distributions », *Journal of Geophysical Research*, 94, pp. 8 217-8 242.

[24] Key, R. M., Quay, P. D., Jones, G. A., McNichol, A. P., von Reden, K. F. et Schneider, R. J. (1996), « WOCE AMS Radiocarbon I: Pacific OceanRresults; P6, P16 & P17 », *Radiocarbon*, 38, pp. 425-518.

[25] Broecker, W. S., Andree, M., Bonani, G., Wolfli, W., Mix, A., Klas, M. et Oeschger, H. (1989), « Comparison between Radiocarbon Ages Obtained on Coexisting Planktonic Foraminifera », *Paleoceanography*, 3, pp. 647-657.

[26] Robinson, L. F., Adkins, J. F., Keigwin, L. D., Southon, J., Fernandez, D. P., Wang, S.-L. et Scheirer, D. S. (2005), « Radiocarbon Variability in the Western North Atlantic During the Last Deglaciation », *Science*, 310, pp. 1 469-1 473.

[27] Gaudinsky, J. B., Trumbore, S., Davidson, E. A. et Zheng, S. (2000), « Soil Carbon Cycling in a Temperature Forest: Radiocarbon-Based Estimates of Residence Times, Sequestration Rates and Partitioning of Fluxes », *Biogeochemistry*, 51, pp. 33-69.

[28] Cuzange M. T., Delque-Kolic E., Goslar T., Grootes P. M., Higham T., Kaltnecker E., Nadeau M., Oberlin C., Paterne M., Van der Plicht, J., Bronk Ramsey, C., Valladas, H., Clottes J. et Geneste, J. M. (2007), « Radiocarbon Intercomparison Program for the Chauvet Cave », *Radiocarbon*, 49, pp. 339-347.

[29] Kennett, D. J., Ingramm, L. B., Southon, J. R. et Wise, K. (2002), « Differences in ^{14}C Age Between Stratigraphically Associated Charcoal and Marine Shell From the Archaic Period Site of Kilometer 4, Southern Peru: Old Wood Or Old Water? », *Radiocarbon*, 44, pp. 53-58.

[30] Bard, E., Arnold, M., Duprat, J., Moyes, J. et Duplessy, J. C. (1987), « Reconstruction of the Last Deglaciation: Deconvolved Records of d^{18}O Profiles, Micropaleontological Variations and Accelerator Mass Spectrometric ^{14}C Dating », *Climate Dynamics*, 1, pp. 101-112.

Chapitre 4

Méthodes $^{40}K/^{40}Ar$ et $^{40}Ar/^{39}Ar$

Hervé Guillou, Sébastien Nomade, Stéphane Scaillet
Laboratoire des Sciences du Climat et de l'environnement, LSCE/IPSL, Laboratoire CEA-CNRS-UVSQ, Domaine du CNRS, Bât. 12, avenue de la terrasse, 91198 Gif-sur-Yvette, France.

La méthode $^{40}K/^{40}Ar$ et sa variante $^{40}Ar/^{39}Ar$ sont fondées sur la décroissance radioactive naturelle du ^{40}K, l'un des isotopes du potassium, en ^{40}Ar, l'un des isotopes de l'argon. Le ^{40}K décroît en $^{40}Ar^*$ (le symbole * indique qu'il s'agit ici d'un isotope radiogénique) avec un période de 1,25 $\times 10^9$ ans, suivant la loi de décroissance radioactive $N = N_0\, e^{-\lambda t}$. En d'autres termes, si l'on considère un système clos, contenant à un instant initial (t_0) N_0 atomes de ^{40}K, il restera dans ce système $N_0/2$ atomes de ^{40}K au bout de 1,25 $\times 10^9$ ans. On entrevoit dès lors l'application géochronologique. Si l'on peut mesurer dans un échantillon géologique, à la fois le nombre d'atomes parents (^{40}K) et le nombre de fils formés ($^{40}Ar^*$), il est alors possible de calculer l'âge de formation de cet échantillon. L'abondance relativement élevée de l'isotope ^{40}K (K : 7e élément le plus abondant sur Terre), combinée à un faible taux de décroissance font de la méthode $^{40}K/^{40}Ar$ et de sa variante $^{40}Ar/^{39}Ar$ deux des outils géochronologiques les plus utilisés en sciences de la Terre. En effet, elles sont applicables à divers matériaux géologiques et sur une importante gamme d'âges, compte tenu de la grande période du ^{40}K.

Dès 1921, Aston, à l'aide d'un spectrographe de masse, met en évidence deux des isotopes du potassium (^{39}K et ^{41}K). En 1935, Klemperer, ainsi que Neuman et Walker démontrent expérimentalement la décroissance radioactive naturelle du ^{40}K en ^{40}Ca et $^{40}Ar^*$. En 1948, Aldrich et Nier confirment l'origine radiogénique de l'argon $^{40}Ar^*$. Ils déterminent expérimentalement le rapport $^{40}Ar/^{36}Ar$ de plusieurs minéraux potassiques et le comparent à celui de l'atmosphère, supposé constant et égal à 295,5. Les rapports qu'ils obtiennent étant supérieurs à celui de l'atmosphère, l'origine de l'argon $^{40}Ar^*$ par décroissance radioactive du ^{40}K est avérée. En parallèle, la connaissance sur la constante de désintégration du ^{40}K devient de plus en plus précise. Aldrich et Nier entrevoient dès lors les potentialités du couple ^{40}K/^{40}Ar dans le domaine de la datation des roches.

Le chronomètre K-Ar repose sur les principes de décroissance radioactive et d'accumulation d'un élément fils. Cependant, des travaux géochronologiques postérieurs à ceux de Aldrich et Nier démontrèrent que les causes de perturbation du chronomètre ^{40}K/^{40}Ar étaient nombreuses. Parmi celles-ci, on peut citer l'incapacité de certaines roches ou de minéraux à retenir en leur sein l'ensemble de l'argon-40 radiogénique (^{40}Ar*), ou la présence dans certains échantillons « d'excès d'argon ». En conséquence, pour qu'un âge K-Ar soit supposé juste, il faut s'assurer :

1. que lors du démarrage du chronomètre (au temps zéro t_0), le rapport ^{40}Ar/^{36}Ar dans l'échantillon est atmosphérique (295,5), en d'autres termes que ^{40}Ar* $= 0$;

2. et que, entre t_0 et le moment où l'échantillon est daté, celui-ci se comporte en système clos vis-à-vis de ^{40}K et ^{40}Ar.

La méthode classique ^{40}K/^{40}Ar ne permet pas la vérification de ces deux hypothèses majeures. Afin d'y remédier, sa variante ^{40}Ar/^{39}Ar fut développée par Wänke et König (1959), et Merihue (1965), qui montrèrent que des âges K/Ar pouvaient être obtenus en irradiant des échantillons de roches ou de minéraux. Lorsqu'un échantillon est soumis à un flux de neutrons, au sein d'un réacteur, une proportion du ^{39}K se transforme en ^{39}Ar. La mesure de la teneur en ^{39}Ar par méthode de comptage permet de calculer le nombre d'atomes parents restants (^{40}K) dans l'échantillon, car on connaît les abondances relatives des différents isotopes du potassium (voir plus bas). Par cette même méthode de comptage, on peut mesurer le nombre d'isotopes ^{40}Ar présents dans l'échantillon. Néanmoins, cette approche n'est pas satisfaisante, car elle ne permet pas les corrections nécessaires liées au processus même de l'irradiation, comme nous le verrons plus loin, et la précision atteinte sur la détermination des différentes concentrations en isotopes d'argon est insuffisante. Les travaux décisifs pour la méthode ^{40}Ar/^{39}Ar sont ceux de Merrihue en 1965. Il démontra que l'argon ^{39}Ar généré dans un réacteur nucléaire à partir du ^{39}K d'un échantillon peut être mesuré précisément par spectrométrie de masse. Cet ^{39}Ar, dérivé du ^{39}K, est noté ^{39}Ar$_K$. De plus, les autres isotopes de l'argon, ^{40}Ar et ^{36}Ar (indispensables aux calculs de correction et de la teneur en ^{40}Ar*) peuvent être mesurés de manière identique. Ainsi, en une seule mesure, on peut calculer les proportions de ^{40}K et de ^{40}Ar* présentes dans un échantillon, et à partir de là, en calculer son âge. Dans leur article de 1966, Merrihue et Turner établirent l'essentiel des approches et concepts de la méthode ^{40}Ar/^{39}Ar. Ils montrèrent notamment que les proportions relatives en parents radioactifs et fils radiogéniques peuvent être calculées précisément à partir d'une mesure par spectrométrie de masse. Comme de plus, les rapports isotopiques sont mesurés de façon plus précise que les concentrations en

K et Ar, cette méthode accroît la précision sur les âges et peut être utilisée pour dater des échantillons de plus petite taille qu'en K/Ar. Ce même travail posa les jalons de l'application des isochrones et des spectres d'âges (notions qui seront discutées plus loin) à la méthode ^{40}Ar/^{39}Ar.

Les méthodes ^{40}K/^{40}Ar et ^{40}Ar/^{39}Ar ont connu un large essor en géologie, car elles sont applicables à différents matériaux géologiques terrestres, tels que les roches magmatiques terrestres (volcaniques, plutoniques, métamorphiques) et extra-terrestres (météorites, échantillons lunaires). Dans certaines mesures, la méthode ^{40}K/^{40}Ar est également bien adaptée à la datation des minéraux argileux. La gamme d'âge d'application de ces méthodes de datation isotopique a une limite supérieure vers 3 milliards d'années et une limite inférieure vers 10 000 ans.

Ces deux méthodes ont été utilisées pour la datation d'événements majeurs de l'histoire de la Terre (faune et flore du Mésozoïque et du Cénozoïque, extinctions en masse, origine et évolution des hominidés, éruptions volcaniques majeures, genèse et évolution des grandes chaînes de montagne...). Elles furent et sont toujours mises en œuvre pour l'établissement et la calibration de l'échelle des temps géologiques, et notamment l'échelle de temps des inversions du champ magnétique terrestre, très précieuse en paléoclimatologie.

Nous présentons dans ce qui suit les grands principes et domaines d'application de ces deux méthodes. Pour de plus amples détails, le lecteur pourra se référer à deux ouvrages de référence rédigés d'après les travaux de Dalrymple et Lanphere (1969) et McDougall et Harrison (1988).

4.1 Principes de la méthode K-Ar

4.1.1 Schéma de désintégration radioactive du ^{40}K

Le principe de la méthode ^{40}K/^{40}Ar est basé sur la décroissance radioactive naturelle du ^{40}K en ^{40}Ar (Fig. 4.1). La désintégration du ^{40}K est complexe. À 88,8 %, le ^{40}K se désintègre en ^{40}Ca par émission β^-. Il se désintègre à 11,2 % en ^{40}Ar*, soit par émission β^+ (0,01 %), soit par capture électronique directe (0,16 %), soit par capture électronique suivie d'une émission γ (11 %). Ce dernier mécanisme est le plus fréquent. Un électron de l'atome est capturé, entraînant la formation d'un neutron aux dépens d'un proton. L'atome ^{40}Ar ainsi produit est dans un état dit excité. Il passe ensuite rapidement à l'état fondamental en émettant un rayonnement gamma.

4.1.2 L'équation d'âge

Comme pour les autres chronomètres isotopiques, la loi fondamentale de décroissance radioactive s'applique :

$$N = N_0\,\mathrm{e}^{-\lambda t} \tag{1}$$

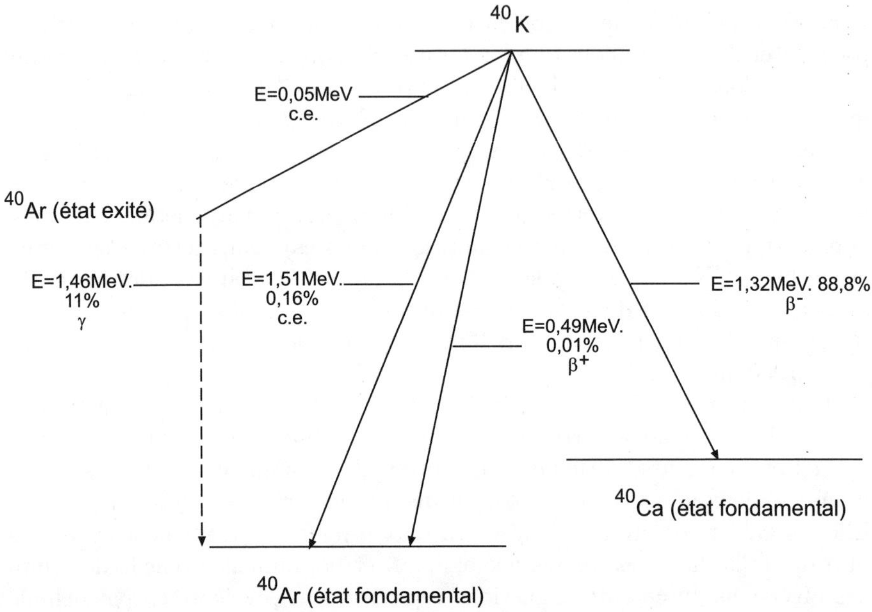

FIG. 4.1 – Schéma de désintégration radioactive du ^{40}K.

N : nombre d'atomes parents radioactifs (^{40}K) au temps t, N_0 : nombre d'atomes parents radioactifs à t_0, λ : constante de décroissance.

À partir de l'équation (2), on peut calculer le nombre d'atomes fils ($D^* = {}^{40}\mathrm{K} + {}^{40}\mathrm{Ca}$) formés au cours du temps t :

$$N_0 = N\,\mathrm{e}^{\lambda t}$$

$$D^* = N_0 - N = N\,\mathrm{e}^{\lambda t} - N = N(\mathrm{e}^{\lambda t} - 1). \tag{2}$$

Les constantes et abondances isotopiques nécessaires au calcul d'âge sont reportées dans le tableau 4.1.

L'équation d'âge est établie à partir de l'équation (3) :

$${}^{40}\mathrm{Ar}^* = \frac{\lambda_\varepsilon}{\lambda}{}^{40}\mathrm{K}(\mathrm{e}^{\lambda t} - 1) \tag{3}$$

où ^{40}Ar* est l'isotope d'argon issu de la désintégration *in situ* de ^{40}K, λ la constante radioactive totale de ^{40}K égale à $\lambda_\varepsilon + \lambda_\beta$. Le rapport de proportionnalité $\frac{\lambda_\varepsilon}{\lambda}$ correspond à la fraction de désintégration conduisant à la formation de ^{40}Ar* (et non de ^{40}Ca*).

À partir de (4), on obtient :

$$t = \frac{1}{\lambda}\ln\left(\frac{{}^{40}\mathrm{Ar}^*}{{}^{40}\mathrm{K}}\frac{\lambda}{\lambda_\varepsilon} + 1\right), \tag{4}$$

TAB. 4.1 – Constantes de décroissance de ^{40}K et abondances isotopiques de K et Ar. Les valeurs retenues pour les constantes proviennent de Steiger et Jäger (1977), pour les abondances isotopiques, de Garner *et al.* (1975) et Nier (1950).

Constante	Valeur
$\lambda_\varepsilon = \lambda\,^{40}Ar$	$(5{,}808 \pm 0{,}004) \times 10^{-11}$ a^{-1}
$\lambda_\beta = \lambda\,^{40}Ca$	$(4{,}962 \pm 0{,}009) \times 10^{-10}$ a^{-1}
$\lambda = \lambda_\varepsilon + \lambda_\beta$	$(5{,}543 \pm 0{,}010) \times 10^{-10}$ a^{-1}
^{39}K	93,258 1 %
^{40}K	0,011 67 %
^{41}K	6,730 2 %
^{40}Ar	99,600 %
^{38}Ar	0,063 2 %
^{36}Ar	0,336 4 %

avec t exprimé en an.

La période de demi-vie ($N = N_0/2$) T est calculée à partir de (2) :

$$T = \frac{\ln 2}{\lambda} = 1{,}25 \times 10^9 \text{ ans.}$$

4.1.3 Fonctionnement de l'horloge potassium-argon

Le chronomètre radioactif $^{40}K/^{40}Ar^*$ est basé sur le processus d'accumulation. K est un des éléments constitutifs du magma. Lorsque celui-ci est sous forme liquide, l'argon $^{40}Ar^*$ issu de la décroissance du ^{40}K s'échappe du système. Lors d'une éruption volcanique, le magma qui rejoint la surface refroidit très rapidement. Ainsi, l'argon $^{40}Ar^*$ est piégé dans la lave solidifiée et s'accumule dans le réseau cristallin. L'argon radiogénique ($^{40}Ar^*$) ainsi piégé ne peut être libéré que si la roche ou le minéral sont soit fondus, soit recristallisés, ou encore portés à des températures, généralement supérieures ou égales à 200 °C, telles que l'argon peut diffuser au travers du réseau cristallin. Dalrymple et Lanphere (1969) ont schématisé le fonctionnement de l'horloge K/Ar (Fig. 4.2), en prenant comme exemple la cristallisation d'un magma. Dans le cas d'un fonctionnement idéal, trois étapes sont distinguées. Durant la première étape, à haute température, le phénomène de diffusion prévaut. $^{40}Ar^*$ n'est pas retenu dans le réseau. La seconde étape correspond à un début de refroidissement et d'accumulation partielle de l'argon $^{40}Ar^*$. La dernière étape correspond au refroidissement rapide en surface du bain silicaté ou magma. À ce stade, $^{40}Ar^*$ est retenu entièrement dans le réseau cristallin.

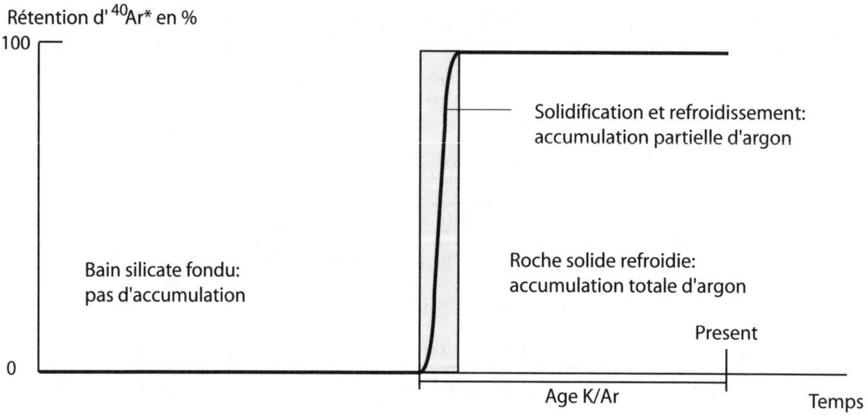

FIG. 4.2 – Principe de fonctionnement de l'horloge $^{40}K/^{40}Ar$ dans le cas d'une roche magmatique à histoire simple (d'après Dalrymple et Lanphere, 1969).

De cette évolution découlent les hypothèses de base d'application du chronomètre K-Ar détaillées ci-dessous.

(a) L'isotope parent ^{40}K décroît à un taux constant et indépendant des conditions physiques du système (P et T). Les constantes utilisées sont celles du tableau 4.1.

(b) Le rapport $^{40}K/K_{total}$ est constant dans les matériaux naturels. Cette condition est importante car on ne mesure pas directement ^{40}K, mais K total (K-Ar) ou $^{39}Ar_K$ ($^{40}Ar/^{39}Ar$). ^{40}K est déduit de la composition isotopique du K. Ce rapport a changé au cours des temps du fait de la décroissance radioactive, mais ce terme ne rentre pas dans l'équation d'âge. À t donné, ce rapport est constant dans tous les matériaux car ces isotopes ne fractionnent pas du fait des processus géologiques.

(c) On considère qu'à $t = 0$, instant de formation de l'échantillon, celui-ci est dépourvu d'argon radiogénique ($^{40}Ar^* = 0$) ; dans le cas contraire, les âges obtenus seront entachés d'une erreur par excès. En géochronologie, cela revient à admettre, qu'à $t = 0$, le rapport $^{40}Ar/^{36}Ar$ de l'échantillon, dit rapport initial, est considéré égal à celui de l'air, soit 295,5. Des écarts à ce principe existent. Ce sont les cas d'excès d'argon ou d'argon hérité, qui ne peuvent être mis en évidence directement par la méthode K-Ar, mais, plus facilement, par la méthode $^{40}Ar/^{39}Ar$. Ces excès d'argon se traduisent par une surestimation des âges calculés et sont une limite importante de la méthode K-Ar.

(d) Il faut également que la durée de formation du système soit négligeable par rapport à l'âge de l'échantillon. De ce fait, les roches volcaniques qui se forment par un refroidissement très rapide fournissent les échantillons les mieux adaptés à cette méthode de datation.

(e) Il est nécessaire d'admettre une évolution en système clos de l'échantillon vis-à-vis du K et de l'Ar depuis l'événement géologique que l'on veut dater. Cette condition implique de sélectionner des échantillons rigoureusement sains, non altérés, de façon à éviter toute perturbation (ré-ouverture postérieure à la formation) du système isotopique.

4.1.4 Matériaux datables et gamme d'âges

Les principaux matériaux adaptés aux méthodes K-Ar et ^{39}Ar/^{40}Ar, ainsi que les gammes d'âges sont listées ci-dessous et reportées en figure 4.3 :

- roches volcaniques (calibration des échelles de temps, études stratigraphiques) ;
  minéraux : sanidine (⩾2 ka), anorthoclase (⩾5 ka), plagioclase (⩾200 ka), amphibole (⩾1 Ma), leucite, néphéline ;
- roches (laves et téphra) : mésostase (matière vitreuse) de tout type de roche non altérée (⩾3 à 4 ka), verre non hydraté (⩾300 ka) ;
- roches plutoniques, métamorphiques, minéraux ;
  feldspaths potassiques, plagioclase, biotite, amphibole, muscovite, phengite, alunite, adulaire ;
- sédiments ;
  argiles néoformées, glauconie, evaporites, minéraux détritiques riches en K, alunite/jarosite.

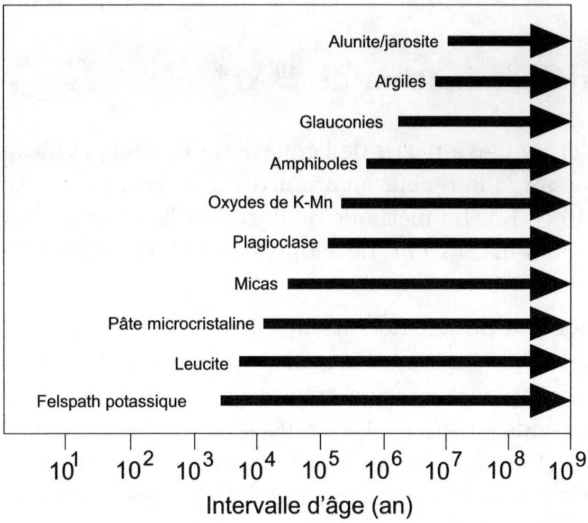

FIG. 4.3 – Gamme d'âges K-Ar et ^{40}Ar/^{39}Ar possibles pour différents type de matériaux.

4.2 La méthode de datation K-Ar sans traceur

4.2.1 Sélection et préparation des échantillons

La position stratigraphique et géographique des échantillons doit être relevée précisément sur le terrain. Cela permettra d'apporter des contraintes externes sur les âges obtenus. Seuls les échantillons non altérés seront retenus, notamment pour satisfaire à l'hypothèse d'évolution en système clos, discutée plus haut. L'état de fraîcheur est contrôlé par des observations macroscopiques, microscopiques, et par l'analyse chimique qui donne la perte au feu ou la teneur en eau (marqueur du degré d'altération) de l'échantillon. À titre d'exemple, un basalte est considéré non altéré si sa teneur en eau est inférieure à 1 %. La phase (minéral, verre...) de l'échantillon retenue doit être représentative de l'événement à dater. Dans le cas de roches volcaniques, les phases retenues sont pour les laves, la pâte microcristalline, car elle se forme par refroidissement brutal lors de la venue en surface du magma ; pour les téphras, les phénocristaux (feldspaths, micas ou amphiboles) synchrones de l'événement éruptif. Après échantillonnage sur le terrain, les roches sont sciées, broyées et tamisées à la fraction 0,250–0,125 mm. Le granulat obtenu est lavé aux ultrasons dans un bain d'acide acétique (1N) porté à 50 °C. L'échantillon est ensuite rincé abondamment à l'eau déionisée. Ensuite, la séparation des phases minéralogiques se fait en laboratoire, par tri magnétique et densitométrique ou piquage sous loupe binoculaire. Dans le cas de téphra, le mode préparatoire est identique. Compte tenu de la nature même du dépôt, on s'affranchit cependant, de la phase de broyage.

4.2.2 La détermination de $^{40}Ar^*$

Pour calculer un âge à partir de l'équation (4), seule la mesure de deux variables est nécessaire : la teneur en argon 40 radiogénique ($^{40}Ar^*$) et la teneur en potassium 40 (^{40}K). La méthode de datation K-Ar utilisée au L.S.C.E. est la technique K-Ar sans traceur, développée par C. Cassignol (Cassignol *et al.*, 1978, 1982).

Préalablement au dosage de l'argon, plusieurs étapes, dont l'extraction et la purification de l'argon, sont nécessaires. Chaque prise d'échantillon (0,5 à 3 g selon le cas) est placée dans un creuset en molybdène, au préalable dégazé à 1 500 °C sous vide primaire. Ce creuset est introduit dans un module en quartz et pyrex (Fig. 4.4), comportant un four en quartz, un doigt de silice contenant du charbon actif et un autre doigt de silice contenant de la mousse de titane. Un opercule de verre (« queue de cochon ») assurera plus tard l'étanchéité de l'ampoule renfermant l'argon à analyser.

L'extraction de l'Ar de l'échantillon s'effectue en quatre étapes (Fig. 4.4).

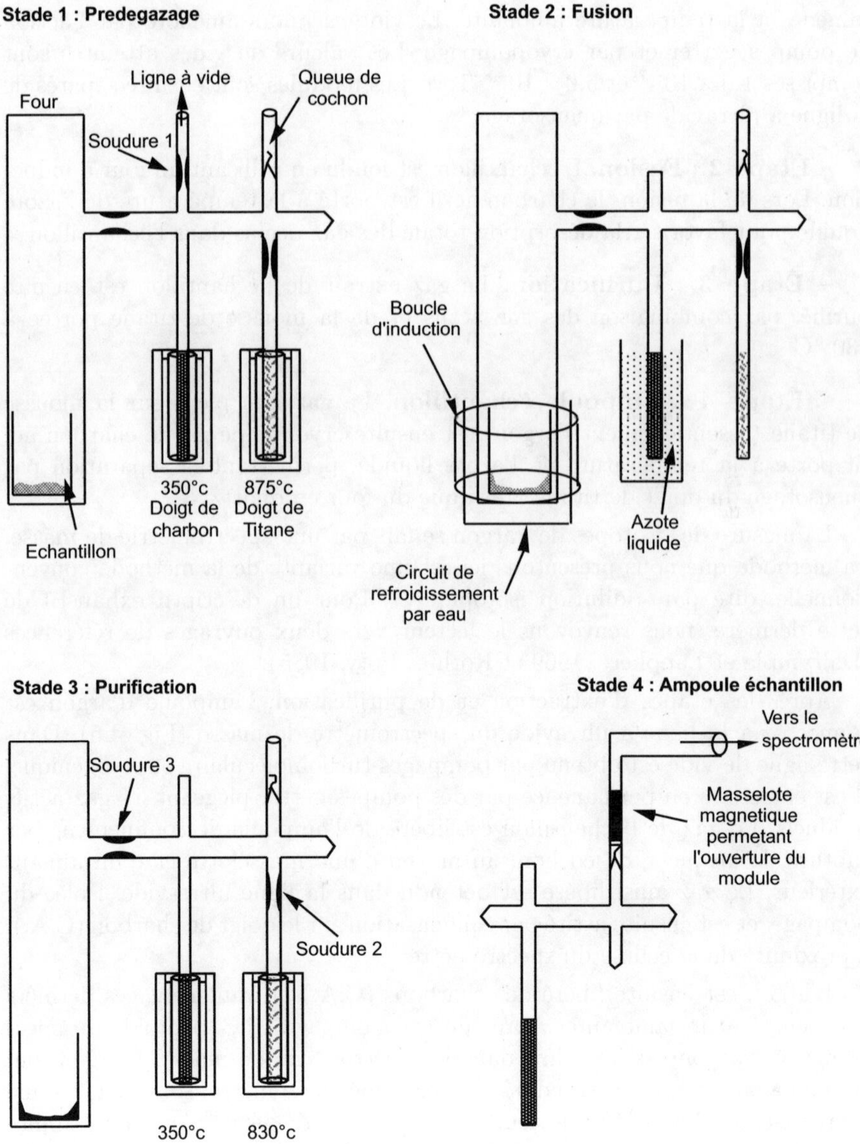

FIG. 4.4 – Schéma résumant les étapes d'extraction de l'argon de l'échantillon.

– **Étape 1 : Prédégazage – mise sous vide.** Mise sous vide secondaire de l'ensemble du module au moyen d'une pompe turbomoléculaire. L'ensemble est pompé durant environ quatre journées. Durant la première journée et demi de pompage, le charbon actif est dégazé à une température de 350 °C. Puis, conjointement au charbon, le titane est dégazé à une température de 875 °C durant une trentaine d'heures. Le charbon actif et le titane sont ensuite ramenés à la température ambiante. Le vide est alors amélioré par l'action de pompes getter et par cryopompage. Les valeurs de vides atteintes sont comprises $1{,}0 \times 10^{-7}$ et $5{,}0 \times 10^{-8}$ Torr. Les modules sont ensuite séparés de la ligne à ultravide par queusotage.

– **Étape 2 : Fusion.** L'échantillon est fondu en utilisant un four à induction. Lors de la fusion, le charbon actif est porté à la température de l'azote liquide pour favoriser la désorption totale des gaz occlus dans l'échantillon.

– **Étape 3 : Purification.** Le gaz extrait de l'échantillon est ensuite purifié, par combinaison des gaz actifs et de la mousse de titane portée à 830 °C.

– **Étape 4 : Ampoule échantillon.** Le gaz non piégé sur la mousse de titane (essentiellement l'argon) est ensuite cryopompé par le charbon actif porté à la température de l'azote liquide, permettant la séparation par queusotage du doigt de titane, ainsi que du four en quartz.

La mesure des isotopes de l'argon se fait par une spectrométrie de masse. La méthode que nous présentons ici est une variante de la méthode conventionnelle, dite par « dilution isotopique ». Pour un descriptif exhaustif de cette dernière, nous renvoyons le lecteur vers deux ouvrages de références (Dalrymple et Lanphere, 1969 et Roth et Poty, 1985).

Après les étapes d'extraction et de purification, l'ampoule d'argon est connectée à la ligne à ultravide du spectromètre de masse (Fig. 4.5). Dans cette ligne, le vide est obtenu par pompages turbomoléculaire et cryogénique. Il est entretenu en permanence par des pompes getter piégeant les gaz actifs résiduels. Le gaz de l'échantillon est libéré de l'ampoule de confinement par rupture de la queue de cochon, au moyen d'une masselotte et d'un aimant extérieur. Le gaz ainsi libéré est détendu dans la ligne ultra-vide, isolée du pompage, et est ensuite attiré par condensation sur le doigt de charbon (C.A.), à proximité de la cellule du spectromètre.

L'argon est ensuite libéré des charbons (C.A.) en ramenant ces derniers à la température ambiante. Après un cryopompage (P.C.2) rapide du spectromètre, l'argon est introduit dans le spectromètre de masse. L'argon, qui est un gaz neutre, est ionisé dans le spectromètre de masse, sous l'effet d'une source électronique. ^{40}Ar devient $^{40}Ar^{+}$ et ^{36}Ar devient $^{36}Ar^{+}$. Les atomes ainsi chargés sont accélérés sous l'effet d'une différence de potentiel (environ 620 volts). Ils traversent ensuite un champ magnétique. Leur trajectoire est dès lors circulaire. Dans une enceinte où règne un vide poussé, ces ions de masse 40 et 36 et de charge e, animés d'une vitesse acquise par une différence de potentiel V (620 V), décrivent, lors de leur passage dans un champ magnétique H (3 600 Gauss), une trajectoire de rayon R, suivant l'équation :

$$R = \frac{1\,439}{H}\left[\frac{m}{e}V\right]^{\frac{1}{2}}$$

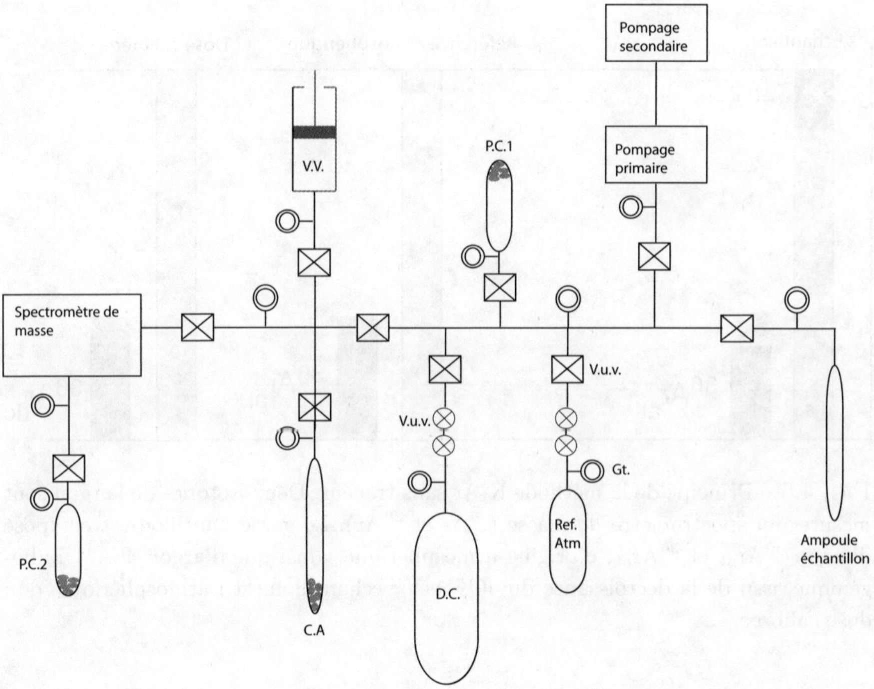

FIG. 4.5 – Représentation schématique de la ligne à ultravide connectée au spectromètre de masse K/Ar. P.C. 1 et 2 : pièges cryogéniques 1 et 2 ; V.u.v : vannes ultra-vide ; Gt. :pompe getter ; Ref.Atm : bonbonne contenant de l'air prélevé en laboratoire ; D.C. : bonbonne de calibration ; V.V. : volume variable.

avec R : rayon en millimètre, H : valeur du champ magnétique en Gauss, m : masse atomique de l'ion, e : nombre de charges élémentaires portés par l'ion, V : différence de potentiel en volt.

Ainsi, pour un spectromètre paramétré avec $H = 3\,600$ gauss et $V = 620$ volts, on obtient $R_{40} = 62{,}9$ mm et $R_{36} = 59{,}7$ mm.

Les isotopes ^{40}Ar et ^{36}Ar de l'échantillon sont ainsi mesurés simultanément sur un double collecteur composé de deux coupelles de Faraday, disposées à $m/e = 40$ et $m/e = 36$. Les signaux sont intégrés sur une durée de 100 secondes. Une fois l'analyse du gaz faite, l'échantillon est évacué du spectromètre de masse par cryopompage. L'argon atmosphérique de référence (at.) est introduit à partir d'une bonbonne contenant de l'air du laboratoire (Ref.Atm.), puis mesuré aux mêmes conditions de pression que l'échantillon, ce qui permet la comparaison directe des deux aliquotes de gaz (échantillon et référence atmosphérique), et la détermination de la teneur relative en argon radiogénique (Fig. 4.6). Ceci se fait en variant le volume d'analyse par l'intermédiaire

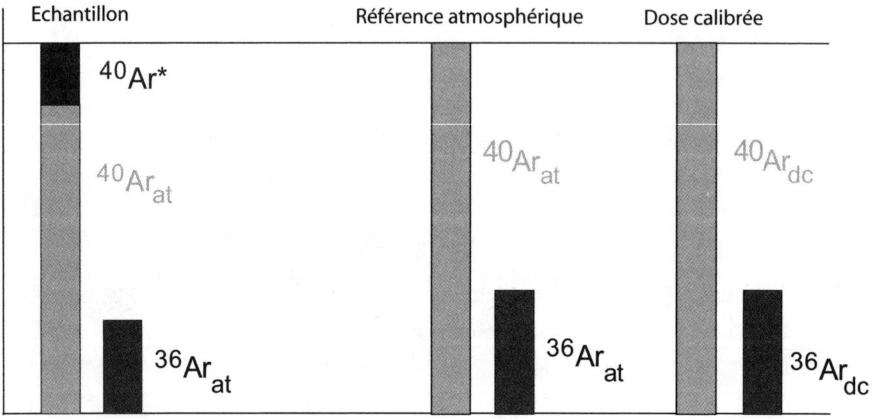

FIG. 4.6 – Principe de la méthode K-Ar sans traceur. Deux isotopes de l'argon sont mesurés au spectromètre de masse (^{40}Ar et ^{36}Ar). Le gaz échantillon est composé d'argon $^{40}Ar_{at}$ et $^{36}Ar_{at}$, d'origine atmosphérique, ainsi que d'argon 40Ar* radiogénique, issu de la décroissance du 40K. ech : échantillon, at : atmosphérique, dc : dose calibrée.

d'un volume variable (V.V.) connecté à la cellule spectrométrique. La teneur en ^{40}Ar* est donnée par l'équation :

$$^{40}\mathrm{Ar}^* = \frac{\dfrac{^{40}\mathrm{Ar}_{\mathrm{ech}}}{^{36}\mathrm{Ar}_{\mathrm{ech}}} - \dfrac{^{40}\mathrm{Ar}_{\mathrm{at}}}{^{36}\mathrm{Ar}_{\mathrm{at}}}}{\dfrac{^{40}\mathrm{Ar}_{\mathrm{ech}}}{^{36}\mathrm{Ar}_{\mathrm{ech}}}}.$$

La troisième mesure d'une aliquote de gaz est faite pour la calibration, c'est-à-dire la conversion d'un signal électrique en nombre d'atomes. Un nombre connu d'argon ^{40}Ar est introduit à partir d'une bonbonne calibrée (D.C.) dans le spectromètre de masse. La connaissance du nombre d'atome (dc) est déduite de la mesure de minéraux standards d'âge connu. La procédure permettant d'établir l'équation de la courbe de calibration (Fig. 4.7) est détaillée dans Charbit *et al.*, (1998). L'ensemble des trois étapes précédentes est schématisé dans la figure 4.6.

Les caractéristiques des minéraux standards couramment utilisés en K-Ar pour la calibration sont données dans le tableau 4.2.

L'analyse du potassium est faite par spectrométrie de flamme (absorption atomique et émission), sur plusieurs prises indépendantes, afin de s'assurer de l'homogénéité de l'échantillon. Cette méthode étant classique nous ne la détaillerons pas ici.

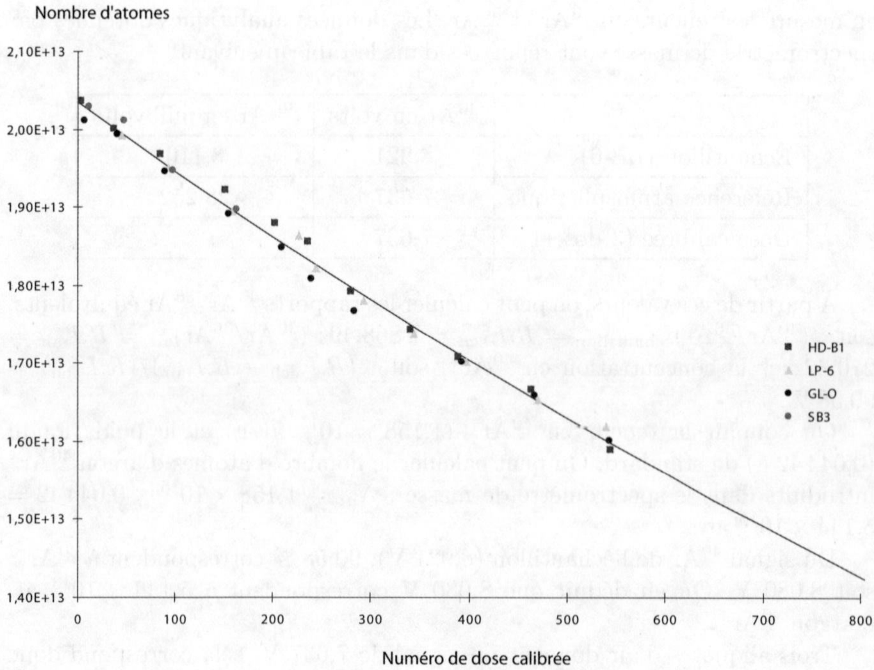

FIG. 4.7 – Courbe de calibration du spectromètre de masse au 10/11/00.

TAB. 4.2 – Valeurs applicables aux minéraux standards.

Standard	K (%)	$^{40}Ar^*$ (10^{-9} mol/g)	Âge (Ma)	Ref.
HD-B1	7,987	0,335	24,03 ± 0,41	Fuhrmann *et al.*, 1987
GL-O	6,56	1,093	93,60 ± 0,90	Charbit *et al.*, 1998
LP-6	8,37	1,923	127,8 ± 1,4	Odin *et al.*, 1982
SB-3	7,483	2,213	162,9 ± 0,9	Lanphere *et al.*, 2000

4.2.3 Exemple de calcul d'âge

Calibration du spectromètre de masse

La calibration passe par l'analyse de minéraux standard d'âge connu. Dans un premier temps, on mesure par spectrométrie de masse les teneurs en ^{40}Ar et ^{36}Ar du standard. Le minéral standard étudié est LP-6. Sa teneur en K est de 8,37 % et en $^{40}Ar^*$ de $1,158 \times 10^{15}$ at/g. Une masse de 0,044 42 g de ce standard a été fondue. Ensuite, on prélève par un système de double vanne (pipette), à partir d'une bombonne de calibration, trois aliquotes d'air, et on en mesure les teneurs en ^{40}Ar et ^{36}Ar. Les données analytiques obtenues par spectrométrie de masse sont reportées dans le tableau suivant.

	^{40}Ar en volts	^{36} Ar en millivolts
Échantillon (LP-6)	8,921	3,110
Référence atmosphérique	7,637	28,252
Dose calibrée (3 doses)	7,637	

À partir de ces valeurs, on peut calculer les rapports $^{40}Ar/^{36}Ar$ équivalents, soit : $(^{40}Ar/^{36}Ar)_{\text{échantillon}} = R.I._{\text{ech}} = 2\,868{,}49$; $(^{40}Ar/^{36}Ar)_{\text{air}} = R.I._{\text{air}} = 270{,}32$; et la concentration en $^{40}Ar^*$, soit : $(R.I._{\text{ech}} - R.I._{\text{air}})/(R.I._{\text{ech}}) = 90{,}58$ %.

On connaît la teneur en $^{40}Ar^*$ ($1{,}158 \times 10^{15}$ at/g) et le poids fondu (0,044 42 g) de standard. On peut calculer le nombre d'atomes d'argon $^{40}Ar^*$ introduits dans le spectromètre de masse : $N_{at} = 1{,}158 \times 10^{15} \times 0{,}044\,42 = 5{,}144 \times 10^{13}$ at.

Du signal ^{40}Ar de l'échantillon (8,921 V), 90,58 % correspondent à $^{40}Ar^*$, soit 8,080 V. On en déduit que 8,080 V correspondent à $5{,}144 \times 10^{13}$ at. d'argon $^{40}Ar^*$.

Trois aliquotes d'air donnent un signal de 7,637 V, cela correspond donc à $(7{,}637 \times 5{,}144 \times 10^{13})/8{,}080 = 4{,}862 \times 10^{13}$ at. d'argon $^{40}Ar^*$.

Une aliquote d'air prélevée de la bonbonne de calibration est donc équivalente à $4{,}862 \times 10^{13}/3 = 1{,}621 \times 10^{13}$ at. d'argon ^{40}Ar. On pourra donc utiliser cette bonbonne pour calibrer le spectromètre de masse lors de la mesure d'échantillons communs. Bien évidement, à chaque mesure de calibration, la teneur en ^{40}Ar diminue dans la bonbonne. On opérera un contrôle de cette évolution par la mesure périodique de minéraux standard. C'est la courbe donnée en figure 4.7.

Mesure d'un échantillon d'âge inconnu

Données expérimentales : poids fondu : 1,066 9 g ; teneur en potassium de la roche analysée K % = 0,643 ; 1 dose calibrée = $1{,}608\,2 \times 10^{13}$ atomes.

	Échantillon	Réf. atmosphérique	Dose Calibrée
^{40}Ar (V)	1,196	1,323	3,912
^{36}Ar (mV)	4,225	4,884	14,474

Le calcul des rapports isotopiques *R.I.* ($^{40}Ar/^{36}Ar$) donne : $R.I._{\text{ech}} = 283{,}08$; $R.I._{\text{atm}} = 270{,}88$; $R.I._{dc} = 270{,}28$.

Le calcul du taux d'argon radiogénique est obtenu par :

$$^{40}Ar^*\% = \frac{R.I._{\text{ech}} - R.I._{\text{atm}}}{R.I._{\text{ech}}} = 4{,}31\ \%.$$

Le nombre d'atomes d'argon ^{40}Ar dans l'échantillon se calcule avec les données de la calibration. On sait que 3,912 volts correspondent à $1{,}608\,2 \times 10^{13}$ atomes. Donc 1,196 V (^{40}Ar échantillon) est équivalent à $0{,}492 \times 10^{13}$ atomes. La concentration en atomes par gramme est cette valeur divisée par le poids d'échantillon fondu (1,066 9 g), soit $0{,}461 \times 10^{13}$ at/g. 4,31 % de l'^{40}Ar mesuré est radiogénique. On a donc $^{40}\mathrm{Ar}^*$ at/g $= 0{,}461 \times 10^{13} \times 0{,}043\,1 = 1{,}987 \times 10^{13}$.

Le nombre d'atome de ^{40}K est calculé en appliquant :

$$^{40}\mathrm{K} = \left(\frac{K \times 0{,}01}{39{,}098\,304} \times 0{,}000\,116\,7 \right) \times 6{,}023 \times 10^{23} = 1{,}156 \times 10^{16}.$$

L'âge est obtenu à partir de l'équation :

$$t = \frac{1}{\lambda} \times \ln \left[\frac{^{40}\mathrm{Ar}}{^{40}\mathrm{K}} \left(\frac{\lambda}{\lambda_\varepsilon} \right) + 1 \right] = 296\,000 \text{ ans}$$

($\lambda = 5{,}543 \times 10^{-10}$ et $\lambda_\varepsilon = 0{,}581 \times 10^{-10}$).

4.3 La méthode ^{40}Ar/^{39}Ar : principes généraux

4.3.1 L'équation d'âge

Cette méthode est une variante de la méthode K-Ar. Les échantillons subissent au préalable une activation neutronique. Cette activation sous flux de neutrons rapides au sein d'un réacteur nucléaire, a pour but de transformer l'isotope ^{39}K en ^{39}Ar. La quantité d'argon ^{39}Ar ainsi générée est proportionnelle au nombre d'atomes ^{39}K et donc de ^{40}K (atomes parents) présents dans l'échantillon, le rapport ^{40}K/^{39}K étant (supposé) constant dans la nature. Pour ce faire, les échantillons sont placés avec des échantillons d'âge connu (standards) dans des disques en aluminium, eux-mêmes empilés dans un tube en aluminium (navette). Cette navette est ensuite soumise, pendant une durée comprise entre quelques minutes et 24 heures selon l'âge et la nature des échantillons, à un flux de neutrons rapides.

L'irradiation entraîne la formation d'un isotope artificiel de l'argon, ^{39}Ar, suivant la réaction $^{39}_{18}\mathrm{K}(n,p)^{39}_{18}\mathrm{Ar}$ (section de capture de 80 à 100 mbarn, Mitchell, 1968 ; Roddick, 1983). ^{39}Ar est radioactif. Sa période de désintégration est de 265 ans. Comme les analyses spectrométriques sont effectuées dans un délai inférieur à un an après l'irradiation, l'erreur commise sur sa détermination est négligeable. L'avantage consistant à produire le l'argon ^{39}Ar en proportion de l'élément père (^{40}K) est que cette transformation permet de remplacer la mesure du rapport ^{40}K/^{40}Ar par deux méthodes différentes (absorption atomique pour ^{40}K et spectrométrie de masse pour ^{40}Ar) par la mesure directe du rapport ^{40}Ar/^{39}Ar (par spectrométrie de masse).

La connaissance précise du rendement de production d'^{39}Ar est obtenue en se référant à des standards d'âges connus. On irradie ces standards dans les mêmes navettes que les échantillons. Le rendement d'irradiation est calculé suivant l'équation établie par Mitchell (1968).

$$^{39}\mathrm{Ar_s} = {}^{39}K\,\Delta T \int \Phi_E\,\sigma_E\,d_E = {}^{39}\mathrm{K}\,\Delta T I \tag{5}$$

$$I = \int_0^\infty \Phi_E\,\sigma_E\,d_E$$

avec : ^{39}K, nombre d'atomes de ^{39}K dans l'échantillon standard ; $^{39}\mathrm{Ar_s}$ nombre d'atomes de ^{39}Ar produits dans l'échantillon standard ; Φ_E, flux d'énergie ; σ_E, section efficace de capture de la réaction $^{39}\mathrm{K} \rightarrow {}^{39}\mathrm{Ar}$ à l'énergie E ; ΔT, la durée d'irradiation.

La quantité de ^{40}Ar* produite par la désintégration de ^{40}K suit l'équation :

$$^{40}\mathrm{Ar}^* = \frac{\lambda_\varepsilon}{\lambda}\,{}^{40}\mathrm{K}(\mathrm{e}^{\lambda t_s} - 1) \tag{6}$$

avec t_s, âge connu du standard.

En combinant (5) et (5), on obtient :

$$\frac{^{40}\mathrm{Ar}^*}{^{39}\mathrm{Ar}} = \frac{^{40}\mathrm{K}}{^{39}\mathrm{K}}\,\frac{\lambda_\varepsilon}{\lambda}\,\frac{1}{\Delta T}\,\frac{(\mathrm{e}^{\lambda t_s} - 1)}{I}. \tag{7}$$

L'équation (7) est simplifiée en définissant le paramètre J qui est le flux d'irradiation effectivement reçu par l'échantillon :

$$J = \frac{^{39}\mathrm{K}}{^{40}\mathrm{K}}\,\frac{\lambda}{\lambda_\varepsilon}\,\Delta T I. \tag{8}$$

À partir de (7), J devient,

$$J = \frac{\mathrm{e}^{\lambda t_s} - 1}{^{40}\mathrm{Ar}^*/^{39}\mathrm{Ar}}. \tag{9}$$

Il est alors possible de résoudre l'équation d'âge :

$$t_e = \frac{1}{\lambda}\ln\left[1 + \frac{(^{40}\mathrm{Ar}^*/^{39}\mathrm{Ar})_e}{(^{40}\mathrm{Ar}^*/^{39}\mathrm{Ar})_s}(\mathrm{e}^{\lambda t_s} - 1)\right] \tag{10}$$

avec s = standard et e = échantillon.

Le tableau suivant indique l'âge des principaux minéraux standards de calibration utilisés pour les méthodes K/Ar et $^{40}Ar/^{39}Ar$.

Nom	Minéral	Âge (Ma)	Référence
Hb-3gr	Hornblende	1 072 ± 11	Turner *et al.*, 1971
MMhb-1	Hornblende	520,4 ± 1,7	Samson et Alexander, 1987
LP-6	Biotite	127,9 ± 1,1	Odin *et al.*, 1982
SB-2	Biotite	162,1 ± 2,0	Dalrymple *et al.*, 1981
GA-1550	Biotite	97,9 ± 0,9	McDougall *et al.*, 1974
B4M	Muscovite	18,6 ± 0,4	Flisch (1982)
B4B	Biotite	17,3 ± 0,2	Flisch (1982)
FCs	Sanidine	28,02 ± 1,9	Rennet *et al.*, 1998
ACR-2	Sanidine	1,194 ± 0,01	Nomade *et al.*, 2005

4.3.2 Les corrections d'argon atmosphérique et d'interférence de masse

Comme pour la méthode K/Ar, la correction d'argon atmosphérique est indispensable pour une détermination de l'argon $^{40}Ar^*$. Cette correction se fait par des mesures répétées au spectromètre de masse d'aliquotes d'air. On définit ainsi le rapport $^{40}Ar/^{36}Ar$ atmosphérique instrumental. Ainsi la plupart des spectromètres de masse donnent des valeurs légèrement différentes de 295,5. Ce sont donc les mesures répétées d'aliquote d'air qui permettent de connaître la discrimination de masse de l'appareil de mesure. En première approximation et pour des échantillons dépourvus de calcium, la détermination du pourcentage d'argon radiogénique peut se faire par simple comparaison entre le rapport $^{40}Ar/^{36}Ar$ de l'échantillon et le rapport instrumental $^{40}Ar/^{36}Ar$ atmosphérique.

Cependant, lors de l'irradiation, il se produit un nombre de réactions secondaires à partir des isotopes de Ca, K et Cl qui produisent également des isotopes artificiels de l'argon (Fig. 4.8) :

- $^{40}Ca(n, n\alpha)\ \mathbf{^{36}Ar}$
- $^{42}Ca(n, \alpha)\ \mathbf{^{39}Ar}$
- $^{40}K(n, p)\ \mathbf{^{40}Ar}$
- $^{35}Cl(n, \gamma)^{36}Cl - \beta^- \rightarrow\ ^{36}Ar \qquad t_{1/2} = 300 \times 10^3$ ans
- $^{37}Cl(n, \gamma)^{38}Cl - \beta^- \rightarrow\ ^{38}Ar \qquad t_{1/2} = 37{,}3$ minutes.

La correction d'interférence des masses 40, 39 et 36 due au Ca est possible du fait d'une réaction supplémentaire :

- $^{40}Ca(n, \alpha)\mathbf{^{37}Ar} \qquad t_{1/2} = 35{,}1$ jours.

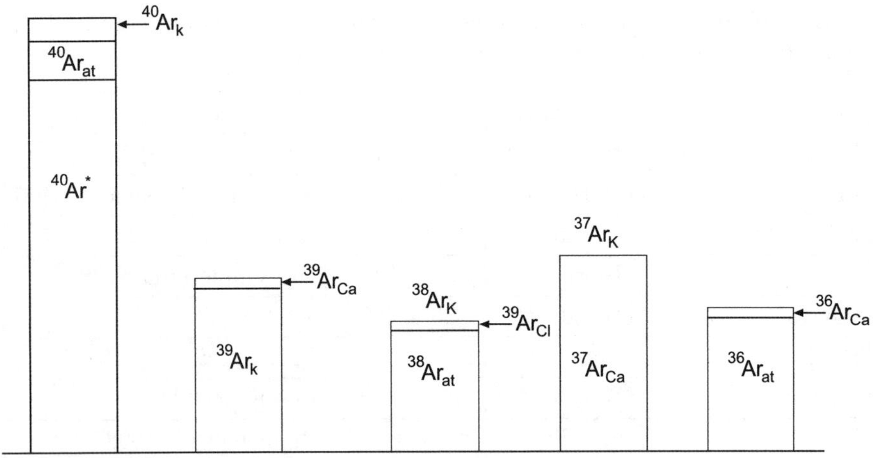

FIG. 4.8 – Spectre de masse d'un échantillon irradié montrant l'origine des divers constituants de chaque isotope indiqués par l'indice.

Pour connaître les teneurs en $^{39}\mathrm{Ar_{Ca}}$ et $^{36}\mathrm{Ar_{Ca}}$, il suffit d'irradier un sel de calcium pur, tel que $\mathrm{CaF_2}$, et d'en mesurer au spectromètre de masse les rapports 39/37 et 40/37. Il faut également calculer la valeur initiale, en sortie de réacteur, de l'argon^{37}Ar. Ceci se fait en appliquant la loi de décroissance radioactive :

$$^{37}\mathrm{Ar_0} = {}^{37}\mathrm{Ar}_m\, \mathrm{e}^{\lambda_{37}t}\, \lambda_{37}t_i/(1 - \mathrm{e}^{\lambda_{37}t_i})$$

avec $^{37}\mathrm{Ar_0}$ = quantité de l'isotope 37 produite à la fin de l'irradiation ; $^{37}\mathrm{Ar_m}$ = quantité de l'isotope 37 mesurée le jour de l'analyse ; t = durée de l'irradiation ; t_i = intervalle de temps entre irradiation et analyse ; $\lambda_{37} = 0{,}0197\,4\ \mathrm{j}^{-1}$.

Les facteurs de corrections $^{39}\mathrm{Ar}/^{37}\mathrm{Ar_0}$ et $^{36}\mathrm{Ar}/^{37}\mathrm{Ar_0}$, qui dépendent du rendement de l'irradiation sur les sels, sont ainsi définis.

Pour connaître le facteur de correction lié à la production d'argon ^{40}Ar à partir du ^{40}K, on irradie également un sel pur de K ($\mathrm{K_2SO_4}$ ou KF). Ceci permet de définir le rapport $(^{40}\mathrm{Ar}/^{39}\mathrm{Ar})_\mathrm{K}$ que l'on utilise pour calculer la part d'argon ^{40}Ar issue de l'irradiation du ^{40}K, que l'on retranchera de l'argon ^{40}Ar total.

En résumé, les masses corrigées des interférences liées à l'irradiation et à la composante atmosphérique peuvent s'écrire :

$$\begin{aligned} &^{40}\mathrm{Ar}* ={}^{40}\mathrm{Ar_m} - (^{40}\mathrm{Ar_{at}} + {}^{40}\mathrm{Ar_K}) \\ &^{39}\mathrm{Ar} ={}^{39}\mathrm{Ar_m} - {}^{39}\mathrm{Ar_{Ca}} \\ &^{36}\mathrm{Ar} ={}^{36}\mathrm{Ar_{at}} - {}^{36}\mathrm{Ar_{Ca}}. \end{aligned}$$

4.3.3 Les spectres d'âges

La méthode $^{40}Ar/^{39}Ar$ permet d'obtenir des informations plus complètes que la méthode K/Ar concernant le comportement de l'horloge radio-isotopique. Dans la méthode dite de « *step-heating* » (Turner *et al.*, 1966), l'échantillon est chauffé progressivement par palier de températures croissantes (par exemple, des paliers de 100 °C). Pour chaque palier, la composition isotopique en argon du gaz extrait et purifié est mesurée au spectromètre de masse. On peut ainsi calculer un âge apparent pour chaque étape. Au final, on obtient un spectre d'âge. L'allure générale de ces spectres permet de voir si l'échantillon, et, par voie de conséquence, l'horloge K/Ar, ont été, ou non, perturbés.

Dans le cas d'un échantillon non perturbé (Fig. 4.9), qui a évolué en système clos, le K est réparti de façon homogène dans le réseau cristallin. Il en va de même pour $^{40}Ar^*$ et ^{39}Ar. Lorsqu'un tel échantillon est soumis à un dégazage par paliers de température, les isotopes $^{40}Ar^*$ et ^{39}Ar seront extraits dans un rapport constant. On obtiendra donc, pour chaque palier un âge apparent identique, aux erreurs près. Le résultat de l'expérience sera un « spectre d'âge » concordant de forme horizontale. On définit ainsi l'âge plateau. Plusieurs définitions ont été proposées pour un âge plateau (Dalrymple

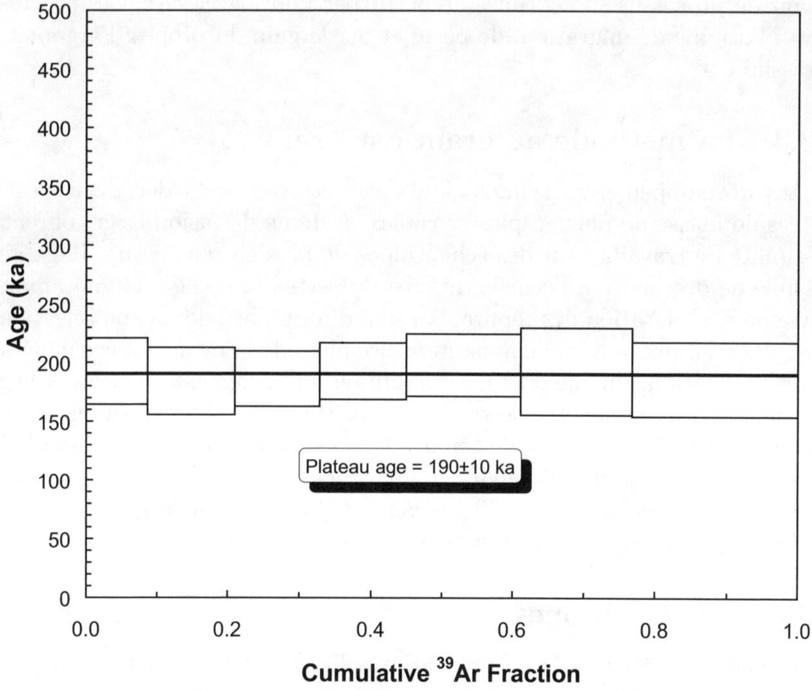

FIG. 4.9 – Âge plateau obtenu pour un basalte des îles Canaries.

et Lanphere, 1974 ; Berger et York, 1981, McDougall et Harrison, 1988). On considère en général qu'un plateau est composé d'au moins trois paliers successifs contenant au minimum 50 % de l'$^{39}Ar_k$ et dont les âges apparents sont cohérents à ±2 sigma (*i.e.* dans les barres d'erreurs analytiques respectives, à 95,6 % d'intervalle de confiance).

Les cas de spectres d'âges non concordants sont relativement communs et les raisons de cette discordance sont variées. L'une des raisons les plus souvent mises en évidence est liée à « l'effet de recul ». La transformation du ^{39}K en ^{39}Ar par la réaction $^{39}K(n,p)^{39}Ar$ peut s'accompagner du recul de ^{39}Ar. En d'autres termes, l'atome ^{39}Ar peut se retrouver, du fait de cette réaction, dans un site cristallographique différent de celui occupé par son parent, le ^{39}K. La distance de ce recul est proportionnelle, d'une part, à l'énergie mise en jeu lors de l'activation neutronique, et d'autre part, à la densité de l'échantillon. Ainsi, cet effet de recul peut entraîner une redistribution de $^{39}Ar_K$ dans un échantillon polycristallin et/ou une perte de $^{39}Ar_K$ dans des échantillons, dont les grains ont une taille inférieure à 5–10 mm. Cette redistribution d'$^{39}Ar_K$ peut entraîner une sur- ou une sous-estimation des âges apparents correspondant aux paliers de températures. La perte de $^{39}Ar_K$, liée à l'effet de recul, se traduira par une surestimation des âges obtenus.

D'autres phénomènes naturels sont également à l'origine de spectres d'âges non concordants. L'altération, le métamorphisme, l'hydrothermalisme, sont autant de processus susceptibles de perturber l'horloge K/Ar. Ces processus sont à l'origine de migration, de perte et ou de gain d'isotopes d'argon et de potassium.

4.3.4 La méthode au grain par grain

Les développements technologiques des ces dernières décades (spectromètres de masse de plus en plus sensibles, système de fusion laser) offrent la possibilité de travailler sur des échantillons de plus en plus petits. Il est ainsi possible de descendre à l'échelle du cristal. Cette approche a été notamment suivie pour la datation des téphra. Au sein d'un téphra donné, on sélectionne plusieurs cristaux (environ cinquante, voire plus) de la même espèce minérale. Après irradiation, chaque cristal est fondu individuellement au laser, et le gaz extrait, analysé au spectromètre de masse. Un âge est obtenu pour chaque cristal constitutif du niveau de téphra. On peut ainsi établir des spectres de probabilité d'âge pour un téphra donné (Deino *et al.*, 1992). L'analyse de ces spectres permet d'estimer l'homogénéité du niveau stratigraphique et de définir l'âge statistiquement le plus probable (Fig. 4.10).

4.3.5 Les isochrones

La méthode $^{40}Ar/^{39}Ar$ se prête particulièrement bien au traitement des données par les isochrones. Dans le diagramme isochrone $^{40}Ar/^{36}Ar$ *vs.* $^{39}Ar/^{36}Ar$ (Fig. 4.11), la pente est égale au rapport $^{40}Ar^*/^{39}Ar_K$, qui est

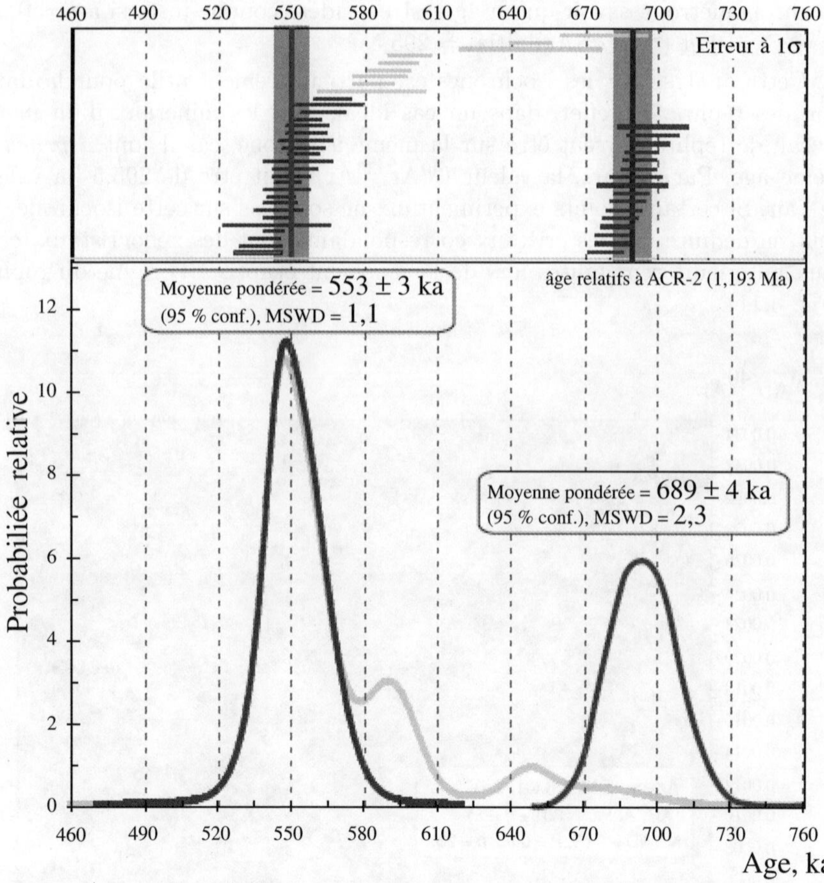

FIG. 4.10 – Graphique montrant deux diagrammes de probabilités (bas) et les âges des mono-grains (haut). Les deux échantillons présentés sont des niveaux de cendres interstratifiées dans les sédiments lacustres du maar d'Allerêt (Haute-Loire, France) échantillonnés dans des carottes d'un forage profond de 41 m et réalisé en 2004-2005. Le niveau de cendre le plus récent est situé à 7 m de profondeur (bleu foncé), le plus ancien à 30 m (rouge). Les âges en bleu clair sont des cristaux plus anciens incorporés dans les cendres durant l'éruption.

lui-même proportionnel à l'âge, et l'*intercept* à l'axe des ordonnés correspond au rapport (^{40}Ar/^{36}Ar)i. Ce dernier rapport donne la proportion d'^{40}Ar et de ^{36}Ar à $t = 0$, c'est-à-dire au moment de fermeture du système. Cette valeur est directement comparable au rapport ^{40}Ar/^{36}Ar atmosphérique. On peut ainsi, à partir de ce diagramme isochrone, mettre en évidence la présence ou l'absence d'excès d'argon. Cette information est particulièrement importante, car elle permet de vérifier l'une des hypothèses de base d'application du chronomètre, à savoir qu'un âge est considéré comme juste si à $t = 0$, on a $^{40}Ar^* = 0$ et $(^{40}Ar/^{36}Ar)$initial = 295,5.

Cette analyse par les isochrones est particulièrement utile pour la datation des téphra. En effet, dans un cas idéal, tous les minéraux d'un même niveau de téphra doivent être sur la même isochrone, car ils ont *a priori* le même âge. Par ailleurs, la valeur $(^{40}Ar/^{36}Ar)$i doit être de 295,5, la valeur de l'air. Si certains points expérimentaux ne sont pas sur cette isochrone, on peut en déduire que les cristaux correspondants sont des xénocristaux, cristaux antérieurs remobilisés lors de l'événement éruptif à l'origine du téphra (Fig. 4.11).

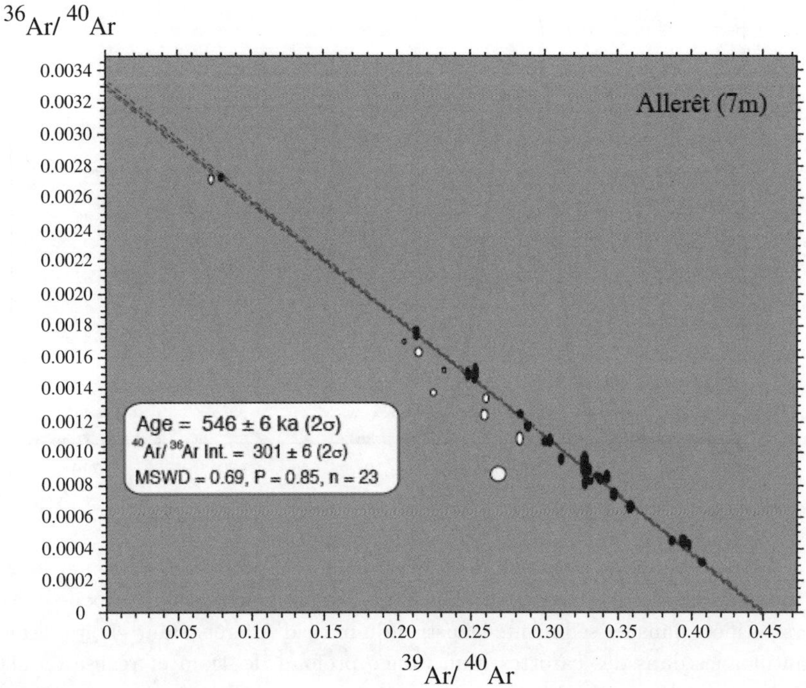

FIG. 4.11 – Isochrone incluant les grains de sanidine analysés dans le niveau –7 m du forage d'Allerêt. Les ellipses en blanc correspondent à des grains plus anciens (voir texte).

4.3.6 Sélection et préparation des échantillons

Le mode opératoire est le même que celui suivi dans le cadre de la méthode K/Ar.

4.3.7 Analyse spectrométrique

– **Étape 1 : mise sous vide – prédégazage.** L'échantillon (cristal ou pâte microcristalline) est placé dans une enceinte (creuset dans le cas d'une fusion par four, hublot dans le cas d'une fusion par Laser CO_2), mise ensuite sous vide secondaire par l'intermédiaire de pompes turbomoléculaires. L'échantillon est ensuite chauffé à environ 500 °C. Ce premier gaz extrait est éliminé par pompage.

– **Étape 2 : fusion.** L'échantillon est fondu soit par un laser CO_2, soit dans un four à résistance, à double enceinte. Pour ce qui concerne la fusion laser, elle s'applique pour l'essentiel à l'analyse mono-cristal et à de petites populations de cristaux (5 à 15 grains environ). Le four est utilisé pour l'analyse de pâtes microcristallines. Comme vu précédemment, cela permet une fusion, et donc un dégazage progressif de l'échantillon nécessaire à la méthode dite de « *step-heating* ».

– **Étape 3 : purification.** Le gaz extrait de l'échantillon est purifié par l'effet combiné de pompes Getters et d'un sublimateur de Titane.

– **Étape 4 : mesure au spectromètre de masse**. Après purification, le gaz est introduit dans le spectromètre de masse. L'un des modèles utilisés est le MM5400 de GVinstruments. Les cinq isotopes de l'argon (40, 39, 38, 37, 36) sont mesurés l'un après l'autre. Ce cycle correspond à un bloc, une mesure complète correspondant à 25 blocs.

Le même type de mesure spectrométrique est effectué pour la référence atmosphérique afin d'établir la discrimination du spectromètre de masse. Les minéraux standards servant au calcul du flux sont analysés de la même façon que les échantillons communs.

4.3.8 Calcul d'âge

Détermination du facteur *J* (flux de neutrons reçu lors de l'irradiation)

J est déterminé pour chaque échantillon. Soit l'analyse suivante d'un grain du standard ACR-2 (1,194 Ma) soumis pendant 30 minutes à un flux de neutron rapides (réacteur Osiris, CEA Saclay) :

	^{40}Ar	^{39}Ar	^{38}Ar	^{37}Ar	^{36}Ar
Mesuré (mv)	$9{,}246 \times 10^{-3}$	$2{,}321 \times 10^{-3}$	$3{,}576 \times 10^{-5}$	$1{,}188 \times 10^{-6}$	$1{,}375 \times 10^{-6}$
Blanc (mv)	$2{,}351 \times 10^{-5}$	$2{,}586 \times 10^{-7}$	$2{,}238 \times 10^{-8}$	$6{,}672 \times 10^{-7}$	$2{,}383 \times 10^{-7}$
Mesure corrigé	$2{,}312 \times 10^{-3}$	$7{,}967 \times 10^{-4}$	$1{,}234 \times 10^{-5}$	$3{,}161 \times 10^{-7}$	$2{,}981 \times 10^{-6}$

Suivant l'équation (9), on peut calculer J en posant le rapport $^{40}\mathrm{Ar}^*/^{39}\mathrm{Ar}_\mathrm{K}$ ou R_e comme suit :

$$R_\mathrm{ech} = \frac{\left[^{40}\mathrm{Ar}/^{39}\mathrm{Ar}\right]_m - \left[^{40}\mathrm{Ar}/^{36}\mathrm{Ar}\right]_A \left[^{36}\mathrm{Ar}/^{39}\mathrm{Ar}\right]_m}{1 - \left[^{39}\mathrm{Ar}/^{37}\mathrm{Ar}\right]_{Ca} \left[^{37}\mathrm{Ar}/^{39}\mathrm{Ar}\right]_m}$$

$$+ \frac{\left[^{40}\mathrm{Ar}/^{36}\mathrm{Ar}\right]_A \left[^{36}\mathrm{Ar}/^{37}\mathrm{Ar}\right]_{Ca} \left[^{37}\mathrm{Ar}/^{39}\mathrm{Ar}\right]_m}{1 - \left[^{39}\mathrm{Ar}/^{37}\mathrm{Ar}\right]_{Ca} \left[^{37}\mathrm{Ar}/^{39}\mathrm{Ar}\right]_m}$$

$$- \left[\frac{^{40}\mathrm{Ar}}{^{39}\mathrm{Ar}}\right]_K$$

avec m : rapports mesurés (voir table ci-dessus).
$\left[^{40}\mathrm{Ar}/^{36}\mathrm{Ar}\right]_A$ = rapport atmosphérique de référence = 292,8
(pour cet échantillon) ;
$\left[^{36}\mathrm{Ar}/^{37}\mathrm{Ar}\right]_{Ca}$ = (donné par le sel de calcium) $5{,}60 \times 10^{-4}$;
$\left[^{39}\mathrm{Ar}/^{37}\mathrm{Ar}\right]_{Ca}$ = (donné par le sel de calcium) $6{,}95\ 10^{-4}$;
$\left[^{40}\mathrm{Ar}/^{39}\mathrm{Ar}\right]_K$ = (donné par le sel de potassium) $3{,}52\ 10^{-3}$;

$$R_{ech} = \frac{3{,}974 - 292{,}8 \times 4{,}898 \times 10^{-4} + 292{,}8 \times 5{,}60 \times 10^{-4} \times 5{,}09 \times 10^{-2}}{1 - 6{,}95 \times 10^{-4} \times 5{,}09 \times 10^{-2}}$$
$$- 3{,}52 \times 10^{-3} = \underline{3{,}835\,5}.$$

Soit $t_s = 1{,}194$ Ma et $\lambda = 5{,}543 \times 10^{-10}$; J est alors calculé comme suit :

$$J = \left(e^{1{,}194 \times 1\,000\,000\ 0{,}000\,000\,000\,554\,3} - 1\right)/3{,}835\,5 = \underline{1{,}726 \times 10^{-4}}.$$

La mesure est répétée au minimum sur trois grains afin de quantifier les éventuelles erreurs externes ayant pour origine l'hétérogénéité en âge du standard (~1 %). Une moyenne pondérée est alors calculée à partir de ces mesures et utilisée pour calculer l'âge de l'échantillon.

Calcul de l'âge d'un échantillon

Soit les mesures obtenues pour 1 grain de sanidine irradié 90 minutes dans le réacteur Osiris (CEA Saclay) :

	^{40}Ar	^{39}Ar	^{38}Ar	^{37}Ar	^{36}Ar
Mesuré (mV)	$2{,}491 \times 10^{-03}$	$7{,}969 \times 10^{-04}$	$1{,}241 \times 10^{-05}$	$4{,}612 \times 10^{-07}$	$3{,}136 \times 10^{-06}$
Blanc (mV)	$1{,}791 \times 10^{-04}$	$1{,}515 \times 10^{-07}$	$7{,}158 \times 10^{-08}$	$1{,}451 \times 10^{-07}$	$1{,}554 \times 10^{-07}$
Mesure corrigé	$2{,}312 \times 10^{-03}$	$7{,}967 \times 10^{-04}$	$1{,}234 \times 10^{-05}$	$3{,}161 \times 10^{-07}$	$2{,}981 \times 10^{-06}$

En combinant l'expression de J (équation 9) et l'équation 10, le calcul d'âge s'écrit :

$$t_e = \frac{1}{\lambda} \ln \left[1 + J \frac{^{40}Ar^*}{^{39}Ar_K} \right]$$

avec $J = 6{,}530 \times 10^{-4}$ (calculé pour cet échantillon);
$\lambda = 5{,}543 \times 10^{-10}$ (constante de désintégration totale du ^{40}K) ;
$R_e = 1{,}790\,8$ (voir calcul de R_e ci-dessus, avec $\left[^{40}Ar/^{36}Ar\right]_A = 296{,}1$) ;

$$t_e = 1/(5{,}543 \times 10^{-10}) \times \ln(1 + 6{,}530 \times 10^{-4} \times 1{,}790\,8) = \underline{2{,}108 \text{ Ma.}}$$

4.4 Avantages et inconvénients des méthodes $^{40}K/^{40}Ar$ et $^{40}Ar/^{39}Ar$

Méthode	K/Ar	$^{40}Ar/^{39}Ar$
Avantages	– Rapidité de mise en œuvre. – Pas d'irradiation préalable des échantillons. – Mesure précise de faibles teneurs en $^{40}Ar^*$ (bien adapté aux jeunes basaltes des dorsales océaniques).	– Les hypothèses de base sont vérifiables (spectre d'âge, isochrones). – Datation possible sur de très petites prises d'échantillon (datation au grain par grain bien adaptée pour les téphra).
Inconvénients	– Les hypothèses de base ($^{40}Ar/^{36}Ar$ initial = 295,5, évolution en système fermé...) d'application du chronomètre ne sont pas vérifiées. – Poids élevé (>1 g) d'échantillon requis. Ces deux points interdisent la datation des téphra par la méthode K-Ar.	– L'irradiation préalable entraîne des corrections (interférence de masses). – Effet de recul rendant complexe la datation d'échantillons très fins ou de texture vitreuse.

4.4.1 Application : exemple de la datation de l'événement de Laschamp

Dans le chapitre 6 consacré à la stratigraphie magnétique, l'importance de la datation des événements géomagnétique est discutée. Nous allons ici présenter comment l'excursion du Laschamp a pu être datée de façon juste et précise.

La datation de cet événement a pu être obtenue par l'étude géochronologique combinant les méthodes K-Ar et $^{40}Ar/^{39}Ar$ appliquées à deux laves du Massif Central (Guillou *et al.*, 2004). Avant cette étude, les âges estimés étaient imprécis et en relatif désaccord avec l'âge déduit d'autres moyens de datation, telle la calibration astronomique.

Deux coulées de laves ont donc fait l'objet d'une étude paléomagnétique et géochronologique. L'une des coulées provient du « Puy de Laschamp » qui appartient à la chaîne des Puys, située dans le Massif Central. La seconde coulée, dite « coulée d'Olby », est issue du « Puy de Barme » appartenant également à la chaîne des Puys.

Pour chaque échantillon, les âges K-Ar (méthode sans traceur) sont calculés à partir de deux déterminations indépendantes du potassium et trois déterminations également indépendantes de l'argon. Les âges obtenus pour la coulée de Laschamps (41,5 $\pm$ 1,9 ka) et celle d'Olby (41,4 $\pm$ 1,9 ka) sont identiques à deux sigma. Le calcul de la moyenne pondérée de ces deux valeurs conduit à un âge de 41,4 $\pm$ 1,4 ka. Pour ce qui concerne les âges $^{40}Ar/^{39}Ar$ (Fig. 4.12), sept expériences sur treize donnent des spectres d'âge concordants, pour lesquels 100 % du gaz extrait à pu être retenu pour définir un âge plateau. Pour les six autres expériences, entre 76 % et 96 % du gaz extrait est retenu pour définir un âge plateau. Par ailleurs, les valeurs d'*intercept* pour les courbes isochrones, sont équivalentes au rapport atmosphérique. Ceci indique que les déterminations d'âges ne sont pas entachées d'erreur attribuables soit à une perte, soit à de l'excès d'argon. La moyenne pondérée des âges isochrones pour les deux sites de prélèvement de la coulée de Laschamps sont respectivement de 39,4 $\pm$ 2,6 ka et de 38,3 $\pm$ 2,6 ka. La coulée d'Olby a un âge de 39,2 $\pm$ 4,9 ka. La combinaison de ces trois âges donnent une moyenne pondérée de 38,9 $\pm$ 1,7 ka.

Les âges K-Ar et $^{40}Ar/^{39}Ar$ sont compatibles à deux sigmas. Comme ces deux coulées enregistrent la même excursion paléomagnétique, celle-ci est datée à 40,4$\pm$1,1 ka. Il faut noter que si l'on prend en compte l'incertitude (2,4 %) sur la constante de désintégration du potassium, l'erreur sur l'âge passe de 1,1 ka à 2,0 ka. Ainsi, l'âge retenu pour l'excursion est de 40,4$\pm$2,0 ka. Cet âge est comparable à celui obtenu par des méthodes chronologiques indépendantes (voir chapitre 6).

Cette étude met en évidence les potentialités du chronomètre K-Ar pour dater des événements récents d'âges quaternaires. Ces données chronologiques sont utiles pour, entre autres, la calibration des échelles de temps, différentes applications en sciences de la Terre, en archéologie et en paléoclimatologie.

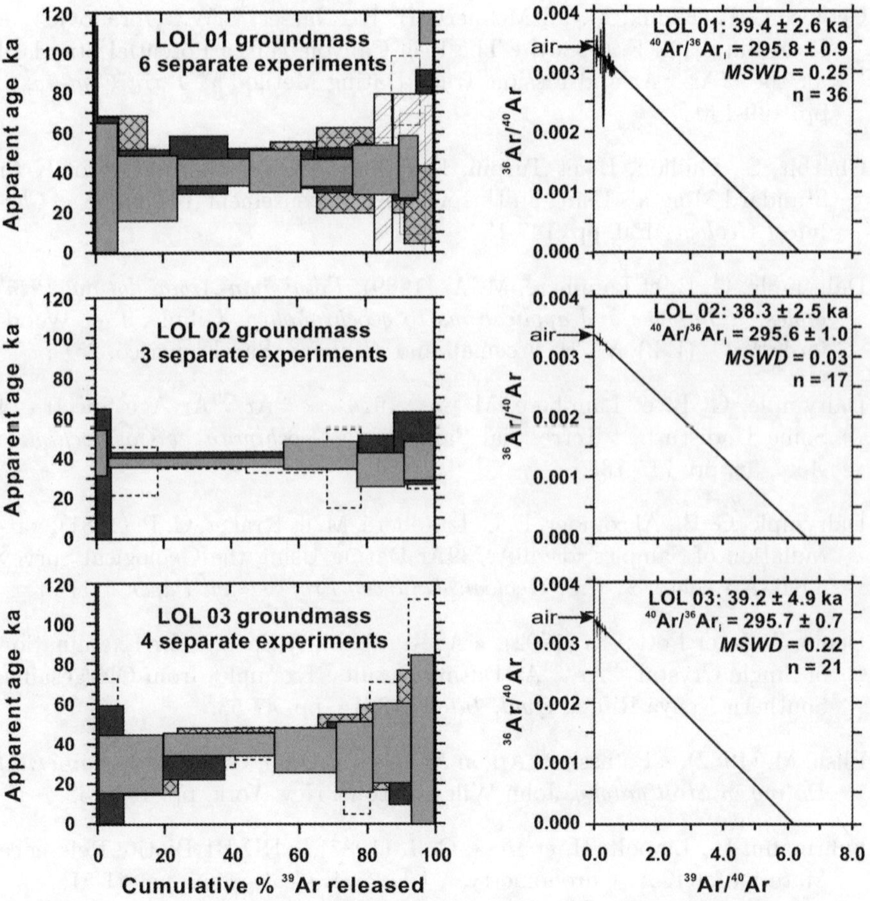

FIG. 4.12 – Spectres d'âges et courbes isochrones pour les coulées de Laschamps (site 1 et 2) et d'Olby, dans Guillou *et al.*, 2004.

Références bibliographiques

Berger, G.W. et York, D. (1981), « Geothermometry from $^{40}Ar/^{39}Ar$ Dating Experiments », *Geochimica et Cosmochimica Acta*, 45, pp. 795-811.

Cassignol, C., Cornette, Y., David, B. et Gillot, P.Y. (1978), « Technologie potassium-argon », C.E.N., Saclay, Rapport CEA R-4802, 37 p.

Cassignol, C. et Gillot, P.-Y. (1982), « Range and Effectiveness of Unspiked Potassium-Argon Dating: Experimental Groundwork and Examples », Odin, G. S. (Ed.), *Numerical Dating in Stratigraphy*, John Wiley, Chichester, pp. 159-179.

Cebula, G.T., Klunk, M. J., Mehnert, H. H., Naeser, C.W., Obradovich, J. D. et Sutter, J. F. (1986). « The Fish Canyon Tuff, a Potential Standard for the ^{40}Ar-^{39}Ar and Fission Track Dating Method », *Terra Cognita*, 6, pp. 139-140.

Charbit, S., Guillou, H. et Turpin, L. (1998), « Cross Calibration of K-Ar Standard Minerals Using an Unspiked Ar Measurement Technique », *Chemical Geology,* 150, pp. 147-159.

Dalrymple, G. B. et Lanphere, M. A. (1969), *Potassium-Argon dating. Principles, techniques and applications to geochronology,* Gilluly, J. et Woodford, A. O. (Ed.), W. H. Freeman and company, San Francisco, 251 p.

Dalrymple, G. B. et Lanphere, M. A., (1974), « ^{40}Ar/^{39}Ar Age Spectra of Some Undisturbed Terrestrial Samples », *Geochimica et Cosmochimica Acta*, 38, pp. 715-738.

Dalrymple, G. B., Alexander, E. C. Lanphere, M. et Kraker, G. P. (1981), « Irradiation of Samples for 40Ar/39Ar Dating Using the Geological Survey TRIGA Reactor », *U.S. Geological Survey Professional Paper*, 1 176.

Deino, A. L. et Potts, R. (1992), « Age-Probability Spectra for Examination of Single Crystal ^{40}Ar/^{39}Ar Dating Results: Examples from Olorgesailie, Southern Kenya Rift », *Quat. Inter.*, 13/14, pp. 47-53.

Flish, M. (1982), « Potassium-Argon Analysis », Odin, G. S. (Ed.), *Numerical Dating in Stratigraphy*, John Wiley & Sons, New York, pp. 151-158.

Fuhrmann, U., Lippolt, H. et Hess, C. J. (1987), « HD-B1 Biotite Reference Material for K-Ar Chronometry », *Chemical Geology,* 66, pp. 41-51.

Garner, E. L., Murphy, T. J., Gramlich, J. W., Paulsen, P. J. et Barnes, I. L. (1975), « Absolute Isotopic Abundance Ratios and the Atomic Weight of a Reference Sample of Potassium », *Journal of research of the national bureau of Standards*, 79A, pp. 713-725.

Lanphere, M. A. et Dalrymple, G. B. (2000), « First Principles Calibration of ^{38}Ar Tracers », *U.S. Geological Survey professional paper*, 1621.

McDougall, I. et Harrison, T.M. (1988), *Geochronology and thermochronology by the $^{40}Ar/^{39}Ar$ method*, Oxford University Press, New York, 212 p.

McDougall, I. et Roksandic, Z. (1974) « Total Fusion ^{40}Ar/^{39}Ar Ages Using HIFAR Reactor », *Geological Society of Australia*, J. 21, pp. 81-89.

Merrihue, C. (1965), « Trace Element Determinations and Potassium Argon Dating by Mass Spectroscopy of Neutron Irradiated Samples », *Transactions American Geophysical Union*, 46, p. 125.

Merrihue, C. et Turner, G. (1966), « Potassium-Argon Dating by Activation with Fast Neutrons », *Journal of Gephysical Research*, 71, pp. 2852-2857.

Mitchell, J. G. (1968), « The Argon-40/Argon-39 Dating in Coesite-Bearing and Associated Units of the Dora Maira Massif, Western Alps », *European Journal of Mineralogy*, 3, pp. 239-262.

Newman, F. H. et Walke, H. J. (1935), « The Radioactivity of Potassium and Rubidium », *Philosphical Magazine* Serie 7, 19, pp. 767-773.

Nier, A. O. (1950), « A Redetermination of the Relative Abundances of the Isotopes of Carbon, Nitrogen, Oxygen, Argon and Potassium », *Physical Review*, 77, pp. 789-793.

Odin, G. S. (1982), « Interlaboratory Standards for Dating Purposes », Odin, G. S., (Ed.), *Numerical Dating in Stratigraphy*, John Wiley & Sons, New York, pp. 123-158.

Roddick, J. C. (1983), « High Precision Intercalibration of ^{40}Ar-^{39}Ar Standards », *Geochemical and Cosmochimical Acta*, 47, pp. 887-898.

Samson, S. D. et Alexander, E. C. Jr. (1987), « Calibration of Interlaboratory ^{40}Ar-^{39}Ar Dating Standard, MMhb-1 », *Chemical Geology*, 66, pp. 27-34.

Steiger, R. H. et Jäger, E. (1977), « Subcommission on Geochronology : Convention on the Use of Decay Constants in Geo- and Cosmochronology », *Earth and Planetary Science Letters*, 5, pp. 320-324.

Turner, G., Miller, J. A. et Grasty R. L. (1966), « The Thermal History of the Bruderheim Meteorite », *Earth and Planetary Science Letters*, 1, pp. 155-157.

Turner, G., Huneke, J. C., Podosek, F. A. et Wasserburg, G. J. (1971), « ^{40}Ar-^{39}Ar Ages and Cosmic Ray Exposure Rays of Appolo 14 Samples », *Earth and Planetary Science Letters*, 12, pp. 19-35.

Turrin, B. D., Donnely-Nolan, J. M. et Hearn, B. C. Jr. (1994), « 40Ar/39Ar Ages of the Rhyolite of Alder Creek, California : Age of the Cobb Montain Normal-Polartity Subchron Revisited », *Geology*, 22, pp. 251-254.

Wänke, H. et König, H. (1959), « Eine neue Methode zür Kalium-Argon Alterbestimmung und ihre Anwendung auf Steinmeteorite » *Z. Naturforsch*, 14a, pp. 860-866.

Chapitre 5

Datation des coraux et autres échantillons géologiques par le déséquilibre entre les isotopes de l'uranium et du thorium

Norbert Frank et Eline Sallé, *Laboratoire des Sciences du Climat et de l'Environnement, Laboratoire CEA-CNRS-UVSQ, Domaine du CNRS, Bât. 12, avenue de la terrasse, 91198 Gif-sur-Yvette, France, email : Norbert.Frank@lsce.ipsl.fr.*

Les méthodes de datation par le déséquilibre dans la famille de l'uranium se sont développées durant les quarante dernières années. Elles sont appliquées à des minéraux qui, au moment de leur formation, incorporent l'uranium dans leur réseau cristallin, mais tendent à ne pas piéger de thorium dont un des isotopes ^{230}Th est un fils de ^{234}U (Fig. 5.1). C'est le cas des coraux qui forment leur squelette calcaire aragonitique à partir d'éléments présents dans l'eau de mer et que nous prendrons comme exemple tout au long de ce chapitre. L'idée de base est que dans l'eau de mer, il y a de l'uranium dissous mais très peu de thorium car cet élément est insoluble. Par conséquent, chaque cristal d'aragonite qui se forme inclut exclusivement de l'uranium, sans ses descendants de premier ordre que sont les isotopes du thorium. La concentration en uranium de l'eau de mer est très constante et homogène avec ~3,3 μg d'U par litre d'eau. Le rapport d'activités (^{234}U/^{238}U) est également très constant dans l'océan et se situe entre 1,146 et 1,150. Cette valeur est due à un léger excès en ^{234}U issu du lessivage préférentiel de cet isotope dans les roches, au cours de l'altération de la croûte continentale [14]. Henderson *et al.* (2002) [12] ont montré que le rapport (^{234}U/^{238}U) a dû rester constant au moins au cours des derniers 800 000 ans. Toutefois, de légères variations de ±0,01 de ce rapport sont possibles, suite aux changements de l'altération continentale et des apports d'eaux de rivière consécutivement aux variations climatiques [7].

Ainsi, si le squelette d'un corail reste un système chimiquement clos après sa formation (c'est-à-dire sans échange d'uranium ou de thorium avec l'environnement sédimentaire), du ^{230}Th provenant de la désintégration de ^{234}U s'accumule au fur et à mesure que le temps passe, tandis que l'excès en ^{234}U décroît.

Ces déséquilibres radioactifs permettent de déterminer l'âge d'un corail très précisément selon la technique de mesure appliquée. Lorsque cette méthode de datation a été développée, les isotopes de l'uranium et du thorium étaient mesurés par leur radioactivité, soit directement par spectrométrie α, soit indirectement par spectrométrie γ, permettant ainsi de dater une gamme d'âges allant de quelques milliers d'années à environ 300 000 ans. On sait maintenant mesurer l'abondance de ces isotopes en les caractérisant selon leurs masses, ce qui permet une bien meilleure précision. La gamme d'âges aujourd'hui accessible par spectrométrie de masse à thermo-ionisation, ou même par spectrométrie de masse à double focalisation, couplée à une source plasma va de quelques années à quelques centaines de milliers d'années ($>$ 500 000 ans). En conséquence, la datation U/Th est devenue aujourd'hui un outil indispensable de la géochronologie fine et de la recherche sur les changements environnementaux et climatiques de la fin du Quaternaire.

Un des plus grands succès de cette discipline est sans conteste la reconstruction fine du niveau marin au cours des cycles climatiques à partir de séquences de croissances coralliennes Thompson et Goldstein, 2005 [21]. Cette technique géochronologique permet aussi de déterminer la subsidence ou l'élévation de récifs générées par les mouvements tectoniques au fil du temps Frank *et al.*, 2006 [9]. Des avancées significatives ont également été réalisées sur la calibration des âges ^{14}C par croisement des méthodes de datation ^{230}Th/U et ^{14}C Edwards *et al.*, 1993 [6].

Depuis une dizaine d'années, on s'aperçoit que le système minéralogique d'un corail n'est pas un système complètement fermé concernant l'échange d'uranium ou de thorium avec l'environnement sédimentaire. Ceci résulte de l'observation du fait que l'uranium ^{234}U et le ^{230}Th sont souvent en excès par rapport à l'évolution théorique des rapports d'activités (^{234}U/^{238}U et ^{230}Th/^{238}U) attendus par décroissance radioactive. Ces perturbations sont issues de la recristallisation, de la diagenèse précoce et de la décroissance radioactive de l'uranium. Cela rend la datation moins précise que ne le laisserait croire la précision analytique et entraîne des corrections d'âges.

Face à ces observations, la recherche en géochronologie s'est focalisée plus particulièrement sur ces phénomènes depuis plusieurs années. Cela a abouti au développement de modèles de correction dit de système « ouvert », permettant aujourd'hui de tenir compte de certains aspects de ces perturbations pour les coraux tropicaux [19, 22].

Concernant ces coraux tropicaux, nous nous limiterons à la description de l'état d'avancement de la recherche sur leur datation U/Th, sans tenir compte des nouveaux axes de recherche sur la microstructure, la biominéralisation et l'amélioration des modèles de système ouvert. Nous verrons la méthodologie en détail avec l'impact du système ouvert et quelques applications en paléoclimatologie et géologie.

Ce principe de datation par déséquilibre radioactif dans la chaîne de décroissance de l'uranium s'applique à un grand nombre d'archives du climat, tels que les coraux profonds, les coquilles de mollusques et les précipitations secondaires de carbonates sur le continent (stalagmites et travertins). À chaque fois, le processus de création des minéraux favorise l'incorporation de l'uranium par rapport à ses descendants radioactifs. Par contre, chaque dépôt minéralogique a ses propres conditions initiales vis-à-vis de l'incorporation de l'uranium et du thorium. Elles doivent être prises en compte pour obtenir une datation U/Th fiable. Nous traiterons ici en détail le cas d'une seule archive : les coraux tropicaux. Pour les autres archives climatiques, le descriptif technique est similaire mais leur comportement par rapport à l'incorporation de l'uranium, la fermeture du système à l'échange de l'uranium ou du thorium, ou la présence de thorium initiale sera différente. Nous analyserons brièvement à la fin de ce chapitre le cas d'autres échantillons géologiques susceptibles d'être datés par les déséquilibres entre l'uranium et le thorium.

5.1 Méthodologie de la datation $^{230}Th/^{238}U$

5.1.1 Principe de la datation $^{230}Th/^{238}U$

Cette méthode est basée sur la chaîne de décroissance radioactive de ^{238}U (Fig. 5.1).

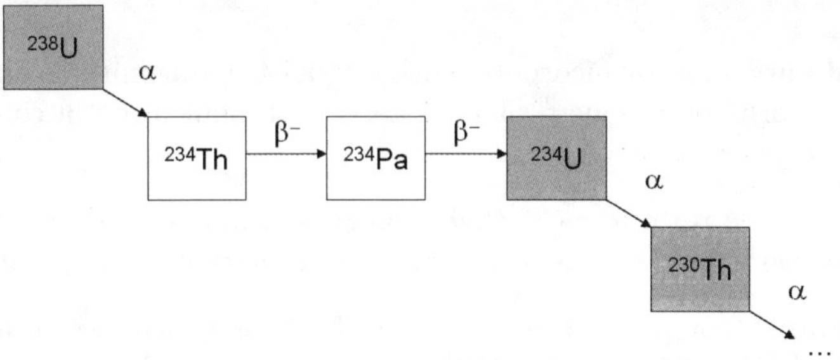

FIG. 5.1 – Début de la chaîne de décroissance radioactif de ^{238}U.

Les temps de décroissance dans cette chaîne radioactive sont très variables, allant de quelques milliards d'années à quelques heures. La radioactivité du

^{234}Th et celle du ^{234}Pa décroissent très rapidement avec des temps de demi-vie (aussi appelés périodes) respectifs de 24,1 jours et de 6,7 heures. Ils sont donc tout à fait négligeables par rapport aux périodes de l'^{234}U et du ^{230}Th, isotopes-clés de la datation **^{230}Th/^{238}U**. Au cours de la formation du squelette, seuls les isotopes de l'U sont incorporés, de sorte que l'isotope ^{230}Th est absent (concentration en ^{230}Th nulle à $t = 0$). C'est donc seulement par décroissance de l'^{234}U que le ^{230}Th s'accumule au cours du temps dans la structure du corail.

Pour dater un échantillon, il est nécessaire de déterminer avec précision les activités en ^{238}U, ^{234}U et ^{230}Th. La datation se fait ensuite en utilisant les équations de décroissance radioactive pour les rapports d'activités ^{234}U/^{238}U et ^{230}Th/^{238}U qui permettent de calculer le temps écoulé depuis la formation du squelette corallien (équations 1 et 2). L'équation de décroissance ne peut être résolue analytiquement et les âges sont donc estimés par itération.

$$\left(\frac{^{230}\mathrm{Th}}{^{238}\mathrm{U}}\right) = 1 - \mathrm{e}^{-\lambda_{230} t} + \frac{\delta^{234}\mathrm{U}_m}{1000} \times \frac{\lambda_{230}}{\lambda_{230} - \lambda_{234}} \times (1 - \mathrm{e}^{-(\lambda_{230} - \lambda_{234})t}) \quad (1)$$

$$\left(\frac{^{234}\mathrm{U}}{^{238}\mathrm{U}}\right) = \left(\frac{^{234}\mathrm{U}}{^{238}\mathrm{U}}\right)_{initial} \times (1 - \mathrm{e}^{-\lambda_{234} t}) \quad (2)$$

avec λ_{230} et λ_{234} les constantes respectives de désintégration du ^{230}Th et ^{234}U (Tableau 5.1), et t le temps écoulé depuis la fermeture du système.

Dans l'équation (1), le rapport d'activité (^{234}U/^{238}U) mesuré est exprimé en ‰ par rapport à l'équilibre radioactif :

$$\delta^{234}\mathrm{U} = \left[\frac{\left(^{234}\mathrm{U}/_{238}\mathrm{U}\right)_{\textit{échantillon}}}{\left(^{234}\mathrm{U}/_{238}\mathrm{U}\right)_{\textit{équilibre}}} - 1 \right] \times 1000. \quad (3)$$

L'application de la méthode nécessite la validité de deux conditions fondamentales :

1. Seul l'uranium est incorporé dans le squelette aragonitique au moment de sa formation, donc ^{230}Th est absent au moment de la construction du squelette corallien.

2. Le système reste fermé à tout échange d'uranium et de thorium avec l'environnement sédimentaire depuis la formation de l'aragonite.

Si un corail se comporte selon ces conditions fondamentales, les rapports d'activités ^{234}U/^{238}U et ^{230}Th/^{238}U évoluent au cours du temps suivant la figure 5.2 – en supposant un rapport d'activités ^{234}U/^{238}U dans l'eau de mer égal à 1,148 (δ^{234}U = 148 ‰) au moment de la précipitation de l'aragonite.

La précision de la datation U/Th est principalement liée à la précision de mesure des rapports isotopiques, mais la qualité de l'échantillon joue aussi un

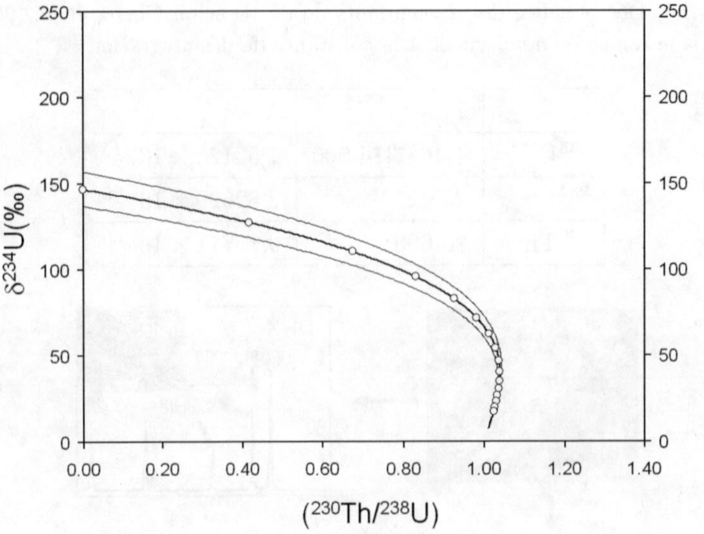

FIG. 5.2 – Évolution temporelle des rapports d'activités $^{230}Th/^{238}U$ et $\delta^{234}U$ en système clos. Les points (°) reflètent la position d'un corail tous les 50 k ans.

rôle capital, car elle détermine si les conditions fondamentales de la datation sont respectées. Tous les radionucléides sont émetteurs alpha. Auparavant, on utilisait donc la spectrométrie alpha, c'est-à-dire la mesure directe de l'émission alpha de chaque radionucléide. Cependant, depuis la fin des années 1980, l'application de la spectrométrie de masse à thermo-ionisation est devenue possible, avec des mesures de très haute précision de ^{238}U et de ses descendants à longue durée de vie (^{234}U, ^{230}Th). Cette méthode a l'avantage de mesurer directement le nombre d'atomes d'un isotope, au lieu de mesurer sa radioactivité. Ceci se traduit par un gain de précision très important car au lieu de mesurer quelques émissions alpha par minute, on mesure des dizaines à des milliers d'ions par seconde. Par contre, un traitement chimique très rigoureux en amont est indispensable car tout autre élément présent au cours de l'ionisation diminue la qualité de la mesure. À partir du nombre d'atomes de chaque radionucléide mesuré par spectrométrie de masse, on peut calculer son activité A_i selon la loi de décroissance $A_i = \lambda \times N_i$; relation dans laquelle N_i désigne le nombre d'atomes mesuré par spectrométrie de masse et λ la constante de désintégration du radionucléide. Pour calculer les activités des descendants de l'^{238}U à partir des mesures isotopiques, on utilise aujourd'hui des temps de décroissance, récemment réévalués, donnés dans le tableau 5.1.

Dans les paragraphes suivants, nous allons aborder l'aspect analytique. Cependant, nous préciserons auparavant les critères de sélection d'un échantillon, puis nous développerons la procédure chimique et enfin la mesure physique (Fig. 5.3).

TAB. 5.1 – Décroissance des descendants de l'^{238}U selon Cheng *et al.* (2000b) [4] avec $T_{1/2}$ le temps de demi-vie et λ la constante de désintégration.

	$T_{1/2}$ (ans)	λ
^{238}U	4 468 314 000	$1{,}55125 \times 10^{-10}$
^{234}U	245 250	$2{,}82629 \times 10^{-06}$
^{230}Th	75 690	$9{,}15771 \times 10^{-06}$

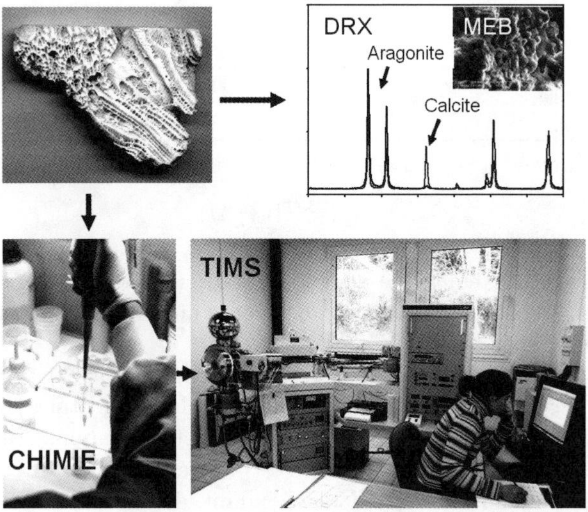

FIG. 5.3 –

Schéma de la méthodologie de datation U/Th des coraux. Des sous-échantillons de corail sont prélevés du squelette afin de vérifier que celui-ci est bien constitué quasi-exclusivement d'aragonite (analyse par diffractométrie X et par microscope électronique à balayage). L'uranium et le thorium sont alors extraits, séparés chimiquement du carbonate, et leurs isotopes sont mesurés par spectrométrie de masse à thermo-ionisation.

5.1.2 Sélection d'un corail en vue de la datation ^{230}Th/^{238}U

Afin d'obtenir une bonne précision sur l'âge des coraux, il est crucial de sélectionner un échantillon de telle façon qu'il soit le mieux préservé possible. Le but de l'analyse est d'obtenir des rapports entre ^{238}U, ^{234}U et ^{230}Th produits « exclusivement » par décroissance radioactive et donc indépendants de tout apport ou perte secondaire d'uranium ou de thorium au cours des milliers d'années passées dans le récif corallien fossile. En conséquence, les fragments coralliens sélectionnés sont nettoyés physiquement et chimiquement de tout encroûtement, trace de matière argileuse ou résidu de matière organique repérés au préalable par microscopie binoculaire. Ce nettoyage est réalisé en plusieurs étapes de rinçage dans un bain à ultrasons avec de l'eau ultra pure, suivies de bains d'acide dilué et de solutions oxydantes. Enfin, des traces potentielles de bio-érosion, causées par exemple par des mollusques foreurs, sont recherchées, et les parties contaminées sont éliminées.

Pour tester la qualité de la procédure de sélection et de nettoyage, des analyses par diffractométrie X sont effectuées. Cette technique permet d'identifier l'abondance de divers minéraux carbonatés dans l'échantillon, tels que l'aragonite, la calcite faible ou riche en magnésium. Seuls les échantillons identifiés à plus de 98 % d'aragonite sont acceptés pour la datation U/Th. En effet, une proportion de calcite de plus de 2 % serait significative de recristallisation et donc d'une mauvaise préservation du squelette. D'une façon moins systématique, des observations par microscopie électronique à balayage sont réalisées afin d'estimer la présence de microtraces de dissolution ou de précipitation de l'aragonite secondaire.

Une telle procédure de sélection de l'échantillon en amont de la datation est lourde mais nécessaire pour s'assurer d'avoir des âges associés à la meilleure précision et la meilleure « justesse » possibles. Cependant, un échantillon est d'une taille macroscopique, de quelques dizaines à quelques centaines de milligrammes, et un morceau corallien n'est jamais parfaitement préservé. Les résultats des microanalyses, telles que la diffractométrie X, portant sur seulement 1-5 % de l'échantillon ou la microscopie électronique à balayage, ne permettent donc pas d'étudier dans sa globalité l'échantillon utilisé ensuite pour la datation U/Th.

5.1.3 Procédure chimique

Les échantillons sont mis en solution avec un acide fort (de l'acide nitrique ou de l'acide chlorhydrique), puis subissent une préparation chimique qui se fait également en plusieurs étapes. Les mesures par spectrométrie de masse sont des mesures de rapports isotopiques, tels que $^{234}U/^{238}U$ et $^{230}Th/^{232}Th$. On ne peut pas directement déduire la concentration ou l'activité des nucléides, ni le rapport $^{230}Th/^{238}U$ nécessaire pour calculer l'âge d'un échantillon. En conséquence, il faut ajouter à la solution d'échantillon un traceur communément désigné sous le terme de « *spike* », qui contient des isotopes d'uranium et de thorium n'existant pas en milieu naturel et de concentration parfaitement connue. Ces isotopes artificiels permettront de déduire la concentration des nucléides naturels. Généralement, toute datation U/Th par spectrométrie de masse repose sur des *spikes* contenant ^{233}U, ^{236}U et ^{229}Th. Cela permet de mesurer les rapports isotopiques $^{234}U/^{238}U$, $^{236}U/^{238}U$, $^{233}U/^{236}U$, $^{230}Th/^{229}Th$ et $^{232}Th/^{229}Th$, afin de déterminer la concentration en ^{238}U,

^{230}Th et ^{232}Th de l'échantillon, ainsi que ses rapports isotopiques ^{234}U/^{238}U, ^{230}Th/^{232}Th et ^{230}Th/^{238}U, et les rapports d'activités correspondants.

Une fois un équilibre chimique atteint entre le *spike* et l'échantillon en solution, l'uranium et le thorium sont séparés des éléments majeurs, mineurs et traces par une chimie en colonne sur résine échangeuse d'ions. Il existe plusieurs types de résines permettant de purifier l'uranium et le thorium d'un échantillon. La plupart des laboratoires utilisent des séries successives de colonnes de résine anionique DOWEX 1X8. En parallèle à cette technique contraignante, dite « classique », il existe aussi des séparations utilisant des résines spécifiques pour l'uranium et le thorium ; celles-ci, comme la résine UTEVA, permettent une purification plus rapide et très efficace. Ainsi, l'échantillon dissous dans de l'acide nitrique 3N est déposé sur une colonne de résine UTEVA (0,5 ml), chargée en HNO_3 3N. La colonne est rincée plusieurs fois à l'acide nitrique 3N (10 volumes de colonne), puis l'uranium et le thorium sont extraits avec de l'acide chlorhydrique à différentes molarités (9N à 1N) [5]. Cette technique de séparation chimique permet de purifier l'uranium et le thorium de tout autre composant du corail avec un rendement assimilé à 100 %. L'ensemble de la préparation chimique peut être réalisé en approximativement deux jours pour une quinzaine d'échantillons. Pour les mesures physiques, un temps similaire est nécessaire en appliquant des outils les plus performants, tels les MC-ICPMS décrits ci-dessous.

5.1.4 Mesure physique par spectrométrie de masse

Suite à la purification chimique, les fractions d'uranium et de thorium sont déposées sur un filament de rhénium pur. Celui-ci est placé dans la source d'un spectromètre de masse à source thermique et les rapports des différents isotopes sont mesurés. Pour la spectrométrie de masse à plasma, à couplage inductif, les solutions finales sont d'abord diluées pour avoir une concentration similaire pour chaque échantillon, puis les rapports isotopiques sont mesurés. Les techniques de mesure sur ces types d'instruments complexes sont diverses et nécessitent un travail rigoureux de traitement de données. Il faut, entre autres, corriger les effets de fractionnement liés à la mesure, effectuer des comparaisons standards – échantillons, et tenir compte des mesures de bruits de fond instrumentaux et issus de la préparation chimique (blancs chimiques). Ici, nous nous abstiendrons de donner des descriptions détaillées de la mesure physique ; seuls quelques aspects principaux de la mesure par spectrométrie de masse à thermo-ionisation (TIMS) seront présentés.

L'uranium est ionisé dans la source d'un TIMS à des températures élevées atteignant 1 650 à 1 800 °C. Le rendement d'ionisation est faible ($n^+/n \sim 10^{-4}$), mais la quantité d'ions est suffisante pour obtenir des précisions analytiques meilleures que ± 2 ‰. Pour obtenir des rapports isotopiques précis, on tient compte d'un fractionnement thermique et du bruit de fond entre les différents isotopes analysés. On utilise ensuite des standards d'uranium, HU1 ou NBL 112, de rapports isotopiques connus pour déterminer la reproductibilité des mesures physiques. On obtient ainsi une reproductibilité globale des mesures de l'uranium de l'ordre de ±2 à 3 ‰.

Le thorium est quant à lui ionisé à des températures encore plus élevées atteignant 1 800 à 2 000 °C. Le rendement d'ionisation du thorium est plus faible que celui de l'uranium ($n^+/n \sim 10^{-6}$), mais, là encore, l'ionisation est suffisante pour avoir des précisions analytiques de l'ordre de 2 à 4 ‰. Le fractionnement thermique ne peut pas être déterminé car le nombre d'isotopes naturels et artificiels (*spike*) est insuffisant, ce qui limite largement la reproductibilité sur TIMS. Par contre, on utilise également des standards de thorium de rapports isotopiques connus (HU1 ou autres), afin de déterminer la reproductibilité des mesures physiques. Celle-ci est généralement de l'ordre de ±4 à 6 ‰.

Toutefois, il a été montré récemment que les nouvelles générations de spectromètres de masse (MC-ICPMS) permettent une amélioration conséquente de la précision analytique grâce à leur détection par multi-collection simultanée des ions. Cela permet aujourd'hui de déterminer des rapports isotopiques d'uranium avec une précision inférieure à 1 ‰, et ceux du thorium également à ±1 ‰. Ce progrès analytique se traduit par une précision de datation U/Th largement supérieure à celle obtenue par TIMS. On parle même de précision meilleure que 100 ans sur des âges de coraux de l'ordre de 100 000 ans. Une telle affirmation reste cependant théorique par le fait que l'erreur sur l'âge final dépend non seulement de la qualité de la mesure physique mais aussi et surtout de la qualité de l'échantillon.

Une fois les rapports isotopiques mesurés, les équations 1 et 2 données précédemment sont utilisées pour estimer l'âge du corail et son rapport $^{234}U/^{238}U$ initial.

5.2 Limitations de la méthode

Théoriquement, la précision de l'âge U/Th est déterminée par la précision analytique obtenue par spectrométrie de masse pour les rapports isotopiques $^{230}Th/^{238}U$ et $^{234}U/^{238}U$. On présume pour cela que le corail étudié a été parfaitement préservé et que les conditions fondamentales citées précédemment ont été respectées. On suppose donc que seul l'uranium a été incorporé dans le squelette aragonitique au moment de sa formation, que le système est resté fermé à tout échange d'uranium et de thorium avec l'environnement sédimentaire depuis la formation de l'aragonite, et enfin que le squelette corallien ne contenait pas de ^{230}Th au moment de sa formation. De plus, cette méthode de datation est basée sur l'hypothèse que le rapport d'activités $^{234}U/^{238}U$ de l'eau de mer (égal à 1,148) a été constant au cours des 500 000 dernières années. Pour des raisons pratiques, ce rapport est communément exprimé comme écart relatif (en ‰) par rapport à l'équilibre radioactif et est noté $\delta^{234}U$ (équation 3).

Ainsi, le $\delta^{234}U$ de l'eau de mer est de 148 ‰. Compte tenu des conditions précitées, on s'attend à retrouver par le calcul (équation 2) un rapport initial $^{234}U/^{238}U$ du corail semblable à celui de l'eau de mer. Cependant, il a été observé que de nombreux coraux de plus de 80 000 ans présentaient des valeurs de ce rapport très variables, et souvent plus élevées que celle de l'eau de mer actuelle (Fig. 5.4). Par exemple, un échantillon de 125 000 ans, découpé en plusieurs petits morceaux peut présenter des écarts d'âge entre ses différents fragments de plus de 10 000 ans, alors que la précision analytique est de ±1 000 ans par sous-échantillon. La variabilité des âges à l'intérieur d'un même échantillon peut donc être dix fois plus grande que leur précision. De plus, les sous-échantillons d'un même spécimen peuvent eux aussi montrer une variabilité importante de leur rapport $^{234}U/^{238}U$ en fonction du temps. Cela met néanmoins d'ores et déjà en évidence le rôle déterminant du rapport $^{234}U/^{238}U$ (ou du $\delta^{234}U$) dans la méthode de datation U/Th.

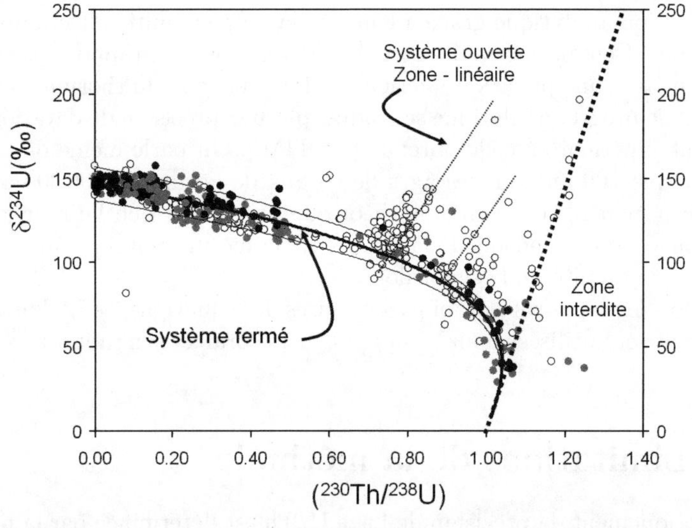

FIG. 5.4 – Compilation de rapports d'activités $\delta^{234}U$ en fonction de $^{230}Th/^{238}U$ de coraux fossiles (symbole noir : coraux profonds solitaires ; symbole gris : coraux profonds constructeurs ; symbole ouvert : coraux tropicaux). La courbe noire continue représente l'évolution en système fermé à partir du rapport $\delta^{234}U$ de l'eau de mer actuelle. Les points situés sur la droite du diagramme dans la zone « interdite » ne peuvent s'expliquer par l'évolution en système fermé. La ligne droite pointillée indique la distribution des rapports isotopiques pour des échantillons cogénétiques.

Henderson *et al.* (2000) [13] et Gallup *et al.* (1994) [10] ont été les premiers à réaliser que l'augmentation de l'^{234}U et celle du ^{230}Th dans les carbonates marins anciens sont corrélées (Fig. 5.4). Ceci s'est révélé une observation très importante car les processus de diagenèse, tels que la dissolution du squelette ou la précipitation de fibres aragonitiques secondaires, ne peuvent expliquer une telle corrélation. Par exemple, la dissolution du squelette corallien au cours de la diagenèse va remettre l'uranium dans les eaux interstitielles, mais le thorium sera rapidement re-précipité en raison de sa faible capacité à rester en solution. En conséquence, le rapport $^{230}Th/^{238}U$ du corail va augmenter et l'âge calculé sera surévalué. Ce processus n'entraîne pas de changement important de l'isotopie de l'uranium, donc pour les sous-échantillons d'un même corail, on attend de trouver des rapports $^{230}Th/^{238}U$ variables mais un $\delta^{234}U$ constant. Avec la précipitation des fibres aragonitiques secondaires, ce déséquilibre est inversé, car les fibres contiennent de l'uranium mais pas de thorium, le rapport $^{230}Th/^{238}U$ du corail diminue et l'âge est sous-estimé. Comme ces fibres secondaires sont plus jeunes que le squelette et qu'elles amènent de l'uranium issu de l'eau de mer, le $\delta^{234}U$ du corail augmente légèrement mais ne peut dépasser le $\delta^{234}U$ de l'eau de mer soit 148 ‰ au total. De toute évidence, la perturbation du système de datation ne peut donc pas être entièrement imputée à ces processus. En particulier, la perte d'^{234}U et de ^{230}Th observée ne peut pas être expliquée par ce biais.

Forts de ces constatations, Henderson et al. (2000) [13] et Gallup *et al.* (1994) [10] ont proposé que l'effet de recul du noyau issu de la décroissance radioactive de l'^{238}U et de l'^{234}U soit responsable de cette perturbation et ont élaboré une méthode pour le prendre en compte.

5.2.1 Le recul du noyau et le système de datation dit « ouvert »

Pendant la décroissance radioactive des isotopes de l'uranium, une particule α est éjectée du noyau. La balance de l'énergie cinétique impose que le noyau produit (^{234}Th ou ^{230}Th) recule et donc se déplace. Dans les deux cas, un isotope de thorium est produit. Le ^{234}Th décroît rapidement ($T_{1/2}$ = 24,1 jours) en ^{234}U par émission d'un électron. Ce processus n'est pas responsable du déplacement du noyau, parce que l'énergie de recul est alors trop faible. Le déplacement par recul du noyau affecte donc l'^{234}U (qui occupe la position du ^{234}Th) et le ^{230}Th. Le noyau mobile peut rester à l'intérieur du réseau cristallin mais il peut aussi être éjecté et passer soit dans les fluides des pores, soit même dans un autre réseau cristallin voisin (corail ou sédiment). Ce processus, qui se produit aussi bien dans les carbonates que dans les sédiments, ou dans la matière organique, présents dans un récif corallien, dépend du temps : plus du temps se sera écoulé, plus des noyaux se seront déplacés.

Évidemment, il s'agit d'un processus à toute petite échelle car le déplacement du noyau porte sur moins de 20 nm. On ne pourra donc pas le mesurer directement, mais on peut penser que les variations de teneur observées pour les isotopes ^{234}U (^{234}Th) et ^{230}Th reflètent l'intégralité de la redistribution des radionucléides au cours du temps écoulé depuis la formation du corail.

Thompson *et al.* (2003) [22] et Villemant et Feuillet (2003) [23] ont été les premiers à intégrer ce processus proprement dit dans l'équation de datation (équation 1). Ici, nous nous limiterons à l'approche théorique de Thompson et ses collègues, car sur le plan purement mathématique, les deux modèles de redistribution des radionucléides sont semblables. L'idée est simplement d'ajouter aux lois de décroissance radioactive (équations 1 et 2) un terme qui tienne compte de l'effet de recul pour ^{234}U et ^{230}Th. Les équations 4 et 5, qui ressemblent sensiblement aux équations 1 et 2, sont alors obtenues :

$$\left(\frac{^{230}\mathrm{Th}}{^{238}\mathrm{U}}\right) = \left(\frac{^{230}\mathrm{Th}}{^{238}\mathrm{U}}\right)_{initial} \mathrm{e}^{(-\lambda_{230}t)} + f_{230}f_{234}(1 - \mathrm{e}^{(-\lambda_{230}t)})$$

$$+f_{230}\frac{\lambda_{230}}{\lambda_{230}-\lambda_{234}}(\mathrm{e}^{(-\lambda_{230}t)} - \mathrm{e}^{(-\lambda_{234}\cdot)})(f_{234} - R_0) \quad (4)$$

$$\left(\frac{^{234}\mathrm{U}}{^{238}\mathrm{U}}\right) - f_{234} = \left(\left(\frac{^{234}\mathrm{U}}{^{238}\mathrm{U}}\right)_{initial} - f_{234}\right)\mathrm{e}^{(-\lambda_{234}t)}. \quad (5)$$

R_0 dans l'équation 4 correspond au rapport d'activités $^{234}U/^{238}U$ initial dans l'eau de mer fixé à $1{,}148 \pm 0{,}01$ (valeur actuelle). f_{234} et f_{230} représentent les fractions, exprimées en activités, perdues ($f < 1$) ou gagnées ($f > 1$) suite aux redistributions par l'effet de recul du noyau.

Le facteur de redistribution f_{234} est estimé itérativement à partir de la différence entre le rapport $^{234}U/^{238}U$ issu de l'évolution temporelle dans un système clos et celui correspondant à une évolution dans un système dit « ouvert ».

Par contre, f_{230} est liée à f_{234} (équation 6) par la différence d'énergie cinétique injectée dans le réseau cristallin suite à la décroissance de ^{238}U et de ^{234}U. Le processus étant le même (l'émission d'une particule α avec des énergies différentes pour chaque isotope), seule l'énergie cinétique est différente.

$$f_{230} = 1{,}157\,(1 - f_{234}) \quad \text{(Villemant et Feuillet, 2003 [23]).} \quad (6)$$

La définition du facteur de redistribution f est purement mathématique, donc gain et perte dans un système ouvert pour l'uranium sont définis avec des valeurs de $f > 1$ ou $f < 1$. Jusqu' ici, les deux calculs, celui de Villemant et Feuillet (2003) [23] et celui de Thompson *et al.* (2003) [22], sont identiques. En supposant que les rapports mesurés peuvent être utilisés pour déterminer f comme défini ci-dessus, il est possible d'estimer un âge du corail dans un système ouvert (équation 4). Toutefois, cette approche suppose que seuls l'uranium et le thorium du corail sont le siège du processus de recul. Or cette hypothèse est loin d'être toujours correcte. En effet, le processus de recul du noyau et donc l'éjection possible des noyaux au cours du temps ne permettent de gagner ni ^{234}U ni ^{230}Th ; le corail peut seulement perdre des radionucléides. On ne s'attend donc pas à obtenir une valeur $f > 1$. Cependant, la réalité est tout autre, car la plupart des coraux montrent une augmentation ($f > 1$), et seuls très peu de coraux reflètent une perte de radionucléides ($f < 1$).

Thompson et ses collègues ont considéré cet obstacle théorique et ont donc proposé de compliquer leur approche. Le gain de radionucléides peut s'expliquer soit par échange direct des noyaux entre coraux très proches les uns des autres, soit par des fluides circulant dans le récif, c'est-à-dire une source externe. En conséquence, f est toujours < 1 et le gain en ^{234}U et ^{230}Th est la somme d'une perte au cours du temps et d'une accumulation liée à la rétention des radionucléides éjectés et/ou transportés dans le récif. Pour tenir compte de ce phénomène, Thompson et ses collègues ont établi les équations suivantes :

$$\left(\frac{^{230}\mathrm{Th}}{^{238}\mathrm{U}}\right)_{mesur\acute{e}} = 1-\mathrm{e}^{-\lambda_{230}t}+\frac{\lambda_{230}}{\lambda_{230}-\lambda_{234}}\left(\left(\frac{^{234}\mathrm{U}}{^{238}\mathrm{U}}\right)_{initial}-1\right)\left(\mathrm{e}^{-\lambda_{234}t}-\mathrm{e}^{-\lambda_{230}t}\right)$$
$$+\frac{1}{m}\left\{\left(\frac{^{234}\mathrm{U}}{^{238}\mathrm{U}}\right)_{mesur\acute{e}}-\left(\left[\left(\frac{^{234}\mathrm{U}}{^{238}\mathrm{U}}\right)_{initial}-1\right]\mathrm{e}^{-\lambda_{234}t}+1\right)\right\} \tag{7}$$

$$m=\frac{\left(1-\mathrm{f}_{234}\right)\left(1-\mathrm{e}^{-\lambda_{234}t}\right)}{\left(\begin{array}{l}\left(1-\mathrm{f}_{234}\mathrm{f}_{230}\right)\left(1-\frac{\lambda_{230}}{\lambda_{230}-\lambda_{234}}\mathrm{e}^{-\lambda_{234}t}+\frac{\lambda_{234}}{\lambda_{230}-\lambda_{234}}\mathrm{e}^{-\lambda_{230}t}\right)\\+\left(1-\mathrm{f}_{230}\right)\frac{\lambda_{230}}{\lambda_{230}-\lambda_{234}}\left(\frac{^{234}\mathrm{U}}{^{238}\mathrm{U}}\right)_{initial}\left(\mathrm{e}^{-\lambda_{234}t}-\mathrm{e}^{-\lambda_{230}t}\right)\end{array}\right)}. \tag{8}$$

Au lieu d'estimer f directement à partir des rapports d'activités mesurés (équation 6), les valeurs pour f sont fixes, mais l'excès d'^{234}U et la pente de redistribution m sont itérativement estimés en tenant compte d'une source externe (autres coraux ou carbonates). Au final, on retombe sur des équations qui ont la même forme que celles dérivées du modèle de Villemant et Feuillet, car la source à prendre en compte dans ce modèle est déterminante et doit avoir une composition similaire à celle des coraux. Cependant, le modèle permet de varier les paramètres et de retrouver la pente m la mieux adaptée pour un ensemble d'échantillons de même âge.

Ces équations permettent de corriger du phénomène de recul du noyau et de remettre les valeurs mesurées des rapports d'activité ($^{230}Th/^{238}U$) et $^{234}U/^{238}U$ sur la courbe d'évolution de ces rapports dans un système fermé, puis de calculer un âge pour les coraux.

À titre d'exemple, la figure 5.5 montre les rapports d'activité ($^{230}Th/^{238}U$) et $^{234}U/^{238}U$ mesurés dans plusieurs coraux d'un récif corallien de l'île Amédée, située au large de la Nouvelle Calédonie [9]. Les âges calculés en utilisant les équations 1 et 2 et les rapports d'activité mesurés présentent une forte dispersion, de 123 600 à 146 000 ans. Ces échantillons montrent aussi une forte variabilité du $\delta^{234}U$ initial, allant de 119,2 à 211 ‰. Une corrélation linéaire entre les rapports ($^{230}Th/^{238}U$) et ($^{234}U/^{238}U$) est évidente. Cette partie du récif est très probablement issue d'un développement au cours de la dernière période interglaciaire (stade isotopique 5.5), qui correspond au dernier maximum du niveau marin et date d'environ 125 000 ans. Les résultats témoignent donc que nous sommes en présence d'un « système ouvert ». Deux échantillons sont en déficit et douze sont en excès de ^{230}Th et d'^{234}U. Aucune des valeurs mesurées ne correspond à une évolution dans un système fermé. Cependant, tous les échantillons ont été sélectionnés d'une façon très rigoureuse et présentent ~99 % d'aragonite avec des traces mineures de dissolution et de précipitation d'aragonite secondaire. La diagenèse précoce du carbonate ne peut donc en aucun cas expliquer ces observations. En appliquant alors le modèle de Thompson *et al.*, ou celui de Villemant et Feuillet, on calcule des âges cohérents avec une évolution du récif au cours du dernier interglaciaire.

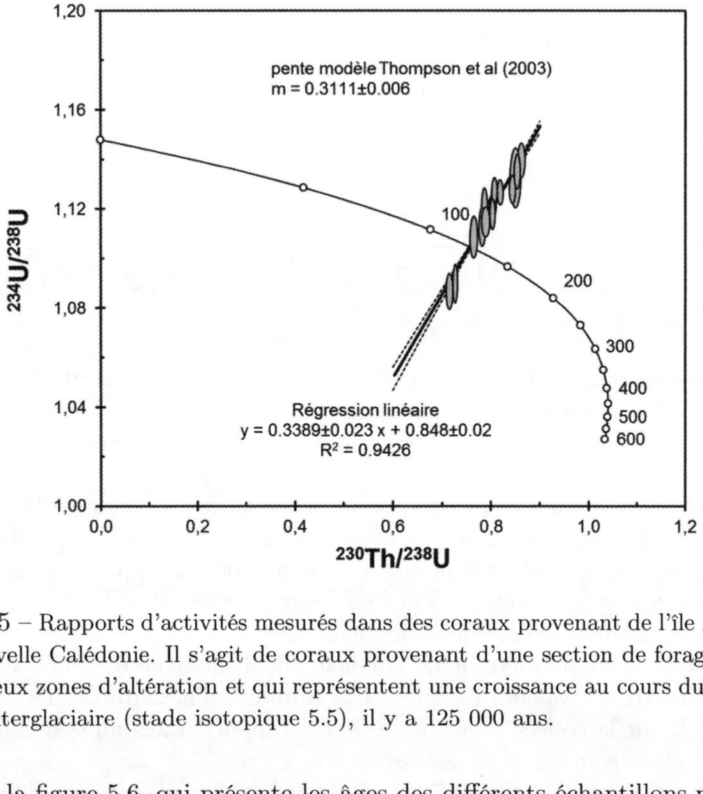

FIG. 5.5 – Rapports d'activités mesurés dans des coraux provenant de l'île Amédée en Nouvelle Calédonie. Il s'agit de coraux provenant d'une section de forage située entre deux zones d'altération et qui représentent une croissance au cours du dernier stade interglaciaire (stade isotopique 5.5), il y a 125 000 ans.

Sur la figure 5.6, qui présente les âges des différents échantillons prélevés dans le récif en fonction de la profondeur, on remarque qu'après correction à l'aide d'un modèle de système ouvert, les points s'organisent autour d'une tendance linéaire logique, sachant que plus les échantillons sont profonds, plus ils sont anciens. La cohérence de la relation linéaire est telle qu'elle permet d'évaluer la vitesse de croissance du récif. On peut donc supposer ici que le processus de recul du noyau est le seul mécanisme impliqué dans la perturbation du système de datation. Dans cet exemple, nous avons appliqué le modèle de Thompson *et al.*, avec une valeur f_{234} de 0,975 ± 0,005 et un δ^{234}U initial de 148 ± 2 ‰, valeurs déterminées par Thompson et ses collègues pour des coraux provenant de la Barbade.

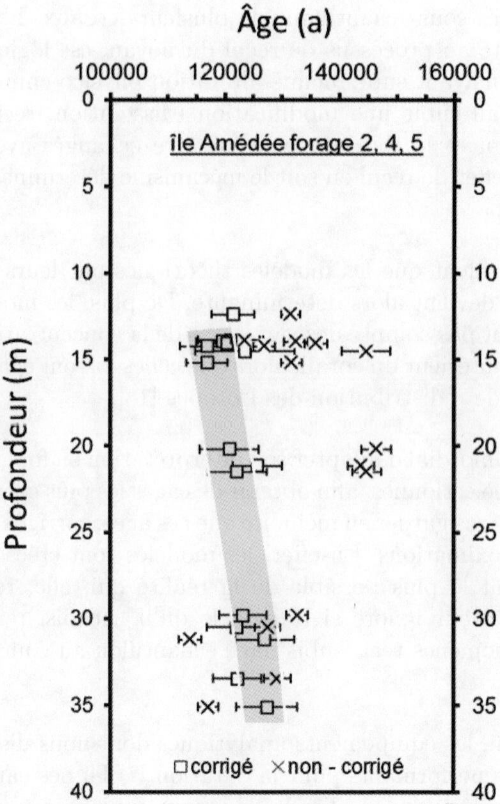

FIG. 5.6 – Résultats « bruts » de datation de coraux présentés dans la figure 5.4 (points ×) et corrigés par un modèle de système ouvert pour l'U, suite aux effets de recul (points □).

5.2.2 Le système ouvert : modèle empirique

Lorsqu'on doit dater un corail unique, on peut imaginer le couper en plusieurs sous-échantillons que l'on considérerait comme indépendants et auxquels on pourrait appliquer ces corrections de système ouvert. Si les valeurs corrigées font apparaître une corrélation linéaire entre les rapports $^{230}Th/^{238}U$ et $^{234}U/^{238}U$ témoignant d'excès ou de perte d'^{234}U et de ^{230}Th, il serait alors possible de calculer le point où la droite de régression croise la courbe d'évolution en système fermé et d'en déduire l'âge du corail.

On espère ainsi déterminer un âge plus juste sans passer par une théorie compliquée. Cette idée a été récemment utilisée par Scholz *et al.* (2004) [19] pour corriger des âges U/Th de coraux provenant de la Méditerranée. Scholz et ses collègues sont partis du résultat que le modèle de Thompson ne pouvait expliquer la variabilité des rapports d'activités ($^{230}Th/^{238}U$) et ($^{234}U/^{238}U$)

observée entre des sous-échantillons de plusieurs coraux. Le modèle de système ouvert, suite au processus de recul du noyau, est logiquement limité à des échantillons n'ayant subi aucune altération physico-chimique. Dès que le squelette du corail subit une modification (dissolution, recristallisation, ou autres), l'uranium et le thorium peuvent être échangés avec le milieu ambiant sans que l'effet de recul en soit le mécanisme déterminant, même s'il est toujours présent.

Il est donc évident que les modèles théoriques ont leurs limites et la sélection du corail devient alors déterminante. De plus, les modèles de système ouvert ne tiennent pas compte des variations de la concentration en uranium à petite échelle à l'intérieur du corail, alors que celles-ci vont également impacter sur le processus de redistribution des isotopes [18].

Il est donc primordial d'adapter son interprétation en fonction de la qualité des échantillons sélectionnés, afin obtenir des âges les plus corrects possibles. Il faut dans tous les cas garder en mémoire que ces âges, corrigés par des modèles, restent des approximations. En effet, les modèles sont créés pour rendre des âges s'approchant le plus possible de la réalité qui, elle, reste inconnue et que l'expérimentateur ignore si le modèle qu'il a choisi rend effectivement compte des phénomènes réels subis par l'échantillon au cours de son histoire géologique.

En conclusion, les équipements analytiques dont nous disposons à l'heure actuelle sont très performants pour la datation U/Th des carbonates marins, permettant des précisions de l'ordre du pour mille sur une gamme d'âges allant de l'actuel à plusieurs centaines de milliers d'années. Les limites de datation ne sont d'ailleurs pas imposées par les techniques d'analyse mais principalement par la qualité des échantillons. Pour des échantillons modernes, jusqu'à 15 000 ans, le système de datation U/Th peut être considéré comme un système clos, car l'altération physico-chimique des coraux et l'effet de recul des noyaux n'ont pas encore d'influence significative sur l'âge obtenu.

Pour les coraux plus anciens, en revanche, l'impact de l'altération physico-chimique et en particulier celui de l'effet de recul des noyaux sont à l'origine d'un système partiellement ouvert aux échanges d'^{234}U et de ^{230}Th, imposant une correction conséquente pour obtenir des âges relativement précis et justes. L'usage de modèles de correction entraîne une perte de précision en datation car doivent être prises en compte non seulement l'erreur analytique mais aussi celle des paramètres du modèle de correction appliqué, tels que le δ^{234}U initial et les facteurs d'échange f_{234} et f_{230}. La sélection d'un échantillon le mieux préservé possible permet d'assurer la meilleure qualité de datation que l'on puisse attendre. Si, par contre, l'échantillon montre des signes d'altération significative, il sera impératif de mesurer plusieurs sous-échantillons pour mieux identifier l'ampleur de l'ouverture du système pour l'uranium.

5.3 Estimer le changement du niveau marin à partir des coraux tropicaux

Les changements du niveau marin proviennent de la croissance et de la fonte des calottes de glace polaires lorsque le climat de la Terre varie. Connaître précisément les variations du niveau marin au cours des cycles climatiques permet de reconstituer une chronologie fine des changements climatiques et de les mettre en relation avec d'autres paramètres, tels que la température polaire enregistrée dans les carottes de glaces, la température ou la salinité de surface de l'océan, ou encore les variations climatiques enregistrées dans les archives continentales. Le cadre chronologique ainsi établi contribue à mieux contraindre les relations de phase entre les diverses composantes du système climatique et à déterminer les téléconnections inter hémisphériques. D'autre part, la connaissance du niveau marin au cours des cycles climatiques est indispensable pour étudier les variations de surface des continents (extension ou diminution des marges continentales), ainsi que leur érosion. Nous avons vu que la datation U/Th des coraux est un puissant outil pour déterminer l'évolution des récifs coralliens dans le temps. Mais comment des âges de terrasses coralliennes peuvent-ils contribuer à reconstituer l'évolution du niveau marin ?

Associer la localisation d'un corail prélevé quelque part dans le monde, ainsi que son âge (l'époque de sa formation) à un niveau marin est relativement complexe. En effet, dans la plupart des cas, les coraux tropicaux sont situés sur des zones volcaniques qui peuvent être tectoniquement très actives (subsidence ou surrection). D'autre part, il faut que le corail sélectionné ait été prélevé en position de croissance *in situ* et s'assurer qu'il n'a pas été déplacé par l'érosion, par exemple. Il faut aussi savoir que les coraux peuvent vivre à des profondeurs variables selon l'espèce. Sur les marges continentales, les processus d'eustasie (variation du volume d'eau océanique) et d'isostasie (variation de l'altitude du continent) sont également très importants. Suite aux changements de volume des calottes de glace au cours des cycles climatiques, le continent peut ainsi monter ou descendre en fonction du poids qu'il supporte. Compte tenu de toutes ces variables, la reconstitution du niveau marin à partir de coraux tropicaux nécessite de choisir des coraux dont on connaît bien les caractéristiques de leur habitat. Il faut ensuite identifier les processus tectoniques qui ont potentiellement influencé leur positionnement par rapport à l'endroit où ils ont été prélevés. Les paramètres nécessaires peuvent donc être définis comme suit :

- l'âge chronologique t ;
- la hauteur de prélèvement par rapport au niveau marin actuel h (+ ou −) ;
- le taux de surrection ou de subsidence $\Delta h/\Delta t$;

– la profondeur moyenne de l'habitat de l'espèce étudiée d ;

– la variabilité de l'habitat écologique Δd.

Le niveau marin en fonction du temps $m(t)$ peut alors être déterminé par l'équation suivante :

$$m(t) = h + d + \Delta h/\Delta t \times t.$$

L'incertitude associée est alors :

$$\Delta m(t) = \delta h + \Delta d + t \times \delta(\Delta h/\Delta t) + \Delta h/\Delta t \times \delta t.$$

Il est certain que la reconstitution du niveau marin dépend fortement du temps et des valeurs de $\Delta h/\Delta t$. De plus, elle suppose que le taux de surrection ou de subsidence est resté constant sur l'intervalle de temps issu de la reconstitution.

La localisation h et la profondeur de l'habitat d peuvent être bien contraintes et ne sont pas ou peu dépendantes du temps. Pour éviter l'influence trop forte du taux de subsidence ou de surrection, l'idéal serait de prélever des coraux dans des endroits les plus stables possibles du point du vue tectonique, de sorte que le niveau de la mer m ne serait quasiment plus fonction que de t. Cependant, la plupart des études sont basées sur des lieux à fort taux de surrection, car des terrasses coralliennes ainsi émergées deviennent facilement accessibles à l'échantillonnage. Cette stratégie de prélèvement implique une incertitude sur les taux de surrection, et donc sur la reconstitution du niveau marin.

Sur la figure 5.7, nous avons reporté les reconstitutions du niveau marin obtenues par datations U/Th de coraux tropicaux , telles qu'elles ont été publiées pour diverses régions allant du Pacifique (Tahiti, Marquises, Vanuatu, Australie, Nouvelle Calédonie) à l'Atlantique (Barbades) [1, 2, 9–11, 21]. Le graphique montre également une reconstruction des variations du niveau de la mer et l'incertitude associée (lignes noire et grises) obtenue à partir des mesures isotopiques de l'oxygène dans les sédiments marins [24]. Cette reconstruction est établie sur l'hypothèse que le stockage au niveau des pôles d'une grande quantité d'eau douce pauvre en ^{18}O entraîne une augmentation de la teneur en ^{18}O de l'océan. Le rapport $^{18}O/^{16}O$ enregistré dans les foraminifères connus pour vivre en « eaux profondes » (c'est-à-dire dans des eaux peu influencées par des changements de température) peut alors donner des renseignements sur la taille des calottes de glace, et donc sur le niveau marin de l'époque contemporaine aux foraminifères. Avec une telle approche, il est possible de reconstituer les variations du niveau de la mer de façon quasi continue. Par contre, les sédiments marins ne peuvent pas être datés d'une façon *absolue* comme les coraux. Les diverses reconstitutions montrent des variations du niveau de la mer très similaires, avec un niveau bas au cours des épisodes climatiques froids et un niveau haut au cours des périodes interglaciaires. Au cours des derniers 140 000 ans, le niveau marin a varié de +5 m

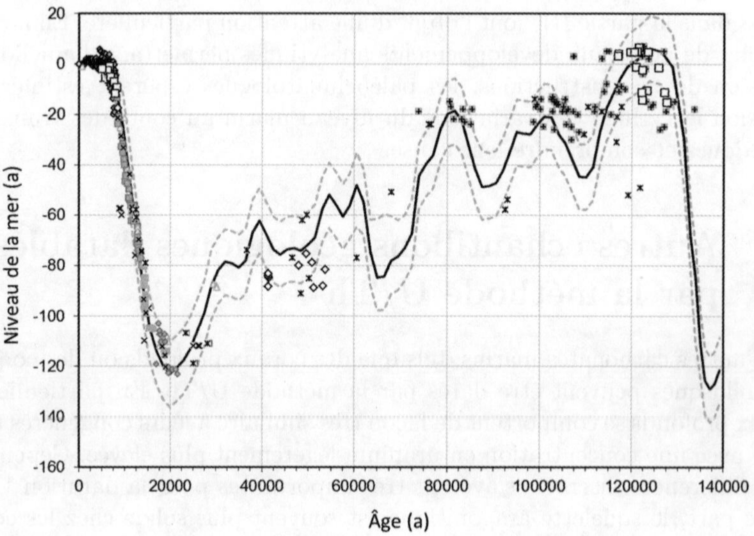

FIG. 5.7 – Reconstitution du niveau de la mer à partir de la datation U/Th de coraux tropicaux (divers points) et à partir des isotopes de l'O dans les foraminifères benthiques (lignes noire et grises).

lors du maximum du dernier interglaciaire à environ –120 m lors du dernier et de l'avant-dernier maximum glaciaire. Une baisse du niveau marin d'une telle ampleur correspondrait à un volume de glace d'environ 47 millions de km^3 ! À titre comparatif, cela équivaudrait à une couverture de glace sur tout le continent nord-américain de plus de 2 000 m de haut en moyenne. Des changements rapides du niveau de la mer sont également mis en évidence, en particulier au cours des transitions climatiques d'un épisode glaciaire vers un interglaciaire. Sachant qu'une augmentation de l'océan d'un mètre serait aujourd'hui dévastatrice pour une grande partie de la population mondiale vivant sur les zones littorales, il faut réaliser que les changements naturels au cours de la dernière transition climatique (terminaison I) ont provoqué des remontées du niveau de la mer au rythme de 1,2 m par cent ans. Il faut noter que le niveau de la mer au cours du dernier interglaciaire datant de ~125 000 ans était très probablement supérieur au niveau actuel de plus de 4 à 6 m. C'est pourquoi, suite au réchauffement climatique en cours depuis le début du XXe siècle, une montée du niveau des mers de plus d'un mètre par siècle est tout à fait concevable si les calottes glaciaires (Groenland, Antarctique) devaient être déstabilisées.

Le défi des géochimistes utilisant la datation U/Th des coraux tropicaux n'est pas de prédire les futurs changements du niveau marin. Ils espèrent plutôt trouver de nouveaux récifs coralliens pour reconstituer avec plus de détail les variations passées du niveau marin. Les épisodes de changements climatiques rapides (cycle de Dansgard/Oeschger, événements de Heinrich, décrits dans la partie III) font l'objet d'une attention particulière. En mettant au point de nouveaux développements analytiques permettant d'améliorer la précision des reconstructions, les paléoclimatologues espèrent estimer avec précision le rythme des variations du niveau marin au cours des transitions climatiques et comprendre leur cause.

5.4 Autres échantillons géologiques datables par la méthode U/Th

D'autres carbonates marins, tels que des coraux profonds ou des coquilles de mollusques peuvent être datés par la méthode U/Th. En particulier, les coraux profonds se comportent de façon très similaire à leurs congénères tropicaux, avec une concentration en uranium légèrement plus élevée. Cependant, deux différences discrètes s'avèrent très importantes pour la datation U/Th. D'une part, le squelette aragonitique est souvent plus solide chez les coraux profonds, en particulier pour les espèces *Lophelia pertusa* et *Desmophyllum dianthus*, et d'autre part, l'altération physico-chimique est moins importante, car le squelette reste toujours sous l'eau, depuis sa formation jusqu'à son prélèvement. En conséquence, l'ouverture du système d'uranium par les processus de recul des noyaux et d'altération physico-chimique semble moins importante pour ces espèces. Par contre, on observe dans les eaux profondes, une augmentation de ^{230}Th provenant de la décroissance de l'uranium dissous. Les coraux profonds incorporent donc de faibles quantités de ^{230}Th lors de la formation de leur squelette, ce qui implique des corrections significatives pour obtenir une précision et une justesse d'âges équivalentes [3, 8].

Les coquilles de mollusques ont quant à elles une autre particularité. Leur organisme rejette l'uranium lors de la formation de leur coquille d'aragonite par un processus biologique encore méconnu. En conséquence, une coquille moderne contient très peu d'uranium (de l'ordre de quelques dizaines de ng/g), alors que l'aragonite d'origine corallienne en contient quelques μg/g. Ceci ne serait pas problématique pour une datation U/Th si la coquille restait en système clos pendant sa préservation dans les sédiments. Malheureusement, il a été observé qu'après la mort de l'organisme, la coquille récupère l'uranium de son environnement. Sa concentration en uranium peut alors augmenter jusqu'à 10 μg/g, soit 100 fois plus qu'au moment de sa formation. Comme il est impossible de connaître l'origine de l'uranium externe qu'elles ont incorporé et la manière dont il s'est accumulé au cours du temps, on considère les coquilles de mollusques comme un système très ouvert pour l'uranium. Une des trois conditions fondamentales de datation citées précédemment n'est donc pas respectée (système clos) et leur datation par la méthode U/Th reste jusqu'alors peu précise [15].

Pour les carbonates secondaires continentaux, tels que les stalagmites, les travertins ou les tufs, la datation U/Th suit principalement le même schéma

« analytique et théorique », avec les trois conditions fondamentales à respecter et les équations de base (2) et (3) pour déterminer l'âge. Au départ, un déséquilibre entre ^{238}U, ^{234}U et ^{230}Th se crée dans les eaux souterraines du fait que l'uranium est facilement mis en solution par l'altération des roches, sols et sédiments, alors que le thorium – étant peut soluble – peut être considéré comme absent. En effet, la précipitation de calcite sous forme de stalagmites, travertins ou tufs entraîne la co-précipitation de l'uranium dans le carbonate, sans son descendant radioactif ^{230}Th. Le déséquilibre radioactif se crée donc lors de la formation du carbonate, comme pour les coraux. La concentration de l'uranium dans ces carbonates secondaires est liée à la teneur en uranium des eaux souterraines et au type de minéral formé. Elle peut varier de quelques ng/g à quelques dizaines de μg/g. Par contre, le système de datation est plus complexe que celui des organismes marins, car l'isotopie de l'uranium des eaux souterraines peut être très variable selon les processus d'altération qui entrent en jeu dans un aquifère, avec des valeurs de rapport $^{234}U/^{238}U$ variant de ~0,8 à 5. Pour les carbonates continentaux, l'évolution des rapports d'activités dépend donc fortement du rapport d'activité $^{234}U/^{238}U$ initial [15].

D'autre part, les carbonates continentaux sont souvent contaminés par des particules argileuses ou même organiques. Celles-ci peuvent être riches en uranium et en thorium, sans avoir de déséquilibre radioactif. Dans des carbonates poreux, tels que les tufs ou les travertins, on peut d'ailleurs constater l'apparition de plusieurs générations de cristaux dans une seule couche de carbonate. La datation U/Th des carbonates continentaux s'avère donc beaucoup plus complexe que celle des coraux. Ainsi, l'isotopie de l'uranium ne peut pas être utilisée pour tester si le système est clos ou ouvert, et un apport de thorium initial par les eaux souterraines ou des contaminants doit être vérifié. Pour estimer l'importance des contaminants, on utilise l'isotope thorium-232 [20]. C'est l'isotope le plus abondant du thorium naturel. Il est à l'origine d'une chaîne de décroissance, dite famille du thorium-232. Les argiles contenant beaucoup de thorium (>5 μg/g), l'apparition de ^{232}Th dans un échantillon de carbonate est la signature de la présence de tels contaminants [16].

L'échantillonnage est là encore une étape cruciale de la datation U/Th. Il faut prendre le soin d'échantillonner une couche de carbonate contenant un minimum de ^{232}Th, indicateur de contaminants, et l'échantillon doit représenter le carbonate d'origine. En respectant ces contraintes, la datation U/Th des stalagmites, travertins et tufs est possible de façon précise, et permet aujourd'hui de déterminer des cadres chronologiques précis pour les études climatiques [25] ou archéologiques [17].

5.5 Conclusion

La datation U/Th est devenue un outil très performant, largement utilisé pour obtenir une chronologie fine de la croissance des récifs coralliens et de bien d'autres carbonates. Si le développement technique a été rapide ces dernières années, avec des mesures isotopiques précises des radionucléides issus de la décroissance de l'uranium, l'échantillon lui-même et le déplacement des radionucléides provoqué par leur propre radioactivité entraînent des problèmes de datation. Aujourd'hui, on ne parle plus d'un système de datation schématiquement clos, puisque la décroissance elle-même est en partie à l'origine d'échanges d'uranium et de thorium avec l'environnement du corail. Des modèles de correction dits « modèles d'âge de système ouvert » commencent à voir le jour pour intégrer cette importante problématique. Toutefois, en amont des études, l'échantillonnage et la caractérisation d'un échantillon restent primordiales car la datation d'un spécimen significativement altéré par la diagenèse est vouée à l'échec.

Un cadre géochronologique précis établi dans les meilleures conditions analytiques et reposant sur des échantillons dont la préservation est aussi bonne que possible fournit des opportunités exceptionnelles pour déterminer des paramètres géologiques, tels que la surrection ou la subsidence d'un récif corallien, ainsi que des variations du niveau marin. La méthode de datation U/Th est maintenant devenue un des éléments clés permettant de placer dans un contexte temporel rigoureux, directement comparable au forçage astronomique, les grandes variations des composantes majeures du système climatique au cours du Quaternaire.

Références bibliographiques

[1] Bard, E., Hamelin, B. et Fairbanks, R. G. (1990), « U-Th Ages Obtained by Mass Spectrometry in Corals from Barbados : Sea Level During the Past 130,000 Years », *Nature*, 346, pp. 456-458.

[2] Cabioch, G., Banks-Cutler, K. A., Beck, J. W., Burr, G. S., Corrège, T., Edwards, R. L. et Taylor, F. W. (2003), « Continous Reef Growth During the Last 23 Kyr Cal BP in a Tectonically Active Zone (Vanuatu, South West Pacific) », *Quaternary Science Reviews*, 22, pp. 1 771-1 786.

[3] Cheng, H., Adkins, J. F., Edwards, R. L. et Boyle, E. A. (2000a), « U-Th Dating of Deep-Sea Corals », *Geochimica et Cosmochimica Acta*, 64, pp. 2 401-2 416.

[4] Cheng, H., Edwards, R. L., Hoff, J., Gallup, C. D., Richards, D. A. et Asmeron, Y. (2000b), « The Half-Lives of Uranium-234 and Thorium-230 », *Chemical Geology*, 169, 17-33.

[5] Douville, E., Salle, E., Frank, N., Eisele, M., Pons-Branchu, E. et Ayrault, S. (2010), « Rapid and Precise ^{230}Th/U Dating of Ancient Carbonates Using Inductively Coupled Plasma-Quadrupole Mass Spectrometry », *Chemical Geology*, 272, 1-11.

[6] Edwards, R. L., Beck, J. W., Burr, G. S., Donahue, D. J., Chappell, J. M. A., Bloom, A. L., M. Druffel, E. R. et Taylor, F. W. (1993), « A Large Drop in Atmospheric ^{14}C/^{12}C and Reduced Melting in the Younger

Dryas, Documented with ^{230}Th Ages of Corals », *Science*, 260, pp. 262-297.

[7] Esat, T. M. et Yokoyama, Y. (2006), « Variability in the Uranium Isotopic Composition of the Oceans Over Glacial-Interglacial Timescales », *Geochimica Cosmochimica Acta*, 70, pp. 4 140-4 150.

[8] Frank, N., Paterne, M., Ayliffe, L. K., Blamart, D., van Weering, T. et Henriet, J. P. (2004), « Eastern North Atlantic Deep-Sea Corals : Tracing Upper Intermediate Water D^{14}C During the Holocene », *Earth and Planetary Science Letters*, 219, pp. 297-309.

[9] Frank, N., Turpin, L., Cabioch, G., Blamart, D., Tressens-Fedou, M., Colin, C. et Jean-Baptist, P. (2006), « Open System U-Series Ages of Corals from a Subsiding Reef in New Caledonia : Implications for Sea Level Changes, and Subsidence Rate », *Earth and Planetary Science Letters*, 249, pp. 274-289.

[10] Gallup, C. D., Edwards, L. et Johnson, R. G. (1994), « The Timing of High Sea Levels over the Past 200,000 Years », *Science*, 263, pp. 796-800.

[11] Hanebuth, T., Stattegger, K. et Grootes, P. (2000), « Rapid Flooding of the Sunda Shelf : A Late Glacial Sea Level Record », *Science*, 288, pp. 1 033-1 035.

[12] Henderson, G. M. (2002), « Seawater (234U/238U) During the Last 800 Thousand Years », *Earth and Planetary Science Letters*, 199, pp. 97-110.

[13] Henderson, G. M., et Slowey, N. C. (2000), « Evidence from U-Th Dating Against Northern Hemisphere Forcing of the Penultimate Deglaciation », *Nature*, 404, pp. 61-68.

[14] Ivanovich, M.et Harmon, R. S. (1992), *Uranium-series disequilibrium : Applications to earth, marine, and environmental sciences*, 2^{e} ed., 910 p., Clarendon Press, Oxford.

[15] Kaufman, A., Ghaleb, B., Wehmiller, J. F. et Hillaire-Marcel, C. (1996), « Uranium Concentration and Isotope Ratio Profiles Within Mercenaria Shells : Geochronological Implications », *Geochimica et Cosmochimica Acta*, 60 (19), pp. 3 735-3 746.

[16] Ludwig, K. R. et Titterington, D. M. (1994), « Calculation of ^{230}Th/U Isochrons, Ages, and Errors », *Geochimica et Cosmochimica Acta*, 58 (22), pp. 5 031-5 042.

[17] McDermott, F., Grün, R., Stringer, C. B. et Hawkesworth, C. J. (1993), « Mass-Spectrometric U-Series Dates for Israeli Neanderthal/Early Modern Hominid Sites », *Nature*, 363, pp. 252-255.

[18] Robinson, L., Adkins, J., Fernandez, D. P., Burnett, D. S., Wang, S. L., Gagnon, A. C. et Krakauer, R. (2006), « Primary U Distribution in Scleractinian Corals and its Implications for U Series Dating », *Geochemistry Geophysics Geosystem*, 7, pp. 1-20.

[19] Scholz, D., Mangini, A. et Felis, T. (2004), « U-Series Dating of Diagenetically Altered Fossil Reef Corals », *Earth and Planetary Science Letters*, 218, pp. 163-178.

[20] Szabo, B. J., Ludwig, K. R., Muhs, D. R. et Simmons, K. R. (1994), « Thorium-230 Ages Of Corals and Duration of the Last Interglacial Sea-Level High Stand on Oahu, Hawaii », *Science*, 266, pp. 93-96.

[21] Thompson, W. G. et Goldstein, S. J. (2005), « Open-System Coral Ages Reveal Persistent Suborbital Sea-Level Cycles », *Science*, 308, pp. 401-404.

[22] Thompson, W. G., Spiegelman, M. W., Goldstein, S. L. et Speed, R. C. (2003), « An Open-System Model for U-Series Age Determinations of Fossil Corals », *Earth and Planetary Science Letters*, 210, pp. 365-381.

[23] Villemant, B. et Feuillet, N. (2003), « Dating Open Systems by the ^{238}U-^{234}U-^{230}Th Method : Application to Quaternary Reef Terraces », *Earth and Planetary Science Letters*, 210, pp. 105-118.

[24] Waelbroeck, C., Labeyrie, L., Michel, E., Duplessy, J. C., McManus, J. F., Lambeck, K., Balbon, E. et Labracherie, M. (2002), « Sea-Level and Deep Water Temperature Changes Derived from Benthic Foraminifera Isotopic Records », *Quaternary Science Reviews*, 21, pp. 295-305.

[25] Wang, Y. J., Cheng, H., Edwards, R. L., An, Z. S., Wu, J. Y. Shen, C.-C. et Dorale, J. A. (2001), « A High-Resolution Absolute Dated Late Pleistocene Monsoon Record from Hulu Cave, China », *Science*, 294, pp. 2 345-2 348.

Chapitre 6

Stratigraphie magnétique du million au millier d'années

Carlo Laj, *Laboratoire des Sciences du Climat et de l'Environnement, Laboratoire CEA-CNRS-UVSQ, Avenue de la Terrasse, 91198 Gif-sur-Yvette Cedex, France.*
James E.T. Channell, *Department of Geological Sciences, P.O. Box 112120, 241 Williamson Hall, University of Florida, Gainesville, Florida 32611, États-Unis.*
Catherine Kissel, *Laboratoire des Sciences du Climat et de l'Environnement, Laboratoire CEA-CNRS-UVSQ, Avenue de la Terrasse, 91198 Gif-sur-Yvette Cedex, France.*

Depuis la publication du livre *De Magnete* par William Gilbert, en 1600, et les mesures des observatoires magnétiques qui ont été progressivement établies en différents points du globe, on sait que le champ magnétique terrestre ressemble beaucoup à celui qui serait créé par un barreau aimanté placé au centre de la Terre et incliné de quelques 11° par rapport à l'axe de rotation de celle-ci (Fig. 6.1).

En chaque point de la surface terrestre, on définit son intensité et sa direction par ses deux composantes : la déclinaison, qui mesure l'angle entre sa composante dans le plan horizontal et le Nord géographique, et l'inclinaison, qui mesure l'angle entre le vecteur champ magnétique et le plan horizontal. Par convention, la déclinaison est égale à zéro quand le vecteur champ pointe vers le Nord (elle est de 180° si le champ pointe vers le Sud), et l'inclinaison est positive quand le champ pointe vers le bas (ce qui est le cas aujourd'hui dans l'hémisphère nord).

Les mesures des observatoires, qui ont débuté en 1576 à Londres et en 1617 à Paris, ont très vite montré que déclinaison et inclinaison n'étaient pas stables sur des temps historiques : depuis le début des observations, l'inclinaison a

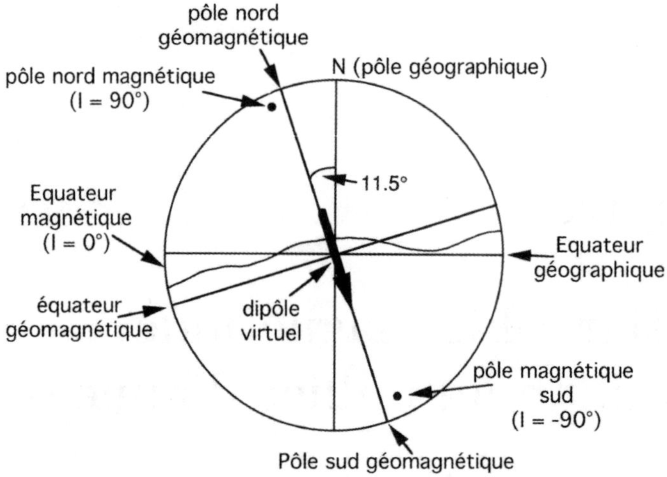

FIG. 6.1 – Schéma du dipôle incliné géocentré.

changé d'environ 10° et la déclinaison d'environ 30° à Paris. L'intensité a diminué d'environ 5 % par siècle. Ce phénomène est appelé « la variation séculaire » du champ géomagnétique. Les variations de la déclinaison sont reportées sur les cartes marines, outils indispensables à la navigation à la boussole, avant le développement du GPS.

La variation séculaire fut donc la première manifestation identifiée de l'instabilité du champ géomagnétique. C'était déjà une surprise, mais la plus grande surprise était encore à venir, quand les méthodes du paléomagnétisme allaient pouvoir révéler l'histoire du champ géomagnétique sur des périodes pré-historiques.

Bernard Brunhes fut le premier en 1906 à mesurer dans des roches une direction d'aimantation qui était approximativement opposée à celle du champ géomagnétique actuel. Brunhes mesura cette aimantation à la fois dans une coulée de lave miocène et sur les argiles qui avaient été cuites lors de la mise en place de la coulée, ce qu'il appela « brique naturelle ». Ce faisant, Brunhes utilisa pour la première fois un test de terrain, appelé aujourd'hui le « *baked contact test* » ou « test du contact cuit », qui consiste à utiliser le fait qu'une coulée de lave, en se mettant en place sur une couche sédimentaire, la réaimante partiellement ou entièrement en la réchauffant. Si la direction du champ a changé entre le dépôt du sédiment et la mise en place de la lave, la direction d'aimantation initiale du sédiment sera remplacée par une aimantation de même direction que celle de la coulée de lave sus-jacente. (Pour citer Bernard Brunhes : « Si l'on a, dans les bancs d'argile naturelle, une direction d'aimantation bien définie et qui diffère de la direction du champ terrestre actuel, on est donc fondé à admettre que la direction d'aimantation est bien celle du champ terrestre à l'époque où la coulée volcanique a transformé en brique l'argile »). La conclusion de Brunhes « qu'en un moment de l'époque miocène, aux environs de Saint-Flour, le pôle Nord était dirigé vers le haut : c'est le pôle Sud de la Terre qui était le plus voisin de la France centrale », est la première suggestion que la polarité du champ magnétique de la Terre avait pu se renverser dans le passé géologique.

Vingt ans plus tard, le scientifique japonais Motonori Matuyama fut le premier à attribuer des aimantations inverses de roches volcaniques au Japon et en Chine à des renversements du champ magnétique terrestre et à différentier des laves pléistocènes de laves pliocènes sur la base de la polarité de leur aimantation. Matuyama fut donc le premier à utiliser la stratigraphie magnétique comme un moyen d'ordonner dans le temps des séquences de roches.

L'ère moderne de la stratigraphie magnétique débuta dans les années 1950, avec les travaux de Hospers (1953), en Islande. Le travail de Hospers poursuivi par Wensink (1966) a amené à une subdivision des laves plio-pleistocènes d'Islande en trois zones de polarité normale-inverse-normale, du plus récent au plus ancien. Ensuite, l'utilisation conjointe des mesures paléomagnétiques et de la datation potassium/argon (K-Ar) par Cox *et al.* (1963) et McDougall et Tarling (1963a,b) ont marqué le début du développement de l'échelle moderne des polarités magnétiques (*Geomagnetic Polarity Time Scale*, GPTS).

Les premières stratigraphies magnétiques obtenues à partir de séquences sédimentaires furent celles de Creer *et al.* (1954), et Irving et Runcorn (1957), qui mirent en évidence des alternances de polarité positive et négative en treize sites de grès torridonien en Ecosse, et dans des roches dévoniennes et triassiques. En parallèle, Khramov (1960) publiait des stratigraphies magnétiques des sédiments plio-pleistocène en Turkménie, et procédait à des interprétations chronolithographiques basées sur l'hypothèse d'une durée identique des différents intervalles de polarité. On sait aujourd'hui que cette hypothèse n'est pas fondée. D'autres études pionnières de stratigraphie magnétique furent réalisées sur les grès rouges triassiques de la Chugwater formation, sur le Bundsanstein triassique européen et sur la formation Moenkopi du Trias inférieur (voir Opdyke and Channell, 1996). Toutes ces études furent conduites sur des grès et des silts essentiellement continentaux, largement dépourvus de faunes, et par conséquent, les corrélations basées sur la reconnaissance des intervalles de polarité n'avaient pas le support des corrélations biostratigraphiques.

Ce sont les premières études de sédiments marins plio-pleistocènes prélevés par carottage dans les hautes latitudes sud (Opdyke *et al.*, 1966) qui marquent le début de la stratigraphie magnétique moderne. Ces études, combinant stratigraphie magnétique et biostratigraphie, ont amélioré et étendu l'échelle de polarité magnétique (GPTS), obtenue par l'étude paléomagnétique d'affleurements basaltiques et des anomalies magnétiques marines (MMA) (*e.g.*, Heirtzler *et al.*, 1968).

Au cours des deux dernières décennies, des développements techniques importants ont permis la datation de formations volcaniques récentes et des formations sédimentaires. En parallèle, la réalisation de carottiers comme l'Hydraulic Piston Corer du Ocean Drilling Program (ODP) ou le carottier CALYPSO à bord du navire océanographique Marion Dufresne de l'Institut polaire français (IPEV) a permis de prélever de très longues séquences sédimentaires marines, à très haut taux de sédimentation. Ainsi, on a démontré que certains changements très brefs de polarité de l'aimantation des sédiments, initialement attribués à des artefacts d'échantillonnage, à des phénomènes de ré-aimantations ou à divers processus sédimentaires, traduisaient en réalité des renversements de la polarité du champ géomagnétique, cohérents et se produisant de façon globale et simultanée. Ces « excursions géomagnétiques » se produisant pendant les périodes préalablement considérées « stables », comme la période de Brunhes ou de Matuyama, sont un outil exceptionnel pour les corrélations à grande distance. Dans la mesure où ces excursions sont datées (sur roches volcaniques ayant enregistré des directions paléomagnétiques intermédiaires ou inverses), on peut envisager la construction d'une échelle des instabilités géomagnétiques (GITS = *Geomagnetic Instabilities Time Scale*), permettant une meilleure résolution temporelle que l'échelle des polarités magnétiques.

Enfin, au cours des dix dernières années, une nouvelle méthode de corrélation magnétique, basée sur les variations d'intensité du champ magnétique terrestre a été proposée. Les enregistrements de la paléointensité géomagnétique obtenus à partir des sédiments marins contiennent en effet un signal global, qui représente un outil de corrélation à l'échelle globale possédant une résolution temporelle exceptionnelle. Bien que cette nouvelle méthode soit d'un usage plus restrictif (elle nécessite une grande homogénéité de la minéralogie magnétique des sédiments), elle permet potentiellement un lien avec les stratigraphies des carottes glaciaires. En effet, les variations de paléointensité géomagnétique contrôlent la production des isotopes cosmogéniques, comme ^{10}Be ou ^{36}Cl dans la haute atmosphère, et par conséquent, leur flux mesuré dans les carottes de glaces du Groenland ou de l'Antarctique est inversement corrélé à ces variations. Ceci permet donc d'envisager une corrélation entre glaces et sédiments marins.

Nous examinons ci-dessous successivement ces trois grands aspects du développement de la stratigraphie magnétique, d'abord l'échelle des polarités, puis celle des instabilités géomagnétiques, enfin le développement de la méthode de corrélation par la paléointensité. Nous adoptons un point de vue « historique », en essayant de retracer les différentes étapes et les principales difficultés rencontrées, et nous essayerons aussi de souligner non seulement les avantages mais aussi les limites de chaque méthode. Nous illustrerons également par des exemples le rôle unique que peuvent jouer ces approches magnétostratigraphiques, notamment dans la compréhension des mécanismes de la variabilité climatique, en permettant l'évaluation des déphasages temporels entre les différentes régions du globe et les différentes archives (océan, cryosphère, continent).

6.1 L'établissement de l'échelle des polarités magnétiques

6.1.1 Premières mesures couplées aimantation des roches volcaniques – datation K/Ar ; échelle de McDougall et Tarling et de Mankinen et Dalrymple pour le Plio-Pleistocène

Dans les années 1960, les premières échelles des polarités géomagnétiques (GPTS) étaient construites en utilisant des études couplées de la polarité magnétique et de datation radiométrique (K/Ar, voir chapitre correspondant). On peut citer les premières études conduites par Cox *et al.* (1963) en Californie, et McDougall et Tarling (1963a,b) aux îles Hawaii. L'identification des différentes zones de polarité du Plio-Pleistocène était basée uniquement sur leur âge radiométrique, aucune des séquences volcaniques étudiées (à part les séquences islandaises étudiées par Watkins et Walker) n'ayant la continuité et la durée dans le temps pour pouvoir former une séquence stratigraphique longue, plus ou moins continue. L'échelle des polarités a donc été construite en combinant des résultats provenant de localités souvent très éloignées. Il n'existe donc pas de « stratotype » (localité type), comme c'est le cas pour des affleurements sédimentaires.

Les études qui ont marqué cette première phase du développement de l'échelle ont été obtenues à Jaramillo, à la Cobb Mountain, dans la gorge d'Olduvai, à la Réunion, à Mammoth, Cochiti et Nunivak (voir Opdyke and Channell, 1996). Toutes ces études conduisirent à l'établissement progressif de l'échelle magnétostratigraphique pour le Plio-Pleistocène, comme l'illustre la figure 6.2.

C'est à cette époque que fut introduit l'usage de nommer les longues périodes de polarité (*polarity chrons*) d'après les grands géophysiciens (Brunhes, Matuyama, Gilbert, Gauss), alors que les périodes plus courtes (*polarity subchrons*) ont été nommées d'après la localité où elles ont été découvertes (Jaramillo, Mammoth...).

L'échelle des polarités magnétiques de Mankinen et Dalrymple (1979) (Fig. 6.3), basée sur l'étude couplée de la polarité magnétique et de la datation K/Ar de roches volcaniques, représente la dernière étape de cette phase de développement de l'échelle magnétostratigraphique et est restée la référence dans le domaine pendant plus de dix ans pour les cinq derniers millions d'années.

Au-delà de 5 Ma, toutefois, les incertitudes analytiques de la datation radiométrique deviennent de l'ordre de la durée des intervalles de polarité rendant leur identification incertaine. D'autres méthodes sont donc nécessaires pour étendre cette échelle vers des époques plus anciennes.

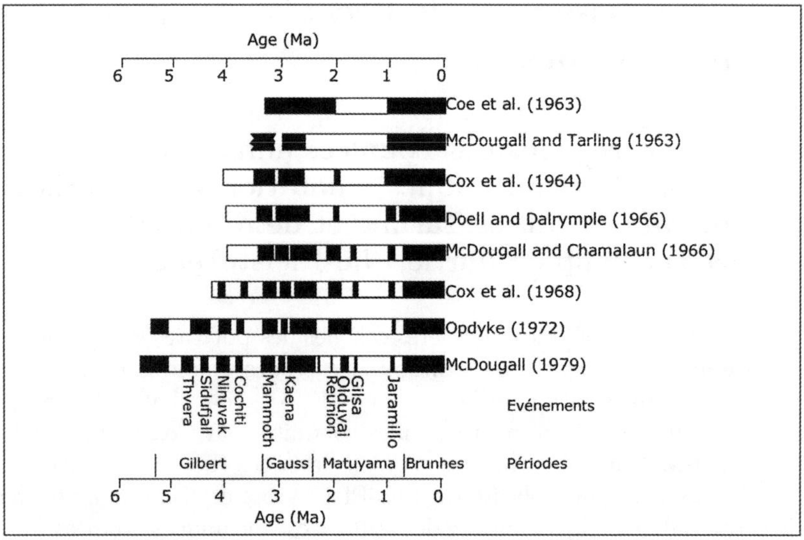

FIG. 6.2 – Premières échelles de polarité géomagnétique pour la période plio-pléistocène. D'après McDougall, 1979. En noir : périodes normales, en blanc : périodes inverses.

6.1.2 Stratigraphie magnétique dans les séries sédimentaires plio-pleistocène

Ce sont d'abord les études du magnétisme des sédiments océaniques profonds qui ont permis cette extension (Opdyke *et al.*, 1974). Les particules magnétiques contenues dans les sédiments se déposent avec une orientation préférentielle suivant les lignes du champ géomagnétique régnant au moment du dépôt. Dans de très nombreux cas, cette orientation est préservée dans le temps : tout comme les laves, les sédiments ont donc une mémoire « magnétique ». Si les mécanismes précis de l'acquisition du magnétisme sédimentaire sont encore mal connus et limitent parfois leur utilisation dans certaines applications, en revanche, les sédiments présentent l'énorme avantage d'enregistrer la direction du champ géomagnétique pratiquement en continu, contrairement aux laves, où la continuité du signal est conditionnée par le caractère sporadique des éruptions volcaniques.

La figure 6.4 montre un exemple d'enregistrement de la polarité magnétique de la carotte RC12-65 prélevée par Opdyke *et al.* (1974), à partir du navire océanographique R. Conrad du Lamont Doherty Earth Observatory, de la Columbia University, aux USA. Même si certains détails diffèrent, on reconnaît sur cet enregistrement la succession des intervalles de polarité de l'échelle de Mankinen et Dalrymple (de la période de Brunhes à et celle de

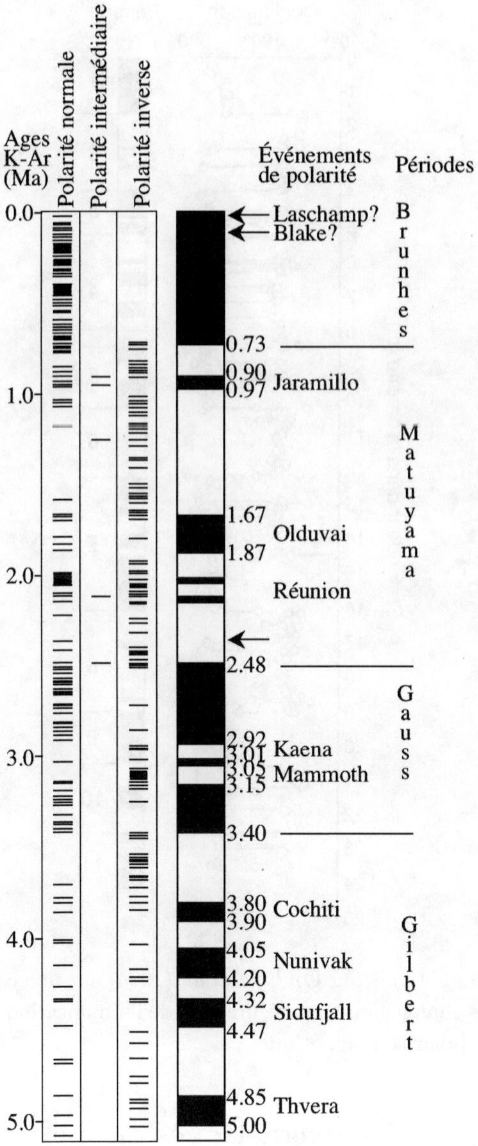

FIG. 6.3 – Échelle magnétostratigraphique établie pour les cinq derniers millions d'années. D'après Mankinen and Dalrymple (1979).

Gilbert). Mais la carotte sédimentaire remonte plus loin dans le temps, son niveau le plus bas se situe autour de 10 millions d'années, sur la base de déterminations paléontologiques.

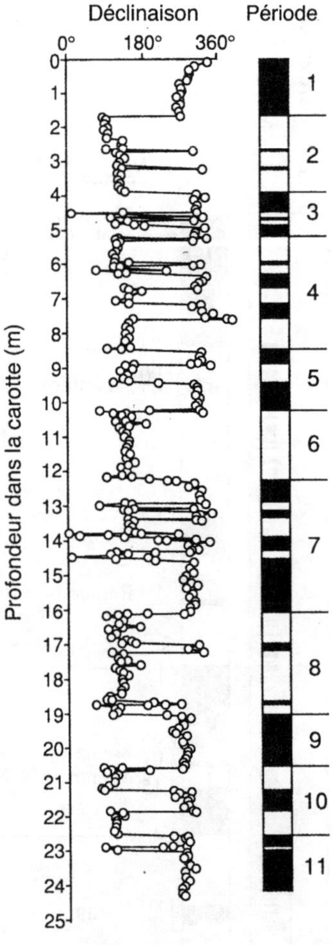

FIG. 6.4 – Résultats obtenus par Opdyke *et al.* (1974) sur une carotte sédimentaire marine montrant les changements de déclinaison de l'aimantation naturelle illustrant les changements de polarité magnétique.

6.1.3 Les anomalies magnétiques en mer et l'échelle des polarités magnétiques de Heirtzler

L'étude des anomalies magnétiques en mer a constitué l'étape majeure pour l'établissement de la séquence des polarités magnétiques, depuis le Mésozoïque moyen jusqu'aux époques les plus récentes.

L'hypothèse de l'expansion des fonds océaniques de Vine et Matthews (1963) explique directement la formation de ces anomalies magnétiques (Fig. 6.5) de part et d'autre des rides océaniques. Pendant l'expansion, du

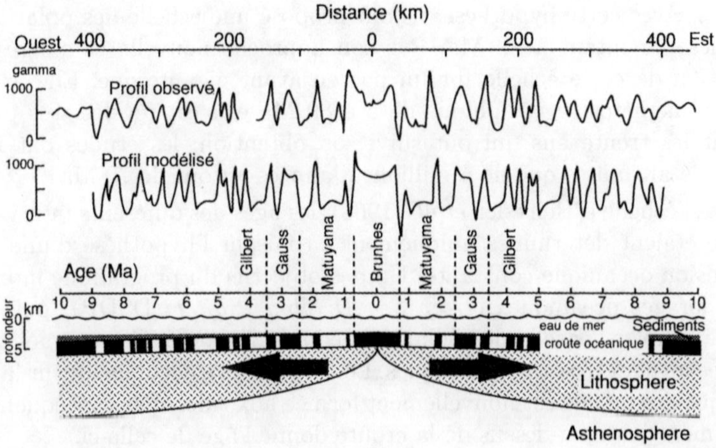

FIG. 6.5 – Mesure des anomalies magnétiques en mer de part et d'autre de la ride médio-océanique et comparaison avec le profil modélisé proposé par Heirtzler *et al.* (1968).

matériel du manteau supérieur arrive en surface à l'axe des rides océaniques, se solidifie, puis est poussé latéralement de façon sensiblement symétrique de part et d'autre de la ride. La croûte océanique, composée de roches ignées qui contiennent des minéraux magnétiques, acquiert une aimantation thermo-rémanente pendant le refroidissement dans le champ magnétique terrestre. L'alternance des polarités normales et inverses est enregistrée en continu par les roches du fond océanique, ce qui donne la structure caractéristique « en rayures de pyjama » de la distribution des anomalies magnétiques en mer. Cette structure peut être détectée en traînant un magnétomètre derrière un navire océanographique.

C'est précisément ce type de travail qui a été effectué par l'équipe du Lamont Doherty Geological Observatory, sous la conduite de Heirtzler, Pitman et Le Pichon. Leurs études avaient montré que des anomalies magnétiques linéaires et symétriques de part et d'autre des rides existaient sur des vastes régions du Pacifique Nord et Sud et des océans Atlantique et Indien Sud. De plus, ils avaient montré qu'en faisant l'hypothèse que les anomalies ont pour origine une séquence de blocs aimantés en sens normal et inverse, ces anomalies correspondent à la même échelle de polarités magnétiques, seule diffère la vitesse d'expansion des différents bassins océaniques. Heirtzler *et al.* (1968) ont aussi déterminé la vitesse d'expansion de l'Atlantique Sud en utilisant la date (connue indépendamment) de 3,35 Ma pour la limite Gauss/Gilbert. Ensuite, utilisant différentes données géophysiques et en faisant preuve d'une intuition remarquable, Heirtzler *et al.* (1968) ont considéré que la vitesse d'expansion de l'Atlantique Sud était restée constante pendant les derniers 80 millions d'années. Avec cette hypothèse, ils ont proposé une échelle des polarités magnétiques remontant à 80 Ma. Par son approche nouvelle et ses résultats, l'obtention de cette échelle fut un pas en avant gigantesque. Elle a étendu l'échelle magnétostratigraphique de 5 à 80 Ma et s'est révélée très précise : pendant les trente ans qui ont suivi son obtention, les études ont montré qu'elle n'était fausse que de 5 millions d'années autour de 70 Ma!

Dans l'échelle d'Heirtzler *et al.* (1968), les âges des différents intervalles de polarité étaient déterminés uniquement en faisant l'hypothèse d'une vitesse d'expansion océanique constante. Un des objectifs du programme international de forages océaniques (*Deep Sea Drilling Project* (DSDP), puis ODP) a été de coupler l'échelle des polarités déduite des anomalies magnétiques en mer avec les âges biostratigraphiques. Les sédiments s'accumulent sur la croûte océanique dès qu'elle est nouvellement formée aux rides. Par conséquent, l'âge du sédiment juste au-dessus de la croûte donne l'âge de celle-ci.

Dans les quarante dernières années, des centaines de carottes ont ainsi été prélevées dans les différents océans permettant d'étendre l'échelle de Heirtzler vers des âges plus anciens, et de lui associer des datations biostratigraphiques.

En parallèle, l'échelle magnétostratigraphique a été améliorée par des études sur des sédiments marins aujourd'hui émergés, qui ont permis d'étudier des intervalles de temps particuliers avec une résolution temporelle meilleure que celle obtenue par les études en mer. Ces « segments » ont été ensuite introduits dans l'échelle magnétostratigraphique, grâce à la reconnaissance de caractéristiques précises.

L'étude de Lowrie et Alvarez, publiée en 1981, sur les sédiments des Apennins en Ombrie (Italie) est probablement la plus importante. Non seulement elle a conduit à une meilleure connaissance de l'échelle biomagnétostratigraphique des 100 derniers millions d'années, mais aussi à la découverte d'un mince niveau d'argile riche en iridium, situé juste à la limite Crétacé-Tertiaire, qui est à l'origine de l'hypothèse d'un impact extra-terrestre pour expliquer la crise biologique massive qui caractérise cette limite.

6.1.4 L'échelle de Cande et Kent

Dans une révision de l'échelle de Heirtzler, Cande et Kent (1992) ont aussi pris comme base de départ le profil magnétique de l'Atlantique Sud, dans lequel ils ont remplacé certains intervalles par des intervalles équivalents mais plus détaillés, obtenus à partir de rides à vitesse d'expansion plus élevée dans les océans Pacifique et Indien. Ils ont d'autre part considéré que la vitesse d'expansion de l'Atlantique Sud, bien que continue, n'était pas constante, comme l'avaient considéré Heirtzler *et al.* (1968) en première approximation, et ils ont ajusté le profil magnétique pour le caler sur neuf points de calibration, dont l'âge était connu par ailleurs (huit étaient des âges haute précision $^{40}Ar/^{39}Ar$, et l'âge le plus jeune (2,60 Ma) était celui proposé par Shackleton *et al.* (1990), à la limite Gauss/Matuyama par calibration astronomique, voir ci-dessous).

Dans une version plus aboutie de ce travail, Cande et Kent (1995) ont utilisé pour tous les renversements de polarité Pliocene/Pleistocene la calibration astronomique obtenue par Shackleton *et al.* (1990), et Hilgen (1991a,b). Ils ont modifié l'âge de la limite Crétacé-Tertiaire de 66 à 65 Ma. Pour une description précise de cette nouvelle échelle (appelée CK95), qui est la référence actuelle pour le Crétacé terminal et le Cénozoïque, nous renvoyons le lecteur à la publication originale (Cande et Kent, 1995).

L'échelle magnétostratigraphique dont on dispose aujourd'hui est très fiable jusqu'au Jurassique supérieur. Elle est traditionnellement divisée en deux parties, la plus récente correspondant au Crétacé supérieur et au Cénozoïque, la plus ancienne au Crétacé inférieur et au Jurassique supérieur. Les séquences de polarités pour ces deux grandes périodes sont appelées séquences C et séquences M, respectivement. Sur les fonds océaniques, elles sont séparées par la période normale, calme du Crétacé, entre 118 et 84 Ma, pendant laquelle aucun renversement géomagnétique ne s'est produit et donc aucune anomalie magnétique n'est observée.

Quelques caractéristiques importantes du champ géomagnétique apparaissent clairement quand on regarde l'échelle des polarités magnétiques. D'une part, le temps total correspondant aux intervalles de polarité normale et inverse est sensiblement égal, il n'y a pas de tendance pour le champ à rester dans une ou l'autre des polarités. D'autre part, au cours du Cénozoïque, le taux de renversement a augmenté : il était d'environ un renversement par million d'années au début de cette période, mais il atteint quatre renversements par million d'années pendant les derniers 5 millions d'années. La période normale actuelle qui dure depuis environ 780 000 ans semble donc anormalement longue.

Au-delà du Jurassique supérieur, tout le plancher océanique correspondant à la phase tectonique actuelle a été absorbé dans les fosses océaniques. L'échelle des polarités ne peut donc être prolongée dans le temps que par l'étude des roches continentales. Elle est de ce fait beaucoup moins continue et précise que pour le Cénozoïque et le Mésozoïque. La caractéristique la plus apparente et probablement la plus documentée, est la longue période de polarité inverse du Permo-Carbonifère qui a duré environ 70 millions d'années, et qui est appelée l'intervalle Kiaman. Cet intervalle a été précédé et suivi par des périodes où le champ s'est renversé fréquemment.

6.1.5 La calibration astronomique de l'échelle des polarités

Dans un article célèbre publié en 1976, Jim Hays, John Imbrie et Nicholas Shackleton furent les premiers à montrer que certains indicateurs (*proxies*) paléoclimatiques, tels que les enregistrements isotopiques de l'oxygène, évoluaient dans le temps suivant les cycles orbitaux de l'obliquité, l'excentricité et la précession. Ces cycles, initialement calculés par Milutin Milankovitch, ont été beaucoup plus précisément établis par André Berger, qui a fourni aux paléoclimatologues des solutions précises pour les trois derniers millions d'années. Hays et collaborateurs ont « ajusté » leur modèle d'âge initial pour « caler » le cycle d'obliquité de l'enregistrement sur celui donné par le calcul astronomique. Ce faisant, ils ont pour la première fois établi une « cyclostratigraphie ». Cette méthode a été largement utilisée dans les années 1980 pour contraindre les âges des enregistrements isotopiques de l'oxygène pendant la période de Brunhes avec une précision de quelques milliers d'années.

Par la suite, le développement du carottier hydraulique du programme DSDP a permis d'obtenir des carottes sédimentaires d'une très grande longueur jusqu'alors inconnue, permettant de travailler de façon continue sur des sédiments encore plus vieux. Appliquée à la période de Matuyama, la calibration astronomique basée sur les cycles d'obliquité n'a initialement pas fait apparaître des différences d'âge significatives entre les limites de polarité « astronomiques » et celles de l'échelle de Mankinen et Dalrymple. Mais, quand une astro-chronologie basée sur la précession a été obtenue au Site ODP 677, il est clairement apparu que les intervalles de polarité de l'échelle de Mankinen et Dalrymple n'étaient pas correctement datés.

Cette étude a ouvert la voie à tout un travail de révision des âges des intervalles de polarité, en particulier pendant les périodes de Gauss et de Gilbert (Hilgen, 1991a,b). La prise de conscience de la « jeunesse » des âges obtenus par la méthode K/Ar pour le Plio-Pleistocène par rapport à ceux obtenus par cyclostratigraphie allait entraîner une utilisation intensive de la méthode $^{40}Ar/^{39}Ar$ nouvellement développée pour tester la validité des âges cyclostratigraphiques dans cette période. L'âge de l'inversion Brunhes/Matuyama (initialement 0,73 Ma par K/Ar) a ainsi été re-déterminé à 0,78 Ma par un nombre élevé de mesures $^{40}Ar/^{39}Ar$ indépendantes. Cette dernière valeur est en accord avec l'âge cyclostratigraphique. Un bon accord est aussi observé pour le Plio-Pleistocène, où les nouvelles déterminations $^{40}Ar/^{39}Ar$ coïncident avec les âges donnés par Shackleton *et al.* (1990), et Hilgen (1991a,b).

Si ces nouvelles déterminations ont, d'une façon générale, confirmé les âges astronomiques, les âges des renversements géomagnétiques donnés par Cande et Kent (1992), basés sur les anomalies magnétiques en mer, ne semblaient, en revanche, pas en accord avec la datation astronomique. Ces auteurs avaient en effet adopté pour les intervalles de polarité Plio-Pleistocène les durées qui se sont révélées inexactes. Comme mentionné plus haut, c'est précisément les âges astronomiques pour le Plio-Pleistocène que Cande et Kent (1995) ont adoptés dans leur nouvelle version de l'échelle. La concordance qu'ils ont alors obtenue entre déterminations $^{40}Ar/^{39}Ar$, anomalies magnétiques en mer et déterminations astronomiques sur tout l'intervalle de temps couvert par la nouvelle échelle peut être considérée comme une validation de cette dernière méthode. Grâce à cette méthode, l'âge d'un renversement géomagnétique peut être estimé à un cycle de précession près, soit à peine deux à trois fois la durée d'un renversement de polarité. Cette très haute résolution a conduit Renne *et al.* (1994) à calibrer l'âge d'un des standards de la méthode $^{40}Ar/^{39}Ar$ (le tuff de Fish Canyon, FCTs) avec la méthode astronomique, ce qui a réduit à 0,6 % l'incertitude sur les âges calibrés par rapport à ce standard.

6.1.6 Principe et pratique de la magnétostratigraphie

L'échelle des polarités magnétiques montre que les renversements de polarité sont largement aléatoires dans le temps, ce qui signifie que des séquences de 4-5 renversements successifs ne se reproduisent pas de façon identique dans le temps : elles constituent donc une sorte « d'empreinte digitale » de périodes géologiques particulières. Cette propriété est à la base de la stratigraphie magnétique : si on reconnaît une séquence caractéristique de l'échelle magnétostratigraphique dans une série particulière, on pourra attribuer un âge précis à cette section.

Bien que simple dans son principe, cette identification d'une séquence particulière à un segment de l'échelle magnétostratigraphique est loin de l'être dans la pratique. La condition idéale pour qu'un enregistrement des polarités magnétiques soit parfaitement continu serait qu'une « pluie » de particules sédimentaires s'accumule continûment dans le temps. Mais ceci est rarement le cas. En général, le taux d'accumulation d'une séquence sédimentaire est variable, des différences de plusieurs ordres de grandeur pouvant exister, en fonction, par exemple, de conditions climatiques/environnementales changeant dans le temps. Des hiatus peuvent également se produire. Tous ces facteurs modifient l'aspect de la séquence des polarités, compliquant son identification dans GPTS. On se rapproche toutefois souvent des conditions idéales pour des périodes de l'ordre de quelques millions d'années, dans les séquences marines.

Il est, bien évidemment, très avantageux dans les études magnétostratigraphiques de disposer de sections de grande épaisseur (10^2 à 10^3 m). En effet, plus une section est épaisse, plus il y a de chances qu'elle contienne plusieurs zones de polarités, et donc qu'elle puisse être corrélée à un segment défini de l'échelle magnétostratigraphique de référence. À ce propos, une analogie amusante a été donnée par notre collègue Robert Butler entre l'identification d'une séquence magnétique particulière dans la GPTS et celle d'une empreinte digitale dans une enquête policière. Une empreinte digitale entière identifie généralement une personne, une moitié d'empreinte laisse parfois perplexe, un quart d'empreinte aura, quant à lui, du mal à être accepté comme preuve irréfutable par un tribunal.

Dans la pratique, même dans les cas favorables, le chercheur se trouve confronté à une série de zones de polarités normales et inverses, qui est le plus souvent difficile à corréler à l'échelle GPTS, de façon univoque. L'hypothèse faite au départ est que la vitesse de sédimentation de la section échantillonnée est plus ou moins constante. Différentes possibilités de corrélation à la GPTS sont alors essayées. Dans la plupart des cas, il s'avère néanmoins nécessaire de disposer d'un repère temporel indépendant (datation radiométrique ou donnée biostratigraphique ayant été déjà corrélée indépendamment à la GPTS) à partir duquel la magnétostratigraphie permettra de corréler toute la section étudiée à GPTS, de préciser ainsi son âge, son épaisseur temporelle et son taux d'accumulation.

Des méthodes mathématiques de corrélation croisée (*cross-correlation* en anglais) ont été utilisées par certains auteurs pour évaluer l'accord entre la séquence étudiée et un segment particulier de la GPTS, par le calcul du coefficient de corrélation correspondant aux différentes solutions évaluées visuellement. La valeur maximale du coefficient permet de choisir la corrélation la plus vraisemblable, alors qu'une valeur proche de zéro permet de rejeter l'hypothèse. Cette méthode n'est en pratique utilisable que quand la section étudiée comporte un grand nombre d'intervalles de polarité.

Quelle que soit la méthode utilisée pour assimiler la séquence étudiée à un segment particulier de la GPTS, la qualité d'une étude magnétostratigraphique repose avant tout sur l'identification sans ambiguïté de la polarité magnétique de chaque niveau de la séquence étudiée. Cela peut parfois être réalisé grâce à l'accord entre déterminations de polarité dans deux sections parallèles et proches, mais cela demande dans le cas général une étude paléomagnétique complète (détermination de la minéralogie magnétique, test de terrain, désaimantations progressives thermiques ou par champ alternatifs...) destinée à établir la stabilité de l'aimantation et le fait qu'elle a été acquise au moment du dépôt. Ainsi, Opdyke et Channell (1996) ont donné dix critères pour évaluer la qualité d'une étude. Les auteurs eux-mêmes reconnaissent qu'il est très difficile de satisfaire simultanément les dix dans une section, mais que cinq au moins devraient l'être dans une étude magnétostratigraphique moderne.

6.1.7 Une étude magnétostratigraphique exemplaire : les séquences Siwalik au Pakistan

Les dépôts d'avant-chaîne du bassin des Siwalik en Inde du Nord et au Pakistan sont parmi les sédiments fluviatils les plus étudiés. Ils ont livré en effet de nombreux fossiles de mammifères, y compris de primates. Leur étude chronologique précise et la corrélation des différentes sections affleurantes est de la plus haute importance pour la compréhension de l'évolution et des migrations de ces hominidés et de leur utilisation du terrain.

D'un point de vue paléomagnétique, la principale difficulté de l'étude vient du fait que les dépôts du Siwalik sont des « *red beds* » et que l'aimantation est portée par l'hématite. La nature de l'aimantation de ce type de sédiment est très complexe, et il a été montré que dans certains cas, l'aimantation a été acquise à la suite des réactions chimiques au sein du sédiment, avec un retard considérable par rapport au dépôt. Un préalable nécessaire à l'étude magnétostratigraphique des Siwaliks est donc d'établir que l'aimantation a bien été acquise au moment du dépôt ou tout de suite après, pour ne pas invalider la corrélation à l'échelle des polarités magnétiques (GPTS).

L'étude de la minéralogie magnétique a montré que les différentes composantes de l'aimantation de ces *red beds* sont portées par deux types d'hématite, d'une part une phase à pigmentation rouge, d'autre part une phase d'hématite spéculaire. La phase à pigmentation rouge porte une aimantation acquise bien après le dépôt (au moins un intervalle de polarité). En revanche, l'aimantation portée par la spécularite a été acquise au dépôt ou tout de suite après. Ces deux composantes peuvent être séparées par désaimantation thermique, l'aimantation de la spécularite étant isolée entre 525 et 600 °C. Cette composante peut donc être utilisée pour établir la polarité magnétique des coupes échantillonnées (Fig. 6.6) qui est ensuite corrélée à l'échelle de Mankinen et Dalrymple (1979) (Fig. 6.7).

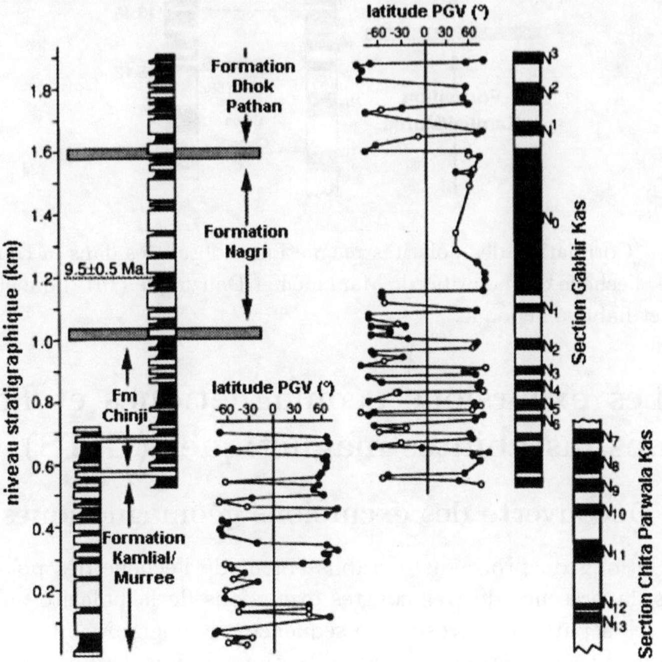

FIG. 6.6 – Résultats magnétostratigraphiques obtenus par Johnson *et al.* (1985) sur les deux sections de Chita Parwala et de Gabhir Kas. Certains niveaux durs de grès (figurés en grisé) relient de façon univoque les deux coupes. Les données magnétiques sont montrées sous forme de latitude du pôle (PGV), qui est situé soit dans l'hémisphère sud (polarité inverse), soit dans l'hémisphère nord (polarité normale). Les cercles pleins désignent les déterminations les plus fiables, les cercles ouverts les déterminations de moins bonne « qualité », mais acceptables. La colonne sur la droite montre la séquence de polarités obtenue sur les deux coupes et leur corrélation.

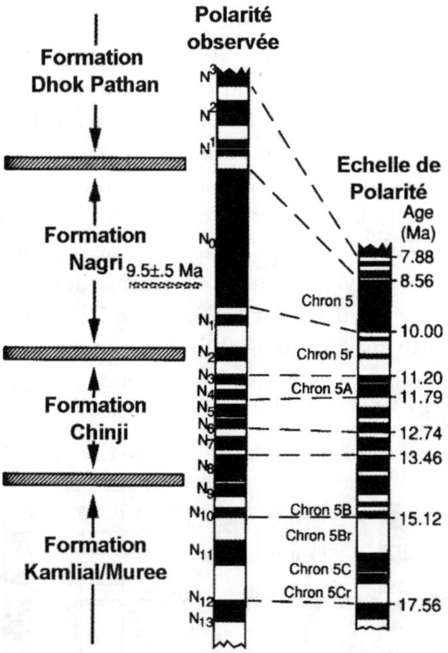

FIG. 6.7 – Corrélation des polarités magnétiques observées dans la coupe des Siwalik, avec l'échelle des polarités de Mankinen et Dalrymple (1979) qui était la plus complète et fiable à l'époque.

6.2 Les excursions géomagnétiques et l'échelle des instabilités magnétiques (GITS)

6.2.1 Découverte des excursions géomagnétiques

Tout le long du processus d'établissement de l'échelle des polarités magnétiques, la présence de très courtes excursions de la polarité du champ a été observée à partir de laves ou de séquences sédimentaires. Ces excursions étaient souvent caractérisées par des directions d'aimantation intermédiaires entre les polarités directe et inverse, et qui ne se corrélaient pas à des intervalles de polarité reconnus dans l'échelle de polarité bien établie en d'autres sites. De ce fait, ces excursions ont été initialement considérées avec un certain scepticisme par la communauté paléomagnétique et attribuées parfois à des épisodes d'amplitude extrême de la variation séculaire ou encore à des artefacts dus à l'échantillonnage, des ré-aimantations ou des processus sédimentologiques. La très courte durée de ces excursions impliquait de plus que leur enregistrement dans des séquences volcaniques ou sédimentaires était souvent aléatoire, et jusqu'à un passé très récent, aucune excursion n'avait été observée dans plus qu'un site.

Un changement dans l'attitude de la communauté est intervenu il y a une quinzaine d'années et peut être largement attribué à la conjonction de deux facteurs principaux : d'une part, un progrès considérable dans les méthodes de datation, à la fois des roches volcaniques et des séquences sédimentaires, a permis de corréler sans ambiguïté certaines de ces excursions enregistrées dans ces deux milieux, d'autre part, la découverte des variations climatiques rapides à partir des carottes de glaces a poussé les paléocéanographes à prélever des séries sédimentaires marines à très fort taux de sédimentation, et ceci sur les séries les plus longues possibles (programmes IMAGES, ODP, IODP). Ceci a été rendu possible grâce au développement de nouveaux carottiers que nous avons déjà cités. Ces taux d'accumulation élevés augmentaient considérablement la probabilité d'enregistrer les changements d'aimantation rapides, caractéristiques d'une excursion.

Malgré ces progrès, les enregistrements détaillés d'excursions restent aujourd'hui très largement limités aux deux derniers millions d'années. Les excursions les mieux documentées se manifestent comme des changements doubles de polarité qui définissent un très court intervalle de polarité de sens contraire à la polarité initiale et finale. La durée totale d'une excursion est très courte : les estimations les plus récentes (et les plus précises) convergent toutes vers une valeur de l'ordre de 1 500 à 2 000 ans (Laj *et al.*, 2000, 2004 ; Laj et Channell, 2007). De plus, les changements directionnels liés aux excursions les mieux documentées, comme l'excursion de Laschamp (LE) ou celle de l'Iceland Basin (IBE), semblent se produire de façon sensiblement simultanée aux divers endroits où elles ont été enregistrées. Par conséquent, les excursions géomagnétiques, en plus de leur intérêt fondamental comme sonde des phénomènes d'instabilité magnétique dans le noyau de la Terre, constituent des points de corrélation très précis et ayant une signification globale.

Il est maintenant bien établi que les excursions s'accompagnent d'une diminution de l'intensité du champ géomagnétique. Le champ jouant un rôle d'écran pour le rayonnement cosmique (essentiellement formé de particules chargées), cette diminution est à l'origine d'une augmentation significative de la quantité des cosmonucléides (^{14}C, ^{10}Be, ^{26}Al...) formés dans la haute atmosphère, par l'impact du rayonnement cosmique sur les diverses particules d'air. Le ^{10}Be pouvant être mesuré dans les carottes de glace polaires, cela ouvre une porte nouvelle à une corrélation glace-sédiment.

6.2.2 Une échelle des instabilités géomagnétiques ?

L'utilisation des excursions géomagnétiques en tant que jalons temporels précis, pourrait être particulièrement utile dans au moins deux grands domaines des sciences de la Terre. Tout d'abord dans la connaissance des mécanismes de fonctionnement de la dynamo terrestre à l'origine du champ lui-même. Des modèles récents, théoriques et numériques, de la dynamo (Glatzmaier et Roberts, 1995) donnent en effet des évaluations précises des constantes de temps, des fréquences et des géométries du champ transitionnel lors des excursions. Ceci est de première importance pour caractériser le rôle du noyau interne solide et du manteau inférieur dans le mécanisme des excursions et des inversions. C'est aussi important dans les études de paléoclimatologie, où une chronologie indépendante des phénomènes climatiques/environnementaux et à plus haute résolution que l'échelle des polarités pourrait permettre d'évaluer le synchronisme, voire des déphasages en avance ou en retard, d'événements climatiques en différents endroits du globe (des exemples sont décrits plus loin).

Peut-être l'obstacle majeur actuel à l'emploi systématique de cette méthode réside-t-il dans la difficulté d'intégrer données sédimentaires et données volcaniques en une seule échelle unifiée des instabilités géomagnétiques. La brièveté des excursions est à la fois un des points d'intérêt (jalon temporel très précis), et paradoxalement, un obstacle à l'obtention de cette échelle. En effet, une excursion particulière n'est pas systématiquement enregistrée dans toutes les séquences, y compris dans celles à taux de sédimentation moyen à élevé. Les études consistant à développer une échelle de temps à haute résolution des instabilités géomagnétiques, en particulier des excursions, sont pour beaucoup basées sur la datation précise, par les méthodes du K/Ar et $^{40}Ar/^{39}Ar$, d'un nombre aussi grand que possible de coulées de lave ayant enregistré soit une direction anormale, soit une très faible intensité du champ géomagnétique, soit les deux caractéristiques ensemble bien évidemment. Il faut garder en mémoire que les datations $^{40}Ar/^{39}Ar$ sont obtenues par référence à des standards dont les âges ont été définis sur la base de calibrations astro-chronologiques. Plusieurs âges ont ainsi été proposés pour un même standard (par exemple le Fish Canyon Sanidine, couramment utilisé pour les datations quaternaires). Il apparaît parfois qu'aucun d'entre eux ne permet d'obtenir un bon accord entre les âges $^{40}Ar/^{39}Ar$ et les échelles astronomiques ou glaciologiques. Des travaux sont donc encore nécessaires pour « réconcilier » les différentes approches.

Aujourd'hui, au moins sept excursions géomagnétiques de la période de Brunhes ont été répertoriées de façon détaillée : les excursions de Mono Lake (33 ka), Laschamp (41 ka), Blake (120 ka), Iceland Basin (188 ka), Pringle Falls (211 ka), Big Lost (560-580 ka) et Stage 17 (670 ka) (Laj et Channell, 2007). D'autres excursions de la même période sont en cours d'étude. Des études sont également en cours pour les périodes plus anciennes, comme la période de Matuyama pendant laquelle au moins onze excursions semblent bien avoir eu lieu. Toutes ces excursions sont donc autant de points de repère temporels précis, qui augmentent considérablement la résolution temporelle de l'échelle magnétostratigraphique.

6.3 Stratigraphie magnétique basée sur les variations de l'intensité du champ géomagnétique

6.3.1 Introduction

Au cours des dernières années, la stratigraphie des enregistrements climatiques a subi une évolution importante, en particulier grâce à la découverte de marqueurs lithostratigraphiques (événements d'Heinrich dans les sédiments marins en Atlantique Nord) ou climatiques (événements de Dansgaard-Oeschger dans les carottes de glace du Groenland) rapides et précis.

En Atlantique Nord, les enregistrements sédimentaires peuvent être corrélés avec une très bonne approximation aux enregistrements obtenus sur les carottes de glace, en utilisant des points d'ancrage communs aux deux types d'enregistrements, tels que des niveaux de cendres volcaniques ou des événements de fontes (Bond *et al.*, 1993). Mais la corrélation des carottes de glace avec des enregistrements sédimentaires ou des enregistrements sédimentaires entre eux sur des distances très grandes du globe est un problème autrement plus complexe : une corrélation directe, basée sur la reconnaissance de signaux climatiques, risque en effet de ne pas prendre en compte un possible déphasage temporel entre le moment où un événement climatique particulier se produit dans deux régions éloignées du globe. Or l'évaluation précise de ces déphasages (*leads and lags*, en anglais) est au cœur des préoccupations des paléoclimatologues, puisqu'elle est indispensable à la compréhension des mécanismes de l'évolution du climat global, et à la mise en lumière des chaînes de causalité et de la propagation spatio-temporelle d'un événement climatique.

À l'échelle d'un bassin, la susceptibilité magnétique mesurée en continu sur les carottes sédimentaires, directement à bord de bateaux océanographiques, permet généralement de corréler les différentes carottes avec une résolution de l'ordre du centimètre, ce qui est largement suffisant pour la plupart des études. C'est d'ailleurs cette mesure physique qui permet d'obtenir des « composites » (« *splices* » en anglais) d'enregistrements obtenus à partir de différentes carottes, prélevées dans le même site ou dans des sites voisins, en particulier pour raccorder les différents tronçons des carottes obtenues par le carottier à piston hydraulique (*hydraulic piston corer*), à bord du Joides Resolution du programme international ODP. La susceptibilité magnétique est une grandeur qui reflète la capacité du sédiment à acquérir une aimantation induite en présence d'un champ magnétique faible. La mesure de la susceptibilité magnétique est d'autant plus couramment utilisée qu'elle est non-destructrice, puisque l'aimantation induite mesurée disparaît dès qu'on annule le champ imposé. Elle varie en fonction du contenu magnétique d'un sédiment, et notamment de la concentration en particules magnétiques, de leur nature et de leur taille. Les variations de ces paramètres physico-chimiques étant en général très dépendantes du contexte paléo-environnemental, elles sont les mêmes au sein d'un même bassin ou d'une même masse d'eau, et la susceptibilité magnétique peut être utilisée comme outil de corrélation local. À grande distance, ce sont les rapports isotopiques de l'oxygène, qui sont les plus couramment utilisés comme outil stratigraphique. Toutefois, ces rapports contiennent euxmêmes des composantes climatiques régionales, qui sont justement celles que l'on cherche à caler les unes par rapport aux autres précisément dans le temps. L'utilisation de ces rapports pour corréler des enregistrements paléoclimatiques obtenus en des sites éloignés pourrait donc entièrement masquer les éventuels déphasages que l'on cherche à quantifier. Un outil indépendant des variations climatiques et ayant une valeur globale est nécessaire à cet exercice.

Une nouvelle méthode, basée sur les enregistrements sédimentaires des variations relatives de l'intensité du champ géomagnétique dans le passé, proposée il y a une dizaine d'années commence à être reconnue comme susceptible de donner accès à des déphasages de quelques milliers d'années tout au plus, entre les enregistrements climatiques obtenus en des sites géographiquement très éloignés. Dans cette méthode, la courbe de paléointensité relative obtenue à partir d'une carotte particulière est confrontée à une courbe de référence, qui décrit les variations relatives du champ géomagnétique dipolaire. Ce dernier est en effet la seule composante du champ qui varie de façon synchrone à l'échelle du globe. Après synchronisation des deux profils magnétiques, on pourra juger des déphasages ou du synchronisme de deux enregistrements paléoclimatiques éloignés.

Cette méthode demande quelques précautions pour son application. Tout d'abord, en chaque endroit du globe, le champ local est la superposition du champ dipolaire et des composantes multipolaires, celles-ci étant beaucoup plus variables dans l'espace et ayant des constantes de temps plus courtes. Pour obtenir la courbe des variations du champ dipolaire, les auteurs ont donc effectué des compilations d'enregistrements obtenus en différents endroits du globe. De telles compilations aboutissent à éliminer les composantes nondipolaires qui sont moyennées dans l'espace. Les compilations des variations de la paléointensité relative du champ pour les derniers 800 000 ans (SINT-800) (Guyodo et Valet, 1999) et sur les derniers 1,5 Ma (PISO-1500) (Channell *et al.*, 2009), montrent le synchronisme global d'événements caractéristiques et la très large atténuation du champ non-dipolaire. Toutefois, seules les caractéristiques avec des constantes de temps de l'ordre de $10^4 - 10^5$ années sont apparentes sur ces deux compilations, certains des enregistrements individuels ayant été obtenus à partir de sédiments dont les taux d'accumulation sont de l'ordre de quelques cm par milliers d'années, trop faibles pour enregistrer des caractéristiques rapides.

Ces caractéristiques rapides sont, en revanche, bien apparentes sur d'autres compilations parues plus récemment, toutes basées sur des sédiments à très haut taux d'accumulation. Proposée initialement à l'échelle de l'océan Atlantique Nord, la compilation NAPIS-75 (*North Atlantic Paleointensity*

Stack pour les 75 derniers milliers d'années) (Laj *et al.*, 2000), puis SAPIS (*South Atlantic Paleointensity Stack*) (Stoner *et al.*, 2002) et enfin GLOPIS-75 (*Global Paleointensity Stack*) (Laj *et al.*, 2004), ont montré que des composantes rapides des variations de l'intensité du champ géomagnétique dipolaire peuvent être reconnues globalement sur des enregistrement sédimentaires (Fig. 6.8). La limite ultime de la résolution temporelle semble être de l'ordre de 400 ans, qui est la valeur inférieure des constantes de temps associées aux variations du champ dipolaire. GLOPIS-75 constitue actuellement la référence pour les 75 derniers milliers d'années, alors que pour les périodes plus anciennes, jusqu'à 1,5 Ma, c'est PISO-1500 qui est utilisée.

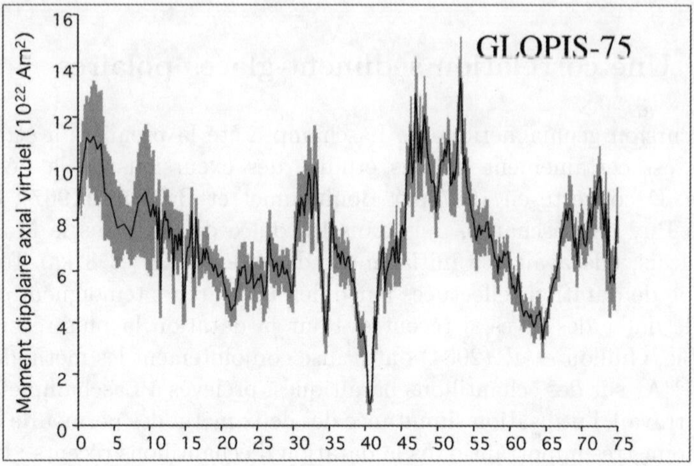

FIG. 6.8 – Variations de l'intensité du champ géomagnétique dipolaire au cours des derniers 75 000 ans : courbe globale GLOPIS-75 (Laj *et al.*, 2004).

Si la méthode est simple dans son principe, sa mise en œuvre est loin de l'être. Tout d'abord, une relation linéaire entre l'intensité du champ géomagnétique existant au moment du dépôt et celle de l'aimantation du sédiment n'existe en général que si seul un minéral magnétique est porteur de l'aimantation et que la taille des grains magnétiques est constante le long de la colonne sédimentaire, en d'autres termes, que si la minéralogie magnétique du sédiment est très uniforme. Toutes ces caractéristiques doivent donc être vérifiées par une étude magnétominéralogique du sédiment (et cette vérification peut conduire au rejet d'une proportion non négligeable de carottes, suivant les bassins étudiés), pour pouvoir obtenir un enregistrement fiable des variations relatives du champ. Celui-ci est alors obtenu en divisant, à chaque niveau stratigraphique, l'intensité de l'aimantation naturelle mesurée par un paramètre de normalisation, qui va prendre en compte les variations de la concentration en grains magnétiques. Des trois paramètres magnétiques liés linéairement à la concentration, la susceptibilité, l'aimantation rémanente isotherme (ARI) et l'aimantation rémanente anhystéretique (ARA)[1], c'est cette dernière qui est le plus souvent utilisée, puisqu'elle dépend en premier lieu des mêmes grains magnétiques que ceux qui portent l'aimantation naturelle.

Trois exemples récents sont décrits ci-dessous montrant l'utilisation combinée des excursions géomagnétiques et des enregistrements de paléointensité dans les études de paléoclimatologie : l'un porte sur une corrélation entre sédiments et glaces, les deux autres sur d'une part, le temps de propagation de la masse d'eau profonde Nord-Atlantique du nord au sud, et d'autre part, l'anticorrelation entre les intensités des courants profonds Nord-Atlantique et *circum* Antarctique.

6.3.2 Une corrélation sédiment-glaces polaires

L'excursion géomagnétique de Laschamp a été la première à être découverte et est certainement la plus étudiée des excursions de la période de Brunhes. Découverte en 1967 par Bonhommet et Babkine (1967), dans les laves du Puy de Laschamp, puis dans la coulée d'Olby dans le Massif central français, elle avait été initialement datée entre 20 et 8 ka. Toute une succession de datations effectuées par différents auteurs témoignent de la difficulté de dater des laves si récentes. Pour la datation la plus récente et la plus fiable, Guillou *et al.* (2004) ont utilisé conjointement les méthodes K/Ar et $^{40}Ar/^{39}Ar$ sur des échantillons basaltiques, prélevés à Laschamp et à Olby. Dans ce travail, l'utilisation simultanée des deux méthodes permet de conclure sur un point très important dans la datation d'échantillons récents : l'absence d'excès d'argon dans la composition initiale de la lave, ainsi que toute autre perturbation possible pré- ou post éruption du système K/Ar.

En prenant en compte l'incertitude de 2,4 % sur la valeur de la constante de désintégration du ^{40}K, Guillou *et al.* (2004) proposent une date de 40,4 $\pm$ 2,0 ka, ce qui représente, par la précision obtenue, un progrès considérable par rapport à toutes les datations radiométriques proposées précédemment, comme le montre la Figure 6.9.

Cette figure montre également que cette date est tout à fait en accord avec celle obtenue précédemment par le composite NAPIS-75, puis GLOPIS-75, tous deux placés sur l'échelle d'âge GISP2 (Laj *et al.*, 2000, 2004).

En parallèle, il a été montré que les variations géomagnétiques observées dans les sédiments ayant servi à construire NAPIS-75 sont similaires à celles du champ géomagnétique, recalculé à partir de l'enregistrement des

1. L'aimantation rémanente isotherme (ARI) est l'aimantation acquise par un échantillon à une température donnée (la température ambiante, le plus souvent), après application d'un champ magnétique constant et annulation de celui-ci. L'aimantation rémanente anhystéretique (ARA) est obtenue à température ambiante par l'action conjuguée d'un champ stationnaire de l'ordre du champ magnétique terrestre et d'un champ alternatif fort de même direction. L'aimantation acquise est mesurée après annulation des deux champs.

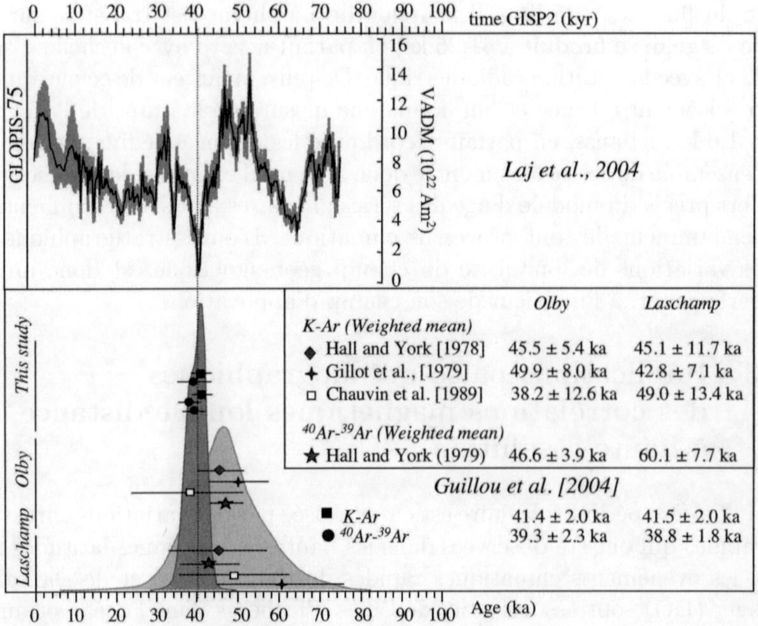

FIG. 6.9 – Âges radio-isotopiques de l'excursion du Laschamp, obtenus à partir des laves d'Olby et de Laschamp par des études antérieures et par *Guillou et al.* (2004). L'enveloppe de densité-probabilité large et axée sur 46 ka correspond aux dates K/Ar et ^{40}Ar/^{39}Ar publiées antérieurement à *Guillou et al.*. L'enveloppe gris-foncé correspond à l'étude de Guillou *et al.* et est centrée sur 40,5 ka. La courbe GLOPIS-75 (Laj *et al.*, 2004) reportée dans le cadran supérieur montre que l'excursion du Laschamp telle qu'elle est reconnue dans les sédiments marins est datée à environ 41 ka, d'après l'échelle d'âge de la carotte de glace GISP2.

concentrations en isotopes cosmogéniques dans les glaces du Groenland (Wagner *et al.*, 2000). Ceci est dû au fait que l'effet de bouclier constitué par le champ magnétique terrestre vis-à-vis du rayonnement cosmique, ainsi que l'activité solaire modulent la production dans la haute atmosphère des isotopes cosmogéniques (^{10}Be, ^{36}Cl, ^{14}C). À rayonnement solaire constant, une diminution (augmentation) de l'intensité du champ géomagnétique conduit à une augmentation (diminution) de cette production. L'enregistrement dans la carotte GRIP au Groenland de la concentration en ces isotopes, en particulier le ^{36}Cl, a ainsi permis, en supposant un rayonnement solaire constant, d'effectuer une corrélation précise entre les deux enregistrements glaciaires et sédimentaires, indépendamment de tout processus climatique.

Plus récemment, une nouvelle échelle d'âge pour les glaces groenlandaises a été développée par comptage de niveaux annuels (*Greenland Ice Core Chronology* ou GICC05). Svensson *et al.* (2006) ont montré que quand le maximum du pic du flux de ^{10}Be lié à l'excursion de Laschamp est transféré sur cette échelle d'âge, il se produit à 41,25 ka, en parfait accord avec l'échelle d'âge de GISP2 et avec la datation radiométrique. De plus, la largeur de ce pic, qui peut être précisément estimée et qui donne une mesure de la durée de l'excursion, est de 1,6 ka, ici aussi en parfait accord avec les données sédimentaires.

L'ensemble de ces études montre donc bien qu'il est possible, d'effectuer un transfert précis du modèle d'âge des séries glaciaires aux séries sédimentaires, indépendamment de tout processus climatique. L'outil stratigraphique basé sur les variations de l'intensité du champ géomagnétique est donc un outil très performant, à l'intérieur de son champ d'application.

6.3.3 Implications paléo-océanographiques des corrélations magnétiques longue distance à haute résolution

La dernière période glaciaire est caractérisée par des variations climatiques très rapides qui ont été observées dans les hautes et moyennes latitudes nord. Ainsi, les événements climatiques rapides de Heinrich (H) et de Dansgaard-Oeschger (DO) sont associés aux débâcles d'icebergs dans l'océan et aux oscillations de grande amplitude de la température atmosphérique, au-dessus du Groenland (Bond *et al.*, 1993). Le rôle de la circulation océanique dans ces changements climatiques rapides restait à définir et l'évolution de la masse d'eau profonde Nord Atlantique a été abordée, notamment par l'étude des propriétés magnétiques d'un certain nombre de carottes sédimentaires prélevées le long de la trajectoire de la NADW (Kissel *et al.*, 2008).

En Atlantique Nord, des changements dans la vigueur du courant profond nord atlantique (NADW), tout à fait synchrones des variations de températures atmosphériques, ont ainsi été mis en évidence montrant la rapidité de réactivité de l'océan profond. Ceci est montré sur la Figure 6.10 qui illustre la quantité de grains magnétiques de petite taille, remis en suspension aux seuils Faeroe-Islande et Islande-Groenland et transportés par le courant profond, puis progressivement déposés à chaque site d'échantillonnage. Ses oscillations reflètent donc les variations relatives de l'intensité de la convection en mers nordiques et du courant profond, ainsi que de sa capacité à transporter les particules magnétiques depuis leur source basaltique au nord (Islande – Faeroe) vers le sud.

En Atlantique sud, toujours pendant la même période, des analyses du rapport isotopique du carbone dans les squelettes de foraminifères benthiques (vivant à la surface du sédiment) et du rapport isotopique du néodymium ont montré que la NADW a également varié en intensité, remplacée par l'eau profonde antarctique (AABW) dès qu'elle s'affaiblit (Charles *et al.*, 1996 ; Piotrowski *et al.*, 2005). Ces deux masses d'eau ont en effet une signature isotopique différente. Ces variations ont été placées par les auteurs en phase avec les variations de température des glaces groenlandaises et la présence de

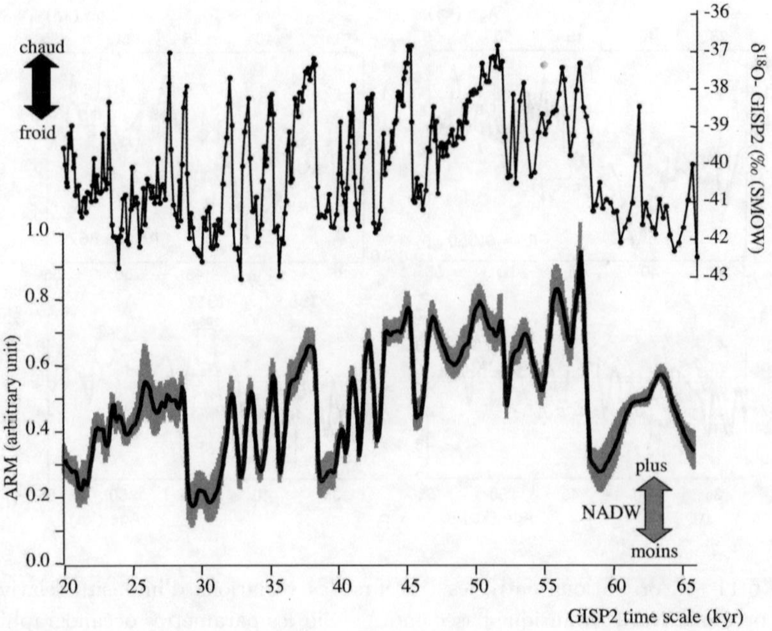

FIG. 6.10 – Variations de l'intensité de l'eau profonde Nord Atlantique pendant la dernière période glaciaire (en bas) reconstruite à partir des variations dans la concentration en particules magnétiques le long du parcours de cette masse d'eau profonde. En haut : courbe des variations de températures de l'air au-dessus du Groenland pendant la même période. D'après Kissel *et al.* (2008).

la NADW dans le bassin profond du Cap a été ainsi corrélée aux événements chauds au-dessus du Groenland. Cependant, cette corrélation à longue distance de paramètres climatiques est entièrement basée sur l'hypothèse d'un synchronisme inter-hémisphérique. Récemment, une nouvelle corrélation entre ces enregistrements paléocéanographiques du nord et du sud de l'Atlantique a été proposée, en utilisant comme outil de corrélation les variations globales de l'intensité du champ magnétique terrestre, outil indépendant des variations climatiques et mesuré sur chacune des séries sédimentaires étudiées (Fig. 6.11). Il est ainsi apparu que lorsque la NADW reprend de la vigueur dans le nord, à chaque grand événement chaud au-dessus du Groenland, elle met environ 860 ± 220 ans à se propager jusqu'au sud en profondeur, en « chassant » et remplaçant l'AABW (Kissel *et al.*, 2008) (Fig. 6.11). Il s'agit là de la première tentative expérimentale de quantifier ce décalage temporel.

En comparaison avec les données obtenues au nord, sur la calotte groenlandaise, celles obtenues sur les carottes de glace de l'Antarctique centrale semblent montrer une histoire un peu différente, avec des variations moins

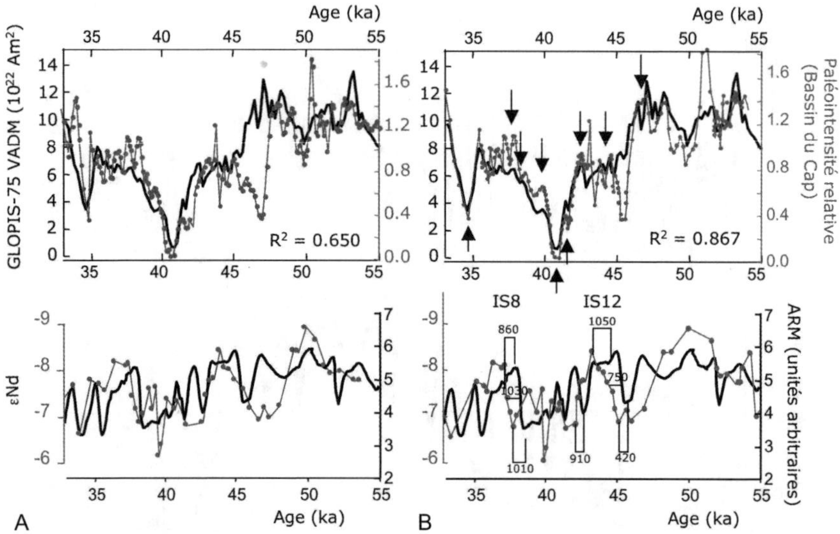

FIG. 6.11 – Corrélations entre les traceurs des variations d'intensité relative de l'eau profonde Nord Atlantique basée en : A – Sur les paramètres océanographiques eux-mêmes (variations du rapport isotopique du Nd (et du δ^{13}C non montrées ici) au sud, et variations de la quantité de grains magnétiques au nord) ; B – Sur l'intensité du champ magnétique (courbe obtenue sur la carotte du bassin du Cap (en gris) comparée à la courbe de référence GLOPIS-75 en noir). À droite, la courbe d'intensité du champ magnétique de la carotte du bassin du Cap a été étroitement corrélée à la courbe de référence (R^2 est le coefficient de corrélation). Les décalages entre les deux courbes paléocéanographiques montrées dessous est alors de l'ordre de 880 ans en moyenne (surlignés en jaune). D'après Kissel *et al.* (2008).

abruptes qu'au nord. Surtout, après synchronisation avec les carottes du Groenland, en utilisant les variations de l'abondance du méthane atmosphérique piégé dans la glace (Blunier et Brook, 2001), des réchauffements progressifs, appelés les événements dits de type A commencent quelque 1 500 ans avant les événements chauds (interstades) principaux de l'hémisphère nord. Un mécanisme de « bascule » (*bipolar seesaw*, en anglais) a été proposé, selon lequel l'hémisphère sud se réchauffe quand l'hémisphère nord se refroidit (Broecker, 1998). Plus récemment, la communauté EPICA a obtenu un nouvel enregistrement de la température de l'air à partir d'une carotte glaciaire provenant du site antarctique de Dronning Maud Land (EDML). Cette carotte, de par sa localisation, a enregistré le climat de l'Atlantique Sud, avec une résolution comparable à celle des carottes de glace du Groenland. Après une synchronisation basée encore une fois sur le méthane, il apparaît que tous les événements chauds correspondent parfaitement aux événements

Dansgaard-Oeschger du Groenland : le mécanisme de bascule agit donc également sur des échelles de temps courtes.

Une étude récente (Mazaud *et al.*, 2007) a montré que le mécanisme de bascule Nord-Sud a également fonctionné pour les courants profonds. La courbe de paléointensité relative de la carotte MD94-103 prélevée sur le plateau de Kerguelen a été corrélée de façon précise à la courbe de référence GLOPIS-75, entre 30 et 45 ka, grâce en particulier, à la reconnaissance des minima des excursions du Laschamp et de Mono Lake (Fig. 6.12). Cette corrélation a permis de reporter tous les enregistrements paléoclimatiques et paléoenvironnementaux obtenus sur cette carotte et sur d'autres carottes voisines, sur l'échelle de temps définie pour les carottes de glace du Groenland (GISP2).

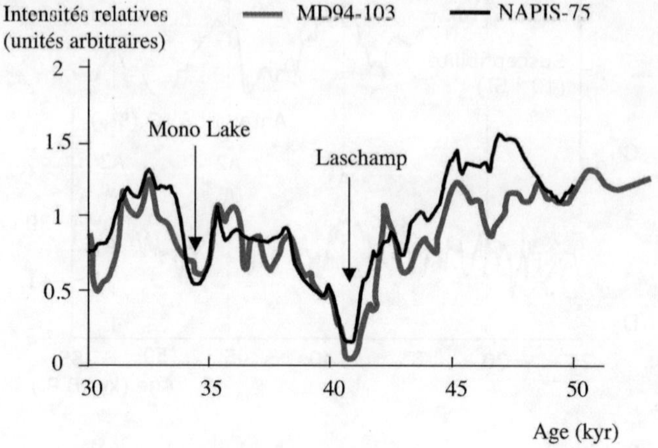

FIG. 6.12 – Intensité relative normalisée obtenue sur la carotte MD94-103 comparée et reportée sur la même échelle de temps que la courbe de référence NAPIS-75 (Laj *et al.*, 2000). D'après Mazaud *et al.* (2002).

Comme pour les carottes situées sur le parcours de la NADW, la concentration en grains magnétiques fins du sédiment illustre à ces sites, localisés à l'est des îles volcaniques de Kerguelen, la capacité du courant à remobiliser les particules issues de l'érosion des séries basaltiques riches en magnétites et à les transporter en aval c'est-à-dire vers l'est. Il s'agit là du courant profond circum-Antarctique (ACC). Comme dans le nord, les maxima de concentration magnétique observés à deux reprises pendant la période étudiée et bien calés en temps correspondent ainsi à des regains d'intensité de l'ACC. Ces maxima s'avèrent être en phase avec les périodes de réchauffement au-dessus de l'Antarctique, événements de type A, et en antiphase avec celles du Groenland. De la même façon, les auteurs montrent que ces périodes d'activité intense de l'ACC sont opposées aux périodes d'activité de la NADW (Fig. 6.13) montrant ainsi que la bascule inter-hémisphérique océanique, suggérée par des

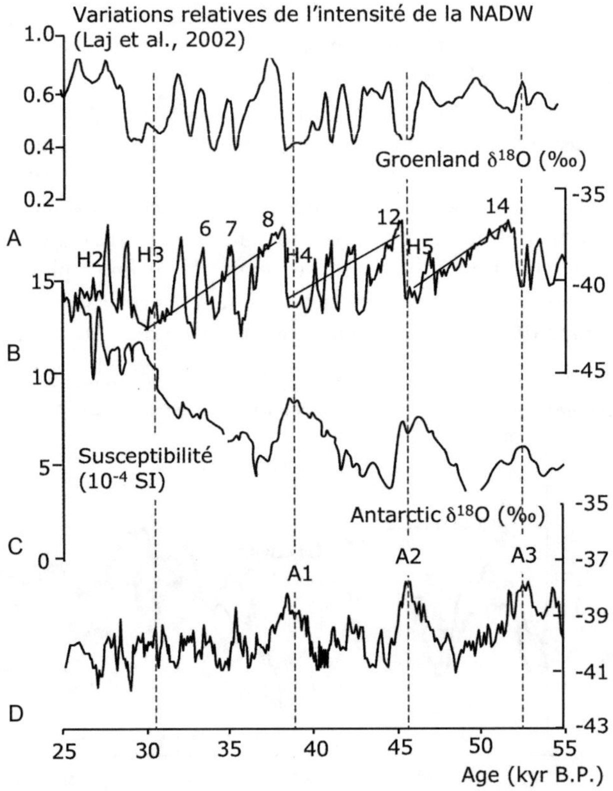

FIG. 6.13 – A – Variations passées de l'intensité de la NADW entre 30 et 50 ka ; B – Enregistrement isotopique obtenu à partir de la carotte de glace GISP2 au Groenland ; C – Variations de la concentration en minéraux magnétiques observées à l'est du plateau des Kerguelen (compilation de trois enregistrements individuels) ; D – Enregistrement isotopique obtenu à Byrd (Antarctique) montrant les événements A1 et A2. Sur cette figure, tous les enregistrements sont placés sur l'échelle d'âge de GISP2. D'après Mazaud *et al.* (2007).

modèles à l'échelle orbitale, a fonctionné également à l'échelle milléniale au moins pendant la dernière période glaciaire (Mazaud *et al.*, 2007).

6.4 Conclusions

Au cours des années 1960-80, l'objectif principal des études paléomagnétiques des sédiments marins et de l'aimantation de la croûte océanique a été l'établissement de la séquence des polarités magnétiques. L'échelle magnétostratigraphique ainsi obtenue, dont les traits essentiels étaient bien établis dès la fin des années 1970, a permis un bond en avant gigantesque dans un nombre impressionnant d'études stratigraphiques, et également dans des études tectoniques intéressant des régions géographiques déterminées ou plus globalement à l'échelle de la tectonique des plaques.

Dans sa forme originelle, la stratigraphie magnétique, basée sur une reconnaissance des inversions de polarité du champ géomagnétique, avait typiquement comme unité de temps le million d'années.

La découverte, puis la documentation précise des excursions géomagnétiques a permis une première évolution importante, en fournissant des jalons (*tie points*, en anglais) bien déterminés en âge et de très courte durée. L'échelle des instabilités géomagnétiques, basée sur les inversions et les excursions, permet de résoudre des intervalles de temps de l'ordre de quelques centaines de milliers d'années. De plus, la diminution importante de l'intensité du champ géomagnétique total, documentée dans les sédiments lors des excursions, a permis un premier lien avec d'autres archives naturelles, telles que les carottes de glace du Groenland ou de l'Antarctique. La diminution du champ entraîne en effet une augmentation du flux des isotopes cosmogéniques, tels que ^{10}Be ou ^{36}Cl et ^{14}C arrivant sur Terre, après leur formation dans la haute atmosphère, dont la concentration est mesurée avec précision dans les glaces.

Enfin, au cours des dernières années, la reconnaissance des profils de paléointensité relative établis à partir des séquences sédimentaires fournit un moyen de corrélation extrêmement précis. Ceci a ouvert une nouvelle phase, encore en plein développement, de la stratigraphie magnétique haute résolution. La compréhension des mécanismes de l'évolution du climat passant par l'analyse des déphasages inter-hémisphériques et/ou basses/hautes latitudes peuvent être appréhendés entre phénomènes climatiques, il est bien évidemment primordial de disposer d'un outil de corrélation indépendant du climat et ayant une résolution de l'ordre de quelques centaines d'années.

En permettant l'unification des échelles de temps pour les différents types d'archives continentales et océaniques, la stratigraphie magnétique basée sur les variations de l'intensité relative du champ contribue donc à une meilleure compréhension de la chronologie et la dynamique des mécanismes responsables des variations climatiques et géomagnétiques sur l'échelle du Quaternaire récent, entre 0-500 ka.

Références bibliographiques

[1] Blunier, T. et Brook, E. J. (2001), « Timing of Millennial-Scale Climate Change in Antarctica and Greenland During the Last Glacial Period », *Science*, 291, pp. 109-112.

[2] Bond, G. *et al.* (1993), « Correlation Between Climate Records from North Atlantic Sediments and Greenland Ice », *Nature*, 365, pp. 143-147.

[3] Bonhommet, N. et Babkine, J. (1967), « Sur la présence d'aimantation inverse dans la Chaîne des Puys », *Comptes rendus des séances de l'Académie des sciences*, série B, 264, pp. 92-94.

[4] Broecker, W. S. (1998), « Paleocean Circulation during the Last Deglaciation : A Bipolar See-Saw ? », *Paleoceanography*, 13, pp. 119-121.

[5] Brunhes, B. (1906), « Recherches sur la direction de l'aimantation des roches volcaniques », *Journal de physique*, V, pp. 705-724.

[6] Cande, S. C. et Kent, D. V. (1992), « A New Geomagnetic Polarity Timescale for the Late Cretaceous and Cenozoic », *Journal of Geophysical Research*, 97, pp. 13917-13951.

[7] Cande, S. C. et Kent, D. V. (1995), « Revised Calibration of the Geomagnetic Polarity Timescale for the Late Cretaceous and Cenozoic », *Journal of Geophysical Research*, 100, pp. 6093-6095.

[8] Channell, J. E. T *et al.* (2009), « Stacking Paleointensity and Oxygen Isotope Data for the Last 1.5 Myr (PISO-1500) », *Earth and Planetary Science Letters*, 283, pp. 14-23.

[9] Charles, C. D. *et al.* (1996), « Climate Connections between the Hemisphere Revealed by Deep Sea Sediment Core/Ice Core Correlations », *Earth and Planetary Science Letters*, 142, pp. 19-27.

[10] Cox, A. *et al.* (1963), « Geomagnetic Polarity Epochs and Pleistocene Geochonometry », *Nature*, 198, pp. 1 049-1 051.

[11] Creer, K. M. *et al.* (1954), « The Direction of the Geomagnetic Field in Remote Epochs in Great Britain » *J. Geomag. Geoelectr.*, 6, pp. 164-168.

[12] Glatzmaier, G. A. et Roberts, P. H. (1995), « A Three Dimensional Self-Consistent Computer Simulation of a Geomagnetic Field Reversal », *Nature*, 377, pp. 203-209.

[13] Guillou, H. *et al.* (2004), « On the Age of the Laschamp Geomagnetic Event », *Earth and Planetary Science Letters*, 227, pp. 331-343.

[14] Guyodo, Y. et Valet, J.-P. (1999), « Global Changes in Intensity of the Earth's Magnetic Field during the Past 800 Kyr », *Nature*, 399, pp. 249-252.

[15] Hays, J. D. *et al.* (1976), « Variations in the Earth's Orbit : Pacemaker of the Ice Ages », *Science*, 194, pp. 1121-1132.

[16] Heirtzler, J. R. *et al.* (1968), « Marine Magnetic Anomalies, Geomagnetic Field Reversal and Motions of the Ocean Floor and Continents », *Journal of Geophysical Research*, 73, pp. 2119-2136.

[17] Hilgen, F. J. (1991a), « Extension of the Astronomically Calibrated (Polarity) Time Scale to the Miocene/Pliocene Boundary », *Earth and Planetary Science Letters*, 107, pp. 349-368.

[18] Hilgen, F. J. (1991b), « Astronomical Calibration of Gauss to Matuyama Sapropels in the Meiterranean and Implications for the Geomagnetic Polarity Time Scale », *Earth and Planetary Science Letters*, 104, pp. 226-244.

[19] Hospers, J. (1953), « Reversals of the Main Geomagnetic Field I, II, and III », *Proc. Kon. Nederl. Akad. Wet. B*, 56, pp. 467-491.

[20] Irving, E. et Runcorn, S. K. (1957), « Analysis of the Palaeomagnetism of the Torridonian Sandstone Series of North-West Scotland », *Philosophical Transactions of Royal Society*, London, A250, pp. 83-99.

[21] Johnson, N. M. *et al.* (1985), « Paleomagnetic Chronology, Fluvial Processes, and Tectonic Implications of the Siwalik Deposits near Chinji Village, Pakistan », *The Journal of Geology*, 93, pp. 27-40.

[22] Khramov, A. N. (1960), *Palaeomagnetism and stratigraphic correlation. Gostoptechjzdat,* Leningrad. Geophys. Dept., A.N.U., Canberra, 218 p.

[23] Kissel, C. *et al.* (2008), « Millennial-Scale Propagation Of Atlantic Deep Waters to the Glacial Southern Ocean », *Paleocanography*, 23, PA2102, doi :10.1029/2008PA001624.

[24] Laj, C. *et al.* (2000), « North Atlantic Paleointensity Stack since 75 ka (NAPIS-75) and the Duration of the Laschamp Event », *Phil. Trans. Royal Soc. London*, 358, pp. 1009-1025.

[25] Laj, C. *et al.* (2004), « High Resolution Global Paleointensity Stack since 75 kyrs (GLOPIS-75) Calibrated to Absolute Values », *Timescales of the Geomagnetic Field* (American Geophysical Union, Washington, C, 2004), *Geophysical Monograph* 145, pp. 255-265.

[26] Laj, C. et Channell, J. E. T. (2007), « Geomagnetic Excursions », Kono, M. (Ed.), *Treatrise on Geophysics,* 5, pp. 373-416.

[27] Lowrie, W. et Alvarez, W. (1981), « One Hundred Million Years of Geomagnetic Polarity History », *Geology*, 9, pp. 392-397.

[28] McDougall, I. (1979), « The Present Status of the Geomagnetic Polarity Time Scale », *The earth : its origin, structure and evolution,* McEllhinny, M. W. (Ed.), Academic Press, London, pp. 543-566.

[29] McDougall, I. et Tarling, D. H. (1963a), « Dating of Reversals of the Earth's Magnetic Field », *Nature*, 198, pp. 1012-1013.

[30] McDougall, I. et Tarling, D. H. (1963b) « Dating of Polarity Zones in the Hawaiian Islands », *Nature*, 200, pp. 54-56.

[31] Mankinen, E. A. et Dalrymple, G. B. (1979), « Revised Geomagnetic Polarity Time Scale for the Interval 0-5 m.y.b.p. », Journal of Geophysical Research, 84, pp. 615-626.

[32] Mazaud, A. *et al.* (2007), « Variations of the ACC-CDW During MIS3 Traced by Magnetic Grain Deposition in Midlatitude South Indian Ocean Cores : Connections with the Northern Hemisphere and with Central Antarctica », *Geochemistry Geophysics Geosystems*, 8, Q05012, doi :10.1029/ 2006GC001532.

[33] Opdyke, N. D. *et al.* (1966), « Paleomagnetic Study of Antarctic Deep-Sea Cores », *Science*, 154, pp. 349-357.

[34] Opdyke, N. D. *et al.* (1974), « The Extension of the Magnetic Time Scale in Sediments of the Central Pacific Ocean », *Earth and Planetary Science Letters*, 22, pp. 300-306.

[35] Opdyke, N. D. et Channell, J. E. T. (1996), *Magnetic Stratigraphy*, Academic Press (San Diego, CA), 346 p.

[36] Piotrowski, A. M. *et al.* (2005), « Temporal Relationships of Carbon Cycling and Ocean Circulation at Glacial Boundaries », *Science*, 307, pp. 1933-1938.

[37] Renne, P. R. *et al.* (1994), « Intercalibration of Astronomical and Radioisotopic Time », *Geology*, 22, pp. 783-786.

[38] Shackleton, N. J. *et al.* (1990), « An Alternative Astronomical Calibration of the Lower Pleistocene Timescale Based on ODP Site 677 », *Trans. Roy. Soc. Edin. : Earth Sci.*, 81, pp. 251-261.

[39] Stoner, J. *et al.* (2002), « South Atlantic and North Atlantic Geomagnetic Paleointensity Stacks (0-80ka) : Implications for Inter-Hemispheric Correlation », *Quaternary Sci. Review*, 21, pp. 1 141-1 151.

[40] Svensson, A. *et al.* (2006), « The Greenland Ice Core Chronology 2005, 15-42 ka. Part 2 : Comparison to Other Records », *Quat. Sci. Rev.*, 25, pp. 3258-3267.

[41] Vine, F. J. et Mathews, D. H. (1963), « Magnetic Anomalies over Oceanic Ridges », *Nature*, 199, pp. 947-949.

[42] Wagner, G. *et al.* (2000), « Chlorine-36 Evidence for the Mono Lake Event in the Summit GRIP Ice Core », *Earth and Planetary Science Letters*, 181, pp. 1-6.

[43] Wensink, H. (1966), « Paleomagnetic Stratigraphy of Younger Basalts and Intercalated Plio-Pleistocene Tillites in Iceland », *Geol. Rund.*, 54, pp. 364-384.

Chapitre 7

La dendrochronologie

Frédéric Guibal, *Institut Méditerranéen d'Ecologie et de Paléo-écologie, UMR 7263 CNRS/Aix-Marseille Université, Europole de l'Arbois - BP 80, 13545 Aix-en-Provence Cedex 04, France.*
Fédération de Recherche ECCOREV, FR 3098 CNRS/Aix-Marseille Université, Europole de l'Arbois – BP 80, 13545 Aix-en-Provence Cedex 04, France.
Joël Guiot,*Centre Européen de Recherche et d'Enseignement des Géosciences de l'Environnement, UMR 7330 CNRS/Aix-Marseille Université, Europole de l'Arbois – BP 80, 13545 Aix-en-Provence Cedex 04, France.*
Fédération de Recherche ECCOREV, 3098 CNRS/Aix-Marseille Université, Europole de l'Arbois – BP 80, 13545 Aix-en-Provence Cedex 04, France.

La dendrochronologie se distingue des autres méthodes de datation absolue par le fait que la détermination de l'âge ne repose pas sur un simple dénombrement automatique des dépôts annuels que constituent les cernes, mais sur un ensemble d'inter-comparaisons (d'un grand nombre de chronologies) qui visent à garantir le millésime de formation de chaque anneau d'arbre (aussi appelé cerne), après avoir vaincu l'écueil d'éventuelles anomalies liées à des dysfonctionnements de la mise en place des cernes et pouvant conduire, certaines années, à l'absence de cerne ou à la formation de cernes doubles.

Pour comprendre le principe de cette méthode, il faut rappeler quelques aspects fondamentaux liés à la mise en place des cernes chez les arbres des régions soumises à des climats tempérés. C'est en effet ces régions qui, en raison de leur contraste saisonnier marqué, nous assurent du caractère annuel de chaque cerne (hormis certains accidents de croissance).

7.1 Un peu de botanique et d'écologie

La croissance annuelle des végétaux ligneux est constituée d'une composante axiale qui conduit à la formation d'un allongement terminal, et d'une composante radiale qui conduit à la formation d'un cerne. La croissance radiale du tronc, des branches et des racines résulte de la division active d'une assise de cellules génératrices située immédiatement sous l'écorce, le cambium. Celui-ci donne naissance aux tissus vasculaires : le bois, sur sa face interne, chargé d'assurer, entre autres fonctions, la circulation ascendante de la sève brute, et le liber, sur sa face externe, chargé d'assurer la circulation descendante de la sève élaborée (Fig. 7.1). Année après année, les tissus anciennement formés sont repoussés vers l'intérieur pour le bois et vers l'extérieur pour le liber.

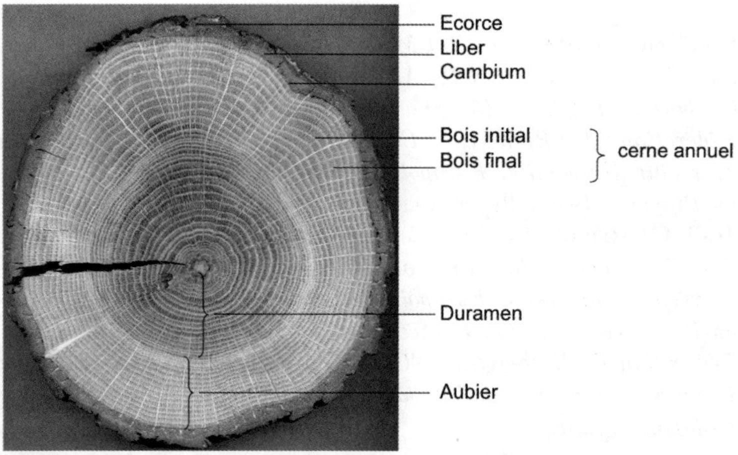

FIG. 7.1 – Section transversale de chêne caducifolié.

Dans les régions soumises à un climat tempéré, les fluctuations des agents physiques de l'atmosphère (température, humidité, ensoleillement...) imposent à la végétation une période d'activité et une période de repos au cours d'une même année calendaire : l'activité cambiale est discontinue dans le temps : chez les chênes à feuilles caduques des plaines de la façade occidentale de la France, l'activité cambiale s'étend d'avril à septembre ; chez les mélèzes qui se développent au-dessus de 1 500 m, dans les Alpes internes, l'activité cambiale s'étend de la mi-juin à la mi-août.

Un cerne est formé de deux compartiments : le bois initial, mis en place au début de la période de croissance, et le bois final, mis en place vers la fin de la période de croissance. Tous deux diffèrent par les cellules qui les composent, leurs dimensions, leur disposition et l'épaisseur de leurs parois. Les variations de l'épaisseur des parois cellulaires entraînent des conséquences sur la densité du bois, sous forme de variations intra-annuelles et inter-annuelles plus ou moins liées aux variations des conditions climatiques. Ces dernières agissent selon le principe des facteurs limitants. Lorsqu'un ensemble de facteurs agit sur la croissance d'un arbre, c'est le facteur atteignant les valeurs les plus défavorables qui limite la croissance, l'effet limitant pouvant être constant, variable ou sporadique selon les cas. L'action des facteurs climatiques est atténuée ou amplifiée par d'autres facteurs abiotiques (sol, topographie...) ou biotiques (âge, concurrence, attaques de ravageurs, phénologie...).

7.2 L'interdatation

Aristote, Buffon et Léonard de Vinci ont fait mention de l'existence de cernes à caractère annuel. Léonard de Vinci, en particulier, observa une relation entre l'épaisseur des cernes et les conditions météorologiques de l'année en cours. Toutefois, c'est l'astronome américain Andrew E. Douglass (1867-1962) qui est considéré comme le père de la dendrochronologie (*dendron* : arbre, *chronos* : temps, *logos* : étude), pour en avoir jeté les fondements méthodologiques. Demeurée assez confidentielle jusqu'alors, la dendrochronologie gagna en notoriété lorsque, vers 1929, Douglass parvint pour la première fois à dater des poutres issues de ruines de constructions d'Indiens dans l'État américain du Nouveau-Mexique, lui conférant ainsi le label de méthode de datation à précision annuelle (Robinson, 1976). Malgré cela, il fallut attendre l'arrivée de l'ordinateur dans les années 1960 pour assister au véritable avènement de la dendrochronologie, avec la multiplication des laboratoires de recherche.

Dans les régions où furent réalisées les premières analyses dendrochronologiques (régions semi-arides du sud-ouest des U.S.A. et régions froides), l'existence d'un seul facteur climatique limitant (précipitations dans les régions semi-arides, températures estivales dans les régions froides) induit des séries d'épaisseurs de cernes très variables d'une année à l'autre. En revanche, dans les régions soumises à un climat tempéré où la croissance dépend de plusieurs facteurs, dont l'action des uns peut compenser celle des autres, les séries d'épaisseurs de cernes sont moins variables d'une année sur l'autre, et rendent la dendrochronologie plus complexe. De fait, si les conditions climatiques satisfont toutes, année après année, aux exigences écologiques de l'arbre, les cernes forment des séries temporelles d'épaisseur constante, inaptes à fournir la moindre information chronologique, puisque ce sont les variations extrêmes qui servent de repères.

La datation par dendrochronologie repose sur une étape fondamentale, appelée interdatation, qui n'est autre qu'une datation relative établie par intercomparaison de pièces de bois différentes sur lesquelles des séquences de cernes contemporaines sont recherchées. Pour cela, des séquences similaires de cernes minces et de cernes épais coïncidentes, c'est-à-dire séparées par un même nombre de cernes, doivent être identifiées. Cela n'est possible qu'à une double condition. Tout d'abord, les facteurs limitants de la croissance radiale doivent varier en intensité d'une année à l'autre selon des séries non reproductibles dans le temps, de telle manière que la succession des variations d'épaisseurs des cernes soit, elle aussi, non reproductible. Ensuite, l'action des facteurs limitants doit s'exercer de façon similaire sur les arbres possédant les mêmes exigences écologiques et installés sur des territoires suffisamment vastes.

L'interdatation, ou synchronisation, constitue un contrôle indispensable de l'exactitude du dénombrement des cernes et de l'absence d'anomalies de croissance. Celles-ci se matérialisent sous forme de cernes doubles (faux cernes) pour une même année calendaire ou de cernes absents. En effet, certaines années, à la suite d'un hiver froid combiné ou non à un printemps très tardif ou consécutivement à une défoliation sévère survenue l'année précédente, le cerne peut être partiellement ou totalement absent. D'autres années, à la suite de l'installation précoce de la sécheresse estivale (cas de la région méditerranéenne), le cambium peut élaborer des éléments de bois final, puis, à la faveur d'une amélioration des conditions météorologiques dans le courant de l'été, produire à nouveau des éléments de bois initial, avant de produire en fin de saison de croissance le bois final normal ; le « premier » cerne mis en place est dit surnuméraire ou faux. L'interdatation demeure très largement subjective et divers procédés ont été mis au point pour décrire de façon plus objective les ressemblances observées (McCarthy, 2004).

Sur des arbres vivants d'une même essence, compte tenu qu'il s'agit d'échantillons dont la contemporanéité est assurée, la synchronisation est établie en identifiant sous la loupe binoculaire des séquences de cernes similaires sur plusieurs séries (carottes ou sections transversales de tronc) issues d'un même arbre, puis entre des séries provenant d'arbres différents. L'opérateur compare les séries depuis l'écorce, inventorie les cernes et dénombre les séquences de cernes minces ou revêtant un aspect particulier (couleur ou épaisseur du bois final, présence d'éventuels canaux traumatiques ou cicatrices...). Cette étape permet d'attribuer à chaque cerne son millésime de mise en place, après que les anomalies anatomiques du type cernes absents et cernes doubles ont été détectées. Une fois la synchronisation des séries établie, les séries d'épaisseurs de cernes sont mesurées (1/100 à 1/1 000 mm).

Sur des échantillons de date inconnue, c'est-à-dire des échantillons de bois issus d'arbres morts à une date indéterminée, la mesure des séries d'épaisseurs de cernes permet d'acquérir des séries numériques à partir desquelles sont tracés les graphiques qui traduisent les variations temporelles de l'épaisseur des cernes. Les graphiques sont ensuite comparés deux à deux et les séquences de cernes similaires sont recherchées ; la ressemblance maximale entre deux courbes est obtenue lorsque les années contemporaines sont superposées : les valeurs maximales, les valeurs minimales et le sens de variation de l'épaisseur entre deux cernes consécutifs coïncident.

L'analyse permet de dater l'année de formation de chaque cerne et l'événement que constitue la mort de l'arbre. La datation de la mort de l'arbre est garantie lorsque l'écorce est demeurée en place ou lorsque aucun cerne périphérique n'a été perdu entre la date de mort de l'arbre et le moment où la datation est entreprise ; chez les essences pour lesquelles la différence anatomique entre l'aubier (bois périphérique fonctionnel) et le duramen résiste au temps (chêne, frêne, orme, mélèze...), la date de mort de l'arbre est estimée sur la base de la date affectée à son dernier cerne.

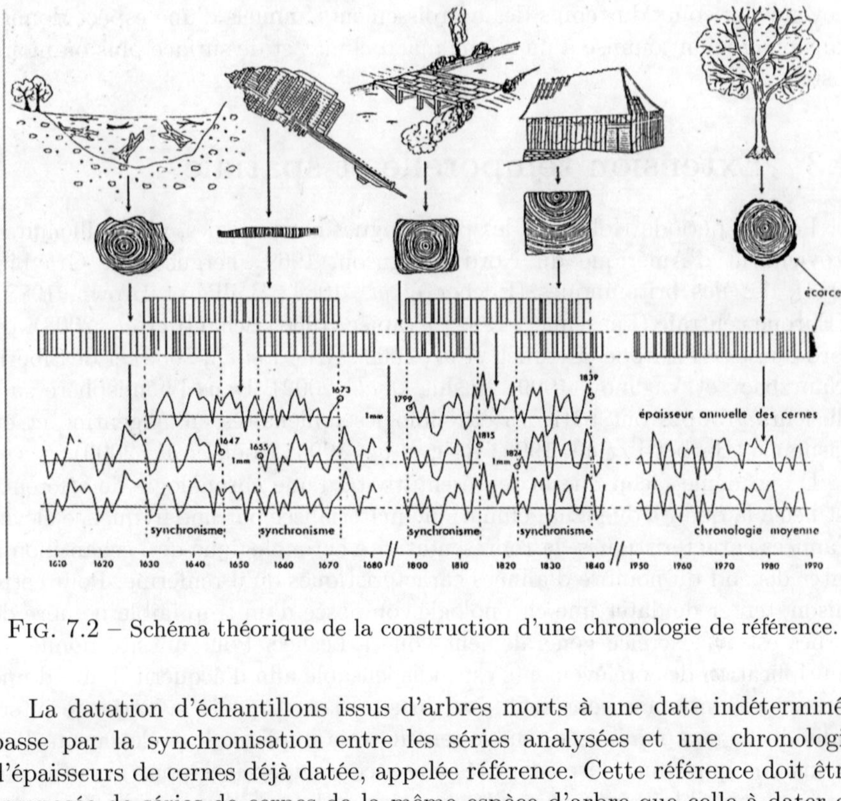

FIG. 7.2 – Schéma théorique de la construction d'une chronologie de référence.

La datation d'échantillons issus d'arbres morts à une date indéterminée passe par la synchronisation entre les séries analysées et une chronologie d'épaisseurs de cernes déjà datée, appelée référence. Cette référence doit être composée de séries de cernes de la même espèce d'arbre que celle à dater et issues d'arbres ayant été soumis aux mêmes facteurs climatiques donc géographiquement peu éloignés. La construction d'une chronologie de référence consiste à assembler plusieurs chronologies moyennes, homogènes par leur origine écologique ou géographique, partiellement synchrones sur la base de la présence de cernes ou de séquences de cernes caractéristiques communes à ces chronologies et dont l'une, construite à partir d'arbres vivants pour lesquels l'année de formation du dernier cerne situé sous l'écorce est connue, permet d'attribuer à chaque cerne de la référence le millésime de sa formation (Fig. 7.2). La représentativité d'une chronologie de référence est liée à sa couverture moyenne, c'est-à-dire au nombre moyen de séries qui entrent dans le calcul de chaque épaisseur moyenne : elle augmente avec le nombre de sites impliqués dans le calcul de la moyenne. Même s'il s'agit de régions climatiquement homogènes, la surface géographique couverte aboutit inévitablement à intégrer des arbres issus de peuplements soumis à des climats locaux variés, dus à des différences d'altitude, d'exposition, de continentalité ou bien ayant poussé dans des conditions stationnelles variées (roche-mère, exposition, groupement phyto-écologique, degré d'ouverture du milieu...) et ayant connu des vicissitudes variées sous forme de perturbations plus ou moins locales diverses. De cette sommation résulte une chronologie qui n'est autre que la variation moyenne au cours du temps des accroissements annuels d'une espèce donnée dans une région soumise à un même macroclimat et de surface plus ou moins vaste.

7.3 Extension temporelle et spatiale

Pour la période Holocène, les plus longues chronologies, plurimillénaires, proviennent d'Amérique du Nord (Ferguson, 1969 ; Ferguson et Graybill, 1983), des îles britanniques (Pilcher *et al.*, 1984 ; Baillie et Brown, 1988), d'Europe centrale (Leuschner, 1992 ; Krapiec, 1998 ; Schaub *et al.*, 2008), du nord-ouest de l'Europe (Eeronen *et al.*, 2002 ; Grudd *et al.*, 2002) et de Sibérie (Naurzbaev et Vaganov, 1999 ; Rashit *et al.*, 2002). Dans l'hémisphère sud, plusieurs groupes ont bâti des chronologies millénaires en Argentine et en Tasmanie (Barbetti *et al.*, 1995 ; Roig *et al.*, 1996 ; Cook *et al.*, 2000).

De la même façon que la représentativité d'une chronologie de référence est liée à la qualité du signal climatique matérialisée par une fréquence élevée d'années caractéristiques, la représentativité chronologique de l'échantillon à dater dépend du nombre d'années caractéristiques qu'il renferme. Pour cette raison, tenter de dater une chronologie composée d'un trop faible nombre de cernes est un exercice généralement voué à l'échec. Pour un site donné, la multiplication des prélèvements est indispensable afin d'acquérir d'abord une chronologie moyenne représentative du site dans laquelle la variance inter-individuelle sera minimisée ; sur le terrain, cela implique le prélèvement d'au moins une quinzaine de pièces présumées contemporaines pour aboutir, autant que possible, à une chronologie moyenne longue d'au moins 80 années (Fig. 7.3). Cette exigence méthodologique explique l'issue négative de tentatives répétées de dater des pièces de bois isolées, quel que soit leur contexte de découverte, même si, dans certaines conditions exceptionnelles (série de cernes très longue, période particulièrement bien référencée), des statues ou des pirogues monoxyles ont pu avoir été dendrochronologiquement datées (Arnold, 1996 ; Eckstein, 2006) !

Bien que déconseillée en raison des différences de réponse climatique et d'exigences écologiques entre espèces, la synchronisation inter-espèces, appelée hétéroconnexion, est parfois pratiquée entre espèces à exigences écologiques proches. Par exemple, des comparaisons sont couramment pratiquées entre chêne et châtaignier, chêne et orme, mélèze et épicéa.

Théoriquement tout aussi déconseillée que la précédente, la téléconnexion ou comparaison de séries dendrochronologiques à très longue distance, sur

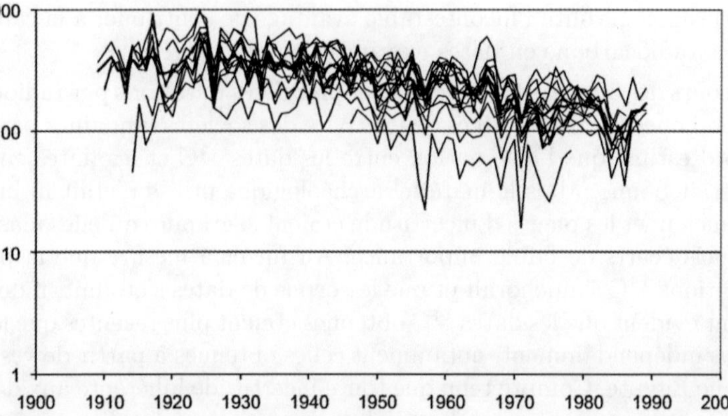

FIG. 7.3 – Chronologie moyenne (trait épais) construite à partir de plusieurs séries élémentaires synchrones et de longueur variable (selon l'usage courant en dendrochronologie, les ordonnées sont représentées selon une échelle logarithmique afin de rendre les cernes minces bien distincts).

des territoires soumis à des conditions climatiques différentes, est cependant communément pratiquée dès qu'une étude est initiée dans une région vierge jusqu'alors et où n'existe aucun acquis. Ainsi ont été initiées les chronologies de référence du chêne représentatives du Nord-Est de la France ou de Bretagne. Dans le premier exemple, les références déjà en place pour le Sud-Ouest de l'Allemagne ont servi à caler les premiers sites franc-comtois et bourguignons analysés au Laboratoire de Chrono-Ecologie de Besançon, au début des années 1980. Dans le deuxième exemple, les références représentatives du Sud-Ouest de l'Angleterre ont permis les datations de sites localisés dans le Val de Loire, le Penthièvre et le bassin de Rennes par le City of London Polytechnic et la Queen's University de Belfast.

Il faut aussi mentionner qu'avant de commencer une interdatation d'une pièce de bois, il est souvent nécessaire de partir d'un âge approximatif de cette pièce, fournie par le ^{14}C, que l'interdatation permettra d'affiner jusqu'à la précision annuelle. Précisons aussi que l'incertitude sur la datation dendrochronologique est inférieure à l'année, ce qui n'empêche pas occasionnellement des erreurs de datation, particulièrement quand les chronologies de référence pour l'espèce et/ou la région font défaut.

7.4 Contribution à la calibration du ^{14}C

Extrêmement précieuse par sa capacité à dater des vestiges de bois en établissant, sous les conditions détaillées plus haut, le millésime de formation de chaque cerne présent sur l'échantillon, voire l'année de mort de l'arbre, la dendrochronologie offre l'incontestable avantage de contribuer à la calibration des dates radiocarbone en dates exprimées en années réelles.

Au cours des années 1950, lorsque les premières datations par radiocarbone furent obtenues sur des vestiges de l'activité des sociétés humaines passées, on a d'abord estimé que l'adéquation entre les dates ^{14}C et les dates en années réelles était bonne. Mais le matériel archéologique utilisé n'était ni bien daté ni très ancien, et les plages d'incertitude étaient si grandes qu'elles masquaient d'éventuels écarts de faible importance. Au fur et à mesure que la précision des datations ^{14}C s'améliorait et que le corpus de dates s'étoffait, il devint rapidement évident que les dates ^{14}C obtenues étaient plus récentes que les dates obtenues indépendamment, notamment celles obtenues à partir de vestiges de l'ancienne Égypte. Compte tenu que toute incertitude inhérente aux datations relatives obtenues sur un tel matériel ne pouvait être totalement écartée et vu que dans un arbre vivant, seul le cerne le plus externe présente une teneur en ^{14}C en équilibre avec celle de l'atmosphère, un programme de datations ^{14}C sur des cernes d'arbres datés à l'année près par la dendrochronologie fut lancé sur les pins Mathusalem (*Pinus aristata*) très longévifs, installés sur les pentes des White Mountains en Californie (Fig. 7.4). Les résultats confirmèrent la disparité des dates ^{14}C et des dates réelles (de Vries, 1958). Les fluctuations irrégulières relevées dans les dates obtenues conduisirent Suess (1965) à mettre en place une procédure de calibration des dates ^{14}C sur les cernes d'arbres, afin d'exprimer les dates brutes (dates conventionnelles) en dates chronométriquement correctes (dates calibrées). Des mesures effectuées sur des séquences de cinq ou dix cernes consécutifs recueillies sur les pins californiens ont montré que l'écart entre les deux calendriers, celui du ^{14}C et celui en années réelles, est resté faible pour les 2 500 dernières années, mais qu'à partir de 500 av. J.-C., les écarts ont fortement augmenté pour atteindre presque 800 ans vers 5 500 B.P.

Une étude systématique de ce phénomène a ensuite été effectuée dans les années 1980 et 1990 par plusieurs laboratoires, sur des blocs de cernes provenant de pins américains, de chênes et de pins sylvestres européens. Ces courbes, dites courbes dendrochronologiques, établies par des milliers de mesures, constituent le support à partir duquel les corrections sont maintenant possibles, après leur publication en 1993 pour toute la période Holocène, et, actuellement, pour les 12 400 dernières années (Stuiver *et al.*, 1998). Étendues dans le passé par la datation de coraux des récifs tropicaux, de sédiments varvés et de spéléothèmes (voir chapitre 3), les courbes de calibration obtenues à partir de données dendrochronologiques sont aujourd'hui en cours d'extension à partir de séries de cernes de pins sylvestres datés du Bølling-Allerød et du Dryas récent provenant d'Allemagne, des environs de Zürich, du Nord-Ouest de l'Italie et des bassins versants d'affluents de la moyenne vallée de la Durance.

La courbe de correction des dates ^{14}C en années réelles montre que le temps réel paraît compressé d'environ 15 % dès le VIe millénaire av. J.-C.,

FIG. 7.4 – Vue d'un pin Mathusalem (*Pinus aristata*) multi-millénaire des White Mountains (Californie).

que des plateaux existent tout au long de la courbe (par exemple, vers 500 av. J.-C. ou au cours des IXe et X^{e} millénaires av. J.-C.), et que de multiples petites fluctuations peuvent, pour certaines périodes, affecter l'allure rectiligne de la courbe. Les conséquences pratiques de ces types de variations qui attestent que les variations de la teneur atmosphérique en ^{14}C ont été irrégulières, sont très différentes : les petites fluctuations peuvent conduire, après correction, à des dates particulièrement peu précises ; mais, dans certains cas, des dates très précises peuvent être attendues sur ces périodes affectées par des fluctuations particulières de la teneur atmosphérique en ^{14}C. Examinée plus attentivement, la courbe de calibration du radiocarbone, à l'aspect très tortillé, traduit un processus stochastique qui constitue, à certaines périodes, un marqueur chronologique particulièrement précieux. En effet, la mise en concordance de ces tortillements (appelés en anglais *wiggles*) fondée sur une multiplication de dates ^{14}C obtenues sur des blocs de cernes, séparés par un nombre d'années réelles connu permet, par la méthode du « *wiggle-matching* » (Pearson, 1986), d'améliorer considérablement la précision de la datation par radiocarbone, comme l'illustre l'exemple du pieu n° 69 (Fig. 7.5) de l'habitat littoral immergé de Montpenèdre (Hérault).

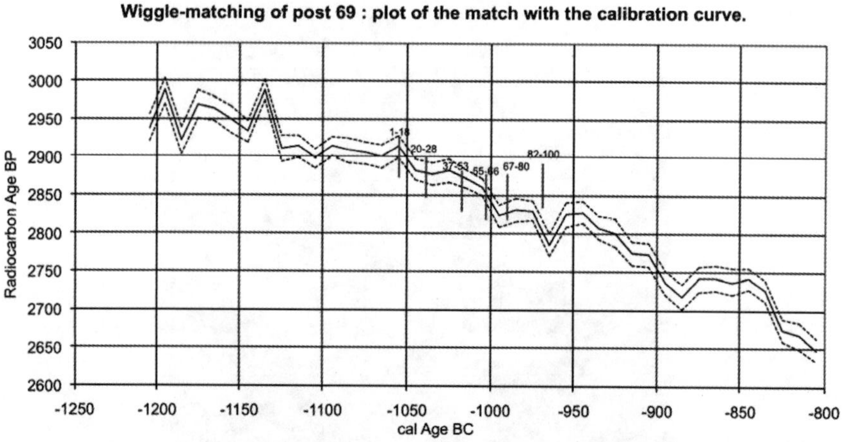

FIG. 7.5 – Datation par *wiggle-matching* du pieu de chêne n° 69 de l'habitat littoral immergé de l'Age du Bronze final de Montpenèdre, Hérault (Oberlin *et al.*, 2004). L'axe des abscisses correspond aux années réelles ; l'axe des ordonnées correspond aux années radiocarbone. Traits verticaux = écart-type de la mesure.

Références bibliographiques

[1] Arnold, B. (1996), *Pirogues monoxyles d'Europe centrale. Construction, typologie, évolution*, Vol. 2., Coll. Archéologie aujourd'hui, Archéologie Neuchâteloise, 160 p.

[2] Baillie, M. G. L. et Brown, D. M., (1988), « An Overview of Oak Chronologies », Slates, E.A., Tate, J.O. (Ed.), *Science and Archaeology*, Glasgow 1987, *Brit. Arch. Rep. Brit.*, 196, pp. 543-548.

[3] Barbetti, M., Bird, T., Dolezal, G., Taylor, G., Francey, R. J., Cook, E. et Peterson, M. (1995), « Radiocarbon Variations from Tasmanian Conifers : Results from Three Early Holocene Logs », *Radiocarbon*, 37 (2), pp. 361-369.

[4] Cook, E. R., Buckley, B. M., D'Arrigo, R. D. et Peterson, M. J. (2000), « Warm-Season Temperatures since 1600 BC Reconstructed from Tasmanian Tree Rings and their Relationship to Large Scale Sea-Surface Temperature Anomalies », *Climate Dynamics*, 16, pp. 79-91.

[5] Eckstein, D. (2006), « Human Time in Tree-Rings », *Dendrochronologia*, 24 (2-3), pp. 53-60.

[6] Eronen, M., Zetterberg, P., Briffa, K. R., Lindholm, M., Meriläinen, J. et Timonen, M. (2002), « The Supra-Long Scots Pine Tree-Ring Record for Northern Finnish Lapland. Chronology Construction and Initial Inferences », *The Holocene*, 12 (6), pp. 673-680.

[7] Ferguson, C. W. (1969), « A 7404-Year Annual Tree-Ring Chronology for Bristlecone Pine, Pinus Aristata, from the White Mountains, California », *Tree Ring Bulletin*, 29 (3-4), pp. 1-29.

[8] Ferguson, C. W. et Graybill, D. A. (1983), « Dendrochronology of Bristlecone Pine : A Progress Report ». *Radiocarbon*, 25 (2), pp. 287-288.

[9] Grudd, H., Briffa, K. R., Karlén, W., Bartholin, T. S., Jones, P. D. et Kromer, B. (2002), « A 7 400-Year Tree-Ring Chronology in Northern Swedish Lapland : Natural Climate Variability Expressed on Annual to Millennial Time Scales », *The Holocene*, 12 (6), pp. 657-665.

[10] Kaiser, K. F., Friedrich, M., Miramont, C., Kromer, B., Sgier, M., Schaub, M., Boeren, I., Remmele, S., Talamo, S., Guibal, F. et Sivan, O. (2011), « Challenging Process to Make the Lateglacial Tree-Ring Chronologies from Europe Absolute - An Inventory », *Quaternary Science Reviews*, 13 p. Online : doi :10.1016.

[11] Krapiec, M. (1998), « Oak Dendrochronology of the Neoholocene in Poland », *Folia Quaternaria*, 69, pp. 5-133.

[12] Leuschner, H-H. (1992), « Subfossil Trees », dans Bartholin, T. S., Berglund, B. E, Eckstein, D., Schweingruber, F. H. (ed.). *Tree Rings and Environment. Proceedings of the International Dendrochronological Symposium, Ystad, South Sweden, 3-9 September 1990*, Lund : Lund University, Department of Quaternary Geology, pp. 193-197.

[13] McCarthy, B. C. (2004), *Introduction to Dendrochronology*, Ohio University, World Wide Web homepage URL :
http ://www.plantbio.ohiou.edu/epb/instruct/ecology/dendro.htm.

[14] Naurzbaev, M. M. et Vaganov, E. A. (1999), « 1957-Year Chronology for Eastern Taimir », *Siberian Journal of Ecology*, 6, pp. 67-78.

[15] Oberlin, C., Leroy, F. et Guibal, F. (2004), « High Precision ^{14}C Dating of a Bronze Age Tree-Ring Chronology from the Pile-Dwelling Settlement of Montpenèdre, Hérault, Southern France », *Proceedings of the IVth Int. Symp. Radiocarbon and Archaeology*, Oxford, 9-14/04/2002, *Oxford University School of Archaeology Monograph*, 62, pp. 193-200.

[16] Pearson, G. W. (1986), « Precise Calendrical Dating of Known Growth-Period Samples Using a « Curve Fitting » Technique », *Radiocarbon*, 28 (2A), pp. 292-299.

[17] Pilcher, J. R., Baillie, M. G. L., Schmid, B. et Becker, B. (1984), « A 7,272-Year Tree-Ring Chronology for Western Europe », *Nature*, 312, pp. 150-152.

[18] Rashit, M., Hantemirov, M. et Shiyatov, S. G. (2002), « A Continous Multimillenial Ring-Width Chronology in Yamal, Northwestern Siberia », *The Holocene*, 12(6), pp. 717-726.

[19] Robinson, W. J. (1976), " Tree-Ring Dating and Archaeology in the American South-West », *Tree-Ring Bull*, 36, pp. 9-20.

[20] Roig, Jr. F., Roig, C., Rabassa, J. et Boninsegna, J. (1996), « Fuegan Floating Tree-Ring Chronology from Subfossil *Nothofagus* Wood », *The Holocene*, 6 (4), pp. 469-476.

[21] Schaub, M., Kaiser, K. F., Frank, D. C., Buentgen, U., Kromer, B. et Talamo, T. (2008), « Environmental Change During the Allerød and Younger Dryas Reconstructed from Tree-Ring Data », *Boreas*, 37, pp. 74-86.

[22] Stuiver, M., Reimer, P. J., Bard, E., Beck, J. W., Burr, G. S., Hughen, K. A., Kromer, B., McCormac, G., Van der Plicht, J. et Spurk, M. (1998), « IntCal98 Radiocarbon Age Calibration, 24 000-0 cal BP », *Radiocarbon*, 40 (3), pp. 1 041-1 083.

[23] Suess, H. E. (1965), « Secular Variations in the Cosmic Ray Produced Carbon-14 in the Atmosphere and their Interpretation », *J. Geophys. Res.*, 70, pp. 5 937-5 952.

[24] Vries de, H. (1958), « Variation of the Concentration of Radiocarbon with Time and Location on Earth. Kon », *Ned. Akad. Wetensch. Proc. Ser. B*, 61, pp. 267-281.

Chapitre 8

La datation des archives glaciaires

Frédéric Parrenin, *Laboratoire de Glaciologie et Géophysique de l'Environnement, 54, rue Molière, 38400 St Martin d'Hères, France.*

La richesse du témoignage qu'apportent les grands forages glaciaires de l'Antarctique et du Groenland sur les variations passées de notre climat et de notre environnement est reconnue bien au-delà du monde restreint des glaciologues. De façon unique, les glaces permettent de reconstituer, à partir d'une même archive, les variations locales du climat et celles de la composition de l'atmosphère qui, elles, sont globales. L'exploitation des informations qu'offrent les archives glaciaires nécessite la datation aussi précise que possible de ces différents enregistrements. Là aussi, la glace a ses spécificités.

La première tient au fait qu'elle résulte du tassement des couches de neige sous leur propre poids. En surface, la neige est très peu dense (entre 0,3 et 0,4 g/cm^3) : l'air circule librement dans les premiers mètres de ce milieu poreux, le névé, puis plus difficilement en profondeur, car la densité augmente et la porosité diminue. Quand cette densité est supérieure à environ 0,83 g/cm^3 (à partir de 100 mètres de profondeur au centre de l'Antarctique), l'air est piégé dans la glace à l'intérieur de bulles et isolé de l'atmosphère. En profondeur, sous l'effet de la pression, ces bulles se compriment puis se transforme en clathrates, c'est-à-dire que les molécules de gaz sont intégrées à la structure cristalline de la glace. Au final, l'air est plus jeune que la glace qui l'emprisonne. Pour dater les archives glaciaires, dont certains des signaux sont inscrits dans la glace, d'autres dans les bulles d'air, nous avons donc besoin de deux chronologies distinctes. L'évaluation de la différence âge gaz-âge glace est traitée dans la section 8.1.

Par ailleurs, les glaces ne se prêtent pas à l'utilisation de méthodes radioactives. La datation au carbone-14 ne peut être utilisée qu'exceptionnellement, par exemple quand on trouve des débris végétaux ou que l'on extrait des quantités suffisantes de gaz carbonique. Même si les quantités de glace nécessaires à la datation au carbone-14 ont diminué depuis l'avènement de la spectrométrie de masse par accélérateur, les dates obtenues ne sont que des valeurs moyennes sur quelques mètres de glace. De plus, cette méthode est inapplicable au-delà de quelques dizaines de milliers d'années en raison de la décroissance radioactive du carbone-14 avec sa période de 5 730 ans.

Les datations mises au point par les glaciologues sont alors fondées sur des méthodes complémentaires, telles le comptage des couches annuelles (section 8.2), la comparaison avec d'autres enregistrements datés (section 8.3) ou avec les variations de l'insolation (section 8.4), la modélisation glaciologique (modélisation de l'accumulation de la neige et de l'écoulement de la glace, section 8.5). Après les avoir présentées, nous décrirons en section 8.6 une technique statistique, communément appelée « méthode inverse » qui consiste à regrouper ces différentes sources d'information chronologique afin d'obtenir une datation optimale et d'en évaluer l'intervalle de confiance.

8.1 Différence âge gaz-âge glace

8.1.1 Introduction

Le névé est la zone supérieure des calottes qui est poreuse. Elle marque la transition entre la neige qui tombe en surface et la glace en profondeur. Selon les sites, son épaisseur varie grossièrement de 50 m (Groenland) à 120 m (Antarctique central). Sa densité varie entre la densité de surface (typiquement 0,4 g/cm^3) et la densité à la profondeur du *close off*, profondeur à laquelle les pores se ferment (typiquement 0,83 g/cm^3). À cette profondeur, l'air est piégé dans des bulles isolées et ne circule plus.

L'étude du transport des gaz dans le névé a conduit à l'élaboration d'un modèle simple (Sowers *et al.*, 1992) à partir duquel nous pouvons distinguer quatre zones dans le névé (Fig. 8.1) :

- *La zone convective*, située juste en dessous de la surface. La convection dans cette zone est provoquée d'une part par le gradient thermique, d'autre part par les vents de surface. La hauteur de cette zone varie d'un site à l'autre, et pourrait atteindre 20 m pour des sites présentant un fort vent et des reliefs (dunes) en surface.

- *La zone diffusive* correspond à une zone où la colonne d'air est statique (sans convection). Le mouvement se fait alors à l'échelle moléculaire (diffusion) et on observe dans cette zone des fractionnements élémentaires et isotopiques. Par exemple, les molécules les plus lourdes se déplacent préférentiellement dans les zones froides et basses, tandis que les molécules légères se situent davantage dans les zones chaudes et élevées.

- *La zone non diffusive*, à l'intérieur de laquelle les pores sont presque fermés et où la diffusion moléculaire devient alors négligeable. La

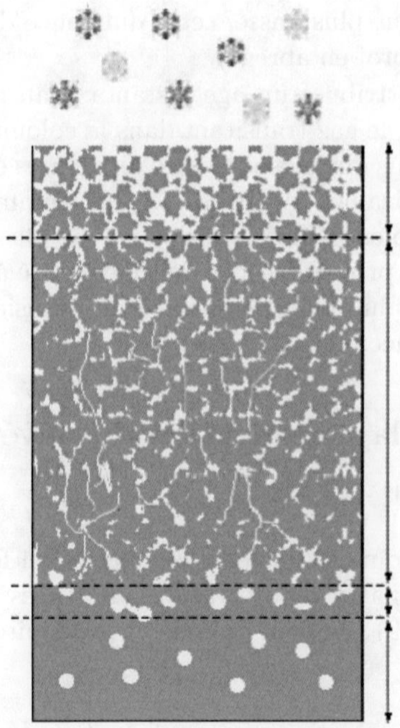

FIG. 8.1 – Schéma illustrant les différentes zones d'un névé. Adapté de Sowers (1992).

composition des bulles n'est alors plus modifiée, bien que la pression totale puisse encore évoluer.

– *La zone de fermeture des bulles*, ou zone de *close off*, se situe à la base du névé. Les bulles de gaz se ferment et l'air est alors piégé à l'intérieur. Le *close-off* correspond à une densité bien définie, voisine de 0,83 g/cm^3. Cette densité augmente lorsque la température de surface diminue et varie avec le taux d'accumulation à la surface du névé. La profondeur du *close-off* évolue donc au cours des périodes glaciaires ou interglaciaires.

Le sommet de la zone non diffusive correspond à une profondeur critique au-dessus de laquelle l'air contenu dans l'espace poreux du névé est encore en contact avec l'atmosphère de surface. Alors que la neige, à cette profondeur, s'est déposée depuis plusieurs centaines ou même milliers d'années, le gaz, lui, en est encore à l'âge « zéro », c'est-à-dire l'âge de la neige en cours d'accumulation. Par conséquent, à n'importe quelle profondeur d'une carotte de glace, le gaz contenu dans la bulle d'air piégée est toujours plus jeune que la glace qui l'entoure. La différence entre l'âge de la glace et l'âge des bulles de gaz est appelée et notée Δâge. Exprimé autrement, on trouve le gaz ayant même âge que la glace à une profondeur plus basse, cette différence de profondeur étant notée Δprofondeur (ou Δprof en abrégé).

En réalité, on ne peut pas attribuer un âge instantané au gaz présent à une profondeur donnée. En effet, le gaz transitant dans la colonne diffusive, il se produit un mélange de gaz issus d'atmosphères de différentes époques, avec un temps typique de quelques dizaines d'années. De plus, comme le *close off* ne correspond pas à un niveau bien défini mais s'étend sur plusieurs mètres, les gaz emprisonnés à une même profondeur peuvent l'avoir été à des époques légèrement différentes. Il se produit donc une sorte de diffusion du signal, d'autant plus importante que l'accumulation est faible.

8.1.2 Modélisation de la densification du névé

Pour évaluer le Δâge, on doit évaluer :

- *La densité à la fermeture* qui est souvent paramétrée en fonction de la température de surface, à partir d'observations effectuées sur différents sites (Salamatin *et al.*, 2009) ; on peut également la déduire de la teneur en air de la glace ;

- *L'âge du gaz à la fermeture* qui est souvent négligé dans le cas des forages antarctiques, car il est très petit devant l'âge de la glace ; il peut être évalué grâce à un modèle de diffusion des gaz dans le névé pour le cas des forages groenlandais, pour lesquels l'âge de la glace au *close off* n'est que de quelques centaines d'années (Schwander *et al.*, 1997) ;

- *Le profil de densité dans le névé*, qui est déduit d'un modèle mécanique ; différents modèles mécaniques ont été publiés (voir, par exemple, Salamatin *et al.*, 2009) ; ils prennent généralement en compte le glissement des grains de neige les uns par rapport aux autres, processus qui est dominant en surface, et la déformation des grains qui devient dominante en profondeur.

Comme le montre la Figure 8.2, la profondeur de fermeture calculée augmente lorsque l'accumulation augmente (l'advection verticale augmente) ou que la température diminue (la densification est alors moins rapide). Ces modèles ont été validés sur des données actuelles (en particulier des profils de densité) pour des sites présentant des conditions de température et d'accumulation moyennes très variées, aussi bien en Antarctique qu'au Groenland (Fig. 8.2 ; voir aussi Salamatin *et al.*, 2007). Il est toutefois à noter qu'aucun site présent ne correspond aux conditions de la dernière période glaciaire en Antarctique, avec des températures très froides et des accumulations très réduites. D'autre part, ces validations concernent seulement le présent, avec les paramètres orbitaux actuels et donc des distributions journalières et saisonnières d'insolation très spécifiques.

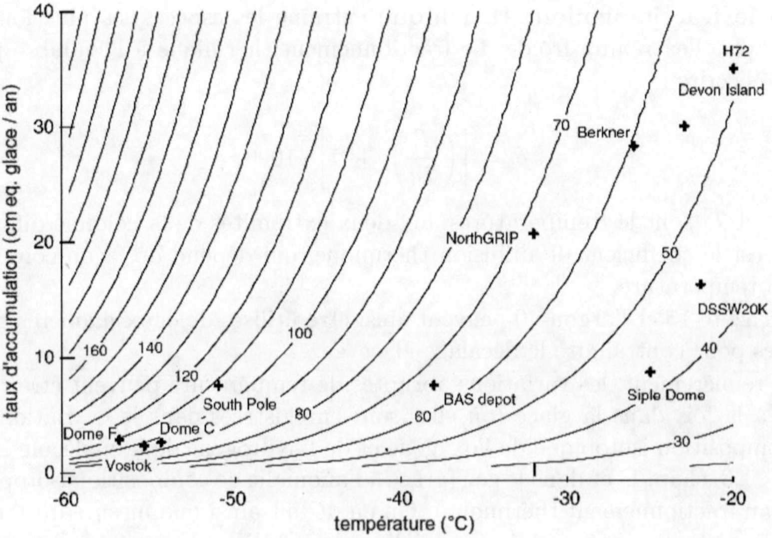

FIG. 8.2 – Profondeur à la fermeture des bulles en fonction du taux d'accumulation et de la température de surface, comme calculée par le modèle d'Arnaud *et al.* (2000) supposé en état stationnaire. Les conditions en différents sites polaires sont indiquées par les croix.

8.1.3 Utilisation des isotopes ^{15}N et ^{40}Ar des bulles

L'azote et l'argon ont des compositions isotopiques (en ^{15}N et ^{40}Ar) à peu près constantes dans l'atmosphère aux échelles de temps étudiées dans les carottes de glace. Mais la composition isotopique des bulles d'air varie à cause de processus ayant lieu dans le névé.

À cause du brassage, aucun fractionnement n'a lieu dans la zone convective. Dans la zone diffusive, deux types de fractionnement ont lieu :

- *Le fractionnement gravitationnel* entraîne, sous l'effet du champ de pesanteur, les isotopes lourds vers le fond du névé, selon l'équation :

$$\delta_g = \left[\exp\left(\frac{\Delta mgz}{RT}\right) - 1\right] \times 1000 \qquad (1)$$

où Δm est la différence de masse entre les deux isotopes, g est l'accélération gravitationnelle, z est la hauteur de la colonne diffusive, R est la constante des gaz parfaits et T est la température, exprimée en Kelvin. Ce fractionnement dépendra donc principalement de la hauteur de la colonne diffusive, et dans un moindre mesure de la température du névé. Toutes choses étant égales par ailleurs, le fractionnement gravitationnel est proportionnel à la différence de masse entre les deux isotopes considérés. Il est donc quatre fois plus important pour l'argon (^{40}Ar et ^{36}Ar) que pour l'azote (^{15}N et ^{14}N).

- **le fractionnement thermique** entraîne les espèces les plus lourdes vers l'extrémité froide. Le fractionnement thermique à l'équilibre peut s'écrire :

$$\delta_t = \left[\left(\frac{T}{T_0}\right)^{\alpha} - 1\right] \cdot 1000 \qquad (2)$$

où T et T_0 sont les températures aux deux extrémités de la colonne diffusive et α est le coefficient de diffusion thermique, qui dépend de façon complexe de la température.

L'azote-15 et l'argon-40 peuvent ainsi être utilisés de deux manières différentes pour contraindre le décalage glace/gaz.

Premièrement, les variations abruptes de température peuvent être repérées à la fois dans la glace (où elles sont enregistrées dans les variations de la composition isotopique de l'oxygène et de l'hydrogène de la molécule H_2O, voir § 1.3, chap. 1) et dans le gaz (grâce à l'anomalie de composition isotopique due au fractionnement thermique). On en déduit ainsi une mesure du Δprof. Cette méthode a été utilisée pour valider les modèles de névé au Groenland lors des grandes variations rapides de température, appelées événements de Dansgaard-Oeschger. En Antarctique, les variations de température sont peu abruptes et la détection de l'anomalie thermique reste ambiguë.

Deuxièmement, en supposant connue la colonne convective et qu'aucun fractionnement n'a lieu durant le processus de fermeture des pores, on en déduit l'épaisseur de la colonne diffusive. Cette technique a également permis de valider les modèles de névé au Groenland. Pour les sites du plateau antarctique, la situation est plus complexe, car l'azote-15 et l'argon-40 suggèrent une diminution de la colonne diffusive durant les périodes glaciaires, alors que les modèles de névé calculent une augmentation de l'épaisseur du névé (Landais *et al.*, 2006). Trois hypothèses peuvent expliquer ce désaccord : 1) la hauteur de la zone convective augmente durant les périodes glaciaires ; 2) les modèles de névé ne s'appliquent pas aux conditions glaciaires du plateau antarctique ; 3) un autre processus de fractionnement intervient au moment de la fermeture des pores. Ce problème reste ouvert à l'heure actuelle.

8.1.4 Synchronisation de deux forages

Comme nous l'avons expliqué précédemment, le déphasage glace/gaz pour les forages à faible taux d'accumulation du plateau d'Antarctique de l'Est et durant les périodes glaciaires est encore mal contraint. Une méthode alternative pour en avoir une estimation est la synchronisation, à la fois pour l'enregistrement glace et pour l'enregistrement gaz, à un forage à plus fort taux d'accumulation, pour lequel le déphasage glace/gaz durant ces périodes est mieux contraint.

Récemment, Loulergue *et al.* (2007) ont appliqué cette méthode pour contraindre le Δâge d'EDC (EPICA Dôme C) à partir du forage EDML

(EPICA Dronning Maud Land). La synchronisation gaz est basée sur les variations rapides du méthane, et la synchronisation glace utilise les signatures volcaniques. Cette étude montre ainsi que le modèle de névé, forcé avec des scénarios de température et d'accumulation tels qu'utilisés pour la datation de la glace (Parrenin *et al.*, 2007a), surestime de 500 à 1 000 ans le Δâge à EDC, durant la dernière période glaciaire. Par conséquent, le mécanisme de densification durant les périodes glaciaires à EDC est mal compris et les modèles devront être améliorés.

Le Δâge pendant les périodes glaciaires pour les sites à faible accumulation du plateau antarctique est donc un problème ouvert. De nouvelles études seront nécessaires pour trancher cette question.

8.2 Le comptage des couches annuelles

Sur les calottes polaires et sur les glaciers, nombre des propriétés de la neige diffèrent selon qu'elle s'accumule l'été ou l'hiver. Par exemple, l'été, les poussières sont plus abondantes dans la neige, car, pendant cette saison, les vents sont favorables au transport des poussières vers les pôles. On peut donc reconnaître des couches annuelles soit visuellement, soit par analyse chimique, soit par analyse isotopique. Le comptage des couches annuelles est ainsi une méthode simple de datation, pourvu que l'accumulation de neige soit suffisante, afin que la stratigraphie n'en soit pas détruite par l'action du vent qui mélange les couches près de la surface. Pour cette raison, le comptage des couches est impossible dans les régions centrales du plateau antarctique où sont situés les forages profonds de Vostok, du Dôme C et du Dôme F, mais il est possible sur l'ensemble du Groenland et, pour l'Antarctique, dans les régions plus côtières.

Citons le grand projet de comptage systématique nommé *Greenland Ice Core Chronology* 2005 (GICC05) qui est en cours de réalisation par l'équipe danoise du Niels Bohr Institute, à Copenhague. Il est basé sur les carottes de DYE-3, GRIP et NorthGRIP, et s'étend actuellement sur les 60 000 dernières années (Svensson *et al.*, 2008).

Les glaciologues ont recours à divers enregistrements pour identifier des couches annuelles. Lorsque cela est possible, les variations isotopiques de la glace (δ^{18}O ou δD), dépendant de la température au moment des précipitations, forment l'enregistrement le plus fiable pour repérer l'alternance des saisons. Cependant, les molécules d'eau diffusent sous forme de vapeur dans le névé, puis plus lentement dans la glace. Cette diffusion lisse le signal isotopique saisonnier jusqu'à le faire disparaître en profondeur, d'autant plus rapidement que l'accumulation est faible et que la température est élevée. Ainsi, le cycle saisonnier des isotopes est difficilement reconnaissable sur la carotte de NorthGRIP, qui présente une faible accumulation ; il est largement atténué sur la carotte de GRIP. La plus longue séquence sur laquelle le cycle saisonnier en oxygène-18 ait été utilisé a été obtenue sur la carotte de Dye-3, au Groenland : 67 000 analyses isotopiques ont permis de dater an par an la carotte sur les 7 900 dernières années. Au-delà, l'épaisseur des couches annuelles est faible et la diffusion isotopique dans la glace rend le comptage imprécis.

D'autres données basées sur le contenu en impuretés provenant de l'analyse en flux continu (*Continuous Flow Analysis*, CFA), de la mesure de la conductivité électrique (*Electrical Conductivity Measurement*, ECM) et de la teneur en poussières insolubles, ou de la stratigraphie visuelle (*Visual Stratigraphy*, VS) complètent l'information isotopique lorsque celle-ci est disponible, puis prennent son relais en profondeur (Fig. 8.3). La CFA permettra une séparation des différents composés solubles, tels que Na^+, Ca^{2+}, H_2O_2, NH_4^+, NO_3^- et SO_4^{2-}. L'ECM est une mesure non destructrice, réalisée sur le terrain en continu, mais elle ne fournit qu'une information intégrée de ces différents composés solubles. La VS utilise le fait que les impuretés diffusent la lumière dans la glace. Cet enregistrement présente cependant en général plusieurs pics par année et n'est donc pas facile à interpréter. Au Groenland et durant l'Holocène, une année typique se caractérise par un Na^+ (dominé principalement par les apports marins) présentant un pic en fin d'hiver. Le printemps présente un contenu élevé en poussières, un Ca^{2+} élevé et un H_2O_2 faible. L'été se caractérise par des concentrations élevées en NH_4^+, NO_3^- et parfois SO_4^{2-}. C'est cette méthode basée sur les données CFA, ECM et VS de GRIP et NorthGRIP qui a principalement été utilisée pour établir GICC05 dans l'intervalle 7 900-14 800 ans b2k (cette notation signifie « années avant l'an 2000 », « *year before 2,000 AD* » en anglais) (Rasmussen *et al.*, 2006). Dans la partie ancienne (14 800-60 000 ans b2k), la méthode est identique, mais seules les données de NorthGRIP ont été utilisées (Svensson *et al.*, 2008).

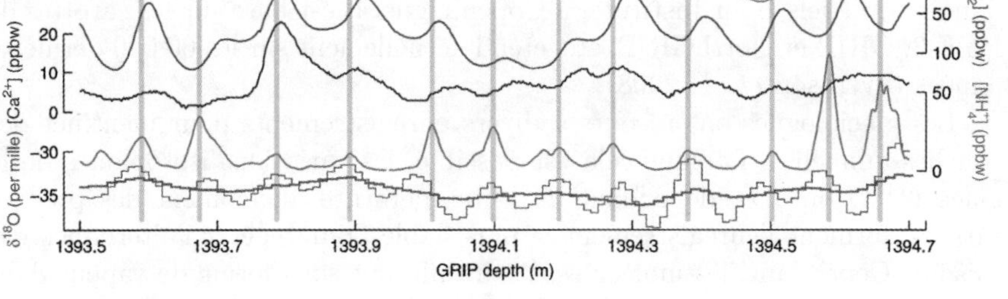

FIG. 8.3 – Exemple d'une section de 1,2 m de la carotte GRIP d'un âge d'environ 8,8 ka avec les couches annuelles marquées par des barres verticales grises. De haut en bas, les enregistrements utilisés pour repérer les couches annuelles sont : ECM, H_2O_2, Ca^{2+}, $NH4^+$ et $\delta^{18}O$. Pour ce dernier indicateur, la ligne épaisse représente les données brutes et la ligne fine les données après correction de l'effet de diffusion. Adapté de Rasmussen *et al.* (2006).

En résumé, aucun des indicateurs n'est parfait, mais, combinés, ils autorisent une datation annuelle tant que l'épaisseur des couches, qui s'amincissent en s'enfonçant dans la calotte, reste suffisante. Pour GICC05, le comptage a été effectué par différentes personnes et sur différentes carottes, et les résultats obtenus indépendamment sont comparés de façon à minimiser les erreurs d'appréciation. D'autre part, chaque couche incertaine a été répertoriée de façon à obtenir un intervalle de confiance sur la chronologie finale. Les erreurs répertoriées sont faibles : inférieures à 2 % jusqu'à la dernière déglaciation, et de l'ordre de 5 % au-delà (Fig. 8.4).

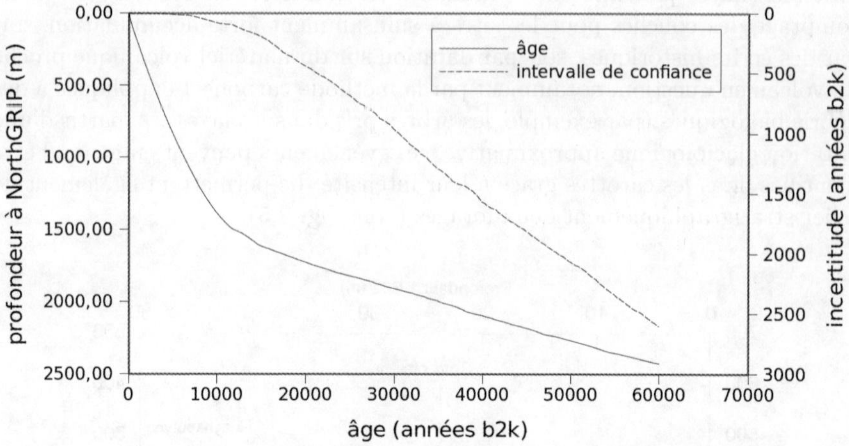

FIG. 8.4 – Relation profondeur/âge sur la carotte de NorthGRIP selon l'échelle GICC05 (trait plein), et incertitude associée (trait pointillé). La notation « b2k » signifie avant l'an 2000.

8.3 La reconnaissance d'horizons datés

Si les carottes de glace ne peuvent pas être datée directement par les méthodes radiochronologiques classiques, on peut repérer dans ces carottes des événements qui ont été datés par ailleurs : c'est ce que nous appellerons la reconnaissance d'horizons datés. Nous allons détailler dans la suite les principaux types d'horizons qui sont utilisés pour dater les forages polaires.

8.3.1 Les horizons volcaniques

Des horizons volcaniques peuvent être repérés dans les forages, aussi bien en Antarctique qu'au Groenland. Quelques événements sont suffisamment intenses ou se produisent suffisamment près du forage pour déposer des poussières (cendres) volcaniques visibles à l'œil nu. La plupart ne déposent que des aérosols de petite taille. On peut alors les repérer grâce aux analyses chimiques effectuées sur la glace : le sulfate en particulier présente de nombreux pics correspondant à des apports volcaniques qui sont facilement repérables, car ils dépassent largement les niveaux usuels. Ces horizons volcaniques modifient également les propriétés diélectriques de la glace, ce qui permet de les repérer en mesurant sa conductivité (c'est une mesure non destructrice qui est effectuée en général sur le terrain, immédiatement après que les carottes aient été remontées à la surface).

Pour les derniers millénaires, bon nombre de ces événements volcaniques sont bien datés par différentes méthodes (Zielinski *et al.*, 1994) : soit par le comptage des couches pour les sites à suffisamment forte accumulation, soit par des écrits historiques, soit par datation sur du matériel volcanique proche du volcan en question, notamment par la méthode carbone-14 appliquée à des débris biologiques (par exemple, les arbres pris dans les laves). À partir d'une datation glaciologique approximative, ces événements peuvent en général être identifiés dans les carottes grâce à leur intensité. Ils permettent également de relier stratigraphiquement deux forages (voir Fig. 8.5).

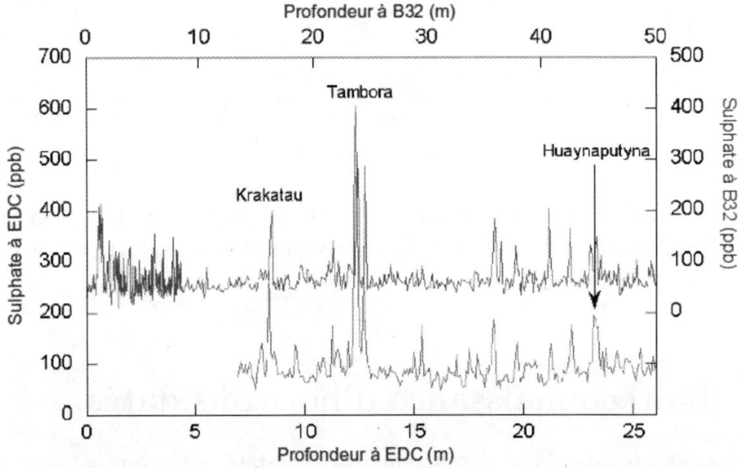

FIG. 8.5 – Profils de sulfate pour les premières dizaines de mètres de deux forages d'Antarctique de l'Est : EDC (EPICA Dôme C, en bas) et B32 (en haut), ce dernier se trouvant à proximité du site EDML (EPICA Dronning Maud Land). Plusieurs éruptions connues peuvent être repérées. D'autre part, ces profils volcaniques permettent de synchroniser les forages entre eux. Adapté de Severi *et al.* (2007).

Au-delà de l'Holocène, seules quelques couches de cendres (Fig. 8.6) peuvent être datées précisément. L'analyse chimique de ces cendres permet sans ambiguïté l'identification de l'éruption volcanique concernée. Cette signature peut parfois être mise en relation avec celle de matériel volcanique présent à proximité d'un volcan. Ce matériel volcanique, en plus grande quantité, peut lui être daté par des méthodes radiochronologiques classiques.

Ainsi, une couche de cendres visible dans les forages de Dôme C et Dôme Fuji a pu être datée par une équipe américaine grâce à la méthode argon/argon (voir chapitre 4) sur des cendres présentes à proximité du volcan (Mt Berlin, Antarctique ; Narcisi *et al.*, 2006). Pour le Groenland, on peut citer les horizons volcaniques de Saksunarvatn, de Vedde, Fugloyarbanki, de '33 ka 14C' ou de Z2. Ces horizons ont été datés par la méthode carbone-14 ou par la méthode argon/argon (voir Svensson *et al.*, 2008 et références incluses pour plus de détails).

FIG. 8.6 – Couche de cendre présente à environ 239 m dans la carotte forée à Talos Dome (Antarctique de l'Est).

8.3.2 Les événements de Dansgaard-Oeschger

Les événements de Dansgaard-Oeschger (D-O) ont été repérés pour la première fois dans les carottes de glace du Groenland et correspondent à des variations abruptes de température durant la dernière période glaciaire (voir § 3.2, chapitre 3). Des variations synchrones (à quelques dizaines d'années près) sont également observées dans la teneur atmosphérique en méthane (Severinghaus *et al.*, 1998) que l'on mesure dans les bulles d'air, aussi bien dans la glace de l'Antarctique que dans celle du Groenland. Une datation de ces événements peut donc être fournie par les carottes groenlandaises qui sont relativement précisément datées par le comptage des couches annuelles (voir § 8.2). Cette datation peut donc être importée sur les carottes antarctique grâce à l'enregistrement de méthane.

Les variations climatiques des événements de Dansgaard-Oeschger, même si leur amplitude était probablement maximum au niveau de l'Atlantique Nord, sont en fait visibles à de nombreux endroits de la planète, dans d'autres archives climatiques. On les retrouve ainsi dans la composition isotopique des spéléothèmes (concrétions calcaires que l'on retrouve dans les grottes) en Europe et en Asie, mais aussi en Amérique du Sud et dans l'océan Indien. Ces spéléothèmes peuvent être datées avec une précision de l'ordre de quelques centaines d'années à 1 ou 2 milliers d'années grâce à la méthode uranium/thorium, et fournissent donc un âge précis pour les transitions marquant les D-O. Les figures 8.7 et 8.8 résument ces différents enregistrements avec leur datation respective.

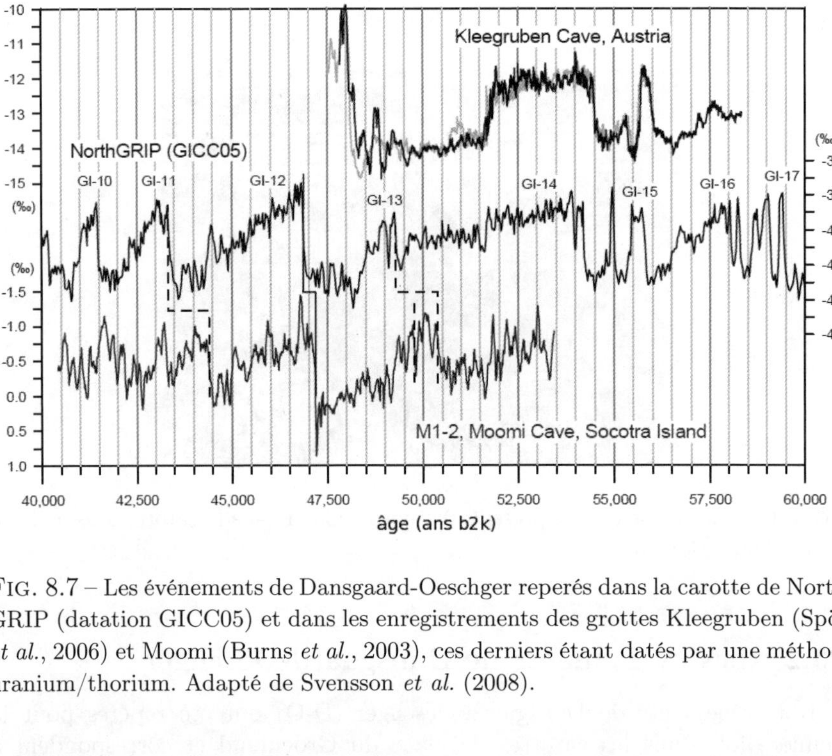

FIG. 8.7 – Les événements de Dansgaard-Oeschger reperés dans la carotte de NorthGRIP (datation GICC05) et dans les enregistrements des grottes Kleegruben (Spötl *et al.*, 2006) et Moomi (Burns *et al.*, 2003), ces derniers étant datés par une méthode uranium/thorium. Adapté de Svensson *et al.* (2008).

8.3.3 Les variations du champ magnétique et de l'activité solaire

Le béryllium-10 et le carbone-14 sont tous deux produits dans la haute atmosphère par le flux de particules cosmiques. Ce flux est modulé d'une part, par le champ magnétique du vent solaire qui dévie les particules chargées, et d'autre part, par le champ magnétique terrestre. À la différence du béryllium-10 dont le flux de dépôt à la surface de la Terre est pratiquement directement lié à la production dans la haute atmosphère, la composition en carbone-14 de l'atmosphère est également modulée par les échanges entre les différents réservoirs de carbone sur Terre. Mais les variations majeures de ces deux indicateurs (carbone-14 et béryllium-10) sont concomitantes.

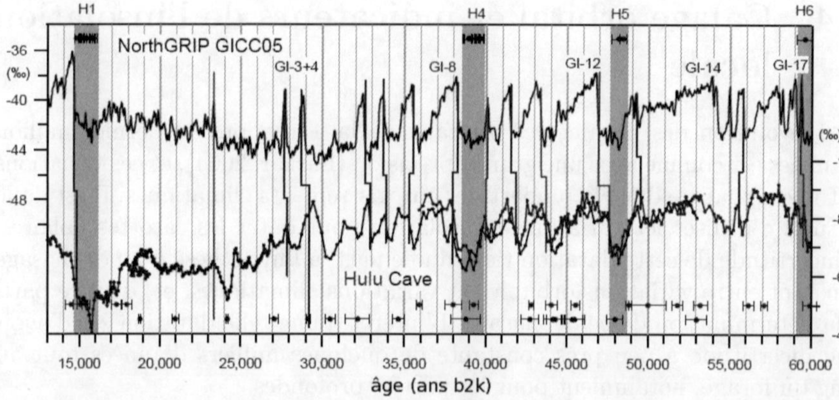

FIG. 8.8 – Les événements de Dansgaard Oeschger reperés dans la carotte de NorthGRIP (datation GICC05) et dans les enregistrements de la grotte Hulu (Wang *et al.*, 2001). Les points datés des enregistrements d'Hulu Cave par la méthode uranium/thorium sont marqués en bas de la figure (avec leur barre d'erreur). Les zones grisées représentent les événements de Heinrich tels que repérés dans les spéléothèmes du Brésil (Wang *et al.*, 2004). Leurs points datés par la méthode uranium/thorium sont également indiqués en haut de la figure. Adapté de Svensson *et al.* (2008).

Le béryllium-10 peut être mesuré avec précision dans les carottes de glace, aussi bien en Antarctique (Raisbeck *et al.*, 2007, et références incluses) qu'au Groenland (Beer *et al.*, 2006, et références incluses). On peut ainsi importer la datation par comptage des couches annuelles du Groenland sur les carottes antarctiques pour l'Holocène (Ruth *et al.*, 2007) ou pour l'anomalie du champ magnétique terrestre de Laschamp, survenue il y a environ 41 ka (Raisbeck *et al.*, 2007).

Le carbone-14, quant à lui, est mesuré dans les anneaux des arbres, qui sont datés très précisément pour les derniers 12,4 ka grâce à la dendrochonologie (voir chapitre 7). On peut ainsi importer cette datation sur les carottes de glace lorsque les variations de l'activité solaire sont suffisamment importantes pour synchroniser béryllium-10 et carbone-14. Cette méthode a été utilisée pour dater la partie Holocène des carottes de glace antarctique, pour lesquelles le comptage des couches n'est pas possible (Ruth *et al.*, 2007).

Enfin, les anomalies importantes du champ magnétique terrestre peuvent être repérées dans d'autres archives paléoenvironnementales comme les laves volcaniques qui peuvent être datées par les méthodes argon/argon ou potassium/argon. L'anomalie de Laschamp est ainsi datée avec une relativement bonne précision (Guillou *et al.*, 2004), alors que la transition de Bruhnes-Matuyama plus ancienne, n'est datée que de manière grossière (Raisbeck *et al.*, 2006). Le chapitre 6 donne plus de détails sur la stratigraphie magnétique.

8.4 Calage orbital et indicateurs de l'insolation locale

L'évolution des paramètres orbitaux de la Terre lors du dernier million d'années est connue avec une grande précision (Laskar, 2004), et ces variations ont une signature dans la plupart des enregistrements climatiques. Il est donc naturel d'utiliser les variations d'insolation pour dater les carottes polaires. L'incertitude de cette datation tient d'une part, à l'hypothèse d'un déphasage constant entre variations orbitales et variations climatiques, et, d'autre part, à la détermination de ce déphasage. L'intérêt d'une telle datation est d'avoir une incertitude à peu près constante de quelques milliers d'années tout au long du forage, notamment pour les parties profondes.

Les enregistrements de plusieurs paramètres des carottes de glace présentent de fortes variations dans les fréquences orbitales. Ils ont donc été utilisées pour le calage orbital des carottes de glace : ce sont le rapport D/H de la glace, indicateur de la température locale (par exemple, Parrenin *et al.*, 2004) et le rapport $^{18}O/^{16}O$ ($\delta^{18}O_{atm}$) de l'air des bulles (par exemple, Dreyfus *et al.*, 2007). Les variations du $\delta^{18}O_{atm}$ reflètent en réalité deux aspects de l'environnement (Landais, 2004). D'une part, les variations du $\delta^{18}O$ de l'océan, directement reliées au volume des glaces continentales, se répercutent intégralement sur le $\delta^{18}O$ de l'oxygène atmosphérique par l'intermédiaire des processus de photosynthèse des algues marines. D'autre part, une partie des variations de $\delta^{18}O_{atm}$ est fonction du comportement de la biosphère terrestre. C'est l'effet Dole qui dépend d'une façon complexe des réactions de photosynthèse et de respiration. Le signal de $\delta^{18}O_{atm}$ présente des variations liées principalement à la précession, c'est pourquoi il est très facile de l'utiliser pour « compter » ces cycles, tout du moins pour les périodes pendant lesquelles ils sont bien marqués dans les variations d'insolation. Cependant, il n'y a pas de raison de penser que le déphasage entre le $\delta^{18}O_{atm}$ et l'insolation soit resté constant au cours du le temps.

Pour éviter cette limitation des méthodes « classiques » de calage orbital, des indicateurs plus directs de l'insolation locale ont récemment été proposés. l'insolation locale en été modifie la structure de la neige en surface, et cette signature reste présente jusqu'à la zone de fermeture, malgré le processus de densification. Ces paramètres structuraux ont un impact sur le volume des pores à la fermeture (et donc sur la teneur en air), et également sur des processus de fractionnement moléculaire entre O_2 et N_2 lorsque les pores se referment.

C'est Bender (2002) qui a pour la première fois suggéré que le rapport O_2/N_2 des bulles d'air qu'il analysait dans la carotte Vostok dépendait de l'insolation locale au solstice d'été (Fig. 8.9). Ce lien a récemment été confirmé dans la première carotte forée à Dôme Fuji (Kawamura *et al.*, 2007) (Fig. 8.9), et des mesures récentes sur la seconde carotte, avec un processus analytique amélioré, montrent une corrélation quasi parfaite.

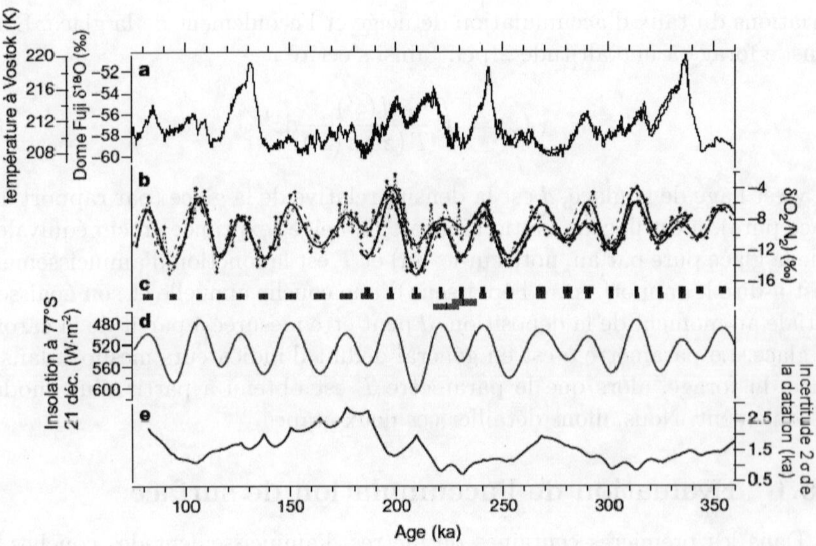

FIG. 8.9 – A – Composition isotopique de la glace et température à Vostok et Dôme Fuji. B – Rapport O_2/N_2 mesuré dans les bulles d'air à Dôme Fuji et Vostok. Les points sont les données brutes ; les lignes épaisses représentent les données filtrées. C – Marqueurs d'âge déduits du calage avec l'insolation locale, avec les barres d'erreur 2σ. D – Insolation du solstice d'été à 77°S utilisée comme cible de calage. E – Incertitude 2σ de la datation O_2/N_2. Adapté de Kawamura *et al.* (2007).

Raynaud *et al.* (2007) ont également étudié plus précisément la teneur en air du forage EDC et ont suggéré qu'elle dépendait de l'insolation locale moyennée sur une période centrée sur le solstice d'été. Toutefois, pour ce deuxième indicateur, il faut également corriger des variations d'altitude à l'endroit de formation des bulles, qui a un impact sur la pression atmosphérique et donc sur le contenu en air de ces bulles.

Même si le lien physique précis entre ces indicateurs et l'insolation est encore sujet à débats et recherches, on peut faire deux remarques. Premièrement, il est rassurant de noter qu'aucune variation aux fréquences voisines de 100 000 ans n'est présente dans le signal O_2/N_2, de sorte que cet indicateur ne semble pas dépendre du climat. Deuxièmement, même si ces indicateurs sont mesurés dans les bulles de gaz, ils dépendent des modifications de la structure de la neige en surface, et donc fournissent une datation de la glace (et non des bulles !). On évite ainsi les incertitudes liées au Δâge.

8.5 La modélisation de l'écoulement

La glace présente l'énorme avantage, par rapport à d'autres archives, de pouvoir être datée à l'aide de modèles physiques prenant en compte les variations du taux d'accumulation de neige et l'écoulement de la glace. L'âge dans le forage à une altitude z peut ainsi s'écrire :

$$\chi(z) = \int \frac{d(z')}{T(z')\, a(z')} \mathrm{d}z' \tag{3}$$

où χ est l'âge de la glace, d est la densité relative de la glace (par rapport à la glace pure), a est l'accumulation initiale de neige (exprimée en cm équivalent à de la glace pure par an, noté cm-ie/an) et T est la fonction d'amincissement, c'est-à-dire le rapport entre l'épaisseur d'une couche annuelle et son épaisseur initiale au moment de la déposition. d peut être mesurée à partir de la carotte de glace. Le paramètre a est en général déduit d'indicateurs mesurés dans la glace du forage, alors que le paramètre T est obtenu à partir d'un modèle d'écoulement. Nous allons détailler ces deux étapes.

8.5.1 Évaluation de l'accumulation de surface

Dans les premières centaines de mètres, l'amincissement des couches de neige et de glace est faible (T proche de 1) et bien évalué par la modélisation. On peut ainsi déterminer l'accumulation de surface à partir d'horizons bien datés comme les couches de cendres volcaniques (décrits dans § 8.3.1) en utilisant la formule (3). Au-delà, on utilise en général la composition isotopique de la glace (D/H ou $^{18}O/^{16}O$). Tout comme pour la température de surface, les mesures de terrain en Antarctique et au Groenland montrent en effet une bonne corrélation de la composition isotopique avec l'accumulation de neige en surface. Masson-Delmotte *et al.* (2008) trouve à partir d'une revue de mesures en Antarctique une relation de la forme :

$$a = a_0 \exp\left(\beta\left(\delta D - \delta D_0\right)\right) \tag{4}$$

où a et δD sont respectivement une accumulation de référence et une composition isotopique de référence et où $\beta = 0,0152$. Cette relation dérive de la pression de vapeur saturante de la glace et peut être déduite d'un modèle simple de précipitations d'une masse d'air. Il faut noter toutefois qu'elle ne prend pas en compte les phénomènes de re-déposition de la neige par le vent, qui modifient l'accumulation sans altérer la composition isotopique de la neige. D'autre part, lorsque l'on extrapole cette relation aux variations temporelles d'accumulation, on doit tenir compte des variations de température et de composition isotopique à la source des masses d'air qui modifient également la composition isotopique de la glace (Parrenin *et al.*, 2007a).

8.5.2 Modèles d'écoulement de la glace

La glace est un solide au comportement viscoplastique dont on peut déterminer expérimentalement et théoriquement la relation entre contrainte et déformation. On peut ainsi simuler la trajectoire suivie au cours du temps par une particule de glace au sein du glacier pour aboutir à une chronologie. La modélisation du comportement de la glace au sein d'un inlandsis requiert non seulement une bonne connaissance des propriétés viscoplastiques du matériau, mais aussi des conditions aux limites de la calotte. Ces conditions aux limites sont : 1) la température et l'accumulation de surface au cours du temps ; 2) les conditions basales, comme le flux géothermique ou le taux de frottement sur le lit rocheux ; 3) les conditions latérales du domaine considéré, puisqu'on utilise pour la datation des modèles locaux au voisinage des sites de forage. Ces conditions latérales sont généralement issues de simulations globales de la calotte polaire au cours du temps (Ritz *et al.*, 2001). On obtient ainsi la fonction d'amincissement du forage.

Nous allons décrire qualitativement comment varie cette fonction. Pour un dôme en état stationnaire, on peut montrer que la fonction d'amincissement peut s'écrire :

$$T = \frac{1 - \frac{m}{a}}{\omega + \frac{m}{a}} \tag{5}$$

avec $\mu = m/a$ le rapport entre fusion basale et accumulation de surface et avec ω le profil vertical normalisé de flux horizontal (voir Parrenin *et al.*, 2007a, pour plus de détails). ω varie à peu près linéairement entre 0 à l'interface socle-glace et 1 à la surface, car la déformation est concentrée à la base du glacier. Pour certains dômes, l'effet Raymond induit plus de déformation dans le haut du glacier et donc un profil ω moins linéaire.

Dans le cas non stationnaire, les variations d'épaisseur de glace (liées aux variations climatiques) induisent des bosses dans la fonction d'amincissement (Fig. 8.10). D'autre part, pour les forages situés le long ligne d'écoulement, comme Vostok, la glace forée provient de l'amont et des effets plus complexes de déformation ont lieu. Le paramètre qui influencera le plus la fonction d'amincissement est l'épaisseur de glace au lieu d'origine de la glace : si cette épaisseur est grande par rapport à l'épaisseur au lieu de forage, alors la colonne de glace s'est globalement comprimée, d'où un fort amincissement (autrement dit, une fonction d'amincissement faible). Et réciproquement.

8.5.3 Les limites de la modélisation

Malheureusement, l'exercice de datation par modélisation devient de plus en plus imprécis à mesure que l'on s'approche de la base de la calotte, pour diverses raisons. Premièrement, les propriétés mécaniques de la glace ne sont pas parfaitement connues. Elles dépendent non seulement des conditions de pression et de température, mais aussi de la taille et de l'orientation des cristaux qui forment cette glace. Deuxièmement, les conditions à la base du socle rocheux ne peuvent pas être mesurées directement *in situ*. Enfin, les conditions latérales au cours du passé, issues du modèle à grande échelle, peuvent également être entachées d'une erreur importante. Ces conditions latérales

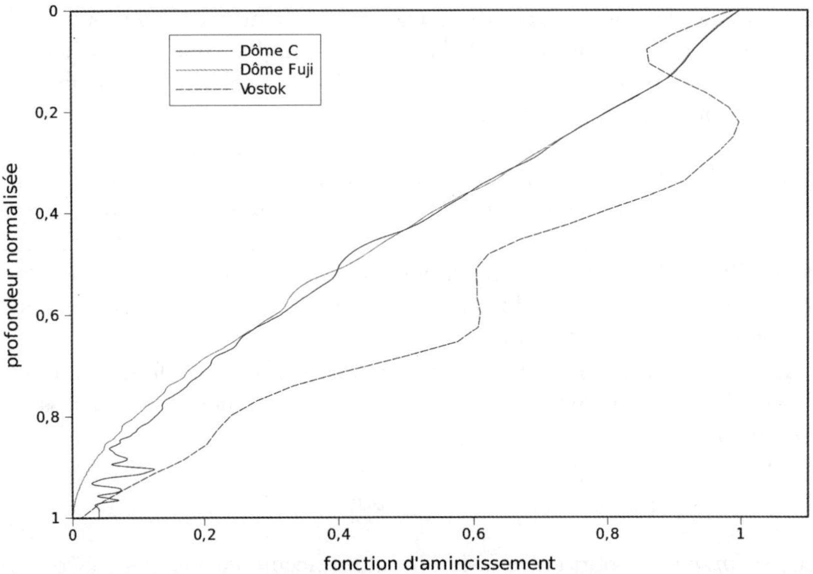

FIG. 8.10 – Fonctions d'amincissement pour les forages à Dôme C (Parrenin *et al.*, 2007a), Dôme Fuji (Parrenin *et al.*, 2007a) et Vostok (Parrenin *et al.*, 2004).

conditionnent la position des dômes et lignes de partage sur le domaine, et donc le trajet des particules de glace.

8.6 La méthode inverse : une approche fédérative

Toutes les méthodes de datation absolue décrites dans les sections précédentes ont des avantages et des inconvénients. Le comptage des couches et la modélisation de l'écoulement sont des méthodes précises en termes de durée des événements (tout du moins pour les périodes relativement récentes) car elle sont basées sur l'évaluation de l'épaisseur des couches annuelles. Cependant, les erreurs s'accumulent et l'imprécision sur l'âge absolu croît rapidement avec la profondeur.

La comparaison aux variations d'insolation (ou calage orbital) est généralement applicable sur toute la longueur d'une carotte, si tant est que la stratigraphie soit préservée. De plus, la précision ne décroît pas avec la profondeur, et c'est jusqu'à présent la méthode la plus précise pour dater le bas des carottages polaires. Malheureusement, cette méthode est peu précise en terme de durée des événements, et la précision en terme d'âges absolus est limitée par l'hypothèse d'un déphasage constant entre l'enregistrement considéré et l'insolation (et ne permet évidemment pas de reconstruire les variations de cette phase). La recherche d'indicateurs d'insolation locale ouvre la voie à une amélioration significative de ces méthodes de calage orbital, avec peut-être des incertitudes inférieures à 1 000 ans. Cependant, nous manquons encore de recul pour apprécier la précision effective de ces méthodes. De plus, d'autres méthodes seront toujours plus précises pour les périodes très récentes.

Les éruptions volcaniques apportent d'importants horizons datés. Ceci est le cas en particulier pour le dernier millénaire, mais au-delà de cette limite, seulement quelques-uns ont un âge absolu suffisamment précis. La comparaison à d'autres enregistrements datés est particulièrement intéressante pour la datation des événements de Dansgaard-Oeschger, qui peuvent être localisés précisément grâce aux variations de composition isotopique de la glace (dans les carottes groenlandaises seulement), ou grâce aux variations du méthane contenu dans les bulles d'air. La plupart de ces événements ont été datés pour la dernière période glaciaire avec précision, notamment à partir des spéléothèmes et de la méthode U/Th (chapitre 5). D'autres études sont en cours pour améliorer cette précision ou pour étudier les périodes glaciaires précédentes. Quoiqu'il en soit, ces horizons datés ne fournissent pas une datation continue et concernent principalement les périodes récentes.

Ces différentes sources d'information chronologique étant complémentaires, il est donc clair que l'obtention d'une datation optimale des archives glaciaires nécessite de les combiner. C'est ce qu'ont cherché à faire les glaciologues en ce qui concerne les forages d'Antarctique. Au départ, les paramètres méconnus des modèles d'écoulement (comme la fonte et le glissement à la base du glacier) ont été ajustés par tâtonnement de façon à obtenir un bon accord avec les horizons datés. Mais cette approche par essai/erreur devient rapidement difficile dès lors qu'il y a quelques paramètres libres et que l'on doit prendre en compte les barres d'erreur différentes pour les horizons datés.

Au début des années 2000, une méthode inverse a été développée, pour formaliser et systématiser cette optimisation de la datation dans un cadre probabiliste (Parrenin *et al.*, 2001). Étant donnés des horizons datés avec une certaine barre d'erreur, elle permet de déterminer la densité de probabilité dite « *a posteriori* » aussi bien pour les paramètres incertains des modèles d'écoulement que pour la datation résultante. Concrètement, cette densité de probabilité fournit non seulement une datation optimale, mais également un intervalle de confiance. Cette méthode probabiliste basée sur l'algorithme de Metropolis-Hastings a été appliquée aux forages de Vostok (Parrenin *et al.*, 2004), Dôme C (datation EDC3, Parrenin *et al.*, 2007a et 2007b) et Dôme Fuji (Parrenin *et al.*, 2007a).

L'approche inverse a cependant plusieurs limites. Premièrement, elle ne prend en compte que les erreurs liées à la méconnaissance des paramètres mal connus. Autrement dit, on considère que le modèle est parfait dès lors que l'on dispose d'une estimation optimale de ces paramètres. Ceci revient à dire que le modèle est en mesure de décrire tous les mécanismes pertinents de l'écoulement et donc d'être en accord avec tout jeu de marqueurs d'âge dont les erreurs sont correctement estimées. En réalité, de nombreux phénomènes physiques qui influencent l'écoulement ne sont pas pris en compte dans le modèle, soit parce qu'ils sont encore mal connus, soit parce que le degré de complexité nécessaire pour les décrire reste difficilement compatible avec la modélisation inverse (modèle direct trop coûteux en temps de calcul, nombre trop important de paramètres à inverser). Cette limitation des modèles apparaît clairement au fond du forage EDC (Fig. 8.11) où le modèle, même après optimisation de ses paramètres, est incapable de reproduire les marqueurs d'âge obtenus par calage orbital (Dreyfus *et al.*, 2007). Une deuxième limite de cette méthode inverse est qu'elle ne s'applique qu'à un forage à la fois, et la datation optimale obtenue est différente pour chaque forage, ce qui rend difficile la comparaison des signaux climatiques et environnementaux. En réalité, ces forages peuvent être synchronisés de manière plus précise tant dans la phase glace (par exemple, par les horizons volcaniques) que dans la phase gaz (par exemple, par CH_4 et $^{18}O_{atm}$).

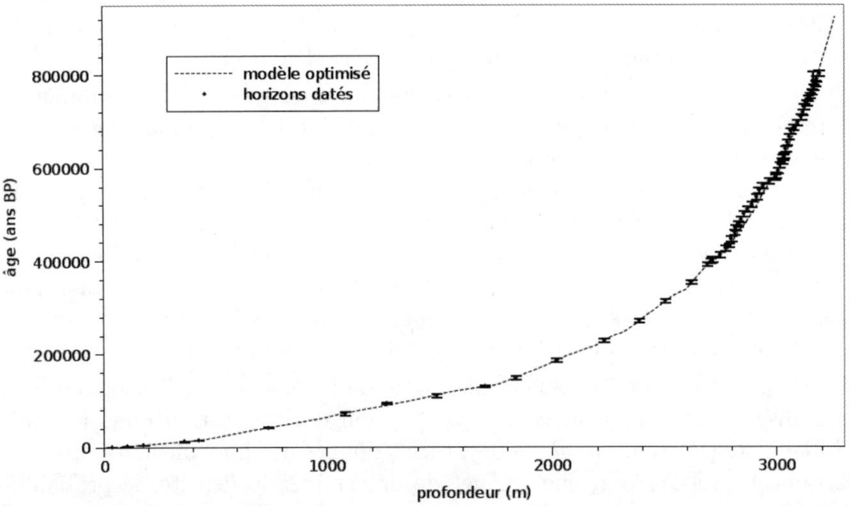

FIG. 8.11 – Horizons datés (losanges avec barres d'erreur verticales) et modèle optimisé (ligne pointillé) pour le forage EDC. On peut noter que le modèle ne parvient pas à reproduire les horizons datés situés dans la partie profonde (au-delà de 2 900 m).

C'est pourquoi une nouvelle méthode d'optimisation a été développée (Lemieux-Dudon *et al.*, 2010). Celle-ci considère l'information issue de la modélisation comme une contrainte faible (le modèle n'est pas supposé parfait) et s'applique à plusieurs forages simultanément, en prenant en compte les liens stratigraphiques entre ces forages, aussi bien dans la glace que dans le gaz. Cette méthode pourra ainsi fournir une datation optimale et commune aux différents forages d'Antarctique et du Groenland.

8.7 Conclusion

La datation des archives glaciaires est donc un problème complexe qui, en l'absence de méthodes radioactives, est basé sur plusieurs techniques complémentaires. Pour l'Holocène et au Groenland, la datation par comptage des couches GICC05 est précise à environ 1 % près. Cette datation a été confirmée par comparaison à la dendrochronologie grâce au béryllium-10 ou à des horizons volcaniques datés par carbone-14. En Antarctique, le dernier millénaire peut être daté à quelques années près par reconnaissance d'éruptions volcaniques. Pour le reste de l'Holocène, la synchronisation à la datation du Groenland ou à l'échelle dendrochronologique grâce au béryllium-10 nous fournit une datation à quelques dizaines d'années près.

Pour la dernière période glaciaire, la précision de GICC05 décroît à environ 5 % jusqu'à 60 ka et cette datation devrait prochainement être étendue à 80 ka. Cette datation fournit des âges pour les événements de Dansgaard-Oeschger qui sont confirmés par les datations uranium/thorium de spéléothèmes d'Europe et d'Asie. Elle est également compatible avec quelques horizons volcaniques datés par carbone-14 ou argon/argon. Les principales méthodes de datation pour les derniers 60 ka semblent donc maintenant être en accord à quelques centaines d'années, plutôt que quelques milliers d'années comme c'était le cas encore récemment. Cette datation peut être importée sur les carottes antarctique grâce à la synchronisation méthane. Cependant, cette démarche nécessite l'évaluation du Δâge, et celui-ci est très incertain pour les périodes glaciaires en Antarctique central.

Au-delà de la dernière période glaciaire, le comptage des couches n'est plus possible, les spéléothèmes ou les horizons bien datés deviennent très rares, et les datations sont principalement basée sur le calage orbital. Ce dernier n'est précis qu'à environ 5 ka près avec les méthodes classiques basées sur des enregistrements climatiques. Les indicateurs d'insolation locale (rapport O_2/N_2, teneur en air) pourraient permettre de descendre à une précision de 1 à 2 ka, mais ceci doit être confirmé par des méthodes indépendantes. De nouvelles spéléothèmes couvrant ces périodes plus anciennes devraient rapidement voir le jour dans les années à venir.

Références bibliographiques

[1] Beer, J., Vonmoos, M. et Muscheler, R. (2006), « Solar Variability Over the Past Several Millennia », *Space Science Reviews*, 125(1), pp. 67-79.

[2] Bender, M. L. (2002), « Orbital Tuning Chronology for the Vostok Climate Record Supported by Trapped Gas Composition », *Earth Planet. Sci. Lett.*, 204, pp. 275-289.

[3] Burns, S. J., Fleitmann, D., Matter, A., Kramers, J. et Al-Subbary, A. A. (2003), « Indian Ocean Climate and Absolute Chronology over Dansgaard/Oeschger Events 9 to 13 », *Science*, 301, pp. 1 365-1 367.

[4] Guillou, H., Singer, B. S., Laj, C., Kissel, C., Scaillet, S. et Jicha, B. R. (2004), « On the Age of the Laschamp Geomagnetic Excursion », *Earth Planet. Sci. Lett.*, 227, pp. 331-343.

[5] Kawamura, K., Parrenin, F., Uemura, R., Vimeux, F., Severinghaus, J. P., Matsumoto, K., Nakata, H., Nakazawa, T., Aoki, S., Jouzel, J., Fujii, Y. et Watanabe, O. (2007), « Northern Hemisphere Forcing of Climatic Cycles over the Past 360,000 Years Implied by Absolute Dating of Antarctic Ice Cores », *Nature*, 448, pp. 912-917.

[6] Landais, A., Barnola, J., Kawamura, K., Caillon, N., Delmotte, M., Ommen, T. V., Dreyfus, G., Jouzel, J., Masson-Delmotte, V., Minster, B., Freitag, J., Leuenberger, M., Schwander, J., Huber, C., Etheridge, D. et Morgan, V. (2006), « Firn-Air δ^{15}N in Modern Polar Sites and Glacial-Interglacial Ice : A Model-Data Mismatch During Glacial Periods in Antarctica ? », *Quaternary Science Reviews*, 25(1-2), pp. 49-62.

[7] Laskar, J., Robutel, P., Joutel, F., Gastineau, M., Correia, A. C. M. et Levrard, B. (2004), « A Long-Term Numerical Solution for the Insolation Quantities of the Earth », *Astronomy and Astrophysics*, 428, pp. 261-285.

[8] Lemieux-Dudon, B., Blayo, Petit, J. R. E., Waelbroeck, C., Svensson, A., Ritz, C., Barnola, J.-M., Narcisi, B. et Parrenin, F. (2010), « Consistent Dating for Antarctica and Greenland Ice Cores », *Quat. Sci. Rev.*, 29(1-2), pp. 8-20.

[9] Masson-Delmotte, V., Hou, S., Ekaykin, A., Jouzel, J., Aristarain, A., Bernardo, R. T., Bromwich, D., Cattani, O., Delmotte, M., Falourd, S., Frezzotti, M., Gallée, H., Genoni, L., Isaksson, E., Landais, A., Helsen, M. M., Hoffmann, G., Lopez, J., Morgan, V., Motoyama, H., Noone, D., Oerter, H., Petit, J. R., Royer, A., Uemura, R., Schmidt, G. A., Schlosser, E., Simões, J. C., Steig, E. J., Stenni, B., Stievenard, M., van den Broeke, M. R., van de Wal, R. S. W., van de Berg, W. J., Vimeux, F. et White, J. W. C. (2008), « A Review of Antarctic Surface Snow Isotopic Composition : Observations, Atmospheric Circulation, and Isotopic Modeling », *J. Climate*, 21(13), pp. 3 359-3 387.

[10] Narcisi, B., Petit, J.-R. et Tiepolo, M. (2006), « A Volcanic Marker (92 ka) for Dating Deep East Antarctic Ice Cores », *Quat. Sci. Rev.*, 25, pp. 2 682-2 687.

[11] Parrenin, F., Barnola, J.-M., Beer, J., Blunier, T., Castellano, E., Chappellaz, J., Dreyfus, G., Fischer, H., Fujita, S., Jouzel, J., Kawamura, K., Lemieux-Dudon, B., Loulergue, L., Masson-Delmotte, V., Narcisi, B., Petit, J.-R., Raisbeck, G., Raynaud, D., Ruth, U., Schwander, J., Severi, M., Spahni, R., Steffensen, J. P., Svensson, A., Udisti, R., Waelbroeck, C. et Wolff, E. (2007b), « The EDC3 Chronology for the EPICA Dome C Ice Core », *Clim. Past*, 3, pp. 485-497.

[12] Parrenin, F., Dreyfus, G., Durand, G., Fujita, S., Gagliardini, O., Gillet, F., Jouzel, J., Kawamura, K., Lhomme, N., Masson-Delmotte, V., Ritz, C., Schwander, J., Shoji, H., Uemura, R., Watanabe, O. et Yoshida, N.

(2007a), « Ice Flow Modelling at EPICA Dome C and Dome Fuji, East Antarctica », *Clim. Past*, 3, pp. 243-259.

[13] Parrenin, F., Rémy, F., Ritz, C., Siegert, M. et Jouzel, J. (2004), « New Modelling of the Vostok Ice Flow Line and Implication for the Glaciological Chronology of the Vostok Ice Core », *J. Geophys. Res.*, 109, D20102.

[14] Raisbeck, G. M., Yiou, F., Cattani, O. et Jouzel, J. (2006), « ^{10}Be Evidence for the Matuyama-Brunhes Geomagnetic Reversal in the EPICA Dome C Ice Core », *Nature*, 444(7115), pp. 82-84.

[15] Raisbeck, G. M., Yiou, F., Jouzel, J. et Stocker, T. F. (2007), « Direct North-South Synchronization of Abrupt Climate Change Record in Ice Cores Using Beryllium 10 », *Clim. Past*, 3(3), pp. 541-547.

[16] Rasmussen, S. O., Andersen, K. K., Svensson, A. M., Steffensen, J. P., Vinther, B. M., Clausen, H. B., Siggaard-Andersen, M.-L., Johnsen, S. J., Larsen, L. B., Dahl-Jensen, D., Bigler, M., Rothlisberger, R., Fischer, H., Goto-Azuma, K., Hansson, M. E. et Ruth, U. (2006), « A New Greenland Ice Core Chronology for the Last Glacial Termination », *J. Geophys. Res.*, 111, D06102.

[17] Ritz, C., Rommelaere, V. et Dumas, C. (2001), « Modeling the Evolution of Antarctic Ice Sheet Over the Last 420,000 Years : Implications for Altitude Changes in the Vostok Region », *J. Geophys. Res.*, 106(D23), 31943-31964.

[18] Ruth, U., Barnola, J.-M., Beer, J., Bigler, M., Blunier, T., Castellano, E., Fischer, H., Fundel, F., Hybrechts, P., Kaufmann, P., Kipfstuhl, S., Lambrecht, A., Morganti, A., Oerter, H., Parrenin, F., Rybak, O., Severi, M., Udisti, R., Wilhelms, F. et Wolff, E. (2007), « EDML1 : A Chronology for the EDML Ice Core, Antarctica, over the Last 150 000 Years », *Clim. Past*, 3, pp. 475-484.

[19] Salamatin, A. N., Lipenkov, V. Y., Barnola, J. M., Hori, A., Duval, P. et Hondoh, T. (2009), Snow-Firn Densification in Polar Ice Sheets », dans Hondoh, T. (Ed.), *Physics of Ice Core Records-2*, Hokkaido University Press, Sapporo.

[20] Schwander, J., Sowers, T., Barnola, J.-M., Blunier, T., Fuchs, A. et Malaizé, B. (1997), « Age Scale of the Air in the Summit Ice : Implication for the Glacial-Interglacial Temperature Change », *J. Geophys. Res.*, 102, 19483-19493.

[21] Severi, M., Castellano, E., Morganti, A., Udisti, R., Ruth, U., Fischer, H., Huybrechts, P., Wolff, E., Parrenin, F., Kaufmann, P., Lambert, F. et Steffensen, J. (2007), « Synchronisation of the EDML1 and EDC3 Timescales for the Last 52 Kyr by Volcanic Signature Matching », *Clim. Past*, 3, pp. 367-374.

[22] Severi, M., Castellano, E., Morganti, A., Udisti, R., Ruth, U., Fischer, H., Huybrechts, P., Wolff, E., Parrenin, F., Kaufmann, P., Lambert, F. et Steffensen, J. (2007), « Synchronisation of the EDML1 and EDC3

Timescales for the Last 52 Kyr by Volcanic Signature Matching », *Clim. Past*, 3, pp. 367-374.

[23] Severinghaus, J., Sowers, T., Brook, E., Alley, R. et Bender, M. (1998), « Timing of Abrupt Climate Change at the End of the Younger Dryas Interval from Thermally Fractionated Gases in Polar Ice », *Nature*, 391, pp. 141-146.

[24] Sowers, T. A., Bender, M., Raynaud, D. et Korotkevich, Y. L. (1992), « The $\delta^{15}N$ of O_2 in Air Trapped in Polar Ice : a Tracer of Gas Transport in the Firn and a Possible Constraint on Ice Age-Gas Age Differences », *J. Geophys. Res.*, 97(15), pp. 15 683–15 697.

[25] Spötl, C., Mangini, A. et Richard, D. A. (2006), « Chronology and Paleoenvironment of Marine Isotope Stage 3 from Two High-Elevation Speleothems, Austrian Alps », *Quat. Sci. Rev.*, 25(9-10), pp. 1 127-1 136.

[26] Svensson, A., Andersen, K. K., Bigler, M., Clausen, H. B., Dahl-Jensen, D., Davies, S. M., Johnsen, S. J., Muscheler, R., Parrenin, F., Rasmussen, S. O., Röthlisberger, R., Seierstad, I., Steffensen, J. P. et Vinther, B. M. (2008), « A 60 000 Year Greenland Stratigraphic Ice Core Chronology », *Climate of the Past*, 4(1), pp. 47-57.

[27] Wang, X., Auler, A. S., Edwards, L., Cheng, H., Cristalli, P. S., Smart, P. L., Richards, D. A. et Shen, C.-C. (2004), « Wet Periods in Northeastern Brazil over the Past 210 Kyr Linked to Distant Climate Anomalies », *Nature*, 432, pp. 740-743.

[28] Wang, Y. J., Cheng, H., Edwards, R. L., An, Z. S., Wu, J. Y., Shen, C. C. et Dorale, J. A. (2001), « A High-Resolution Absolute-Dated Late Pleistocene Monsoon Record from Hulu Cave, China. », *Science*, 294(5550), pp. 2 345-2 348.

[29] Zielinski, G. A., Mayewski, P. A., Meeker, L. D., Whitlow, S., Twickler, M. S., Morrison, M., Meese, D. A., Gow, A. J. et Alley, R. B. (1994), « Record of Volcanism Since 7 000 B.C. from the GISP2 Greenland Ice Core and Implications for the Volcano-Climate System », *Science*, 264(5161), pp. 948-952.

Chapitre 9

Comment reconstituer la physique et la circulation de l'atmosphère ?

Valérie Masson-Delmotte, *Laboratoire des Sciences du Climat et de l'Environnement, Institut Pierre Simon Laplace, UMR 8212 CEA-CNRS-UVSQ, Gif-sur-Yvette, France.*
Joël Guiot, *Centre Européen de Recherche et d'Enseignement des Géosciences de l'Environnement, UMR 7330 CNRS/Aix-Marseille Université, Europole de l'Arbois – BP 80, 13545 Aix-en-Provence cedex 04, France.*

La variabilité et l'évolution des paramètres physiques de la circulation atmosphérique sont actuellement suivies en temps réel et à l'échelle globale grâce à la densité du réseau de stations météorologiques (plus de 13 000 sites de mesure sur mer et sur terre), et grâce à l'exploitation de mesures effectuées par les satellites d'observation de la Terre. La période dite « instrumentale », correspondant au suivi direct des paramètres physiques de l'atmosphère, a débuté au milieu du XVIIe siècle à travers l'invention et la mise en œuvre de thermomètres, baromètres, pluviomètres. Cependant, la standardisation des instruments de mesure et leur déploiement à grande échelle ont pris longtemps et représentent un effort continu des services météorologiques. La nécessité de corriger les relevés météorologiques des changements de modes d'observation (type d'instrument, position géographique des instruments) rend l'utilisation de données météorologiques délicate pour les périodes précédant les années 1950 : ces mesures anciennes doivent être homogénéisées en tirant parti de la densité des stations de mesure (à l'échelle régionale) et de méthodes statistiques *ad hoc*, avant de pouvoir être exploitées pour l'étude du climat. Les séries météorologiques les plus anciennes sont disponibles en Europe : ainsi, la série de température du centre de l'Angleterre démarre en 1659. Un travail intensif a été effectué sur l'ensemble des relevés météorologiques du pourtour des Alpes, donnant également accès à des mesures précises, dès 1780, des températures mensuelles moyennes et du cumul mensuel de précipitations.

Des travaux sont en cours pour étendre l'exploitation de ces mesures historiques afin d'étudier la variabilité intra-mensuelle des températures et des précipitations et pour aborder d'autres paramètres (pressions, ensoleillement...). L'exploitation de ces mesures anciennes passe ainsi par un travail sur les documents de l'époque, la numérisation des données et enfin le traitement statistique de bases de données régionales. À l'exception du cas particulier de l'Europe, instrumentée de manière précoce, les informations météorologiques ne sont généralement disponibles qu'à partir des années 1860, sauf dans les régions les plus difficiles d'accès, comme l'Antarctique, où la majorité du suivi météorologique a démarré tardivement, lors de l'Année Géophysique Internationale de 1957-1958. La « période instrumentale » est donc très brève par rapport aux constantes de temps du système climatique et ne permet guère de connaître la variabilité naturelle du climat à l'échelle globale pendant la période précédant celle où les activités humaines ont perturbé la composition de l'atmosphère.

Afin de caractériser l'évolution naturelle du climat et de placer dans un cadre plus large le changement climatique des dernières décennies, la paléoclimatologie continentale a construit des méthodes de quantification des climats anciens en tirant parti d'un grand nombre d'archives naturelles, aussi bien dans les sols, les lacs, la végétation que dans les glaces continentales et polaires. Ces archives ont permis de définir des indices qualitatifs ou quantitatifs des principaux paramètres décrivant le climat. On désigne souvent un tel indice par le terme anglo-saxon de *proxy* (au pluriel, les *proxies*). Nous passons ici rapidement en revue l'ensemble des paramètres climatiques reconstruits à partir de ces archives continentales.

Les paramètres atmosphériques les plus couramment déterminés à partir des archives paléoclimatiques continentales sont la température de l'air en surface (ou de l'eau des lacs) et les précipitations. Dans certains cas, ces paramètres peuvent être estimés à l'échelle d'une saison, lorsque les archives offrent une résolution subannuelle (cernes d'arbres, carottes de glace dans les sites de forte accumulation de neige) ou lorsque l'archive est plus particulièrement sensible à des effets saisonniers (température du mois le plus froid, de la saison de croissance pour la végétation...). La majorité des *proxies* continentaux ne reflètent pas directement la quantité de précipitations mais plutôt le bilan en eau local (précipitation moins évaporation sur les continents, ruissellement vers les lacs, accumulation nette de neige sur les sites de carottages des glaciers). La quantification de ces paramètres à partir des archives climatiques est rendue souvent difficile par le fonctionnement discontinu du système géologique d'archivage, par exemple par les processus de sédimentation dans les lacs. Certaines archives, tels les anneaux d'arbre, fonctionnent comme des systèmes à seuil et ne permettent d'identifier le signal atmosphérique qu'une fois ce seuil atteint (température trop basse, saison trop sèche).

Enfin, de nombreux *proxies* ne réagissent pas à l'une ou l'autre des variables atmosphériques mais à la combinaison d'effets liés à la température et au cycle de l'eau. L'utilisation conjointe de multiples traceurs dans un même milieu ou de multiples archives dans un même site permet de déconvoluer ces différents effets. Enfin, la confrontation entre *proxies*, reconstructions paléoclimatiques, modélisation du climat et des *proxies* permet d'affiner la compréhension à la fois du fonctionnement des *proxies* et de la dynamique du climat.

La dynamique de l'atmosphère peut également être estimée à partir des archives paléoclimatiques continentales. Au cours de la période instrumentale, il est possible de déterminer comment certains modes de la circulation atmosphérique tels l'El Niño-oscillation australe (ENSO), l'oscillation nord atlantique (NAO), l'oscillation Pacifique-Amérique du Nord (PNA)... Ceux-ci modulent la réponse spatiale de *proxies*, de la même manière qu'ils affectent la distribution spatiale des températures ou des précipitations. Ainsi, certaines bases de données de *proxies* (épaisseur ou densité des cernes d'arbres), lorsqu'elles ont une résolution spatiale suffisante (typiquement à l'échelle d'un continent) ont été utilisées pour estimer les variations interannuelles passées des indices de pression caractéristiques des modes de la circulation atmosphérique au cours des derniers siècles (PNA, NAO, ENSO).

Sur de grandes échelles de temps, les dépôts de loess ou les dunes témoignent de la direction des vents dominants. De même, les concentrations des aérosols marins et continentaux, les distributions en taille des poussières continentales archivées dans les glaces polaires témoignent à la fois des changements de l'aridité des régions sources, mais également de l'efficacité du transport d'aérosols dans l'atmosphère. Cependant, l'estimation quantitative de l'intensité des vents de surface reste un défi. D'autres paramètres atmosphériques restent difficiles à déterminer, tels que la nébulosité ou l'ensoleillement au niveau du sol qui dépend de la densité de la couverture nuageuse.

Enfin, la paléoclimatologie continentale peut aider à caractériser la fréquence et l'intensité des événements dits « extrêmes ». Ainsi, l'intensité et l'extension spatiale des sécheresses passées ont été estimées à partir de bases de données dendrochronologiques en Amérique du Nord et en Europe. Des marqueurs sédimentaires et géochimiques ont été exploités sur des sédiments de lacs afin de déterminer l'intensité et l'occurrence des crues de grands fleuves. Enfin, l'analyse à haute résolution de sédiments de lagunes ou de la composition isotopique de cernes d'arbres est actuellement utilisée dans l'optique de caractériser l'intensité et la fréquence passées des tempêtes ou des ouragans.

Nous avons brièvement introduit les variables atmosphériques qui peuvent être estimées à partir des archives paléoclimatiques continentales. Dans les chapitres suivants, nous allons expliciter les méthodes de reconstruction mises en œuvre, les hypothèses sur lesquelles elles reposent, leurs limites et leurs incertitudes ; enfin nous présenterons plusieurs exemples précis reflétant la diversité des archives continentales (lacs, végétation, glaces) dont les techniques de datation ont été décrites dans la partie II. Nous allons présenter quelques archives et quelques *proxies* particulièrement adaptés à chacune des interfaces considérés. Nous avons considéré séparément hautes latitudes et basses latitudes. Plusieurs archives (carottes lacustres, spéléothèmes...) ou *proxies* (pollen, diatomées...) sont disponibles à la fois pour les régions tempérées et tropicales, mais leur interprétation reste spécifique au domaine géographique considéré.

Pour les hautes latitudes des deux hémisphères, les glaces polaires sont primordiales en paléoclimatologie, car elles enregistrent à la fois les forçages climatiques et certaines variations climatiques, locales ou globales. Les archives sédimentaires (lacustres ou de tourbières), avec leurs enregistrements polliniques, sont étudiées depuis longtemps en paléoclimatologie et couvrent la quasi totalité des continents, mais elles ont souvent été considérées comme enregistrant un signal local, et c'est principalement en les corrélant avec les carottes de glaces et les carottes marines, qu'on s'est aperçu de l'extension géographique de nombreux événements connus des palynologues, par exemple le Dryas récent, épisode froid dont la durée est voisine du millénaire et qui a été ressenti sur tout le domaine atlantique et péri-atlantique de l'hémisphère Nord. Les loess couvrent une superficie importante des continents ; leurs séquences sont d'excellents indicateurs de la circulation atmosphérique. À une échelle de temps plus courte, certaines archives fournissent des informations à résolution annuelle ou quasi-annuelle. Parmi celles-ci, les cernes d'arbres sont des archives très répandues en régions tempérées. Elles sont complétées par des archives issues de documents écrits sur la période historique, comme par exemple les dates de vendanges, restreintes à l'Europe.

Aux basses latitudes, les traceurs sédimentologiques prélevés dans les lacs tropicaux, complétés de *proxies* biologiques, comme les diatomées ou le pollen, permettent à la fois de comprendre le fonctionnement des grands systèmes climatiques intertropicaux et la signification des enregistrements parfois discontinus. Les diatomées sont de bons indicateurs des caractéristiques des eaux lacustres et, complétés par une modélisation hydrologique adéquate, elles permettent d'effectuer des bilans sur les ressources en eau des bassins versants. À haute altitude, les glaciers tropicaux sont très sensibles aux variations climatiques à long et moyen termes.

9.1 Interprétation des enregistrements, limites et incertitudes

La paléoclimatologie tire ses informations essentiellement de deux types d'approches qui ont chacune leurs avantages et leurs limites. La première approche, la plus simple, consiste à utiliser des équations simples pour interpréter un signal climatique à partir d'une série univariée. C'est l'approche privilégiée de la géochimie qui souvent utilise une mise à l'échelle pour transformer un signal isotopique en courbe de température (cas des glaciers polaires ou tropicaux). Cette approche est également possible avec les données des documents historiques qui, quand ils ne fournissent pas directement des variables climatiques, relatent des événements liés directement à une variable climatique (inondations, sécheresses, gels...) qu'il est possible de standardiser de manière semi-quantitative (Pfister, 1980).

Une deuxième approche s'impose dès que l'on aborde le domaine du vivant. Le signal climatique enregistré par les micro-organismes est complexe et combine plusieurs variables, température, salinité, nutriments dans l'océan, température et précipitation sur le continent. Il n'est donc pas possible de décoder ce signal avec une simple équation et l'approche multivariée s'impose pour interpréter les variations des assemblages de pollens ou de diatomées en milieu continental, de diatomées ou de foraminifères pour le milieu marin (chapitre 20). À une échelle temporelle plus réduite, l'épaisseur ou la densité du cerne d'arbre, reliées elles aussi à un climat complexe, peuvent rarement être exploitées avec une simple équation de calibration. On est amené à utiliser plusieurs séries provenant de la même région pour obtenir un signal climatique clair.

9.1.1 Les incertitudes de l'échelle temporelle

Avant de passer en revue les incertitudes et limites liées à l'interprétation des séries de *proxies*, nous allons passer en revue les incertitudes liées à leur résolution temporelle. La figure 9.1 présente les caractéristiques temporelles des forçages climatiques (internes et externes) et des différents types de supports de *proxies* généralement étudiés. Beaucoup de forçages et de composantes du système climatique ont des temps caractéristiques inférieurs à l'année, alors que la plupart des *proxies* ont des temps caractéristiques plus grands. À cela s'ajoute l'incertitude sur la datation (voir partie II) et on comprendra aisément que le temps est un facteur important d'erreur dans l'étude des interactions entre climat et *proxy*.

Parmi les *proxies* qui permettent d'aller à la résolution infra-annuelle, les cernes d'arbres occupent une place de choix, mais c'est au détriment de la robustesse du signal des basses fréquences. En effet, même s'il est possible en théorie d'atteindre 10 000 ans, les arbres ont une durée de vie beaucoup plus courte et les séries longues sont en fait un raboutage de nombreuses séries courtes. Le comportement des arbres dans le domaine des basses fréquences n'étant pas exclusivement lié au climat, cela peut induire des perturbations importantes dans les reconstructions. Autre indicateur paléoclimatique, les glaciers, en raison de la compaction de la glace, ont souvent une résolution élevée pour les périodes récentes, mais de plus en plus faible quand on remonte le temps. Il en va de même pour les carottes marines et lacustres qui, quand elles sont varvées, peuvent avoir une résolution annuelle, mais la bioturbation (perturbation du sédiment par des petits animaux aquatiques), empêche souvent de l'atteindre effectivement.

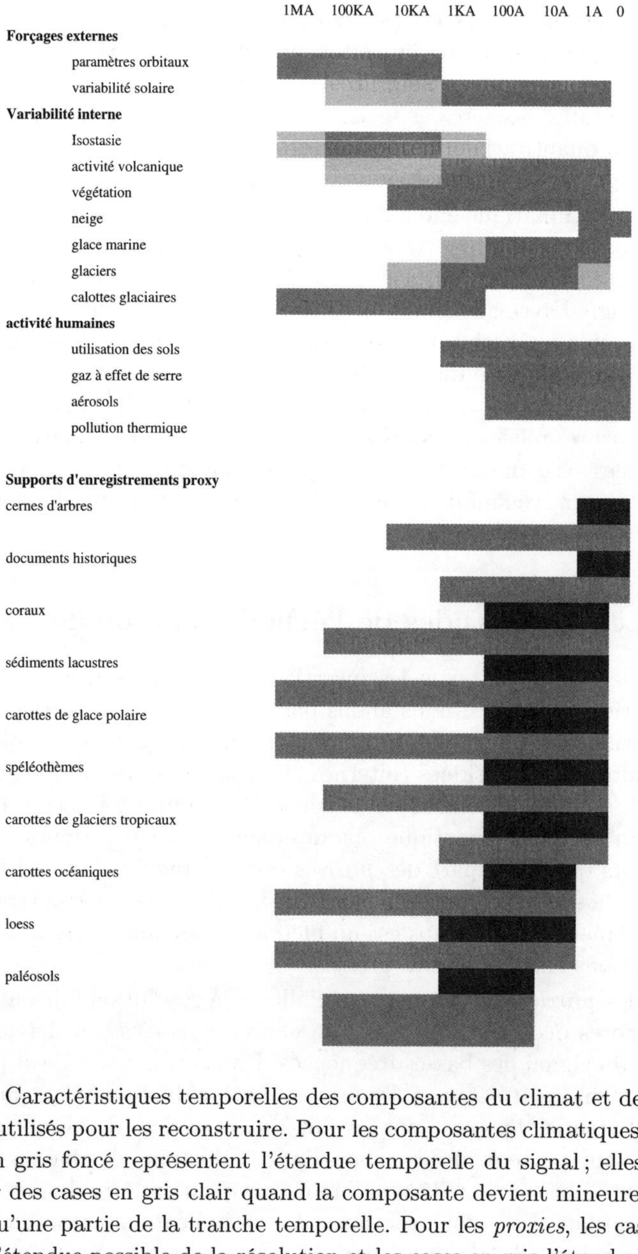

FIG. 9.1 – Caractéristiques temporelles des composantes du climat et des supports de *proxies* utilisés pour les reconstruire. Pour les composantes climatiques (en haut), les cases en gris foncé représentent l'étendue temporelle du signal ; elles sont prolongées par des cases en gris clair quand la composante devient mineure ou qu'elle n'occupe qu'une partie de la tranche temporelle. Pour les *proxies*, les cases en noir indiquent l'étendue possible de la résolution et les cases en gris l'étendue maximale de la période de temps couverte.

Les documents historiques sont souvent très précis, mais ils comportent de fortes hétérogénéités liées au changement des instruments ou des observateurs.

Cela donne des séries à haute résolution mais sur des périodes courtes. Ce passage en revue des enregistrements climatiques montre qu'aucun *proxy* n'est parfait et que, sans la confrontation *multi-proxy*, on peut facilement faire des erreurs d'interprétation.

9.1.2 Les incertitudes liées aux indicateurs géochimiques : le cas particulier de la composition isotopique des précipitations

Depuis une quarantaine d'années, des reconstructions quantitatives des changements de température sont obtenues à partir de l'estimation des changements passés de la composition isotopique des précipitations. Celles-ci sont mesurées dans différentes archives continentales qui stockent directement des eaux fossiles (glaciers, calottes polaires, nappes phréatiques), ou bien enregistrent les variations du rapport $^{18}O/^{16}O$ des précipitations dans la composition isotopique de l'oxygène des molécules de leur structure (par exemple, la calcite de squelettes fossiles de micro-organismes lacustres, de spéléothèmes, la cellulose de cernes d'arbres...).

Différentes formes isotopiques stables de la molécule d'eau sont présentes sur Terre. On exprime leur abondance par référence au standard international SMOW (*Standard mean ocean water*), qui présente une abondance de 0,038 % de $H_2^{17}O$, 0,310 % de HDO, 0,2005 % de $H_2^{18}O$ et 99,762 % de la forme principale $H_2^{16}O$. Les différentes molécules isotopiques sont caractérisées par un nombre de neutrons différent, donc des masses différentes, des pressions de vapeur saturante différentes, ainsi que des différences de symétrie. Lors de chaque changement de phase (condensation, évaporation), les molécules d'eau subissent un fractionnement isotopique, qui inclut des processus à l'équilibre (échanges entre réservoirs infinis) et des processus cinétiques : lors de l'évaporation à la surface de l'océan ou de la réévaporation de gouttes de pluies au cours de leur précipitation, ou encore lors de la formation des cristaux de glace dans les nuages, les processus sont plus rapides que le temps de diffusion des molécules d'eau et entraînent des effets cinétiques liés à la diffusivité des différentes formes isotopiques, les plus légères étant animées des plus grandes vitesses.

L'Agence Internationale de l'Energie Atomique coordonne depuis 1958 un réseau d'observations et une banque de données de composition isotopique des précipitations modernes (Fig. 9.2A). Les mesures ont révélé dès les années 1960 une relation étroite entre la teneur isotopique des précipitations et la température de l'air (le « thermomètre isotopique », Fig. 9.2B). Ces relations locales ont été intensément exploitées pour quantifier les changements passés de température.

L'utilisation d'archives naturelles pour estimer les variations climatiques passées à partir de leur composition isotopique en oxygène ou en deutérium

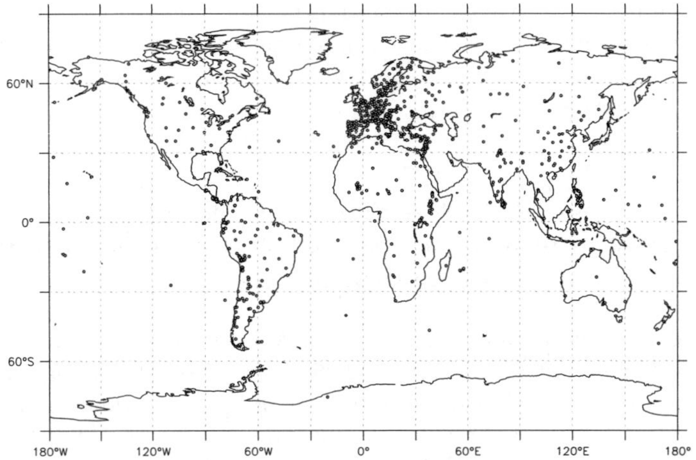

A

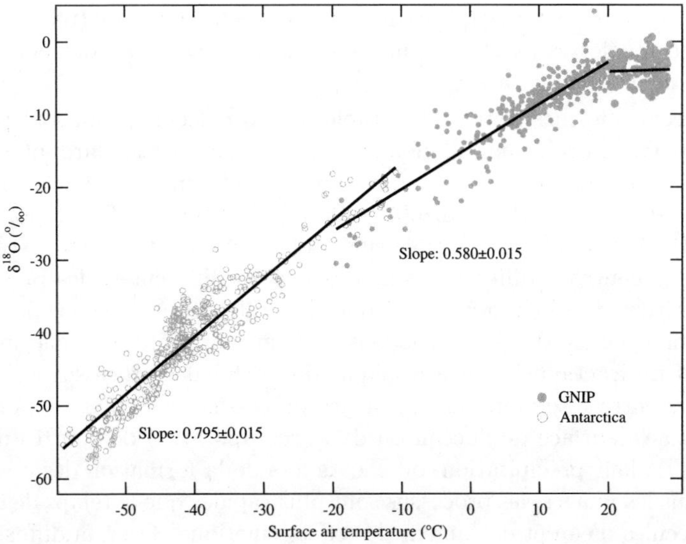

B

FIG. 9.2 – A – Réseau mondial de suivi de la composition isotopique des précipitations, stations ayant permis d'obtenir plusieurs années de mesure (Agence Internationale de l'Energie Atomique, IAEA, www.iaea.org/water). B – Relation entre la teneur en ^{18}O des précipitations et la température de l'air au niveau du sol, à partir du réseau de mesures de l'IAEA (cercles pleins) et à partir de neige de surface en Antarctique (cercles ouverts). La pente de la relation isotope-température (en ‰ par °C) est présentée pour l'Antarctique, pour les données de l'IAEA avec des températures annuelles inférieures à 20 °C, et pour les données de l'IAEA avec des températures annuelles supérieures à 20 °C.

pose néanmoins de nombreux problèmes, sources d'incertitudes sur les quantifications des reconstructions climatiques :

- incertitude sur la mesure de la teneur isotopique ; celle-ci est généralement faible, avec un impact de l'ordre du dixième de degrés sur les estimations des températures ;
- incertitude sur les processus pouvant modifier la relation entre la composition isotopique des précipitations et la composition isotopique de l'archive (glace, calcite, cellulose...). Les processus physico-chimiques ou biologiques contrôlant ce transfert d'information entre la précipitation et l'archive doivent être compris et quantifiés, afin d'évaluer l'incertitude sur la reconstruction de la composition isotopique initiale de la précipitation. Chaque archive présente des biais spécifiques, décrits dans les sections suivantes, et qui ne sont pas nécessairement constants au cours du temps : ces incertitudes ne peuvent être estimées qu'à travers une bonne compréhension et une modélisation des processus de transferts entre l'eau des précipitations et celle de l'archive (modèles hydro-isotopiques du fonctionnement d'arbres, de systèmes lacustres...). Les effets de ces incertitudes peuvent être de l'ordre du degré ou plus ;
- incertitude sur la stabilité au cours du temps des relations entre les abondances des isotopes dans les précipitations et les facteurs météorologiques : même en disposant d'une archive quasiment parfaite de la composition isotopique des précipitations, comment la traduire en terme de climat ? Si la température de condensation est le facteur clé qui gouverne la distillation isotopique d'une masse d'air, certains facteurs, comme les conditions d'évaporation, les changements de source d'humidité ou de trajectoire de la vapeur d'eau (incluant ou non des processus convectifs), le recyclage continental (rapport précipitation/évaporation), peuvent affecter la teneur isotopique des précipitations. Plusieurs aspects critiques, tels que la saisonnalité de la précipitation ou bien la relation entre la température de l'air en surface et la température de condensation, peuvent également affecter la qualité des reconstructions paléoclimatiques. Pour l'Antarctique par exemple, on estime que l'incertitude sur les reconstructions de température est de l'ordre de 20 à 30 % entre périodes glaciaires et interglaciaires ;
- Enfin, il faut noter que dans les zones tropicales, ce n'est pas la température de l'air en surface qui conditionne la composition isotopique des précipitations. En effet, aussi bien au niveau spatial qu'au niveau temporel (saisonnier ou interannuel), la composition isotopique des pluies est essentiellement liée à l'intensité des précipitations (« effet de masse »), parce que l'intensité de la distillation isotopique dépend de celle de la convection, indépendamment de la température de l'air en surface. L'interprétation des signaux isotopiques des glaciers tropicaux est donc

fondamentalement différente de celle des glaciers polaires. Notons qu'à des échelles de temps supérieures à la décennie, il est possible qu'il y ait un effet cumulé de la température (profil vertical de température dans l'atmosphère) et de l'abondance des précipitations (voir chapitre 19).

La modélisation de la circulation de l'atmosphère permet d'estimer les incertitudes liées à la stabilité des relations entre les isotopes des précipitations et les paramètres météorologiques. Cette approche requiert la construction de modèles de circulation générale ou régionale de l'atmosphère dont le cycle de l'eau a été simulé pour représenter explicitement l'ensemble des fractionnements affectant les différentes formes isotopiques de la molécule d'eau. Ces outils de modélisation ont été utilisés avec succès pour estimer la stabilité du thermomètre isotopique entre une période glaciaire et une période interglaciaire, globalement plus chaude. Les défis sont à présent de conduire des simulations longues à l'aide de modèles couplés océan-atmosphère-isotopes afin d'évaluer la stabilité de ces relations en réponse à différents modes de variabilité (saisonnier, interannuel, décennal, centennal...) et dans différentes régions, tropicales, tempérées ou polaires.

9.1.3 Les incertitudes liées aux indicateurs biologiques

L'ensemble des méthodes communément utilisées pour reconstruire le climat à partir d'assemblages biologiques est connu sous le vocable de fonction de transfert (Imbrie et Kipp, 1971). Leur principe repose sur une expression de la relation entre la variable climatique et les abondances relatives de chacun des taxons pris en compte comme si c'était le climat qui dépendait de l'assemblage. Il s'agit donc d'un approche inverse, puisque la réalité est que l'assemblage dépend du climat. Le problème direct est appelé fonction de réponse. Quelques équations vont suffire pour montrer l'inconvénient d'une telle approche. Notons X l'assemblage, C l'ensemble des facteurs climatiques, D l'ensemble des facteurs non climatiques qui peuvent également influer sur X (par exemple le sol) et R la fonction de réponse de l'assemblage à C et D : $X = R(C,D)$. Si le climat domine sur les facteurs non climatiques, on peut approximer la relation de la façon suivante : $X = R_c(C)$. La fonction de transfert pourrait s'obtenir par inversion : $\hat{C} = \hat{R}_c^{-1}(X)$. Mais en général, le nombre de variables incluses dans le vecteur C est bien inférieur au nombre de variables de X, et dans ce cas, seule une méthode des moindres carrés permet de résoudre le système d'équations en minimisant l'écart entre C et son estimation qui exprime C en fonction de X : $\hat{C} = \hat{T}(X)$, avec $\hat{T}$ désignant la fonction de transfert.

L'approche « fonction de transfert » est basée sur plusieurs hypothèses qu'il faut toujours garder en mémoire :

1. le climat est la cause ultime des changements observés dans les données ; l'action de l'homme qui perturbe souvent le paysage est donc supposée être négligeable ;

2. les propriétés écologiques des espèces considérées n'ont pas changé entre la période analysée et le présent : les relations entre espèces et climat sont uniformes à travers le temps ;

3. les observations actuelles contiennent toute l'information nécessaire pour interpréter les données fossiles : il faut donc que la végétation du passé, par exemple, ait survécu quelque part dans le monde et que l'on dispose des informations correspondantes. Cette troisième hypothèse, ajouté à la seconde, traduit le principe d'uniformitarisme (le présent est la clé du passé), qui est implicite à toute approche paléontologique.

On se rend bien compte que ces trois hypothèses sont assez fortes. Les divergences qu'on trouve entre les différentes approches sont souvent liées au fait que ces hypothèses ne sont pas toujours bien vérifiées.

L'approche par recherche d'analogues (méthode des analogues, MA, Hutson, 1980 ; Guiot *et al.*, 1985) ne procède pas par calcul d'une relation statistique entre climat et assemblages, mais elle repose néanmoins sur les mêmes hypothèses, ce qui la rend sujette aux mêmes biais quand ces hypothèses ne sont pas remplies. Par contre, cette approche possède ses propres particularités, car elle ne repose pas sur une calibration statistique mais sur un calcul de similarité. Le spectre pollinique fossile (ou tout autre assemblage de fossiles) dont on veut connaître le climat est comparé à tous les spectres actuels grâce à une distance de type euclidienne (ou équivalente). Les quelques spectres actuels dont la distance avec le fossile est la plus faible sont appelés analogues. Le climat recherché est la moyenne pondérée selon l'inverse de la distance du climat de ces analogues.

La figure 9.3 permet d'illustrer trois cas limites où les deux approches (fonction de transfert et analogues) se comportent de manière assez différente. Dans cette figure, nous avons représenté par l'axe horizontal l'espace climatique (cet espace a plusieurs dimensions que l'on simplifie par une seule). De la même manière, l'axe vertical représente l'espace des assemblages (en réalité un axe par taxon). Les disques gris représentent les données actuelles et les disques creux les données fossiles. La droite représente la fonction de transfert (FT). Dès qu'on connaît les abondances de chaque taxon, par projection sur la droite, on trouve l'ordonnée, et on en déduit le climat (voir l'exemple A dont le climat est T_{A}). Les trois cas sont représentés par une lettre :

- L'assemblage fossile A tombe dans une zone sans assemblage actuel, mais la FT permet facilement de déduire le climat par T_{A} même si cette valeur n'existe pas dans les données actuelles. Le plus proche analogue de A est $\mathrm{A_o}$ dont le climat est $C(\mathrm{A_o})$. On voit donc que la MA est incapable de fournir un climat différent de ce qui existe dans les données.

- L'assemblage fossile B tombe également dans une zone sans données actuelles. Alors que la FT fournit une estimation T_{B} complètement en dehors du domaine des données actuelles – et qui peut-être n'est pas

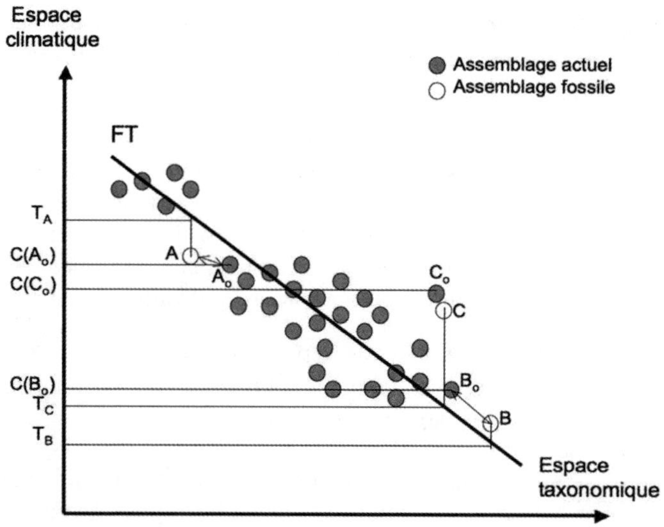

FIG. 9.3 – Représentation schématique des principales incertitudes liées aux fonctions de transfert.

réaliste –, la MA fournit le climat $C(\mathrm{B_o})$ qui sous-estime peut-être la réalité mais qui a l'avantage d'être réaliste.

- L'assemblage C a un analogue très proche ($\mathrm{C_o}$) qui se trouve en position très marginale par rapport aux autres points. La MA va tout naturellement prendre le climat $C(\mathrm{C_o})$ comme estimation, mais la FT sera incapable de donner une autre estimation que celle fournie par la droite, à savoir T_c qui est très loin de la réalité. La FT suit donc le gradient dominant des données et est incapable de fournir une estimation fiable pour les assemblages marginaux.

Cette illustration montre qu'il n'existe sans doute pas de méthode parfaite et que le moyen le plus efficace de valider ses résultats (en dehors de celui qui consiste à les comparer à des reconstructions issues d'autres *proxies*) est d'essayer plusieurs méthodes, comme le préconisent Kucera *et al.* (2005). On peut recenser dans la littérature une dizaine de techniques qui peuvent se répartir entre ces deux familles FT et MA (Guiot et de Vernal, 2007). Il est donc possible d'en choisir quelques-unes parmi elles et de comparer les reconstructions. Des résultats cohérents sont sans doute une indication de leur robustesse.

Un autre problème vient du fait que les variables climatiques à reconstruire sont souvent corrélées entre elles. Si l'on ne dispose que d'assemblages venant soit de climats humides et froids, soit de climats secs et chauds, il sera impossible de reconstruire des climats humides et chauds, ou secs et froids.

S'il est possible de recueillir quelques assemblages différents du gradient dominant, l'analyse du point C de la figure 9.3 a montré que la MA était alors plus efficace que la FT.

Une reconstruction climatique est basée sur des données actuelles et appliquée à des données fossiles. Souvent il y a un fossé entre les deux situations. Par exemple, en milieu continental, l'homme agit comme un élément perturbateur de l'échantillon de référence, et la transposition directe aux données du passé peut induire des reconstructions biaisées. Ce problème ne peut être minimisé que par le choix de données actuelles exemptes de marques anthropiques.

Un autre problème inhérent à toute calibration est le risque de **surestimation**. En principe, si le nombre de paramètres à estimer (ici les coefficients de pondération de chacun des taxons dans la FT) est élevé par rapport au nombre d'assemblages de référence, on peut réussir à ajuster une FT qui passera par presque tous les points (c'est-à-dire qu'à la figure 9.3, tous les points sont situés sur la droite). Malheureusement cette droite sera incapable de fournir la moindre prévision fiable. Le principe statistique d'économie des paramètres dit qu'un bon modèle repose sur le nombre le plus faible possible de paramètres à estimer. Une façon efficace de contrôler ce problème est de diviser la base de données actuelles en deux parties, de calibrer la FT sur la première partie, de l'appliquer sur la seconde, que l'on appelle échantillon de validation, et d'en déduire l'erreur moyenne de validation. Si cette dernière, forcément supérieure à l'erreur moyenne de calibration, reste raisonnable, on peut espérer que la FT est utilisable. On inverse ensuite le rôle des deux parties et on procède de la même manière. Si les deux FT obtenues sont acceptables, on peut alors calibrer la FT sur l'ensemble des données et l'utiliser pour les assemblages fossiles.

D'autres techniques existent (*bootstrap*, *Jackknife*, permutations...), mais le paradigme de base est toujours de vérifier sur des données indépendantes la qualité des estimations. Un autre point important est d'accompagner systématiquement les reconstructions climatiques par des intervalles de confiance. C'est aussi vrai pour la FT que pour la MA. Ces intervalles de confiance permettent aussi bien d'appréhender la tolérance des assemblages biologiques pour une gamme plus ou moins large de conditions climatiques que de prendre en compte l'imperfection du modèle dans sa capacité d'ajuster l'ensemble des points de référence actuelle.

Références bibliographiques

[1] Kucera, M., Weinelt, M., Kiefer, T., Pflaumann, U., Hayes, A., Weinelt, M., Chen, M. T., Mix, A. C., Barrows, T. T., Cortijo, E., Duprat, J., Juggins, S.et Waelbroeck, C.. (2005), « Reconstruction of Sea-Surface Temperatures from Assemblages of Planktonic Foraminifera : Multi-Technique Approach Based on Geographically Constrained Calibration

Data Sets and its Application to Glacial Atlantic and Pacific Oceans », *Quaternary Science Reviews*, 24, pp. 951-998.

[2] Guiot, J. (1985), « A method for Paleoclimatic Reconstruction in Palynology Based on Multivariate Time-Series Analysis », *Géographie Physique et Quaternaire*, 39, pp. 115-125.

[3] Guiot, J. et de Vernal, A. (2007), « Transfer Functions : Methods for Quantitative Paleoceanography Based on Microfossils », *Developments in marine Geology*, vol. 1, Hillaire-Marcel, C. et de Vernal, A. (Ed.), Elsevier, Dordrecht, pp. 548-588.

[4] Hutson, W. H. (1980), « The Agulhas Current During the Late Pleistocene : Analysis of Modern Faunal Analogs », *Science*, 207, pp. 64-66.

[5] Imbrie, J. et Kipp, N. G. (1971), « A New Micropaleontological Method for Quantitative Paleoclimatology : Application to a Late Pleistocene Caribbean Core », dans *The late Cenozoic glacial ages* Turekian, K. K. (Ed.), Yale University Press, pp. 71-181.

[6] Pfister, C. (1980), « The Climate of Switzerland in the Last 450 Years », *Geographica Helvetica* (numéro spécial), pp. 15-20.

Chapitre 10

Interface air-glace : les glaces polaires

Valérie Masson-Delmotte et Jean Jouzel, *Laboratoire des Sciences du Climat et de l'Environnement, Institut Pierre Simon Laplace, CEA-CNRS-UVSQ, Orme des Merisiers, 91191 Gif-sur-Yvette, France.*

Le dépôt et la préservation des couches de neige, année après année, permettent l'archivage de nombreux paramètres climatiques et environnementaux dans la structure et la composition de la glace, de ses inclusions gazeuses et de ses impuretés. Cette section est plus particulièrement consacrée aux informations relatives aux variables climatiques ; celles concernant la composition de l'atmosphère et les cycles biogéochimiques sont détaillées dans ce tome, chapitre 1 et dans le chapitre 1 au tome 2.

Les glaces polaires offrent des archives des changements passés de nombreuses variables climatiques, certaines spécifiques au site étudié comme la température et l'accumulation, d'autres à échelle géographique plus large, comme la circulation atmosphérique ou le rythme des moussons. De façon unique, les reconstructions des variables locales, température et accumulation, sont essentiellement issues de processus physiques. L'estimation de l'accumulation de neige peut être déduite de la datation de la glace (tome 1, chapitre 8), par exemple, à partir de l'identification de cycles saisonniers ou d'horizons de référence ; les variations d'accumulation au cours du temps sont également estimées à partir des changements passés de température, à travers une relation exprimant la dépendance de la pression de vapeur saturante de l'air avec la température. Ce chapitre est focalisé sur les différentes méthodes mises en œuvre pour quantifier les variations de température. Nous aborderons successivement l'exploitation de couches de regel dues à la fusion estivale dans certaines régions polaires, l'inversion des profils de température mesurés dans les trous de forage, l'analyse de la composition en isotopes stables de la glace et sa modélisation, et, enfin, l'analyse de la composition isotopique de l'azote et de l'argon de l'air piégé dans cette glace.

10.1 Indices de fusion et température du trou de forage

Certains glaciers et les calottes des zones côtières de l'Arctique forment un premier groupe d'archives où la structure de la glace permet d'estimer les changements des températures d'été. Beaucoup de ces sites sont en effet caractérisés par une température estivale qui peut dépasser 0 °C. Dans ce cas, la neige de surface subit une fusion, percole puis regèle dans les couches froides plus profondes. L'identification des couches de regel dans la structure physique de la glace permet de construire des indices d'intensité de fusion estivale. Cette méthode a été employée pour estimer l'évolution des températures d'été sur des échelles de temps de quelques siècles, comme au Spitzberg (Svalbard) ou dans l'Arctique russe, et au cours de l'Holocène, comme dans l'Arctique canadien (Koerner et Fisher, 2002). Au Groenland ou en Antarctique de l'Ouest, certains sites de basse altitude (Siple Dome, péninsule Antarctique) sont également caractérisés par l'occurrence régulière ou ponctuelle de fusion estivale. Cependant, la grande majorité des carottages profonds réalisés dans les glaces de l'Antarctique et du Groenland ont été conduits dans des sites où la température est toujours très inférieure à 0 °C au cours de l'année et où il n'y a pas de couches de regel dans la glace. Dans ce cas, plusieurs méthodes ont été déployées pour estimer les changements passés de la température locale.

La diffusion de la chaleur dans la structure même de la glace entraîne des fluctuations du profil vertical de température, qui, une fois que les opérations de carottage sont achevées, peut être mesuré avec une précision de l'ordre du millième de degré dans le liquide des trous de forage. L'inversion numérique de ce profil de température permet en principe d'estimer les grandes variations passées de la température de surface. Cependant, ce problème est mal contraint et requiert des hypothèses *a priori* sur la forme de la fonction recherchée. Les estimations de température sont associées à une incertitude assez large à la fois en termes d'amplitude et de chronologie. Cette méthode a permis d'estimer les variations de température au cours du dernier siècle et des derniers millénaires dans quelques sites à forte accumulation (Dahl-Jensen *et al.*, 1999), ainsi que l'amplitude glaciaire-interglaciaire au centre du Groenland (Dahl-Jensen *et al.*, 1998) ou de l'Antarctique (Salamatin *et al.*, 1998).

10.2 Isotopes stables de l'eau et température

La méthode la plus couramment utilisée pour reconstruire les variations passées de température au centre de l'Antarctique et du Groenland repose sur l'analyse de la composition isotopique de la glace. L'étude de l'abondance des formes isotopiques de la molécule d'eau dans les précipitations, initiée dans les années 1950 (Dansgaard, 1953), a permis de mettre en évidence une relation spatiale entre appauvrissement en isotopes lourds et température du site, relation qui est à la base de la notion de « thermomètre isotopique ». Les eaux naturelles, formées principalement des molécules $H_2^{16}O$ (99,7 %), présentent également des formes isotopiques stables plus rares, parmi lesquelles 0,2 % de $H_2^{18}O$ et 0,03 % de $HD^{16}O$ (D représente le deutérium ^2H). Les concentrations isotopiques sont exprimées comme écart en pour mille, en notation δ (δD et $\delta^{18}O$) par rapport à un standard international, le V-SMOW. Aux latitudes tempérées et polaires, on observe une relation linéaire entre les rapports isotopiques des précipitations actuelles, δD ou $\delta^{18}O$, et la température du site. La Figure 10.1 illustre le « thermomètre isotopique » en Antarctique, où plus de 900 sites ont été échantillonnés. Les pentes spatiales observées sont de l'ordre de ~6 ‰/°C pour δD et ~0,8 ‰/°C pour $\delta^{18}O$.

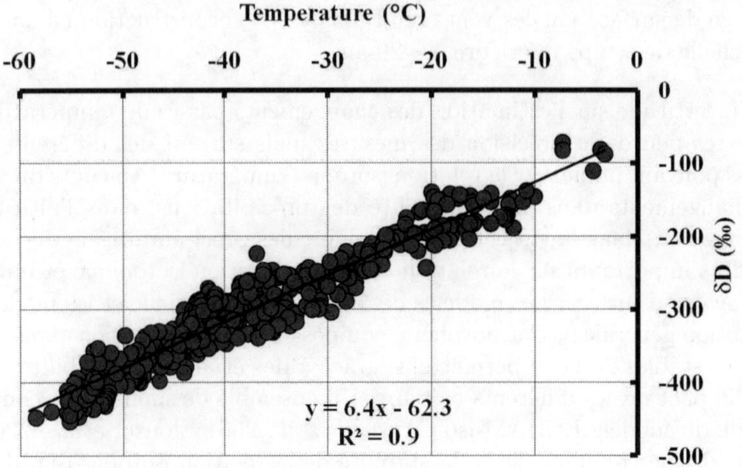

FIG. 10.1 – Relation spatiale observée entre δD de la neige de surface et température moyenne annuelle pour 900 sites en Antarctique où les deux variables ont été mesurées (voir Masson-Delmotte *et al.*, 2008).

La modélisation de la composition isotopique des précipitations a été développée à l'aide de modèles conceptuels de distillation (Ciais et Jouzel, 1994) ou de modèles de circulation générale de l'atmosphère incluant la représentation des cycles des différentes formes isotopiques de la molécule d'eau (Joussaume *et al.*, 1984). Ces outils numériques prennent en compte l'effet des différents fractionnements liés aux différences entre les pressions de vapeur saturante (effet à l'équilibre) et la diffusivité dans l'air (effet cinétique) des molécules concernées et permettent de comprendre les processus de distillation à l'origine de cette relation spatiale (Fig. 10.2).

La reconstruction des températures passées s'appuie sur la mesure du rapport isotopique d'une fine bande de glace prélevée le long des carottes, puis sur l'application de la relation isotope-température. Cette estimation des changements passés de température repose sur l'hypothèse que la relation spatiale actuelle est applicable pour estimer la différence de température entre deux périodes données au site de forage ; elle suppose que cette pente dite « temporelle » est égale à la pente spatiale. Pour les changements à l'échelle glaciaire-interglaciaire, il faut prendre en compte une correction liée aux variations de composition isotopique de l'océan (Jouzel *et al.*, 2003). Dans le meilleur des cas, la précision des mesures par spectrométrie de masse atteint ±0,5 ‰ pour δD et ±0,05 ‰ pour δ^{18}O. La résolution temporelle est très variable. Dans les sites où le taux d'accumulation est élevé (plus de 10 cm/an), il est possible de rechercher une résolution subannuelle (saisonnière). Cependant, la diffusion de la vapeur d'eau dans les couches supérieures du névé entraîne rapidement un « lissage » de la composition isotopique et une perte de l'information liée à chaque chute de neige. Dans les sites de faible accumulation, la redistribution de neige de surface par les vents rend illusoire la reconstruction climatique à une échelle de temps inférieure à ~20 ans.

L'incertitude sur l'estimation des changements passés de température dépend très peu de la précision des mesures mais surtout des différents paramètres pouvant influencer la relation isotope-température. Au cours du temps, des changements dans la saisonnalité des précipitations, dans l'altitude de condensation, dans la trajectoire et l'origine des précipitations peuvent avoir des effets importants sur la relation entre composition isotopique et température locale de surface. Les modèles de distillation isotopique et les modèles de circulation générale de l'atmosphère, équipés de la représentation explicite des isotopes stables de l'eau permettent, grâce à des études de sensibilité, d'estimer l'impact de ces différents facteurs. Un ensemble de simulations conduites à l'aide du modèle ECHAM-iso (Werner *et al.*, 2001 ; Jouzel *et al.*, 2007a) a permis de mettre en évidence la stabilité de la relation isotopes-température pour le plateau central Antarctique, entre climat glaciaire et actuel, et de montrer que la pente temporelle est proche de la pente spatiale. Ceci justifie l'approche dite du « thermomètre isotopique » pour les sites du plateau Antarctique, avec d'après Jouzel *et al.* (2003), une précision entre −10 et +30 %.

Cette approche est cependant sujette à discussion pour des climats plus chauds que l'actuel. Ainsi Sime *et al.* (2008) ont, avec le modèle HadAM3-iso, examiné un scénario d'augmentation de la teneur atmosphérique en CO_2. Cette simulation suggère une diminution de la relation isotope-température dans la région du Dôme C, en Antarctique, dans un climat global plus chaud. Ce résultat reste cependant difficile à utiliser pour l'exploitation des mesures des carottes de glace, faute d'analogie entre les changements climatiques induits par des modifications de l'orbite terrestre (périodes interglaciaires « chaudes ») et induits par une augmentation de l'effet de serre.

De même, la modélisation climat-isotopes et la confrontation de l'analyse isotopique à d'autres méthodes de paléothermométrie suggèrent qu'au centre du Groenland, ces deux pentes diffèrent de façon notable, jusqu'à un facteur 2 (Dahl-Jensen *et al.*, 1998 ; Masson-Delmotte *et al.*, 2005) ; l'approche conventionnelle y sous-estime d'autant les variations de température.

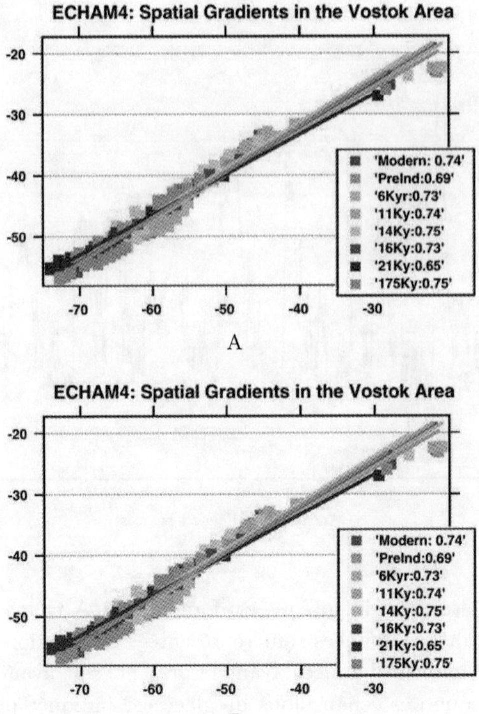

FIG. 10.2 – Modélisation de la composition isotopique des précipitations ($\delta^{18}O$) dans la région de Vostok (plateau central de l'Antarctique de l'Est) à l'aide du modèle de circulation générale de l'atmosphère ECHAM qui inclut la modélisation explicite du cycle des isotopes stables de l'eau. Ce modèle a été forcé par des conditions aux limites (ensoleillement, calottes, températures de surface de la mer, glace de mer, composition atmosphérique) estimées pour différents intervalles de temps (actuel, pré-industriel, 6, 11, 14, 16, 21, 175 ky BP). La Figure 10.2A montre la grande stabilité de la relation spatiale entre composition isotopique de la neige et température de l'air en surface pour ces différentes périodes (représentées par différentes couleurs). Les carrés de la Figure 10.2B représentent les résultats obtenus pour chaque simulation sur la région de Vostok : ils permettent d'estimer la pente temporelle entre $\delta^{18}O$ et température (droite en rouge) et montrent qu'elle est très proche de la pente spatiale moderne.

Actuellement, les profils de composition isotopique les plus anciens atteignent jusqu'à 800 000 ans en Antarctique, sur le site du Dôme C (Jouzel *et al.*, 2007a) (Fig. 10.3) ; au Groenland, le carottage le plus profond, conduit à NorthGRIP, offre environ 123 000 ans d'archive de la composition isotopique de la glace (NorthGRIP-community-members, 2004).

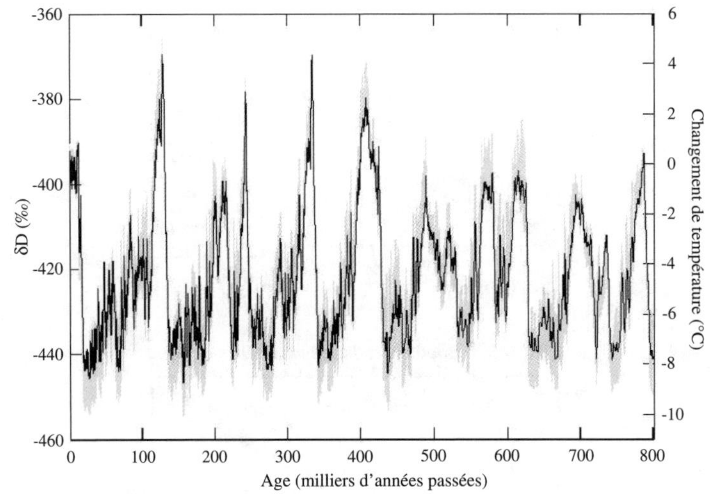

FIG. 10.3 – Enregistrement isotopique du forage EPICA Dôme C, en Antarctique (Jouzel *et al.*, 2007b). Les données sont représentées en fonction du temps (en abscisse, exprimées en milliers d'années avant le présent, soit avant l'année 1950). La composition isotopique des échantillons de glace est indiquée par la courbe noire, sur l'axe de gauche (δD, en ‰). L'estimation du changement de température correspondant (par rapport à la température actuelle, en °C), calculé en prenant en compte le gradient spatial actuel (voir Fig. 10.1), et après correction des variations de composition isotopique de l'eau de mer, est indiqué en gris (sur l'axe de droite).

Les forages de Summit, au Groenland, recèlent même des segments de glace plus anciens mais discontinus, identifiés grâce à la comparaison de la composition de l'air par rapport aux séries de référence obtenues en Antarctique. L'étude de la composition isotopique de la glace a ainsi permis de proposer des reconstructions des changements passés de la température locale (voir Masson-Delmotte *et al.*, 2006), montrant une très grande cohérence pour les grands forages de l'Antarctique de l'Est, à Vostok, Dôme Fuji et Dôme C (Watanabe *et al.*, 2003). L'étude combinée des différentes formes isotopiques de l'eau donne également accès à un paramètre de second ordre, l'excès en deutérium,

$d = \delta D - 8\delta^{18}O$ (Dansgaard, 1964). Ce paramètre est fortement conditionné par les conditions d'évaporation des masses de vapeur d'eau atmosphérique, et sa mesure a permis d'estimer les changements d'origine des précipitations polaires au cours du temps (Jouzel *et al.*, 2007b ; Vimeux *et al.*, 2001). Les changements de « température de source » ainsi déduits restent difficiles à comparer aux reconstructions de température de surface des océans (chapitre 9), car ils correspondent à une origine des précipitations qui peut varier géographiquement au cours du temps. Enfin, la composition isotopique de la glace peut être affectée par des effets liés à des changements d'altitude et d'écoulement, apportant sur un site de carottage à flanc de dôme de la glace ancienne initialement formée dans une zone distante, effets qui doivent être pris en compte (Masson *et al.*, 2000).

10.3 Isotopes stables de l'air et température

De nouvelles méthodes de quantification des changements abrupts de température ont été mises en œuvre, tirant parti du fractionnement thermique de l'azote ou de l'argon (dont la composition isotopique est stable dans l'atmosphère à ces échelles de temps) lors du processus de piégeage de l'air dans le névé (Severinghaus *et al.*, 1998). Cette approche donne accès à la marque des changements de température dans la phase gaz, permettant également de caractériser finement les déphasages entre changements de composition atmosphérique (concentrations en gaz à effet de serre mesurés dans la phase gaz) et changement de température polaire.

Cette méthode ne permet pas d'estimer précisément les changements de température en Antarctique, où les effets de fractionnement gravitationnel dominent, car les changements de température sont plus lents et de moindre intensité. Cependant, elle a été utilisée pour déterminer le déphasage entre réchauffement antarctique et augmentation des teneurs atmosphériques en dioxyde de carbone, au cours de déglaciations (Caillon *et al.*, 2003).

Au Groenland, l'étude du fractionnement thermique des gaz a été conduite sur des successions d'événements rapides, archivés dans la glace des forages de GISP2, GRIP et NorthGRIP (Capron *et al.*, 2010). Les estimations des changements de température par fractionnement thermique de l'air ont revu à la hausse l'intensité du changement de température lors des réchauffements des événements de Dansgaard-Oeschger, atteignant une amplitude de 8 à 16 ± 3 °C, et ont remis en cause l'apparente stabilité des phases froides telles qu'elles apparaissaient dans les enregistrements continus des isotopes stables de l'eau. Le désaccord apparent entre les quantifications issues de la relation spatiale actuelle isotopes de l'eau-température et cette méthode alternative de paléothermométrie peut s'expliquer par des changements importants de la saisonnalité du dépôt de neige au Groenland au cours du temps, un processus mis en évidence par les modèles climat-isotopes entre le Dernier Maximum glaciaire et l'actuel (Krinner *et al.*, 1997 ; Werner *et al.*, 2001).

10.4 Conclusions

Soulignons qu'un ensemble de méthodes de quantification des changements de température peut être déployé autour des carottes de glace polaire. De nouvelles pistes sont actuellement explorées afin d'améliorer les quantifications des changements de température : mesures isotopiques à très haute résolution afin de quantifier la diffusion isotopique, processus qui dépend de la température ; analyse de l'oxygène-17 de l'eau, afin d'estimer plus précisément les conditions d'évaporation (température, humidité relative) à la surface océanique, analyses en continu de la composition isotopique de l'argon, de l'azote et des gaz rares pour caractériser le fractionnement thermique et gravitationnel du névé. Il reste beaucoup à apprendre sur la variabilité spatiale et temporelle des températures au Groenland et en Antarctique, aussi bien au cours des derniers siècles que des cycles climatiques les plus anciens archivés dans les glaces polaires.

Références bibliographiques

Caillon, N., Severinghaus, J. P., Jouzel, J., Barnola, J. M., Kang, J. et Lipenkov, V. Y. (2003), « Timing of Atmospheric CO_2 and Antarctic Temperature Changes Across Termination III », *Science*, 299, pp. 1 728-1 731.

Capron, E. *et al.* (2010), « Millennial and Sub-Millennial Scale Climatic Variations Recorded in Polar Ice Cores over the Last Glacial Period », *Climate of the Past*, 6, pp. 345-365.

Ciais, P. et Jouzel, J. (1994), « Deuterium and Oxygen 18 in Precipitation : An Isotopic Model Including Mixed Cloud Processes », *J. Geophys. Res.*, 99, pp. 16 793-16 803.

Dahl-Jensen, D., Morgan, V. I. et Elcheikh, A. (1999), « Monte Carlo Inverse Modelling of the Law Dome (Antarctica) Temperature Profile », *Annals of Glaciology*, 29, pp. 145-150.

Dahl-Jensen, D., Mosegaard, K., Gundestrup, N., Clow, G. D., Johnsen, S. J., Hansen, A. W. et Balling, N. (1998), « Past Temperatures Directly from the Greenland Ice Sheet », *Science*, 282, pp. 268-271.

Dansgaard, W. (1953), « The Abundance of ^{18}O in Atmospheric Water and Water Vapour », *Tellus*, 5, pp. 461-469.

Dansgaard, W. (1964), « Stable Isotopes in Precipitation », *Tellus*, 16, pp. 436-468.

Joussaume, S., Jouzel, J. et Sadourny, R. (1984), « A General Circulation Model of Water Isotope Cycles in the Atmosphere », *Nature*, 311, pp. 24-29.

Jouzel, J., Vimeux, F., Caillon, N., Delaygue, G., Hoffmann, G., Masson-Delmotte, V. et Parrenin, F. (2003), « Magnitude of the Isotope-Temperature Scaling for Interpretation of Central Antarctic Ice Cores », *J. Geophys. Res.*, 108, pp. 1 029-1 046.

Jouzel, J., Masson-Delmotte, V., Cattani, O., Dreyfus, G., Falourd, S., Hoffmann, G., Nouet, J., Johnsen, S. J., Leuenberger, M., Oerter, H. Parrenin, F., Raisbeck, G., Schwander, J., Souchez, R., Selmo, E., Stenni, B., Stocker, T. et Werner, M. , Jouzel, J., Stiévenard, M., Johnsen, S. J., Landais, A., Masson-Delmotte, V., Sveinbjornsdottir, A., Vimeux, F., v. Grafenstein, U. et White, J. W. C. (2007b), « The GRIP Deuterium-Excess Record », *Quaternary Science Reviews*, 26, pp. 1-17.

Koerner, R. M. et Fisher, D. A. (2002), « Ice-Core Evidence for Widespread Arctic Glacier Retreat in the Last Interglacial and the Early Holocene », *Annals of Glaciology*, 35, pp. 19-24.

Krinner, G., C. Genthon, and J. Jouzel (1997). « GCM Analysis of Local Influences on Ice Core δ Signals », *Geophys. Res. Lett.*, 24, pp. 2 825-2 828.

Masson, V., Vimeux, F., Jouzel, J., Morgan, V., Delmotte, M., Hammer, C., Johnsen, S., Lipenkov, V., Petit, J. R., Steig, E., Stievenard, M. et Vaikmae, R. (2000), « Holocene Variability in Antarctica Based on 11 Ice Core Isotopic Records », *Quat. Res.*, 54, pp. 348-358.

Masson-Delmotte, V., Jouzel, J., Landais, A., Stievenard, M., Johnsen, S. J., White, A. Sveinbjornsdottir, J. W. C. et Fuhrer, K. (2005), « Deuterium Excess Reveals Millennial and Orbital Scale Fluctuations of Greenland Moisture Origin », *Science,* 309, pp. 118-121.

Masson-Delmotte, V., Braconnot, P., Dreyfus, G., Johnsen, S., Jouzel, J., Kageyama, M., Landais, A., Nouet, J., Parrenin, F., Raynaud, D., Stenni, B. et Tuenter, E. (2006), « Past Temperature Reconstructions from Deep Ice Cores : Relevance for Future Climate Change », *Climate of the Past,* 2 (2), pp. 145-165.

Masson-Delmotte, V., Hou, S., Ekaykin, A., Jouzel, J., Aristarain, A., Bernardo, R. T., Bromwhich, D., Cattani, O., Delmotte, M., Falourd, S., Frezzotti, M., Gallée, H., Genoni, L., Isaksson, E., Landais, A., Helsen, M., Hoffmann, G., Lopez, J., Morgan, V., Motoyama, H., Noone, D., Oerter, H., Petit, J. R., Royer, A., Uemura, R., Schmidt, G. A., Schlosser, E., Simões, J. C., Steig, E., Stenni, B., Stievenard, M., van den Broeke, M., van de Wal, R., van den Berg, W. J., Vimeux et F., White, J. W. C. (2008), « A Review of Antarctic Surface Snow Isotopic Composition : Observations, Atmospheric Circulation and Isotopic Modelling », *J. Climate,* 21, 13, pp. 3 359-3 387.

NorthGRIP-community-members (2004), « High resolution climate record of the northern hemisphere reaching into last interglacial period », *Nature*, 431, pp. 147-151.

Salamatin, A. N., Lipenkov, V. Y., Barkov, N. I., Jouzel, J., Petit, J. R. et Raynaud, D. (1998), « Ice-Core Age Dating and Palaeothermometer Calibration on the Basis of Isotope and Temperature Profiles from Deep Boreholes at Vostok station (East Antarctica) », *J. Geophys. Res.*, 103, pp. 8 963-8 977.

Severinghaus, J., Sowers, T., Brook, E. J., Alley, R. B. et Bender, M. (1998), « Timing of Abrupt Climate Change at the End of the Younger Dryas Interval from Thermally Fractionated Gases in Polar Ice », *Nature*, 391, pp. 141-146.

Sime, L. C., Tindall, J. C., Wolff, E. W., Connolley, W. M. et Valdes, P. J. (2008), « Antarctic Isotopic Thermometer During a CO_2 Forced Warming Event », *J. Geophys. Res.*, 113, D24119.

Vimeux, F., Masson, V., Delaygue, G., Jouzel, J., Petit, J.-R. et Stievenard, M. (2001), « A 420,000 Year Deuterium Excess Record from East Antarctica : Information on Past Changes in the Origin of Precipitation at Vostok », *J. Geophys. Res.*, 106, pp. 31 863-31 873.

Watanabe, O., Jouzel, J., Johnsen, S., Parrenin, F., Shoji, H. et Yoshida, N. (2003), « Homogeneous Climate Variability Across East Antarctica over the Past Three Glacial Cycles », *Nature*, 422, pp. 509-512.

Werner, M., Heimann, M. et Hoffmann, G. (2001), « Isotopic Composition and Origin of Polar Precipitation in Present and Glacial Climate Simulations », *Tellus*, 53B, pp. 53-71.

Chapitre 11

Interface air-végétation : le pollen

Joël Guiot, *Centre Européen de Recherche et d'Enseignement des Géosciences de l'Environnement, UMR 7330 CNRS/Aix-Marseille Université, Europole de l'Arbois, BP 80, 13545 Aix-en-Provence Cedex 04, France.*

11.1 De la production pollinique au sédiment

Pour pouvoir survivre dans des conditions difficiles, la plupart des plantes et des animaux terrestres sont constitués de parties dures qui sont préservées après leur mort dans les sédiments. Pour les plantes supérieures terrestres, il s'agit essentiellement des grains de pollen et des spores qui constituent ainsi un outil très utilisé en paléoclimatologie, grâce à leur abondance dans les sédiments humides. Ces grains, qui sont dispersés à plus ou moins grande distance selon leur morphologie et leur taille (entre 5 et 100 μm) sont un maillon essentiel de la reproduction des plantes supérieures. Leur enveloppe (exine) est composée de sporopollinine, une substance très résistante quand elle reste à l'abri de l'oxydation. Les lacs et les tourbières sont donc des milieux privilégiés de conservation de ces restes végétaux. Ces grains sont dispersés par le vent, les insectes, les oiseaux, l'eau. En régions tempérées, c'est le vent qui est le vecteur prépondérant, et, à cause de sa relative inefficacité, on retrouve, non loin de leur source, beaucoup de grains de pollen et de spores dans les sédiments continentaux ou marins proches des côtes. Dans la forêt équatoriale, les animaux jouent un rôle beaucoup plus important et beaucoup d'espèces sont de ce fait sous-représentées dans les sédiments.

Après avoir choisi un site représentatif de la végétation environnante, permettant une bonne conservation du pollen et ayant un taux d'accumulation suffisant pour les études à l'échelle temporelle voulue, des carottes sont prélevées, généralement au centre du lac ou de la tourbière. Les carottes sont étudiées stratigraphiquement et des échantillons sont datés afin d'établir une chronologie absolue des événements climatiques (voir partie II). Des échantillons sont prélevés à intervalles réguliers sur la carotte. Ils sont soumis à des traitements physiques et chimiques afin de rendre les grains de pollen clairement visibles pour examen au microscope optique. Les grains sont identifiés sous le microscope à partir de leur exine qui a une morphologie variant selon le type de plante. Le palynologue compte chaque type pollinique avec l'objectif de connaître l'abondance relative des espèces d'arbres ou d'herbacées qui ont produit ces grains. Il n'est pas toujours possible de déterminer chaque espèce, et beaucoup de plantes ne sont reconnues qu'au niveau du genre ou même de la famille. En raison de cette hétérogénéité dans la détermination, on emploie le terme de taxon pollinique pour caractériser le type de plante émettrice. Le nombre total de grains comptés varie selon la diversité de la végétation : une végétation tropicale est plus diversifiée qu'une végétation tempérée et nécessite donc un nombre total nettement plus élevé, parfois plus d'un millier de grains comptés au lieu de quelques centaines pour une végétation tempérée, ce qui assure une bonne représentativité statistique des fluctuations détectées. L'abondance relative de chaque taxon constitue un spectre ou assemblage pollinique. Il renseigne sur la composition relative de la végétation environnante, mais ce signal est biaisé par l'abondance du pollen émis, sa capacité et son mode de dispersion. Des méthodes statistiques sont nécessaires pour décoder de manière fiable le spectre pollinique (Moore *et al.*, 1991).

11.2 Le diagramme pollinique

L'ensemble des spectres polliniques le long de la carotte est assemblé graphiquement pour fournir un diagramme pollinique dont la complexité dépend du nombre de taxons comptés. On le simplifie soit en groupant les taxons proches, soit en ne représentant que les plus importants. La Figure 11.1 donne un exemple de diagramme simplifié. L'interprétation d'un tel diagramme est complexe à cause du grand nombre de processus intervenant entre la végétation émettrice et son enregistrement dans le sédiment. Comme dans la plupart des disciplines paléontologiques, l'interprétation se fait par comparaison avec des données actuelles. Ceci suppose que le principe d'uniformité, en vertu duquel le présent est la clé du passé, est bien vérifié. Il l'est en général pour les données du Quaternaire, et des séquences continues ont pu être corrélées sur plus de 500 000 ans (Tzedakis *et al.*, 1997). Pour mener à bien cette vérification, on prélève des échantillons polliniques actuels (ou récents) dans des mousses, qui permettent une conservation de plusieurs années, et on en compare le spectre pollinique à la végétation actuelle. D'un point de vue qualitatif, on peut déjà se faire une idée des liens existant entre abondances polliniques et composition de la végétation. Par exemple, l'étude d'un transect altitudinal constitue une image de ce qui s'est passé lors d'un refroidissement du climat. Beaucoup de publications sont basées sur ce type d'approche. Mais si

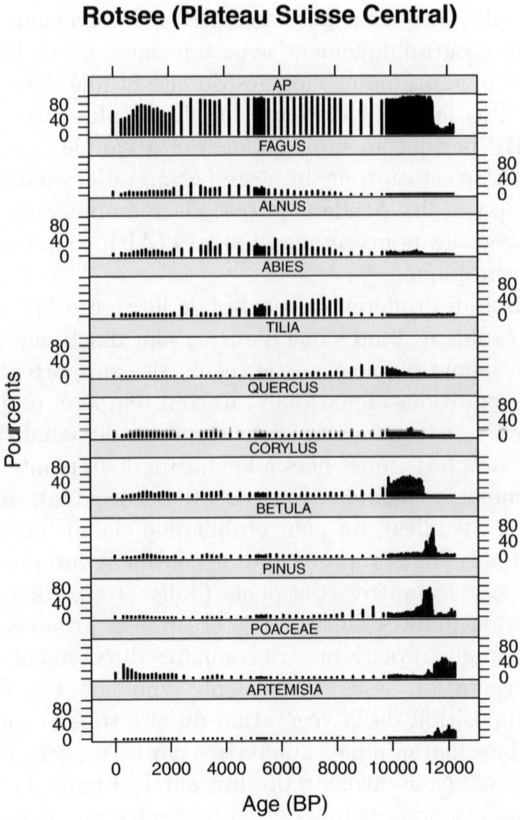

FIG. 11.1 – Diagramme pollinique simplifié du lac de Rotsee (8.33°E, 47.08°N, 419 m) dans les Alpes suisses (Lotter et Zbinden, 1989). La période de temps couverte va de 12 000 ans avant maintenant (BP) en âge calendaire jusqu'à la période actuelle.

on prélève des spectres polliniques actuels dans des végétations aussi diverses que possible, on peut traiter le problème de manière quantitative et établir des clés d'interprétation objectives. C'est ce point de vue que nous allons développer maintenant.

La Figure 11.1 montre que la végétation autour du lac de Rotsee, en Suisse (Lotter et Zbinden, 1989) était dominée avant 11 000 ans BP par des herbacées : des armoises (*Artemisia*) et des graminées (*Poaceae*), ce qui dénote un milieu ouvert avec peu de forêts. Vers 11 500 ans BP, le bouleau (*Betula*) et, un siècle plus tard, le pin (*Pinus*) ont explosé pour atteindre des fréquences proches de 80 %. Cette végétation arborée pionnière s'est installée suite à une amélioration du climat. Vers 11 100 ans BP, un fort réchauffement a permis au noisetier (*Corylus*), trois siècles plus tard au chêne (*Quercus*) et encore cinq siècles plus tard au tilleul (*Tilia*) de remplacer ces pionniers. Cette succession en moins d'un millénaire n'est pas forcément exclusivement climatique : les espèces évoluent géographiquement avec une vitesse qui leur est propre à partir de refuges plus ou moins éloignés du site étudié. Une autre modification climatique plus faible (sans doute un climat plus humide et plus frais) vers 8 200 ans BP permet au sapin (*Abies*) et à l'aulne (*Alnus*) de s'établir. Vers 6 300 ans BP, c'est au tour du hêtre (*Fagus*) d'atteindre la région. Vers 2 000 ans BP, c'est-à-dire pendant la période romaine, on voit remonter les graminées et baisser les pourcentages d'arbres (AP), ce qui est le signe d'une déforestation anthropique.

La comparaison des différentes courbes de la Figure 11.1 montre que certains taxons co-évoluent, tandis que d'autres sont diachrones. Les taxons qui sont présents au même moment sur le même site supportent vraisemblablement les mêmes conditions climatiques : ils sont tempérés ou boréaux, ils sont tolérants à la sécheresse, ou bien ne supportent que des conditions humides. Si on y ajoute des caractéristiques liées à la stature de la plante (arbre, arbuste, herbe), à la phénologie (plante sempervirente ou décidue), au type de feuille (aiguilles ou larges feuilles), on peut établir une classification assez efficace. Prentice *et al.* (1996) l'ont proposée pour le continent européen. Elle a été par la suite reprise pour les autres continents (Jolly *et al.*, 1998 ; Tarasov *et al.*, 1998). Les types de plantes ainsi définis et appelés groupes fonctionnels de plantes (PFT en anglais) peuvent être comparés directement aux simulations de modèles de végétation basés sur la même typologie. Ces PFT permettent de définir la composition de la végétation du site sous la forme d'un biome qui est une aire biogéographique caractérisée par les espèces végétales (et animales) qui y vivent. Nous avons reproduit sur la Figure 11.2 quatre de ces PFT. Leur comparaison permet de déterminer le biome. Avant 11 500 ans BP, les herbacées dominaient, comme actuellement dans la toundra arctique ou les pelouses alpines. Cette période est appelée le Dryas récent. Ensuite, la dominance des arbres boréaux décidus, puis des conifères indique un réchauffement suffisant pour que la forêt telle qu'elle est connue dans le nord de l'Europe, la taïga, s'installe. À partir de 11 100 ans BP, c'est le début de l'Holocène, avec l'installation d'une forêt tempérée. L'arrivée des conifères vers 8 200 ans BP, sans doute à la faveur d'un refroidissement abrupt bien connu (Tinner et Lotter, 2005) transforme le paysage d'une forêt décidue en une forêt mixte qui dure jusque vers 5 000 ans BP. La nouvelle poussée des décidus qui s'ensuit est perturbée progressivement vers 4 000 ans BP, puis en s'accélérant vers 2 000 ans BP, sous l'influence de l'homme qui déforeste à tour de bras. Le biome reconstruit est alors la steppe, mais ce n'en est pas réellement une : c'est plutôt un mélange de champs et de forêts.

11.3 La reconstruction du climat

Ces interprétations sont essentiellement qualitatives. Les fonctions de transfert et la méthode des analogues (voir chapitre 9, section 9.1.3)

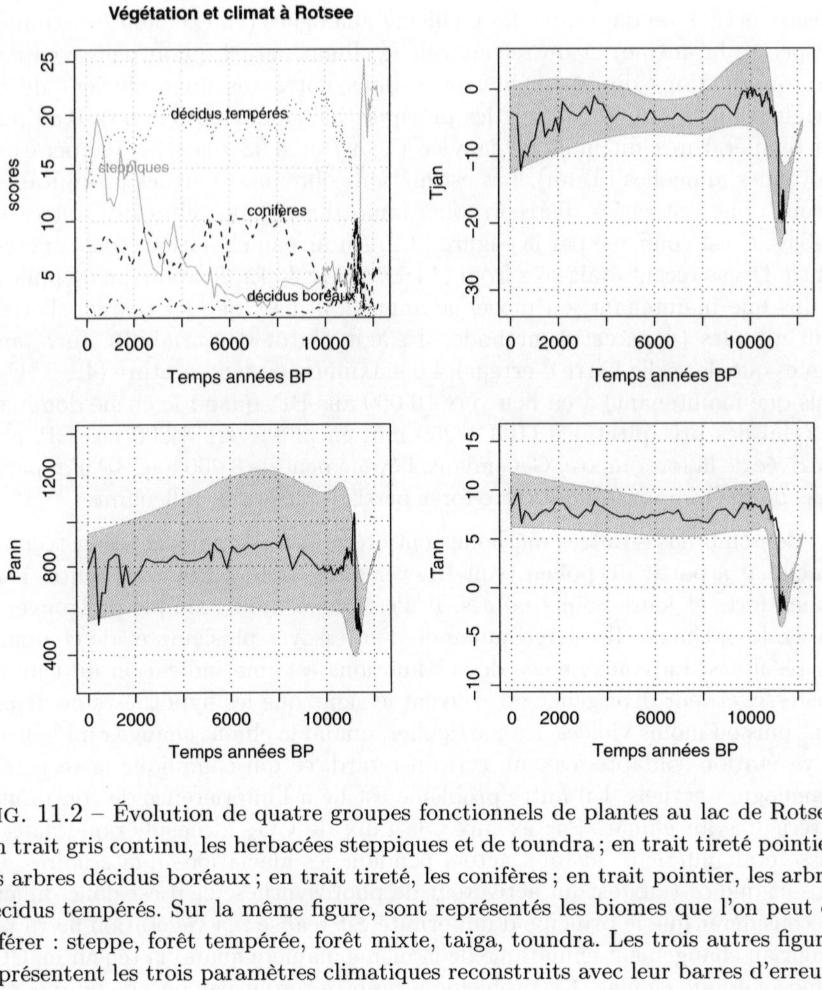

FIG. 11.2 – Évolution de quatre groupes fonctionnels de plantes au lac de Rotsee. En trait gris continu, les herbacées steppiques et de toundra ; en trait tireté pointier, les arbres décidus boréaux ; en trait tireté, les conifères ; en trait pointier, les arbres décidus tempérés. Sur la même figure, sont représentés les biomes que l'on peut en inférer : steppe, forêt tempérée, forêt mixte, taïga, toundra. Les trois autres figures représentent les trois paramètres climatiques reconstruits avec leur barres d'erreur : Pann (précipitation annuelle en mm/an), Tjan (température de janvier en °C), Tann (température moyenne annuelle en °C). la barre d'erreur est en fait donnée par la variabilité totale entre les analogues.

permettent d'obtenir des informations quantifiées sur le climat. Nous utilisons ici la méthode des analogues non pas sur les pourcentages de taxons mais sur les scores de PFT (Fig. 11.2), ce qui a de nombreux avantages : on diminue le nombre de variables et on groupe les taxons qui ont un comportement proche, ce qui rend l'approche plus robuste. On a gardé douze analogues pour chaque spectre fossile.

La figure 11.2 représente ces reconstructions avec, en grisé, l'intervalle de variabilité entre ces analogues. On contrôle la qualité des reconstructions en appliquant la même méthode aux données actuelles : pour chaque spectre actuel, on détermine les meilleurs analogues (en excluant évidemment le spectre lui-même) et on reconstruit le climat actuel qu'on peut comparer aux observations directes. On trouve dans notre cas un coefficient de détermination (r^2) de 0,64 pour les précipitations annuelles (Pann), 0,89 pour les températures du mois de janvier (Tjan) et 0,93 pour les températures moyennes annuelles (Tann). Les estimations obtenues pour les précipitations seront donc entachées d'erreurs plus importantes que celles des autres variables. C'est confirmé par la Figure 11.2. Au niveau climatique, on s'aperçoit que le Dryas récent était très froid (14 ± 7 °C et 400 ± 400 mm/an de pluie en moins que maintenant, en moyenne annuelle), mais que les marges d'erreur sont grandes (dans cette méthode, il s'agit plutôt de variabilité entre analogues que de réelle barre d'erreur). Le maximum de température (4 ± 2 °C de plus que maintenant) a eu lieu vers 10 000 ans BP, quand le chêne dominait, et celui des précipitations (100 ± 250 mm en plus) vers 8 200 ans BP, avec l'arrivée de la forêt mixte. Cependant, l'événement de 8 200 ans BP n'apparaît pas comme temporaire car cette forêt persiste plusieurs millénaires.

De nombreuses autres méthodes ont été proposées pour la reconstruction du climat à partir du pollen (voir Brewer *et al.*, 2007). Elles ont toutes leurs points forts et leurs points faibles. Il n'est pas toujours simple de trouver la méthode optimale. Il est recommandé d'en essayer plusieurs et de comparer les résultats. La convergence des estimations est une indication de leur robustesse, et leur divergence est souvent le signe que les hypothèses de départ sont plus ou moins violées. En particulier, quand le climat change rapidement, la végétation s'adapte avec un certain retard, ce qui complique la recherche d'analogues actuels. Un autre problème est lié à l'interférence de contraintes extérieures au climat. Par exemple, le taux de CO_2 atmosphérique dans le passé était inférieur au taux actuel pendant les glaciations quaternaires. Or on sait que ce taux est un activateur de photosynthèse et il est donc difficile de considérer que le principe d'uniformité est réalisé : la végétation ne va pas réagir au changement climatique de la même manière quand la teneur en CO_2 atmosphérique change. Ce problème a pu être résolu par l'usage de modèles mécanistes de végétation (Guiot *et al.*, 2000). Une autre piste explorée depuis plusieurs années est la prise en compte, dans la reconstruction du paysage, de la dispersion du pollen et de ses biais (Sugita, 2007). L'abondance relative du pollen d'un taxon dépend de la hauteur et de la distance de la plante émettrice, de sa productivité pollinique, de la masse et la forme du grain de pollen, de la dimension du lac récepteur.

Pour améliorer les reconstructions climatiques sans avoir recours à des modèles trop complexes, on recommande l'approche « *multiproxy* », c'est-à-dire la prise en compte simultanées de plusieurs indicateurs climatiques : pollen, macrorestes végétaux ou animaux, isotopes du carbone, niveaux lacustres, paramètres sédimentologiques... comme cela a été fait par Cheddadi *et al.* (1997). Cette approche *multiproxy* est également facilitée par les modèles mécanistes (Rousseau *et al.*, 2006. Guiot *et al.*, 2009). Il s'agit de pistes qui sont actuellement explorées à la fois pour reconstruire les climats sur passé et comprendre comment ces derniers ont influencé la végétation.

Références bibliographiques

[1] Brewer, S., Guiot, J. et Barboni, D. (2007), « Pollen Data as Climate Proxies », *Encyclopedia of Quaternary Sciences*, Elsevier.

[2] Cheddadi, R., Yu, G., Guiot, J., Harrison, S. P. et Prentice, I. C. (1997), « The Climate of Europe 6 000 Years Ago », *Climate Dynamics*, 13, pp. 1-9.

[3] Guiot, J., Torre, F., Jolly, D., Peyron, O., Boreux, J. J. et Cheddadi, R. (2000), « Inverse Vegetation Modeling by Monte Carlo Sampling to Reconstruct Palaeoclimates under Changed Precipitation Seasonality and CO_2 Conditions : Application to Glacial Climate in Mediterranean Region », *Ecological Modelling*, 127, pp. 119-140.

[4] Guiot, J., Wu, H., Garreta, V., Hatti, L. et Magny. M. (2009), « A few prospective iders on climate reconstruction from a statistical single proxy approuch towards a multi-proxy and dynamical approach », *Climate of the Past*, 5, pp. 571-583.

[5] Imbrie, J., et Kipp, N. G. (1971), « A New Micropaleontological Method for Quantitative Paleoclimatology : Application to a Late Pleistocene Caribbean Core » dans Turekian, K. K. (Ed.), The Late Cenozoïc Glacial Ages, Yale University Press, New Haven, pp. 71-181.

[6] Jolly, D. *et al.* (1998), « Biome Reconstruction from Pollen and Plant Macrofossil Data for Africa and the Arabian Peninsula at 0 and 6 ka », *Journal of Biogeography*, 25, pp. 1 007-1 028.

[7] Lotter, A. F. et Zbinden, H., (1989), « Late-Glacial Pollen Analysis, Oxygen-Isotope and Radiocarbon Stratigraphy from Rotsee (Lucerne), Central Swiss Plateau », *Ecologae Gologicae Helvetiae*, 82, pp. 191-202.

[8] Moore, P. D., Webb, J. A. et Collinson, M. E. (1991), « Pollen Analysis », *Blackwell Scientific Publications*, Oxford.

[9] Overpeck, J. T., Webb, T., III et Prentice, I. C. (1985), « Quantitative Interpretation of Fossil Pollen Spectra : Dissimilarity Coefficients and the Method of Modern Analogs », *Quaternary Research*, 23, pp. 87-108.

[10] Prentice, I. C., Guiot, J., Huntley, B., Jolly, D. et Cheddadi, R. (1996), « Reconstructing Biomes from Palaeoecological Data : A General Method and its Application to European Pollen Data at 0 and 6 ka », *Climate Dynamics*, 12, pp. 185-194.

[11] Rousseau, D., Hatté, C., Guiot, J., Duzer, D., Schevin, P. et Kukla, G. (2006), « Reconstruction of the Grande Pile Eemian Using Inverse Modeling of Biomes and d13C », *Quaternary Science Reviews*, 25, pp. 2 806-2 819.

[12] Sanchez-Goni, M. F. et Hannon, G. E. (1999), « High-Altitude Vegetational Pattern on the Iberian Mountain Chain (North-Central Spain) during

the Holocene », *The Holocene*, 9, pp. 39-57.

[13] Sugita, S. (2007), « Theory of Quantitative Reconstruction of Vegetation I : Pollen from Large Sites REVEALS Regional Vegetation Composition », *The Holocene*, 17, pp. 229-241.

[14] Tarasov, P. E. *et al.* (1998), « Present-Day and Mid-Holocene Biomes Reconstructed from Pollen and Plant Macrofossil Data from the Former Soviet Union and Mongolia », *Journal of Biogeography*, 25, pp. 1 029-1 054.

[15] Tzedakis, P. C., Andrieu, V., de Beaulieu, J.-L., Crowhurst, S., Follieri, M., Hooghiemstra, H., Magri, D., Reille, M., Sadori, L., Shackleton, N., Wijmstra, T. A., (1997), « Comparison of Terrestrial and Marine Record of Changing Climate of the Last 500,000 Years » *Earth and Planetary Science Letters,* 50, pp. 171-176.

[16] Webb III, T.et Bryson, R. A. (1972), « Late and Postglacial Climatic Change in the Northern Midwest, USA : Quantitative Estimates Derived from Fossil Pollen Spectra by Multivariate Statistical Analysis », *Quaternary Research*, 2, pp. 70-115.

Chapitre 12

Interface air-sol : les séquences lœssiques, marqueurs de la circulation atmosphérique

Christine Hatté, *Laboratoire des Sciences du Climat et de l'Environnement, UMR CEA-CNRS-UVSQ 8212, Domaine du CNRS, 91198 Gif-sur-Yvette, France.*
Denis-Didier Rousseau, *École Normale Supérieure de Paris, Laboratoire de Météorologie Dynamique, UMR CNRS 8539, & CERES-ERTI, 24 rue Lhomond, 75231 Paris, France.*
Lamont-Doherty Earth Observatory of Columbia University, Palisades, NY 10964, États-Unis.

12.1 Présentation des lœss

Le lœss est un sédiment éolien qui est relativement fréquent en domaine continental (Fig. 12.1). En Europe et en Amérique du Nord, il est distribué à proximité d'anciens déserts polaires ou de moraines frontales des gigantesques inlandsis qui s'étaient développés sur ces continents pendant les glaciations. En Asie par contre, la situation est différente, puisque le Plateau de lœss est situé au sud des déserts du nord de la Chine et du sud de la Mongolie. Les sédiments lœssiques couvrent donc un vaste territoire dans l'hémisphère nord, à des latitudes où très peu d'autres enregistrements des paléoclimats glaciaires sont disponibles, alors qu'à des latitudes plus méridionales, lacs, tourbières, voire spéléothèmes et sédiments marins collectés non loin des côtes fournissent des archives continentales d'une grande qualité.

Le lœss est un sédiment fin transporté principalement par le vent à des altitudes variables selon la granulométrie considérée, mais aussi l'état du

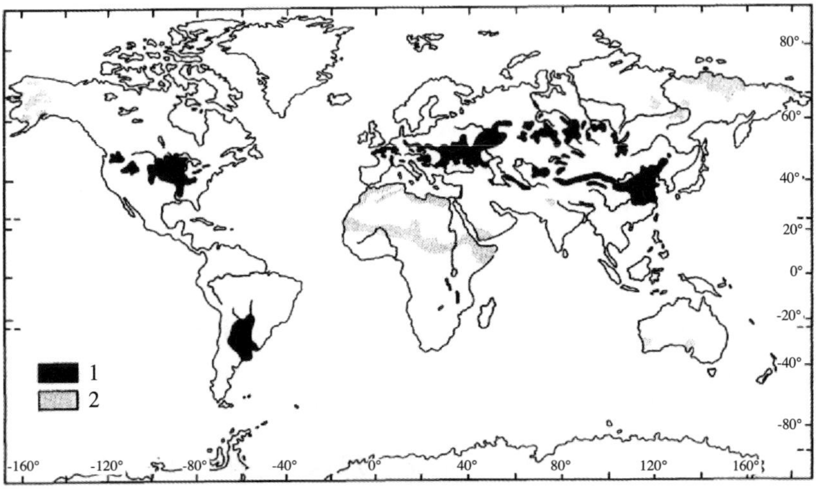

FIG. 12.1 – Distribution globale des sédiments lœssiques et assimilés. 1 : sédiments lœssiques ; 2 : dérivés lœssiques (d'après Pécsi [23] modifié).

substratum et des conditions environnementales dans la région d'origine du matériel (Fig. 12.2). D'une manière simplifiée, le matériel grossier est déplacé sur des distances ne dépassant pas la centaine de kilomètres et le transport se fait principalement par saltation, c'est-à-dire par une série de sauts successifs. Au contraire, le matériel fin (argiles...), qui peut avoir une origine locale, peut également avoir été transporté à des altitudes de plusieurs kilomètres sous la forme de poussières minérales et avoir été redéposé via des dépôts humides ou secs (selon qu'ils sont associés ou non à des précipitations). Par essence donc, le lœss, est généralement un marqueur de la circulation atmosphérique passée.

12.2 Les lœss comme source d'indicateurs paléoclimatiques

Bien que déposés à des latitudes moyennes ou hautes dans des conditions climatiques peu favorables au développement biologique, différents indicateurs paléoenvironnementaux sont néanmoins disponibles dans ce type de matériel. Quatre grandes catégories sont présentées ci-après.

12.2.1 Les indicateurs sédimentologiques

L'observation même d'une séquence lœssique est très instructive. En effet, quand l'enregistrement couvre un ou plusieurs cycles climatiques, celui-ci n'est

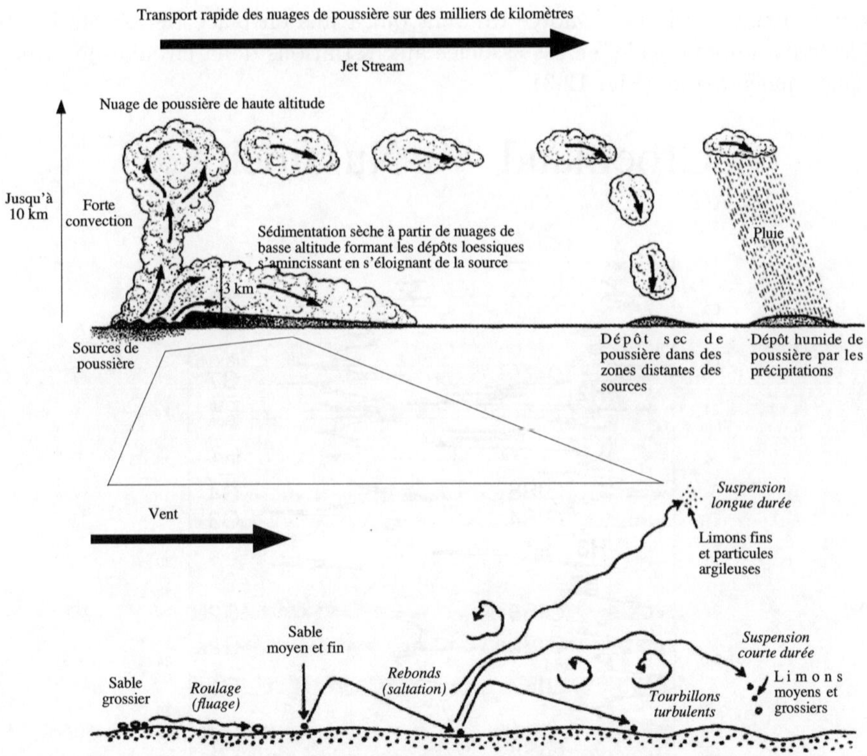

FIG. 12.2 – Représentation synthétique des différents types de transport de poussière contribuant à la formation des dépôts lœssiques. A – Deux modes de transport et de dépôt de la poussière éolienne identifiés depuis les déserts du nord-ouest de la Chine vers le Plateau de Lœss et l'Océan Nord Pacifique durant le Quaternaire (d'après Pye et Zhou [24] modifié). B – Schéma montrant les différents modes de transport du sédiment éolien notamment aux bas niveaux de l'atmosphère (d'après Pye [25] modifié).

jamais composé d'une seule unité stratigraphique. Si le sédiment lœssique caractérise les périodes froides et plus ou moins arides, d'autres périodes, plus clémentes, sont marquées par des paléosols. Ainsi, si à basse résolution, la succession paléosol-lœss correspond à un ou des cycles climatiques, à plus haute résolution, la reconnaissance d'événements plus fins se fait par l'observation de successions de sols ou d'une hiérarchie particulière d'unités pédosédimentaires [1]. En Europe, un paléosol brun lessivé (Bt), racine d'un sol brun, marquera un niveau interglaciaire, alors qu'un sol humifère forestier ou un gley de toundra (sol hydromorphe) marqueront des intervalles plus ou moins tempérés de type interstadiaire [2]. La granulométrie, via la détermination des classes dominantes, du mode, ou de rapports de classes, permet de caractériser d'une manière relative la force du vent qui a mis en place les dépôts [3, 4]. Cette dynamique éolienne est associée aux variations de la circulation atmosphérique générale (Fig. 12.3).

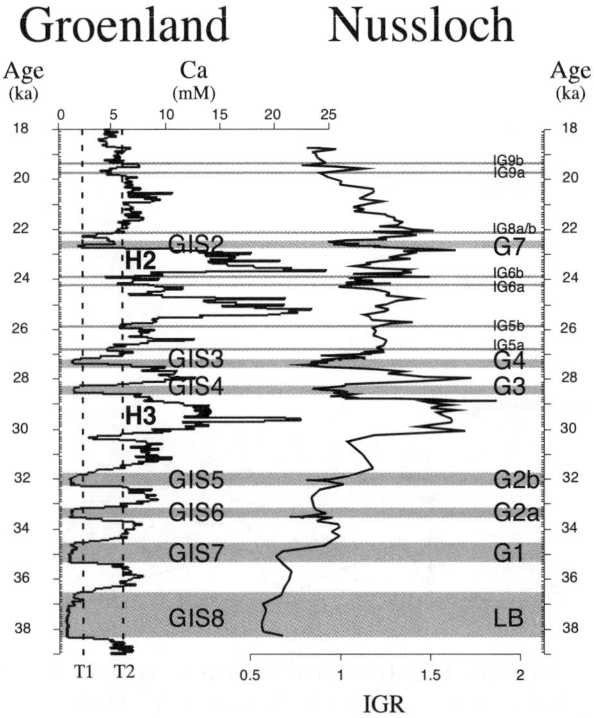

FIG. 12.3 – Corrélation des variations de l'indice granulométrique (IGR) défini à Nussloch avec celles de la concentration en calcium (représentant la poussière transportée) dans le sondage GRIP. Le seuil T1 appliqué aux données du Groenland permet de mettre en évidence les principaux intervalles de faible concentration de poussières, ce qui correspond aux interstades dits de Dansgaard-Oeschger (DOI) 8 à 2. Ils sont corrélés à des intervalles où IGR présente des valeurs faibles à Nussloch, correspondant à un sol brun boréal dénommé Lohne Boden (LB) ou à des gleys de toundra bien développés (G1, G2a, G2b, G3, G4 et G7). Le seuil T2 délimite les intervalles à très forte concentration en poussière au Groenland, ce qui correspond aux stadiaires des DO, ainsi que quelques pics de poussière moins importants (d'après Rousseau *et al.* [4] modifié).

Une autre caractéristique, l'épaisseur des unités, permet également de faire le lien avec la dynamique éolienne. En effet, le suivi d'une unité particulière sur un territoire donné va permettre de caractériser des gradients qui seront orientés selon les vents dominants, la partie la plus épaisse étant au vent [3] (Fig. 12.4). La minéralogie, notamment la composition en minéraux lourds,

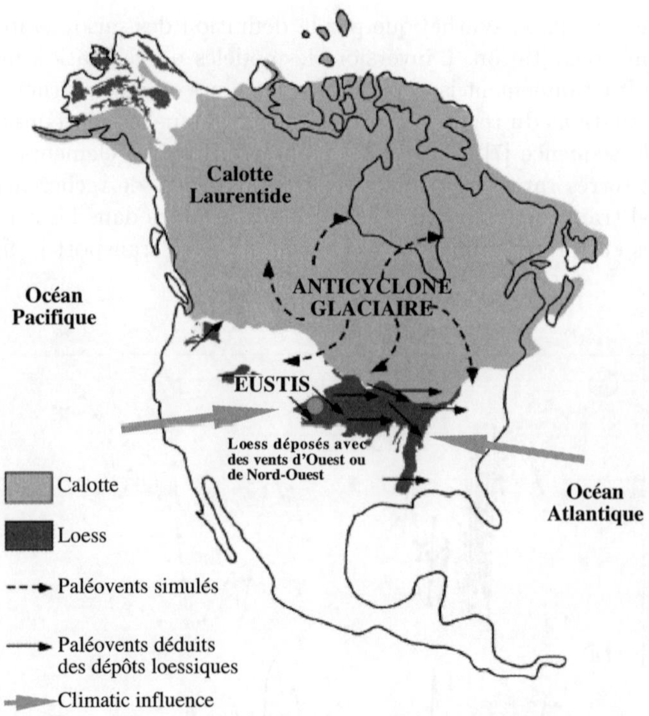

FIG. 12.4 – Carte d'Amérique du Nord indiquant l'extension maximale de la calotte Laurentide au dernier maximum glaciaire, avec les vents du système anticyclonique modélisés par COHMAP et ceux dérivés de l'épaisseur mesurée sur le terrain. Indication des influences océaniques déduites (d'après Rousseau *et al.* [3] modifié).

permet également de retracer l'origine de certains dépôts et d'en déduire les vents dominants ayant présidé au transport.

12.2.2 Les indicateurs géochimiques

La deuxième catégorie d'indicateurs concerne les indices géochimiques et notamment isotopiques qui constituent un outil puissant ouvrant d'indéniables perspectives d'étude. Ainsi l'analyse du $\delta^{13}C$ de la matière organique préservée en très petite quantité dans le sédiment lœssique traduit la présence de végétation ; celle-ci peut être également observée via la présence de concrétions carbonatées se développant autour des radicelles des herbacées (par exemple, [5, 6]). Les valeurs de ce rapport isotopique permettent également de caractériser le type de végétation et donc les conditions environnementales et climatiques associées. La discrimination peut se faire au niveau du cycle photosynthétique (plantes en C3 par rapport à celles en C4) ou à l'intérieur d'un même type photosynthétique par la définition des saisonnalités en température ou précipitation. L'inversion de modèles de végétation incluant un module de fractionnement isotopique permet alors de reconstituer avec fiabilité les fluctuations du régime de précipitations annuelles survenues durant le dépôt de la séquence [7] (Fig. 12.5). L'analyse d'autres éléments chimiques, comme les terres rares, ou d'autres isotopes, permet de rechercher l'origine du matériel transporté à partir d'échantillons prélevés dans les zones sources potentielles et ainsi d'estimer les mécanismes liés au transport [8, 9].

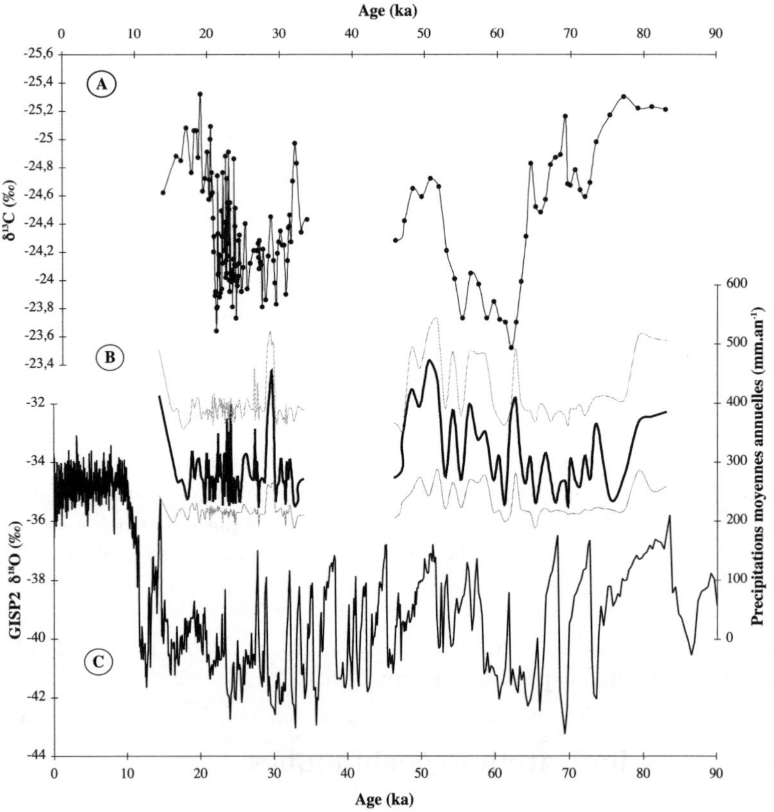

FIG. 12.5 – Reconstitution des paléoprécipitations à Nussloch au cours des derniers 80 ka. A – δ^{13}C en fonction du temps. La gamme des valeurs obtenues correspondent à des plantes de type photosynthétique C3. B – Reconstitution des paléoprécipitations par modélisation inverse du signal isotopique (d'après Hatté et Guiot [7] modifié). C – Comparaison avec le δ^{18}O des glaces du Groenland (GISP2). Pendant les périodes de haut niveau marin, les phases chaudes des événements de DO se traduisent par une nette augmentation des précipitations (+30 à 40 %), alors que pendant les périodes de bas niveau marin, l'éloignement du trait de côte préserve Nussloch de toute amélioration climatique qui pourrait résulter d'un épisode chaud.

12.2.3 Les indicateurs géophysiques

Il s'agit principalement de la susceptibilité magnétique en champ faible qui permet d'une part, de caractériser les différentes unités lithologiques présentes dans une même séquence, et d'autre part, d'appréhender l'origine du matériel via la granulométrie magnétique [10]. En général, les unités lœssiques typiques présentent des valeurs de susceptibilité magnétique relativement basses, contrairement aux paléosols qui eux sont caractérisés par des valeurs nettement plus élevées. Largement utilisée dans les séquences chinoises, la susceptibilité magnétique basse fréquence avait été interprétée par Kukla *et al.* [11] comme correspondant à un apport relativement constant en matériel fin au cours du temps. Dans cette hypothèse, la pédogenèse associée à la formation des différents paléosols interglaciaires chinois concentrait les grains magnétiques. Kukla a ainsi été conduit à proposer un modèle chronologique indépendant de tout calibrage astronomique, tout en supposant les séquences continues et complètes. Toutefois, la découverte dans les paléosols de bactéries sécrétant des grains magnétiques a remis en cause cette hypothèse qui fait toujours l'objet de débats [12]. Par contre, des études sur les sols chinois actuels le long de gradients reflétant l'impact de la mousson estivale ont permis de proposer une calibration du signal de susceptibilité et d'établir une fonction de transfert permettant de reconstituer, pour cette région, les paléoprécipitations annuelles en relation avec les variations de la mousson est-asiatique [13]. Une nouvelle méthode de caractérisation de l'origine des lœss consiste à travailler directement sur un grain de quartz et d'en étudier à la fois l'indice de cristallinité et l'intensité du signal de résonance de spin. Cette récente technique permet de différencier l'origine des grains et ainsi de suivre les variations de source du matériel transporté. Appliquée pour la première fois dans des séquences lœssiques chinoises, cette méthode a permis de préciser l'origine des grains de quartz transportés vers le Plateau de Lœss (désert de Gobi pendant les périodes stadiaires, déserts du nord de la Chine pendant les périodes plus clémentes) [14].

12.2.4 Les indicateurs biologiques

Ceux-ci sont relativement diversifiés. Si des restes de micromammifères, os, dents, voire crânes, ou de macromammifères peuvent être identifiés de manière plus ou moins sporadique, d'autres fossiles sont par contre plus fréquents. Parmi ceux-ci, les mollusques terrestres constituent des assemblages typiques d'environnement diversifiés [15, 16]. Identifiés généralement au niveau spécifique, ces organismes présentent l'intérêt d'être encore représentés actuellement. En application du principe de l'actualisme, il est possible d'appliquer les exigences et caractéristiques écologiques actuelles aux individus fossiles. Des analyses statistiques multivariées permettent de reconstituer l'environnement dans lequel une communauté fossile s'est développée [15]. L'utilisation des exigences écologiques des taxons recensés dans les lœss chinois a permis de définir des groupes écologiques qui s'avèrent être des indicateurs fiables des paléomoussons estivales et hivernales (Fig. 12.6). Des fonctions de transfert faisant appel aux mollusques terrestres et développées sur le principe des analogues actuels ont été mises au point pour reconstruire les températures saisonnières sur des séquences de lœss européennes [17].

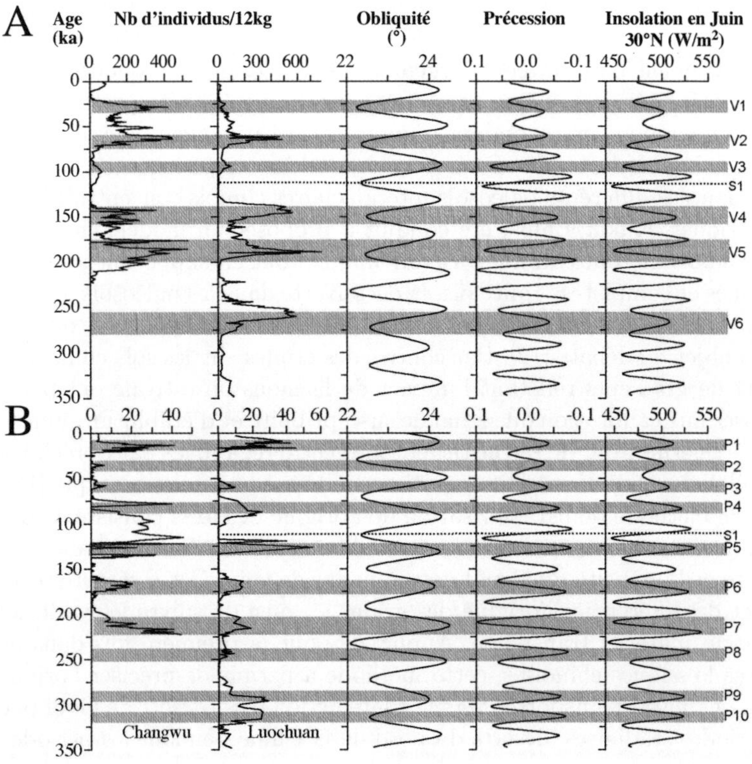

FIG. 12.6 – Variations de l'abondance de mollusques caractéristiques des paléomoussons estivales et hivernales durant les trois derniers cycles climatiques dans deux séquences du Plateau du Lœss chinois (Changwu et Luochuan) et leur relation avec les paramètres astronomiques et l'insolation à 30°N. A – Variations de l'abondance de *Vallonia tenera* et *Pupilla aeoli*, indicateurs de la paleomousson hivernale. B – Variations de l'abondance de *Punctum orphana*, indicateur de la paléomousson estivale (d'après Wu *et al.* [16] modifié).

De nombreuses autres méthodes ont encore été développées à partir des micromammifères ou des coléoptères, en utilisant comme référence la répartition actuelle des espèces et les gammes moyennes de climat associé [18]. Les mollusques terrestres ont aussi été étudiés via leur signature en acides aminés. Cette approche permet de distinguer des différences importantes d'un cycle climatique à l'autre [19]. Un autre indice paléoclimatique est également étudié dans les sédiments lœssiques, les phytolithes, concrétions siliceuses présentes dans les tissus superficiels des plantes. Elles sont parfois bien préservées et identifiées, en particulier dans les séquences lœssiques chinoises, où elles ont permis de reconstituer les températures et les précipitations du dernier cycle climatique [20].

12.3 Un exemple européen : la séquence de Nussloch dans la vallée du Rhin

Cette série lœssique présente une sédimentation contrastée, résultat de l'influence de l'océan Atlantique Nord, qui donne lieu à des environnements plus humides (développement de sols plus importants et de structures périglaciaires) et à des variations à haute fréquence (millénaire) des vitesses de dépôts de lœss. Selon des études basées sur une chronologie précise [21], ces variations, à haute fréquence, peuvent être reliées aux événements climatiques de Dansgaard-Oeschger (D/O) décrits dans les carottes de glaces du Groenland, ainsi que dans les carottes marines de l'Atlantique Nord [2–4, 7].

Les enregistrements de la concentration en poussière dans les carottes de glace du Groenland montrent des alternances entre des phases de fortes ou très faibles concentrations de poussières dans l'atmosphère en relation avec les variations d'un indice granulométrique à Nussloch [4]. Ainsi les faibles valeurs de l'indice granulométrique rencontrées dans les paléosols sont corrélées aux intervalles de faible concentration en poussière au Groenland qui eux-mêmes correspondent aux réchauffements associés aux événements D/O. Les fortes valeurs de l'indice granulométrique sont contemporaines des intervalles à forte concentration en poussière dans la glace et correspondent aux phases les plus froides et notamment aux événements de Heinrich [4] (Fig. 12.3). L'enregistrement des événements climatiques abrupts dans la pédostratigraphie de la séquence de Nussloch est également fonction de l'intensité et de la durée du réchauffement interstadiaire. Plus l'interstade à faible concentration en poussières au Groenland est long, plus il est marqué par un paléosol bien développé. Un interstade court est marqué par un gley (sol présentant une teneur importante en argiles et à texture plastique) dont la signature dépend de l'intensité du réchauffement [4]. Des variations similaires et synchrones ont été déterminées dans d'autres séquences de l'Europe occidentale, témoignant d'un schéma cohérent de la dynamique éolienne à l'échelle de l'Europe.

Les variations du $\delta^{13}C$ de la matière organique témoignent de conditions plus arides durant les phases froides des événements de D/O [5, 7] (Fig. 12.5). Les phases chaudes sont marquées par de plus grandes populations de mollusques terrestres, notamment *Succinea oblonga*, espèce hygrophile ([2] et références incluses).

En conclusion, les lœss enregistrent fidèlement les changements climatiques de l'échelle astronomique à l'échelle millénaire [6, 11]. Ils informent sur la dynamique atmosphérique passée (champs de vent, régimes de précipitations et températures). En Europe, et plus particulièrement à Nussloch, les dépôts enregistrent l'influence des variations survenues dans l'Atlantique Nord, événements de Dansgaard-Oeschger ou de Heinrich [4]. En Asie, les principales fluctuations reconnues dans les séquences lœssiques sont liées à celles de la mousson est-asiatique [22]. En Amérique du Nord, les dépôts éoliens des Grandes Plaines indiquent une influence mixte, Atlantique *lato sensu*, mais aussi Pacifique.

Références bibliographiques

[1] Kukla, G. J. et An, Z. S. (1989), « Loess Stratigraphy in Central China », *Palaeogeography, Palaeoclimatology, Palaeoecology*, 72, pp. 203-225.

[2] Antoine, P. *et al.* (2009), « Rapid and Cyclic Aeolian Deposition During the Last Glacial in European Loess : A High-Resolution Records from Nussloch, Germany », *Quaternary Science Reviews*, 28, pp. 2 955-2 973.

[3] Rousseau, D.-D. *et al.* (2007), « Evidence of Cyclic Dust Deposition in the US Great Plains During the Last Deglaciation from the High-Resolution Analysis of the Peoria Loess in the Eustis Sequence (Nebraska, USA) », *Earth and Planetary Science Letters*, 262, pp. 159-174.

[4] Rousseau, D.-D. *et al.* (2007), « Link Between European and North Atlantic Abrupt Climate Changes over the Last Glaciation », *Geophysical Research Letters*, 34, doi :10.1029/2007gl031716.

[5] Hatté, C. *et al.* (2001), « δ^{13}C Variation of Loess Organic Matter as a Potential Proxy for Paleoprecipitation », *Quaternary Research*, 55, pp. 33-38.

[6] Wang, H. et Follmer, L. R. (1998), « Proxy of Monsoon Seasonality in Carbon Isotopes from Paleosols of the Southern Chinese Loess Plateau », *Geology*, 26, pp. 987-990.

[7] Hatté, C. et Guiot, J. (2005), « Palaeoprecipitation Reconstruction by Inverse Modelling Using the Isotopic Signal of Loess Organic Matter : Application to the Nussloch Loess Sequence (Rhine Valley, Germany) », *Climate Dynamics*, 25, pp. 315-327.

[8] Gallet, S. *et al.* (1996), « Geochemical Characterization of the Luochuan Loess-Paleosol Sequence, China, and Paleoclimatic Implications », *Chemical Geology*, 133, pp. 67-88.

[9] Guo, Z. T. *et al.* (2002), « Onset of Asian Desertification by 22 Myr Ago Inferred from Loess Deposits in China », *Nature*, 416, pp. 159-163.

[10] Lagroix, F. et Banerjee, S. K. (2002), « Paleowind Directions from the Magnetic Fabric of Loess Profiles in Central Alsaka », *Earth and Planetary Science Letters*, 195, pp. 99-112.

[11] Kukla, G. *et al.* (1990), « Magnetic Susceptibility Record of Chinese Loess », *Transactions of the Royal Society Edinburgh : Earth Sciences*, 81, pp. 263-288.

[12] Zhou, L. P. *et al.* (1990), « Partly Pedogenic Origin of Magnetic Variations in Chinese Loess », *Nature*, 346, pp. 737-739.

[13] Maher, B. A. et Thompson, R. (1995), « Paleorainfall Reconstructions from Pedogenic Magnetic Susceptibility Variations in the Chinese Loess and Paleosols », *Quaternary Research*, 44, pp. 383-391.

[14] Sun, Y. *et al.* (2008), « Tracing the Provenance of Fine-Grained Dust Deposited on the Central Chinese Loess Plateau », *Geophysical Research Letters*, 35, doi :10.1029/2007GL031672.

[15] Rousseau, D.-D. (1987), « Paleoclimatology of the Achenheim Series (Middle and Upper Pleistocene, Alsace, France). A Malacological Analysis », *Palaeogeography, Palaeoclimatology, Palaeoecology*, 59, pp. 293-314.

[16] Wu, N. Q. *et al.* (2001), « Orbital Forcing of Terrestrial Mollusks and Climatic Changes from the Loess Plateau of China During the Past 350 Ka », *Journal of Geophysical Research - Atmospheres*, 106, pp. 20 045-20 054.

[17] Rousseau, D.-D. (1991), « Climatic Transfer Function from Quaternary Molluscs in European Loess Deposits », *Quaternary Research*, 36, pp. 195-209.

[18] Moine, O. *et al.* (2002), « Paleoclimatic Reconstruction Using Mutual Climatic Range on Terrestrial Mollusks », *Quaternary Research*, 57, pp. 162-172.

[19] Oches, E. A. et McCoy, W. (1995), « Amino Acid Geochronology Applied to the Correlation and Dating of Central European Loess Deposits », *Quaternary Science Review*, 14, pp. 767-782.

[20] Lu, H. Y. *et al.* (2007), « Phytoliths as Quantitative Indicators for the Reconstruction of Past Environmental Conditions in China II : Palaeoenvironmental Reconstruction in the Loess Plateau », *Quaternary Science Reviews*, 26, pp. 759-772.

[21] Lang, A. *et al.* (2003), « High-Resolution Chronologies for Loess : Comparing AMS ^{14}C and Optical Dating Results », *Quaternary Science Reviews*, 22, pp. 953-959.

[22] Guo, Z. T. *et al.* (2000), « Summer Monsoon Variations over the Last 1.2 Ma from the Weathering of Loess-Soil Sequences in China », *Geophysical Research Letters*, 27, pp. 1 751-1 754.

[23] Pécsi, M. (1990), « Loess Is Not Just the Accumulation of Dust », *Quaternary International*, 7/8, pp. 1-21.

[24] Pye, K. et Zhou, L. P. (1989), « Late Pleistocene and Holocene Aeolian Dust Deposition in North China and the Northwest Pacific-Ocean », *Palaeogeography, Palaeoclimatology, Palaeoecology*, 73, pp. 11-23.

[25] Pye, K. (1995), « The Nature, Origin and Accumulation of Loess », *Quaternary Science Reviews*, 14, pp. 653-667.

Chapitre 13

Interface air-sol : reconstitution des paléoclimats avec les spéléothèmes

Dominique GENTY, *Laboratoire des Sciences du Climat et de l'Environnement, l'Orme des Merisiers, bât. 701, 91191 Gif-sur-Yvette Cedex, France.*

13.1 Les spéléothèmes : description, répartition, formation et préservation

Le terme spéléothème désigne les concrétions carbonatées des grottes, stalactites, stalagmites et planchers stalagmitiques pour l'essentiel. C'est un anglicisme (*speleothem*) qui, par ses racines grecques, signifie « sujet » (*thema*) de « grotte » (*spelaion*). Formés de carbonate de calcium, c'est sous la forme de calcite que les spéléothèmes sont le plus fréquents (ceux en aragonite sont plus rares et moins étudiés). Les massifs carbonatés qui contiennent des grottes, et donc des spéléothèmes, sont largement répartis sur le globe, à toutes les latitudes et sur tous les continents, avec cependant une plus grande rareté dans l'hémisphère sud (Fig. 13.1).

Les spéléothèmes acquièrent leurs caractéristiques géochimiques et structurelles à la suite de l'infiltration de l'eau de pluie en milieu calcaire ou dolomitique. Le processus de formation comprend, schématiquement, trois étapes : 1) au niveau du sol, dissolution du CO_2 (produit par les racines des plantes et par les micro-organismes du sol) dans l'eau de pluie ; 2) dissolution de la roche encaissante (calcaire, calcaires dolomitiques, dolomies calcaires) soit déjà au niveau du sol (on parle alors de dissolution en système ouvert – coïncidence des trois phases air, eau et roche), soit au niveau des nombreuses microfissures de l'encaissant carbonaté (système fermé) ; 3) à l'arrivée dans la galerie

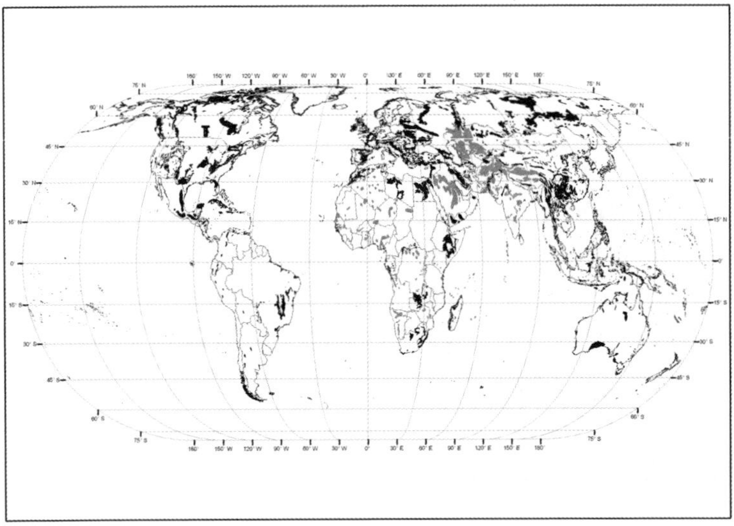

FIG. 13.1 – Carte de la répartition des massifs carbonatés (en noir) où l'on peut trouver des spéléothèmes (d'après Ford et Williams, 2007 [8] et Université d'Aukland http ://web.env.auckland.ac.nz/our_research/karst/).

souterraine, dégazage du CO_2 et précipitation de $CaCO_3$. La goutte d'eau, sortant d'une microfissure, va former une stalactite au niveau de la voûte de la galerie, et, au sol, une stalagmite. C'est cette dernière forme qui est la plus souvent étudiée car elle possède une structure simple (ressemblant à un emboîtement de coupelles de calcite inversées). Les paramètres physico-chimiques qui nous permettent de reconstituer les paléoclimats à partir des spéléothèmes (isotopes stables, éléments traces, vitesse de croissance) dépendent donc, d'une part, des conditions de précipitation de la calcite (température de la grotte, débit, humidité. . .) et, d'autre part, des caractères géochimiques de l'eau qui alimente ces mêmes spéléothèmes [19]. Les spéléothèmes, une fois formés, subissent rarement des modifications ultérieures (pas d'érosion, pas de recirculations internes, quelques rares exemples de diagenèse, comme, par exemple, la transformation aragonite-calcite). La calcite des spéléothèmes est un matériau datable par des méthodes radiométriques jusqu'à au moins 500 ka.

13.2 Croissance et chronologie des spéléothèmes

La croissance des spéléothèmes est conditionnée par la présence d'eau d'infiltration. En conséquence, les climats extrêmement secs ou froids (gel en surface) provoquent un arrêt de croissance (hiatus). La vitesse de croissance d'une stalagmite dépend non seulement de la quantité d'eau qui s'infiltre dans le karst, mais aussi d'un certain nombre de facteurs environnementaux tels que la concentration en Ca^{2+} de l'eau d'infiltration, l'épaisseur du film d'eau à la surface de la concrétion, la température, la pression partielle de CO_2 dans l'atmosphère de la grotte. Un modèle géochimique de croissance démontre que les facteurs prépondérants sont le débit et la teneur en Ca^{2+} de l'eau [6]. Ce modèle a pu être vérifié en comparant les vitesses de croissance théoriques avec les vitesses de croissance mesurées sur des dépôts de calcite moderne, à diverses latitudes. En climat froid et humide (Écosse), la croissance moyenne verticale d'une stalagmite n'est ainsi que de 20 μm/an, alors qu'elle atteint 1 mm/an dans les grottes du sud de la France [2]. Cette sensibilité de la vitesse de croissance aux conditions environnementales en fait un indicateur des conditions paléoclimatiques : les périodes chaudes et humides sont caractérisées par une production beaucoup plus importante de spéléothèmes et par des vitesses de croissance plus grandes qu'en période froides et sèches.

La température d'une grotte est, en général, stable tout au long de l'année et est égale à la moyenne annuelle de la température extérieure. Selon la profondeur de la grotte, l'onde thermique extérieure qui conditionne la température peut mettre entre plusieurs mois et plusieurs années pour parcourir l'épaisseur de la roche encaissante. Par contre, il existe des variations saisonnières marquées du débit de l'eau d'infiltration et des concentrations de divers éléments chimiques (Ca, Sr, Mg, U, MO...) [12]. Celles-ci ont pour conséquence une variation saisonnière de la vitesse de croissance et sont sans doute à l'origine de la formation de lamines de croissance annuelles visibles ou luminescentes (Genty et Quinif, 1996 [14]). Lorsque de telles lamines existent, leur identification (en fait, se déposent par an une lamine claire et une lamine sombre) peut donner une chronologie précise et permet d'étudier l'évolution d'un paramètre isotopique ou géochimique à l'année près. Mais la lamination annuelle des stalagmites n'est pas systématique et est souvent discontinue ; les exemples remontent rarement sur plus de 1 000 ans.

La façon la plus courante de dater les spéléothèmes est de doser les isotopes des séries de l'uranium : ^{234}U, ^{238}U, ^{230}Th (voir chapitre 5). L'uranium, soluble, entre dans le système karstique, alors que le thorium, insoluble, reste au niveau du sol. Le ^{230}Th dosé dans les stalagmites est donc issu, théoriquement, de la désintégration du ^{234}U. Il arrive que du thorium soit aussi apporté par l'eau d'infiltration, souvent en association avec des éléments argilo détritiques ; il faut alors effectuer une correction basée sur le dosage du ^{232}Th (lié à la contamination en détritique) et sur la connaissance du rapport initial ^{230}Th/^{232}Th [17]. L'incertitude finale sur l'âge d'un fragment de calcite est liée à l'importance de cette correction « détritique » et à la concentration en uranium du spéléothème (variable de ~30 ppb à ~1 ppm). Elle est, en moyenne, comprise entre moins de 1 % et 5 % pour les trois derniers cycles climatiques, la limite étant proche de 500 ka. La technique actuelle la plus courante pour doser ces isotopes est celle par MC-ICP-MS ; il faut alors quelques mg à quelques dizaines de mg de calcite pour effectuer une mesure.

D'autres méthodes sont utilisées de façon anecdotique, comme le ^{14}C, dont la teneur au moment du dépôt de la calcite dépend des proportions de CO_2 atmosphérique et de CO_2 sans ^{14}C issu de la dissolution des calcaires [13], le ^{226}Ra pour les derniers millénaires [15], ou l'U-Pb, méthode qui permet de remonter à plus d'un million d'années [24].

13.3 Reconstruction paléoclimatique : approche qualitative

Les *proxies* utilisés dans les spéléothèmes pour reconstituer les climats passés sont les isotopes de la calcite ($\delta^{18}O_c$, $\delta^{13}C_c$), les isotopes des inclusions fluides piégées dans la calcite (δD, $\delta^{18}O$), les éléments traces (Sr, Ba, Mg, U...), la matière organique (lipides, acides aminées), la pétrographie et la vitesse de croissance.

La fabrique cristalline (agencement et forme des cristaux de calcite) la plus fréquente des stalagmites est la fabrique palissadique columnaire : de grands cristaux allongés perpendiculairement aux lamines de croissance. Cependant, l'apport d'éléments détritiques, les variations d'humidité, de température ou de pCO_2 au cours des variations climatiques peuvent être à l'origine de fabriques cristallines variées (dendritiques, fibreuses, microcristallines...). Même si on a pu effectuer, grâce à des études de dépôts de calcite moderne, des liens entre fabriques cristallines et conditions environnementales [9], ce type de relation est complexe et à considérer avec précaution.

La calcite des spéléothèmes contient, soit dans ses défauts cristallins, soit par substitution du Ca dans le réseau cristallin, des éléments mineurs ou traces, qui apportent aussi une information paléoenvironnementale [7]. Leur interprétation est complexe car elle fait intervenir plusieurs facteurs : la composition du sol, du calcaire encaissant, l'intensité de la dissolution et les conditions de précipitation de la calcite (température, sursaturation, vitesse de croissance...). À l'échelle annuelle, l'analyse de ces éléments traces permet de comprendre la dynamique de l'infiltration, en particulier lorsque les éléments dosés sont liés au temps de résidence de l'eau qui s'infiltre. On utilise, pour doser ces éléments, des techniques précises qui permettent d'analyser des points de quelques micromètres de diamètre sur une section polie de stalagmite (LA-ICP-MS, fluorescence X par synchrotron, microsonde ionique). Dans le transfert de ces éléments traces, les colloïdes organiques jouent un rôle prépondérant. Leur sensibilité aux conditions environnementales est différente ; par exemple, Ba, Na et Sr peuvent être sensibles à la vitesse de croissance des spéléothèmes ; Mg et U peuvent refléter la paléohydrologie. Certains sont liés à la végétation en surface comme P, Zn et Cu. Les éléments traces sont aussi des marqueurs chronologiques : lorsque les lamines annuelles ne sont pas visibles dans la structure de la calcite, alors l'analyse des éléments traces peut révéler des variations saisonnières, donnant ainsi une chronologie relative ou absolue à l'année près. Ce type d'analyse est utilisé pour connaître la durée d'un événement climatique rapide ou d'une transition.

Ce sont les isotopes stables de la calcite qui sont les plus couramment utilisés pour reconstituer les variations climatiques, même si leur interprétation en terme de température et de précipitation n'est pas triviale. Le $\delta^{18}O_c$ de la calcite, lorsque celle-ci précipite à l'équilibre isotopique (voir ci-après), dépend de la température de précipitation de la calcite (température de la grotte et donc température moyenne annuelle à l'extérieur) et du $\delta^{18}O_w$ de l'eau d'infiltration. Ce dernier est lié à la température extérieure au-dessus du site, à la quantité d'eau extraite des masses nuageuses entre la source d'évaporation et le site et à la composition isotopique de la source généralement océanique (processus de distillation isotopique). Lors de la précipitation de la calcite, la relation $\delta^{18}O_c$ /température est inverse ($\sim$–0,24 ‰/°C), alors qu'elle est directe entre le $\delta^{18}O$ de la pluie et la température extérieure (par exemple +0,3 à +0,7 ‰/°C). En résumé :

$$\delta^{18}O_c = f(\delta^{18}O_w,\ T_{\text{grotte}},\ \text{équilibre isotopique})$$

avec :

$$\delta^{18}O_w = f(\delta^{18}O_{\text{pluie}},\ \text{évapotranspiration dans quelques cas})$$

et

$$\delta^{18}O_{\text{pluie}} = f(T_{\text{ext.}},\ \text{quantité de pluie, trajectoire des masses nuageuses},\ \delta^{18}O_{\text{source}}).$$

En conséquence, selon la position du site par rapport à la source principale d'évaporation et par rapport aux conditions qui prévalent lors du transport des masses d'eau, la relation entre $\delta^{18}O_c$ et le climat sera plus ou moins marquée. Ainsi, les stalagmites d'Asie du Sud-Est ont enregistré de façon remarquable les variations d'intensité de la mousson au cours des deux derniers cycles climatiques : le $\delta^{18}Oc$ est systématiquement appauvri de $\sim$4 ‰ lors des périodes de forte mousson d'été, essentiellement à cause d'un effet de masse (le $\delta^{18}O$ de la pluie est inversement proportionnel à la quantité d'eau tombée) [23]. Grâce aux nombreuses datations U-Th effectuées sur plusieurs stalagmites des grottes de Sanbao, Hulu et Dongge (25°N à 32°N, Chine), on a pu montrer que le $\delta^{18}O_c$ de la calcite avait une périodicité de 23 ka et était directement corrélé avec les variations de l'insolation à 65°N, démontrant l'origine orbitale des variations de la mousson (Fig. 13.2) [23]. Surimposés à ces grandes variations climatiques, des événements climatiques millénaires ont aussi été enregistrés et mis en relation avec les événements de Dansgaard-Oeschger détectés dans les glaces du Groenland, ce qui montre la forte interconnection entre le système climatique d'Asie du Sud et le système climatique de l'Atlantique Nord. De la même manière, la variation de l'intensité de la mousson en Amérique du Sud a été enregistrée dans des stalagmites du sud du Brésil (24°S à 27°S), à l'échelle

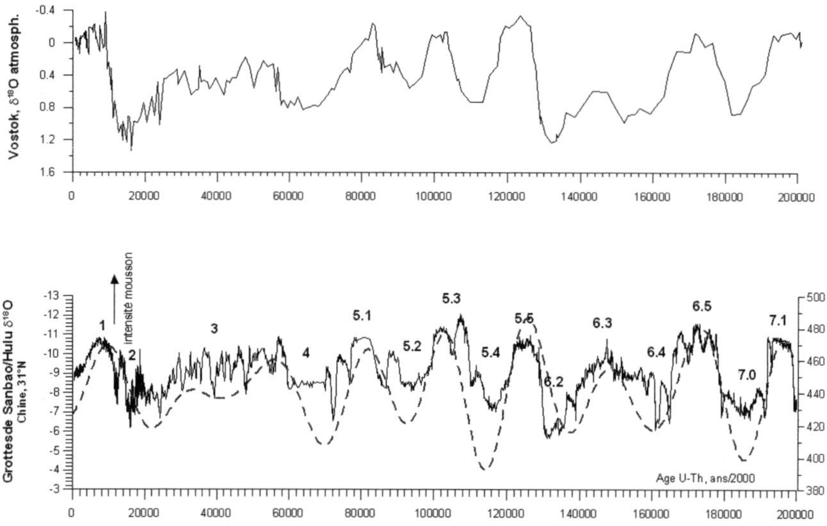

FIG. 13.2 – Exemple d'enregistrement des variations d'intensité de la mousson asiatique par le $\delta^{18}O_c$ de stalagmites de Chine provenant des grottes de Sanbao et de Hulu (courbe du bas). Comparaison avec l'insolation de juillet à 65°N et avec le $\delta^{18}O_{atm}$ de la carotte glaciaire de Vostok, Antarctique (pointillés). On note la bonne corrélation antre le $\delta^{18}O_c$ et l'insolation, dominée ici par la précession (cycles de 23 ka). Le $\delta^{18}O_{atm}$ de Vostok reflète l'impact de la précession sur la productivité biosphérique globale (voir chapitre 10 sur les glaces polaires). D'après Wang *et al.*, 2008 [23].

orbitale et à l'échelle millénaire [4]. Dans ce cas, les changements latitudinaux de la position de l'ITCZ (zone de convergence intertropicale) semblent être à l'origine de ces variations.

À de plus hautes latitudes, en Europe par exemple, le $\delta^{18}O_c$ de la calcite a une réponse moins marquée aux changement climatiques, sans doute parce que l'effet de masse sur la pluie est moins prononcé, et aussi, parce que la température de précipitation de la calcite varie de façon plus prononcée au cours des changements climatiques qu'aux basses latitudes, et joue donc un rôle non négligeable en contrebalançant l'effet de masse.

Le $\delta^{13}C$ de la calcite peut aussi répondre aux changements climatiques, et parfois de façon plus nette que le $\delta^{18}O_c$. Les atomes de carbone de la molécule de la calcite $CaCO_3$ constituant les spéléothèmes ont deux principales sources : le CO_2 du sol et le $CaCO_3$ de la roche encaissante. Le CO_2 du sol, produit par les racines des plantes et l'activité microbienne, a un $\delta^{13}C$ proche de – 24 ‰ (pour des plantes de type C3, les plus communes en milieu tempéré), le $CaCO_3$ d'un calcaire marin a un $\delta^{13}C$ compris entre ~–2 et +2 ‰. On a pu montrer que la source principale de carbone des spéléothèmes est le CO_2 du sol qui peut représenter jusqu'à 90 % du C contenu dans le $CaCO_3$ des spéléothèmes [13]. Dans plusieurs sites du Sud de la France, le carbone issu de la dissolution du calcaire (appelé aussi carbone mort car il ne contient pas de ^{14}C) représente, dans ce cas particulier, seulement 15 % ±5 du C des spéléothèmes. En conséquence, toute modification de la végétation au-dessus d'une grotte (rapport des types C3/C4, densité) induite par un changement climatique va avoir un impact sur le δ^{13}C du CO_2 du sol et donc sur le δ^{13}C des spéléothèmes, en résumé :

$$\delta^{13}\text{C} = \\ f(\text{type végétation, densité végétation, hydrologie, équilibre isotopique}).$$

Le δ^{13}C des stalagmites de la grotte de Villars (Sud-Ouest de la France) montre des variations abruptes de –2 ‰ à –5 ‰ au cours des derniers 80 ka. Celles ci ont été mises en relations avec les événements de Dansgaard-Oeschger enregistrés dans les carottes de glace du Groenland et avec les reconstructions de température issues d'analyses polliniques de lacs et de carottes marines [11]. L'intérêt d'une telle comparaison est, tout d'abord, de confronter la chronologie des autres archives avec la chronologie absolue donnée par les spéléothèmes, et, éventuellement, de l'ajuster. Améliorer l'âge d'une transition climatique abrupte, comme celle qui a eu lieu au début du D/O 12 (Fig. 13.3) est important lorsqu'on en recherche la cause et que l'on veut ensuite comparer une séquence d'événements climatiques avec les forçages externes et avec des archives provenant d'autres latitudes. La comparaison avec les reconstructions palynologiques permet de montrer le lien étroit entre les changements de végétation induits par la variation de la température et de l'humidité et le δ^{13}C enregistré dans les spéléothèmes. D'autres exemples montrent que le δ^{13}C a enregistré la dernière déglaciation, en Nouvelle Zélande ainsi qu'en Europe [10]. Ainsi, une stalagmite de la grotte Chauvet (Ardèche) montre les événements climatiques (par exemple, Bølling-Allerød, Intra Allerød Cold Period, Younger-Dryas) qui ont ponctué la dernière déglaciation avec une résolution comparable à celle obtenue sur les carottes de glace du Groenland, avec toutefois, des différences dans les tendances liées aux gradients climatiques.

13.4 Reconstruction paléoclimatique : approche quantitative

Lors de sa croissance, la calcite piège de l'eau sous la forme d'inclusions fluides microscopiques (1-10 μm) ou, plus rarement, macroscopiques (quelques mm). Cette eau reflète l'eau de pluie contemporaine du dépôt et peut donc être datée indirectement en datant la calcite qui l'englobe. Avec une teneur moyenne de quelques μg d'eau par gramme de calcite, les obstacles techniques pour extraire cette eau et l'analyser n'ont été levés que récemment [20, 22]). L'intérêt de doser la composition isotopique de l'eau (δD, δ^{18}O) des inclusions fluides des spéléothèmes est multiple : 1) la valeur du

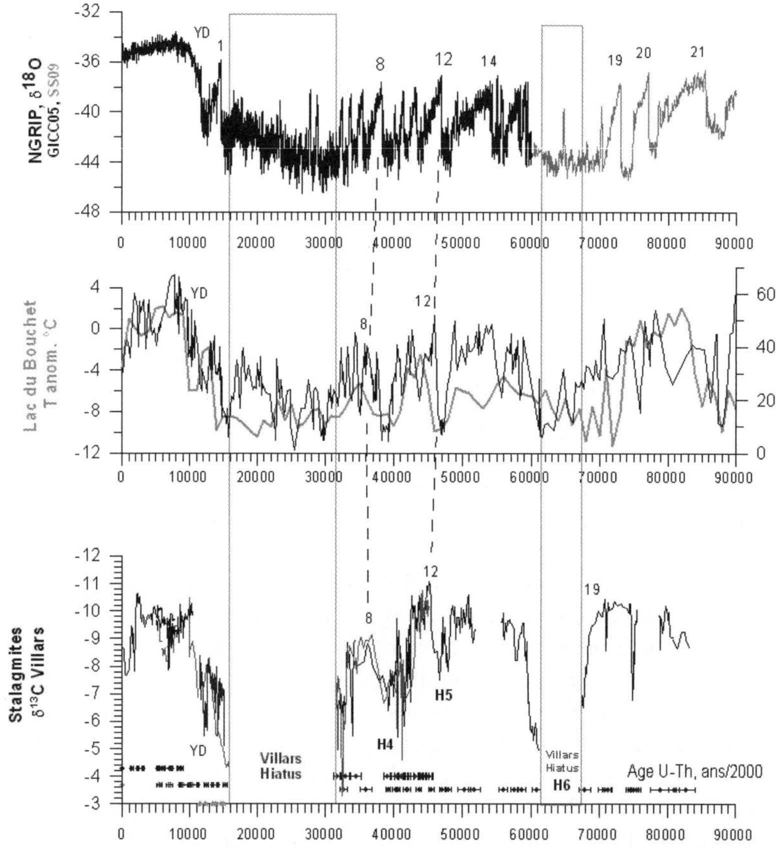

FIG. 13.3 – Comparaison entre le $\delta^{13}C$ des stalagmites de la grotte de Villars avec le $\delta^{18}O$ de NGRIP (Groenland) et les reconstructions de température du lac du Bouchet (Massif central) [16] et de la carotte marine ODP976 du Sud de l'Espagne [3]. Les points en bas du graphique montrent les datations U-Th avec des barres d'erreurs à 2σ.

$\delta^{18}O$ de l'eau de l'inclusion, voisine de celle de l'eau de pluie, est un traceur de la circulation atmosphérique ; 2) par combinaison avec le $\delta^{18}Oc$ de la calcite, il est possible de calculer la température de précipitation dans la grotte, température équivalente à la température annuelle moyenne à l'extérieur. Pour ce dernier cas, il est nécessaire que la précipitation de la calcite ait eu lieu à l'équilibre thermodynamique (isotopique par extension), c'est-à-dire que les échanges entre les différentes espèces carbonées (par exemple, HCO_3^-, CO_3^{2-}, CO_2 gaz) aient lieu complètement.

Les exemples utilisant cette technique récente sont encore rares mais sont parmi les seuls, sur le continent, à exprimer l'évolution d'une température (issue de mesures directes) sur une échelle chronologique absolue précise. Une stalagmite provenant du Pérou a ainsi montré que la composition isotopique de la pluie suivait l'insolation locale d'hiver (6°S) à cause des changements d'intensité des pluies convectives au cours de l'Holocène, eux-mêmes liés aux variations latitudinales de l'ITCZ [21]. La température, calculée selon la méthode ci-dessus, a peu varié (±2 °C) au cours des derniers 13,5 ka, contrairement à ce qui se passe aux latitudes plus élevées, comme le montre un autre exemple situé sur l'île de Vancouver (Canada ; 49°N), où la température a varié de plus de 10 °C entre 10 ka et 6 ka [25].

Cependant, cette méthode ne peut s'appliquer à tous les spéléothèmes. En effet, des conditions de faible humidité ou de faible pCO_2 à l'intérieur de la grotte peuvent entraîner un dégazage trop rapide de CO_2 et donc un effet cinétique à l'origine d'un déséquilibre thermodynamique. Il existe plusieurs équations reliant la composition isotopique de la calcite, de l'eau et la température et qui permettent de vérifier cet équilibre [18]. Or, l'étude de dépôts de calcite moderne montre que nombre d'entre eux ne se sont pas déposés à l'équilibre isotopique mais reflètent plutôt un effet cinétique. Dans ce cas, le calcul de la température n'est pas valable (le δ^{18}Oc mesuré sur la calcite est alors en général trop élevé, ce qui induit une température calculée trop basse).

Une méthode récente et prometteuse permet de reconstituer les paléotempératures uniquement à partir des isotopes de la phase minérale de la calcite, et donc de s'affranchir de l'extraction délicate de l'eau des inclusions fluides [5]. Elle implique des isotopologues de la molécule CO_3^{2-} et repose sur la thermodépendance des échanges isotopiques entre ces différentes molécules :

$$\mathbf{^{13}C}^{16}O_3^{2-} +^{12} C\mathbf{^{18}O}^{16}O_2^{2-} <=>\mathbf{^{13}}\ C\mathbf{^{18}O}^{16}O_2^{2-} + {}^{12}C^{16}O_3^{2-}.$$

Appelée méthode du $\Delta 47$, elle exprime la surabondance des isotopologues de masse 47 du CO_2 ($^{13}C^{18}O^{16}O$) issu de l'attaque acide du carbonate. Appliquée à des spéléothèmes déposés à l'équilibre thermodynamique, cette méthode permet de reconstituer la température de précipitation indépendamment de la méthode précédente qui, elle, utilise le $\delta^{18}O$ de la calcite et des inclusions fluides. Cependant, des tests effectués sur des dépôts modernes issus de grottes du Sud de la France et d'expérimentations *in vitro* montrent l'existence d'un effet cinétique lors de la précipitation [5]. Dans ce cas, la température ne peut être calculée qu'en utilisant conjointement la mesure du $\Delta 47$ et celle du $\delta^{18}O$ de la calcite et des inclusions fluides. L'intérêt devient alors double : outre la température de précipitation, cette méthode quantifie l'état de déséquilibre thermodynamique, état souvent difficile à détecter, mais reflétant aussi les conditions paléoenvironnementales.

Une autre méthode de quantification des paramètres climatiques est basée sur la calibration des *proxies* issus des lamines de croissance de stalagmites modernes de forte croissance [1]. La méthode consiste à trouver la meilleure corrélation entre le signal mesuré sur la stalagmite (par exemple, l'épaisseur des lamines de croissance annuelles) et le signal climatique issu des mesures instrumentales à l'extérieur (par exemple, la pluviométrie). Or, l'eau qui arrive à l'extrémité d'une stalactite est en réalité un mélange d'eaux qui proviennent de réseaux de microfissures plus ou moins grandes, plus ou moins complexes, dont le temps de transfert entre la surface extérieure et la galerie est variable (quelques heures à quelques semaines, voire quelques mois). Ainsi, A. Baker a modélisé ce mélange, dans une grotte d'Éthiopie, en composantes d'âges différents : une petite proportion (10 à 30 %) d'eau qui traverse rapidement l'épaisseur de roche (quelques jours à quelques semaines) et une proportion, plus grande (70 à 90 %), d'eau qui la traverse lentement (quelques mois à quelques années). La variation de la quantité d'eau qui arrive sur la stalagmite étudiée (et qui conditionne en grande partie l'épaisseur des lamines annuelles) est calculée en appliquant ce modèle de mélange à la pluviométrie issue des données météorologiques. On compare ensuite le *proxy* (ici épaisseurs) avec la quantité d'eau alimentant la stalagmite (modélisée avec ce simple modèle de mélange). L'échelle chronologique est donnée par les lamines de croissance annuelles. Cette nouvelle méthode, appliquée à des stalagmites provenant d'Éthiopie, a permis de reconstituer les pluies d'été des derniers 80 ans [1].

13.5 Conclusion

Les spéléothèmes sont des enregistreurs paléoclimatiques continentaux qui permettent de détecter les changements climatiques et de les positionner sur une échelle chronologique absolue précise. Ils contribuent à l'amélioration des chronologies issues des autres archives climatiques et, selon le site, ils permettent de reconstituer l'évolution de l'intensité de la pluie ($\delta^{18}O$), de l'intensité de l'activité végétale ($\delta^{13}C$). Les méthodes récentes d'analyse des inclusions fluides et du $\Delta 47$ ouvrent la perspective d'établir de longues séries d'évolution de la température sur les continents et de la composition isotopique de l'eau de pluie.

Références bibliographiques

[1] Baker, A. *et al.* (2007), « Analysis of the Climate Signal Contained Within Delta O-18 and Growth Rate Parameters in Two Ethiopian Stalagmites », *Geochimica et Cosmochimica Acta*, 71, pp. 2 975-2 988.

[2] Baker, A. *et al.* (1998), « Testing Theoretically Predicted Stalagmite Growth Rate with Recent Annually Laminated Samples : Implications for Past Stalagmite Deposition », *Geochimica et Cosmochimica Acta*, 62, pp. 393-404.

[3] Combourieu Nebout, N. *et al.* (2002), « Enhanced Aridity and Atmospheric High-Pressure Stability over the Western Mediterranean During the North Atlantic Cold Event of the Past 50 Ky », *Geology*, 30, pp. 863-866.

[4] Cruz, F. W. *et al.* (2005), « Insolation-Driven Changes in Atmospheric Circulation over the Past 116,000 Years in Subtropical Brazil », *Nature*, 434, pp. 63-66.

[5] Daeron, M. *et al.* (2008), « Absolute Speleo-Thermometry, Using Clumped Isotope Measurements to Correct for Kinetic Isotope Fractionations Induced by CO2 Degassing », *Geochimica et Cosmochimica Acta*, 72, A193-a193.

[6] Dreybrodt, W. (1988), *Processes in Karst Systems*, Springer Verlag, 288 p.

[7] Fairchild, I. J. *et al.* (2000), « Controls on Trace Element (Sr-Mg) Compositions of Carbonate Cave Waters : Implications for Speleothem Climatic Records », *Chemical Geology*, 166, pp. 255-269.

[8] Ford, D. C. et Williams, P. (2007), *Karst Geomorphology and Hydrology*, Wiley, 562 p.

[9] Frisia, S. *et al.* (2000), « Calcite Fabrics, Growth Mechanisms, and Environments of Formation in Speleothems from the Italian Alps and Southwestern Ireland », *Journal of Sedimentary Research*, 70, pp. 1 183-1 196.

[10] Genty, D. *et al.* (2006), « Timing and Dynamics of the Last Deglaciation from European and North African Delta C-13 Stalagmite Profiles - Comparison with Chinese and South Hemisphere Stalagmites », *Quaternary Science Reviews*, 25, pp. 2 118-2 142.

[11] Genty, D. *et al.* (2003), « Precise Dating of Dansgaard-Oeschger Climate Oscillations in Western Europe from Stalagmite Data », *Nature*, 421, pp. 833-837.

[12] Genty, D., et Deflandre, G. (1998), « Drip Flow Variations under a Stalactite of the Père Noël Cave (Belgium). Evidence of Seasonal Variations and Air Pressure Constraints », *Journal of Hydrology*, 211, pp. 208-232.

[13] Genty, D. *et al.* (1999), « Calculation of Past Dead Carbon Proportion and Variability by the Comparison of AMS ^{14}C and TIMS U/Th Ages on Two Holocene Stalagmites », *Radiocarbon*, 41, pp. 251-270.

[14] Genty, D. et Quinif, Y (1996), « Annually Laminated Sequences in the Internal Structure of some Belgian Stalagmites - Importance for Paleoclimatology », *Journal of Sedimentary Research*, 66, pp. 275-288.

[15] Ghaleb, B. *et al.* (2004), « Improved Method for Radium Extraction from Environmental Samples and its Analysis by Thermal Ionization Mass Spectrometry », *J. Anal. Atom. Spectrom.*, 19, pp. 906-910.

[16] Guiot, J. *et al.* (1989), « A 140,000-Year Continental Climate Reconstruction from Two European Pollen Records », *Nature*, 338, pp. 309-313.
[17] Hellstrom, J. (2006), « U-Th dating of speleotherns with high initial Th-230 using stratigraphical constraint, *Quaternary Geochronology*, 1, 289-295.
[18] Kim, S.-T., et O'Neil, J. R. (1997), « Equilibrium and Nonequilibrium Oxygen Isotope Effect in Synthetic Carbonates », *Geochimica et Cosmochimica Acta*, 61, pp. 3 461-3 475.
[19] McDermott, F. (2004), « Paleo-Climate Reconstruction from Stable Isotope Variations in Speleothems : a Review », *Quaternary Science Reviews*, 23, pp. 901-918.
[20] Verheyden, S. *et al.* (2008), « Water Release Patterns of Heated Speleothem Calcite and Hydrogen Isotope Composition of Fluid Inclusions », *Chemical Geology*, 247, pp. 266-281.
[21] Vonhof, H. B. *et al.* (2008), « Fossil Dripwater in Stalagmites Reveals Holocene Temperature and Rainfall Variation in Amazonia », *Earth and Planetary Science Letters*, 275, pp. 54-60.
[22] Vonhof, H. B. *et al.* (2006), « A Continuous-Flow Crushing Device for On-Line Delta H-2 Analysis of Fluid Inclusion Water in Speleothems », *Rapid Communications in Mass Spectrometry*, 20, pp. 2 553-2 558.
[23] Wang, Y. J. *et al.* (2008), « Millennial- and Orbital-Scale Changes in the East Asian Monsoon over the Past 224,000 Years », *Nature*, 451, pp. 1 090-1 093.
[24] Woodhead, J. *et al.* (2006), « U-Pb Geochronology of Speleothems by MC-ICPMS », *Quaternary Geochronology*, 1, pp. 208-221.
[25] Zhang, R. *et al.* (2008), « An Absolute Paleotemperature Record from 10 to 6 Ka Inferred from Fluid Inclusion D/H Ratios of a Stalagmite from Vancouver Island, British Columbia, Canada », *Geochimica Cosmochimica Acta*, 72, pp. 1 014-1 026.

Chapitre 14

Interface air-lac : les ostracodes des lacs tempérés

Ulrich von Grafenstein, *Laboratoire des Sciences du climat et de l'Environnement, LSCE/IPSL, Laboratoire CEA-CNRS-UVSQ, CEA-Orme des Merisiers, 91191 Gif-sur-Yvette Cedex, France.*
Soumaya Belmecheri, *Laboratoire des Sciences du climat et de l'Environnement, LSCE/IPSL, Laboratoire CEA-CNRS-UVSQ, CEA-Orme des Merisiers, 91191 Gif-sur-Yvette Cedex, France.*
Earth and Environmental Systems Institutes, 416 Walker Building, University Park PA 16802, États-Unis.

14.1 Principe

Dans les régions tempérées, les archives directes des paléoprécipitations sont très rares. Elles sont restreintes aux glaciers de montagne, aux eaux profondes fossiles [9], et, potentiellement, aux inclusions fluides des stalagmites [7]. Cependant, les sédiments des lacs, qui sont abondants, permettent une estimation indirecte de la composition isotopique (δ^{18}O) des pluies dans le passé.

L'étude du δ^{18}O des sédiments carbonatés des lacs allemands et suisses a fourni les premières courbes isotopiques décrivant les variations du climat en Europe depuis le Tardiglaciaire [2–6, 10]. La comparaison d'un de ces enregistrements, celui du Gerzensee (Suisse), avec les premiers enregistrements de δ^{18}O des carottes de glace du Groenland a mis en évidence une forte ressemblance qualitative des deux courbes [1, 8].

Cependant les variations du δ^{18}O du carbonate total des sédiments lacustres posent plusieurs problèmes : l'amplitude des grands événements est très variable d'un lac à un autre et les événements de faible amplitude ne sont pas systématiquement enregistrés. Aucune carotte ne montre un profil continu couvrant l'Holocène et le Tardiglaciaire. En outre, on ne connaît pas l'origine précise des carbonates (saison de précipitation, formation *in situ* ou détritiques transportés...), de sorte que le signal climatique est noyé au milieu de phénomènes parasites.

Pour obtenir un signal quantitatif dans les carbonates lacustres, il faut :

1. choisir des lacs dont le bilan hydrologique est dominé par les précipitations et qui sont caractérisés par une faible évaporation et un faible temps de résidence de l'eau ;

2. choisir des carbonates biologiques, provenant d'organismes spécifiques ne vivant qu'en un lieu précis. Nous traiterons ici l'exemple des ostracodes profonds mais une méthodologie similaire pourrait être appliquée à des mollusques.

Il est nécessaire de contrôler toutes les étapes de transfert du signal isotopique des précipitations atmosphériques à celui de la calcite des ostracodes. En pratique, il faut mettre en œuvre une méthodologie pluridisciplinaire combinant les approches biologiques, physiques, géologiques et hydrologiques, pour contrôler les différentes étapes de l'archivage. Celle-ci comprend l'étude hydrologique des lacs et le choix de lacs adaptés, le choix du site de carottage dans les lacs sélectionnés, l'étalonnage des effets physiologiques des différentes espèces d'ostracodes étudiés, et la calibration de la variabilité isotopique par rapport à la variabilité climatique régionale sur la période instrumentale (les 200 dernières années).

14.2 Transfert de la signature isotopique des précipitations vers les lacs

La première étape à considérer est l'analyse de la distribution saisonnière et spatiale des précipitations et de leur $\delta^{18}O$. Dans le cas de l'Europe, cette distribution saisonnière reflète l'intensité de l'évaporation et du transport de la vapeur d'eau depuis l'Atlantique Nord. Pendant l'été, la trajectoire des dépressions est déplacée vers le nord ; l'humidité de l'air au-dessus de l'océan est forte en raison des températures d'eau de mer élevées ; les faibles gradients thermiques facilitent la pénétration des masses d'air humides à l'intérieur du continent. Il en résulte des précipitations importantes en Europe occidentale et un gradient modéré de pluviosité depuis les côtes vers l'intérieur du continent. Le $\delta^{18}O$ des précipitations est élevé. Pendant l'hiver, les basses pressions sont déplacées vers le sud ; l'Europe du Nord passe sous l'influence des masses d'air sèches provenant du continent. Les gradients thermiques entre mer et continent sont plus forts qu'en été, ce qui provoque la condensation rapide de la vapeur et des différences marquées de pluviosité entre la côte et le continent. Les $\delta^{18}O$ sont plus petits en raison des basses températures continentales. En Europe du Sud, les précipitations sont plus fréquentes pendant la période froide, à cause du déplacement des basses pressions vers le sud et de l'augmentation de l'évaporation superficielle de la mer Méditerranée.

14.3 Les effets isotopiques lacustres

En raison des faibles mouvements de leur couche superficielle, les lacs peuvent développer une stratification thermique (qui très souvent change avec les saisons) ou chimique, qui peut se stabiliser sur une certaine période. Ils peuvent être ouverts, avec un exutoire toujours actif, ou fermés, avec une évaporation qui équilibre les apports, ou encore avec un exutoire épisodique. La composition isotopique de l'eau d'un lac est déterminée par le bilan entre les sources et les pertes d'eau et leurs compositions isotopiques respectives. On peut distinguer trois sources, qui toutes proviennent des précipitations locales, mais qui portent des signatures isotopiques différentes, car elles sont lissées sur des périodes différentes : l'eau profonde avec un $\delta^{18}O$ proche de la moyenne sur plusieurs années, l'écoulement retardé avec le $\delta^{18}O$ des derniers mois, et le ruissellement avec le $\delta^{18}O$ des précipitations récentes. Des changements des quantités et des $\delta^{18}O$ de ces eaux peuvent entraîner des changements du débit et du $\delta^{18}O$ des rivières, et donc de la composition isotopiques du lac ($\delta^{18}O_L$).

14.4 Étude hydrologique des lacs et choix des lacs

Le lac optimal pour la reconstitution de la composition isotopique des pluies est d'abord caractérisé par un rapport E/I (évaporation/apport ou *input* en anglais) le plus petit possible. Ceci est réalisé lorsque la surface du bassin versant (A_c) est grande et celle du lac (A_L) petite, ce qui conduit à un grand rapport A_C/A_L. Le débit I est connu pour la plupart des lacs en Europe ; E peut être estimée avec une précision suffisante à partir des données climatologiques. Pour des lacs dont le bassin versant et I sont difficiles à estimer, E/I peut être calculé à partir des différences entre $\delta^{18}O_P$ et $\delta^{18}O_L$. Des effets comme l'infiltration et l'évapotranspiration sont également à prendre en compte, car les changements climatiques sont susceptibles de faire varier la proportion de la précipitation qui contribue à l'écoulement et l'amplitude de la variabilité isotopique saisonnière : un refroidissement augmente l'écoulement, en diminuant l'activité photosynthétique et l'évapotranspiration, et accélère le passage d'eau, en réduisant l'infiltration hivernale et la rétention dans les sols. Les conséquences pour la composition isotopique des eaux lacustres sont

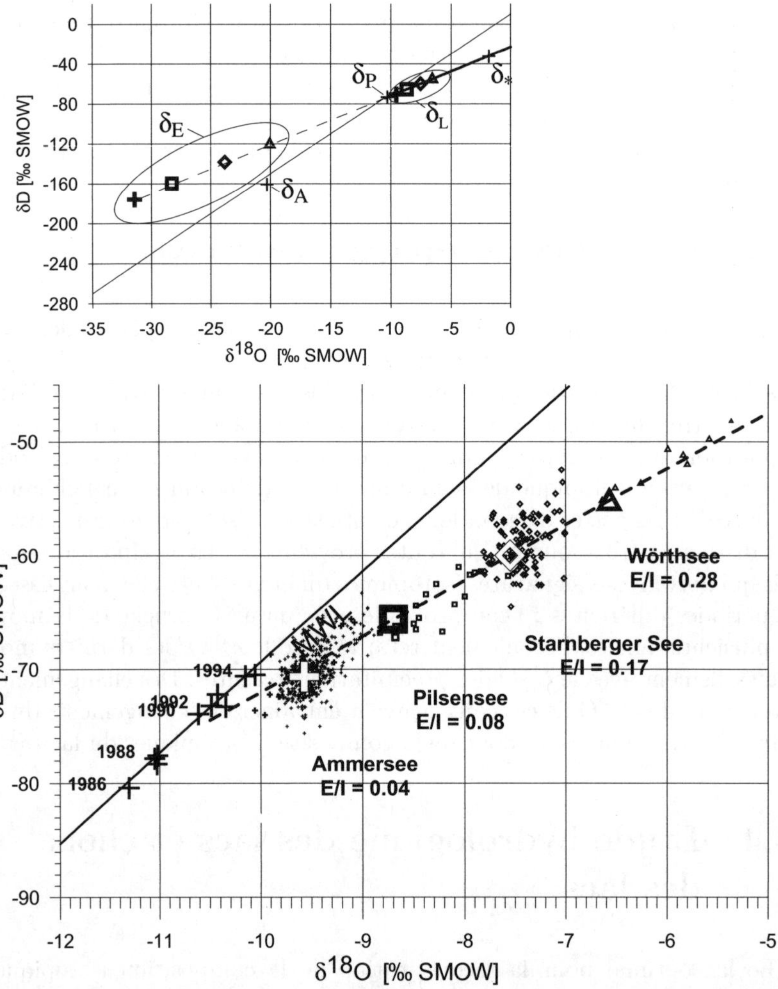

FIG. 14.1 – Bas, compositions isotopiques de l'oxygène (δ^{18}O) et de l'hydrogène (δD) modernes (1992-1994) des eaux de Notre lacs voisins en Bavière en relation avec celles des précipitations. Les différents petits symboles donnent les analyses isotopiques, les grandes les valeurs moyennes des échantillons prises pendant le mélange complet de la colonne d'eau des lacs respectifs (hiver) ; les croix noires montrent la tendence positive de δ^{18}O et δD des précipitations entre 1986 et 1994 (moyenne sur une période de six ans avant la date indiquée). Haut, compositions isotopiques respectives des termes δ_P (δ^{18}O et δD des précipitations) δ^* (saturation isotopique) δ_L (des lacs), S_A de la vapeur atmosphérique et δ_E (des vapeurs évaporant).

toutefois modérées et dépendent de la capacité du lac à lisser la signature isotopique sur plusieurs cycles saisonniers.

14.5 La composition isotopique des carbonates lacustres

Seule une partie mineure des carbonates des sédiments lacustres provient des structures protectrices des différentes groupes d'animaux. Ce sont surtout des mollusques (gastéropodes et bivalves), des ostracodes (crustacés de petite taille, d'environ un millimètre) et quelques algues. La majorité de ces organismes sont benthiques ; ils vivent à l'interface eau-sédiment, soit à la surface (épibenthiques), soit dans les premiers millimètres des sédiments (endobenthiques). Les valves de ces espèces benthiques sont ainsi déposées et préservées sur place. En tant qu'animaux hétérotrophes, les mollusques benthiques et les ostracodes ne sont pas limités par la lumière, et peuvent théoriquement vivre à toutes les profondeurs, si l'eau contient suffisamment d'oxygène pour la respiration et de calcium pour la formation des valves. Néanmoins, différentes espèces sont réparties selon leurs exigences et leur adaptation aux conditions physiques des sédiments, à la saisonnalité de la température et de l'oxygène, et aux nutriments.

Les valves carbonatées reflètent les conditions physiques et chimiques de l'eau mais proviennent d'un processus actif des producteurs. Elles ont des structures caractéristiques de chaque espèce et leur minéralogie est contrôlée par la physiologie des animaux. L'étude des cycles de reproduction et de la croissance des différentes espèces permet de détecter d'éventuelles préférences saisonnières pour la formation des valves, et ainsi d'améliorer l'interprétation quantitative des mesures isotopiques. Au cours de leur cycle reproductif, les ostracodes développent après chaque mue une nouvelle carapace calcaire d'une taille significativement plus grande que la précédente. Un même individu produit plusieurs valves pendant sa vie, ce qui ouvre la voie à des reconstitutions climatiques saisonnières, puisque ces espèces se reproduisent avec un cycle annuel. Le δ^{18}O des valves benthiques d'une profondeur supérieur à 50 m permet la reconstitution du δ^{18}O moyen des eaux de fond du lac ($\delta^{18}O_L$), grâce à l'absence de grandes variations saisonnières de la température et du mélange régulier de la colonne d'eau (en général, un ou deux fois par an).

Le δ^{18}O de la calcite biogénique ($\delta^{18}O_C$) dépend non seulement de $\delta^{18}O_L$ mais aussi d'effets physiologiques. Pour établir expérimentalement la relation entre $\delta^{18}O_C$, $\delta^{18}O_L$ et la température, on peut faire des élevages en laboratoire dans des conditions contrôlées [14], ou collecter les valves calcaires dans le milieu naturel en mesurant la température et $\delta^{18}O_L$. Cette dernière approche a permis de quantifier les effets physiologiques de la plupart des espèces importantes en Europe et, simultanément, leurs préférences saisonnières, ainsi que la variabilité de $\delta^{18}O_L$ et de la température en milieu naturel [13].

14.6 Exemple de résultat : comparaison lac Ammersee / Groenland

L'analyse isotopique des ostracodes d'un ensemble de carottes prélevées dans le lac Ammersee a permis d'une part de reconstruire le $\delta^{18}O_P$ pendant la dernière déglaciation et l'Holocène et, d'autre part, de développer une comparaison détaillée de l'évolution climatique du Groenland et de l'Europe [11–13].

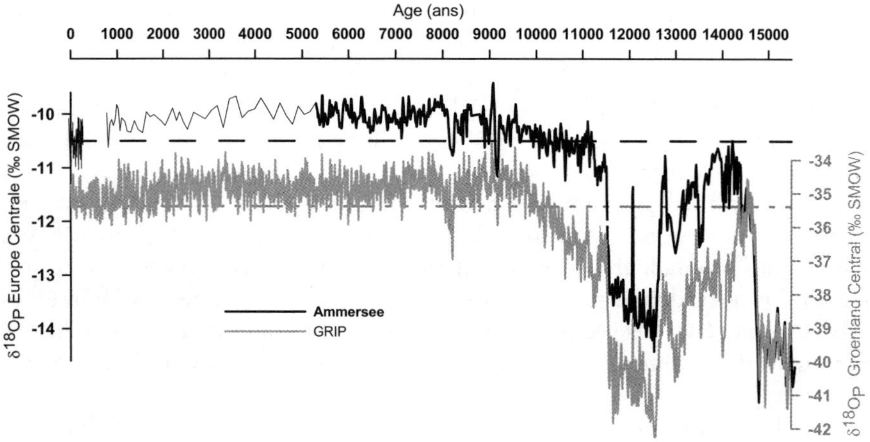

FIG. 14.2 – Reconstruction de $\delta^{18}O_P$ en Europe Centrale à partir de la composition isotopique des sédiments profonds du lac Ammersee (en noir ; trait épais : mesures à haute résolution ; trait fin : mesures à basse résolution). L'étroite corrélation entre le $\delta^{18}O_P$ en Europe et le $\delta^{18}O_P$ au Groenland (courbe grise) même pour des évènements trés courts prouve un contrôle commun de la variabilité climatique des deux régions, probablement par la circulation thermohaline de l'Atlantique Nord. Noter toutefois que les amplitudes sont différentes et que les transitions sont plus progressives sur l'Europe que sur le Groenland notamment à la fin de l'Alleröd.

La similitude des variations de $\delta^{18}O_P$ en Europe et au Groenland est remarquable, surtout pour les variations à l'échelle décennale et centenaire Figure 14.2. Ceci montre qu'à court terme, le climat de ces deux régions a subi les mêmes variations décennales, probablement contrôlées par la variabilité du flux de chaleur provenant de l'Atlantique. Cette similitude montre également que, pour ces événements, le $\delta^{18}O_P$ des précipitations d'Europe ou du Groenland n'est pas affecté par des biais locaux, liés par exemple aux changements de trajectoire des masses de vapeur d'eau atmosphérique (sources des précipitations. . .).

Plusieurs événements brefs peuvent être observés pendants les intervalles chauds, le plus récent étant le refroidissement abrupt se produisant vers 8 200 ans BP. Ces événements sont attribués à des décharges épisodiques d'eau douce provenant des réservoirs temporaires formés pendant la désagrégation des calottes glaciaires continentales (lacs proglaciaires).

Malgré la bonne corrélation des variations décennales entre les deux sites, on peut constater des différences concernant des tendances sur de périodes plus longues. Elles reflètent des changements lents des gradients de $\delta^{18}O_P$ entre l'Europe et le Groenland central. La plus marquante est observée lors du refroidissement qui conduit du Bölling/Alleröd au Dryas récent. Ces évolutions différentes pourraient être le reflet de changements de la circulation superficielle de la mer de Norvège en réponse au flux continu des eaux de fonte de la calotte glaciaire scandinave. Ainsi, un déplacement progressif du front polaire de la côte du Groenland vers l'Est, à la fin de la phase chaude du Bölling/Alleröd aurait pu, lorsque ce front aurait dépassé la zone « Islande/ Faéroé », entraîner un arrêt brutal de la formation d'eau profonde dans la mer de Norvège, et provoquer le refroidissement marquant le début du Dryas récent. Un tel mécanisme est une des hypothèses qui pourraient plus généralement expliquer les instabilités de type « Dansgaard-Oeschger », qui ponctuent la dernière glaciation au Groenland.

Références bibliographiques

[1] Dansgaard, W., White, J. W. C. et Johnsen, S. J. (1989), « The Abrupt Termination of the Younger Dryas Climate Event », *Nature*, 339, pp. 532-534.

[2] Eicher, U. (1987), « Die spätglazialen sowie die frühholozänen Klimaverhältnisse im Bereich der Alpen : Sauerstoffisotopenkurven kalkhaltiger Sedimente », *Geographica Helvetica*, 42, pp. 99-104.

[3] Eicher, U. (1989), « Pollen- und Sauerstoffisotopenanalysen an spätglazialen Profilen vom Gerzensee, Faulenseemoos und vom Regenmoos ob Boltigen », *Mitteilungen der Naturforschenden Gesellschaft in Bern N.F.*, 39, pp. 65-80.

[4] Eicher, U. et Siegenthaler, U. (1976), « Palynological and Oxygen Isotope Investigations on Late-Glacial Sediment Cores from Swiss Lakes », *Boreas*, 5, pp. 109-117.

[5] Eicher, U. et Siegenthaler, U. (1983a), « Paléoenvironnement tardiglaciaire et holocene des lacs de Pelléautier et Siguret (Hautes-Alpes, France) ; IV, Stable Isotopes of Oxygen and Carbon in the Carbonate Sediments of Lac de Siguret (Hautes-Alpes, France) », *Ecologia Mediterranea*, 9(3-4), pp. 49-53.

[6] Eicher, U. et Siegenthaler, U. (1983b), « Stable Isotopes in Lake Marl and Mollusc Shells from Lobsigensee (Swiss Plateau) », *Revue de Paleobiologie*, 2(2), pp. 217-220.

[7] Genty, D. *et al.* (2002), « Fossil Water in Large Stalagmite Voids as a Tool for Paleoprecipitation Stable Isotope Composition Reconstitution and Paleotemperature Calculation », *Chemical Geology*, 184, pp. 83-95.

[8] Oeschger, H. *et al.* (1984), « Late Glacial Climate History from ice cores », dans Langway, C. C. Jr., Oeschger, H. et Stauffer, B. (Ed.), *Greenland Ice Core : Geophysics, Geochemistry, and the Environment, Geophysical Monograph* American Geophysical Union, pp. 299-306.

[9] Rozanski, K. (1985), « Deuterium and Oxygen-18 in European Groundwaters - Links to Atmospheric Circulation in the Past », *Chemical Geology : Isotope Geoscience*, section, 52, pp. 349-363.

[10] Rozanski, K. *et al.* 1991), « The Late Glacial-Holocene Transition in Central Europe Derived from Isotope Studies of Laminated Sediments from Lake Gosciaz (Poland) », dans Bard, E. et Broecker, W. S. (Ed.), *The Last Deglaciation : Absolute and Radiocarbon Chronologies*, Springer Verlag, Heidelberg, pp. 69-80.

[11] Von Grafenstein, U., Erlenkeuser, H., Brauer, A., Jouzel, J. et Johnsen, S. (1999a), « A Mid-European Decadal Isotope-Climate Record from 15,500 to 5,000 Years BP », *Science*, 284, pp. 1 654-1 657.

[12] Von Grafenstein, U., Erlenkeuser, H., Müller, J., Jouzel, J. et Johnson, S. (1998), « The Short Cold Period 8,200 Years Ago Documented in Oxygen Isotope Records of Precipitation in Europe and Greenland », *Climate Dynamics*, 14, pp. 73-81.

[13] Von Grafenstein, U., Erlenkeuser, H. et Trimborn, P. (1999b), « Oxygen and Carbon Isotopes in Modern Fresh-Water Ostracod Valves : Assessing Vital Offsets and Autecological Effects of Interest for Palaeoclimate Studies », *Palaeogeography, Palaeoclimatology, Palaeoecology*, 148, pp. 133-152.

[14] Xia, J., Ito, E. et Engstrom, D. R. (1997), « Geochemistry of Ostracode Calcite : 1. An Experimental Determination of Oxygen Isotope Fractionation », *Geochimica et Cosmochimica Acta*, 61, pp. 377-382.

Chapitre 15

Interface végétation-atmosphère : les cernes d'arbre

Joël Guiot, *Centre Européen de Recherche et d'Enseignement des Géosciences de l'Environnement, UMR 7330 CNRS/Aix-Marseille Université, Europôle de l'Arbois – BP 80, 13545 Aix-en-Provence Cedex 04, France.*
Valérie Daux, *Laboratoire des Sciences du Climat et de l'Environnement, UMR 8112, CEA/CNRS/UVSQ, Orme des Merisiers, 91191 Gif-sur-Yvette Cedex, France.*

15.1 L'approche dendroclimatique

Dans beaucoup d'endroits du monde, il existe une forte saisonnalité dans la répartition annuelle des températures ou des précipitations. Cette saisonnalité se reflète dans la croissance des arbres, qui est le résultat d'une interaction de l'arbre avec son environnement via les feuilles (pour les échanges en carbone et en eau) et les racines (pour les nutriments et également l'eau). Sous les latitudes tempérées, durant l'hiver, l'arbre est en dormance et aucune cellule ligneuse n'est produite. Au printemps, quand les conditions thermiques sont réunies, il y a levée de la dormance et production de cellules ligneuses larges et peu denses (bois initial). À la fin du printemps et au début de l'été, les cellules deviennent plus denses et plus petites (bois final), puis, à la fin de l'été, il y a arrêt de la production de cellules le long du tronc et l'arbre engrange des réserves pour l'année suivante. Si on coupe un tronc, on constate des alternances entre bandes claires et foncées, dont la combinaison forme un cerne annuel. Si on compare les cernes entre eux, on constate une grande variabilité. Cette variabilité est la conséquence directe des conditions climatiques (température, précipitation, rayonnement solaire) qui ont prévalu pendant ou avant la formation des cellules (Fritts, 1976).

Ces accroissements saisonniers sont produits par les tissus dans le cambium, assise de cellules à la limite du bois et de l'écorce, dont le fonctionnement entraîne l'accroissement en diamètre des racines, du tronc et des branches de l'arbre. En plus du climat, l'épaisseur du cerne dépend également de nombreux paramètres incluant l'espèce, l'âge du cerne, la disponibilité des nutriments dans le sol, sa capacité à retenir l'eau, l'exposition ... Douglas (1920) fut le premier à reconnaitre les potentialités des séries de cernes annuels pour obtenir des informations sur les climats du passé, et il a jeté ainsi les bases de ce qui est appelé la dendroclimatologie. La difficulté principale est de distinguer l'empreinte du climat des autres facteurs. Plus le stress climatique est fort, plus il sera facilement décodable. Typiquement, deux types de stress climatiques sont reconnus : le stress thermique et le stress hydrique. Dans les régions arides ou semi-arides, la croissance des arbres est limitée par la disponibilité en eau. C'est donc ce paramètre que l'arbre va enregistrer préférentiellement. Les arbres vivant très au nord ou à haute altitude subissent des contraintes liées à la température. Ils sont donc de très bons thermomètres. Les conditions climatiques des mois qui précèdent la saison de croissance ont également une influence sur le cerne. Ce peut être par la reconstitution des réserves en eau du sol, ou bien par les réserves carbonées prêtes à être mobilisées pour l'année suivante. Cela complique d'autant plus le décodage de l'information climatique.

L'approche dendroclimatique (Kairiukstis *et al.*, 1990) consiste à prélever un certain nombre de carottes dans une forêt donnée, à raison de deux à quatre carottes par arbre et de dix à vingt arbres par peuplement. Une carotte est un petit tube prélevé de l'écorce au cœur de l'arbre, sur lequel on pourra lire la succession des cernes. On sélectionne des arbres susceptibles de restituer au mieux le paramètre climatique que l'on veut reconstruire. Par exemple, si on veut reconstruire un paramètre hydrique, on choisira de préférence des arbres sur des sols peu profonds, incapables d'accumuler beaucoup d'eau. Chaque carotte est ensuite datée par comptage des cernes depuis l'écorce jusqu'au cœur. Le cerne est supposé annuel, mais parfois, la croissance s'arrête en cours de saison à cause d'une sécheresse temporaire et reprend s'il se met à pleuvoir. L'arrêt de croissance qui s'ensuit donne ce qu'on appelle un faux cerne. Cette année-là, il y a deux cernes. Par ailleurs, certaines années sont tellement défavorables à la croissance que le cerne semble absent. Ces deux types de phénomènes vont produire des erreurs dans la datation des cernes. L'interdatation, c'est-à-dire la comparaison des séries issues de chaque carotte, permet d'y remédier.

Chaque cerne est mesuré et un ensemble de vingt à quarante séries temporelles est constitué pour chaque peuplement. En plus de l'épaisseur, il est possible de mesurer la densité grâce à un micro-densitomètre (voir un profil typique dans la Figure 15.1). On peut ainsi obtenir l'épaisseur du bois de printemps, celle du bois d'été, la densité moyenne du bois de printemps et

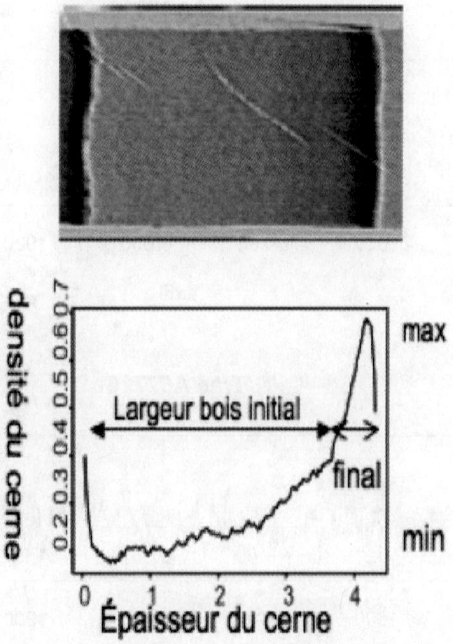

FIG. 15.1 – Profil typique d'un cerne de conifère (au-dessus) avec la courbe de densité correspondante (en dessous) et les principaux paramètres que l'on peut en tirer.

la densité maximale. Ce sont les paramètres les plus utilisés (Schweingruber *et al.*, 1978).

L'étape suivante consiste à reconstituer au mieux le signal climatique. Les séries dendrochronologiques sont souvent affectées de tendances liées à l'âge de l'arbre. Des méthodes statistiques sont utilisées pour les extraire. Diverses méthodes ont été mises au point : des courbes polynomiales, des filtres digitaux, des exponentielles décroissantes sont enlevées aux données brutes par division. Ce processus s'appelle l'indexation. Le problème principal est qu'on enlève souvent en même temps une partie de la tendance liée au climat lui-même. La Figure 15.2 montre comment à partir d'une série de cernes brutes, on peut obtenir une série indexée. Les diverses séries indexées du même peuplement sont moyennées pour fournir une série représentative du peuplement, appelée chronologie maitresse, et cela pour enlever la variabilité intra-site. On espère ainsi maximiser le signal climatique. D'autres méthodes d'indexation sont de plus en plus utilisées pour essayer de préserver au mieux les variations climatiques à long terme (Nicault *et al.*, 2010).

Une seule série moyenne (appelée aussi série maîtresse) d'un peuplement est rarement capable de fournir une reconstruction climatique fiable, car les interactions du climat et de la croissance sont complexes. Il faut constituer

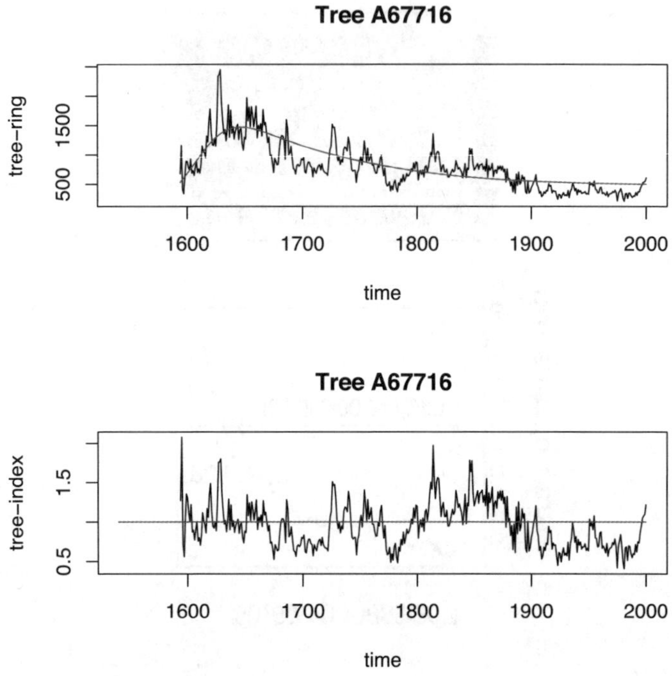

FIG. 15.2 – Exemple d'indexation d'une série de cernes : la courbe du haut montre les épaisseurs brutes avec en superposition, la courbe de tendance ; la courbe du bas montre la série indexée, c'est-à-dire la série brute divisée par la tendance.

un réseau de chronologies maîtresses pour une région donnée, incluant des espèces d'arbres différentes, afin d'isoler au mieux la variable climatique désirée. On procède ensuite par une approche statistique, appelée fonction de transfert (Guiot et Nicault, 2010). On constitue d'un côté une matrice de séries dendrochronologiques, qui sont forcément de longueur variable, et de l'autre, on rassemble les séries météorologiques de la même région. Sur la période temporelle commune aux séries météorologiques et dendrochronologiques, on peut calibrer une relation statistique par des méthodes de régression.

L'exemple suivant illustre comment il est possible de reconstruire la température estivale en Europe à partir de séries dendrochronologiques, complétées par d'autres *proxies* (Guiot *et al.*, 2010). Parmi ceux-ci, nous avons utilisé des séries de dates de vendanges dans plusieurs régions viticoles de France et de Suisse et des séries isotopiques d'oxygène-18 du Groenland, que l'on considère comme étant liées au climat global. Toutes ces séries sont de longueur et de résolution variables. Elles représentent également des caractéristiques souvent différentes du climat, mais le paramètre climatique qui explique le mieux la croissance des arbres et la précocité des vendanges est la température d'avril à septembre. C'est donc cette température estivale qui a été estimée à l'aide d'une technique statistique de similarité, appelée la méthode des analogues (Guiot *et al.*, 2010).

La courbe (Fig. 15.3) montre que le Petit Âge glaciaire (période dont la définition est variable, mais que l'on fixe ici à la période 1400-1900 et qui est marquée par une avancée des glaciers dans les Alpes) était en moyenne 0,35 °C plus froide que la période de référence 1961-1990, avec un maximum de froid autour de 1600 (autour de –0,5 °C). La période 1940-2007 était de 0,2 °C plus chaude que la période de référence, et la dernière décennie du XXe siècle a culminé avec un écart de 0,5 °C. Même en tenant compte du fait que toutes ces moyennes sont calculées sur des périodes variables, le réchauffement de la fin du XXe siècle est significatif. Cela est confirmé par la courbe polynomiale qui indique un réchauffement depuis le début du XIXe siècle de 0,6 °C/siècle.

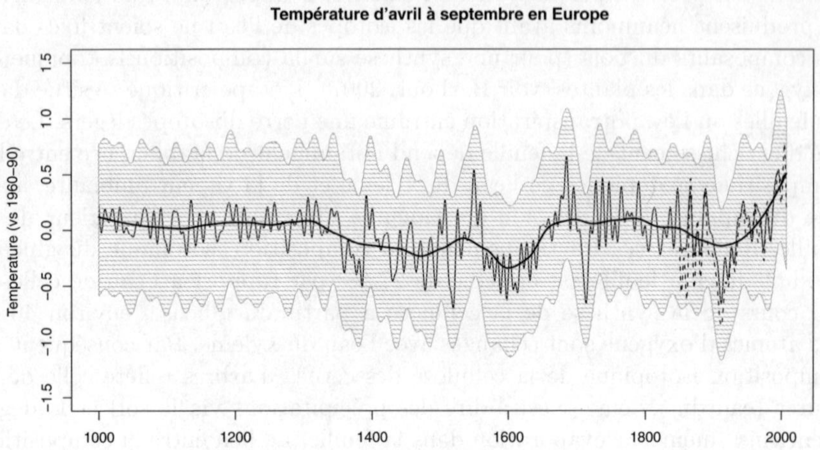

FIG. 15.3 – Évolution de la température d'été reconstruite en Europe [10°O-60°E et 30°N-85°N] à partir de plusieurs *proxies* et lissée. En grisé, l'incertitude (à 95 %) associée ; en courbe tiretée, les observations correspondantes (1850-2007) et, en trait gras, la courbe de tendance de la reconstruction (Guiot *et al.*, 2010).

15.2 L'analyse dendro-isotopique

Les cernes d'arbres sont constitués de matière organique contenant essentiellement du carbone, de l'oxygène et de l'hydrogène. Ces éléments possèdent chacun plusieurs isotopes. Les isotopes d'un élément ont des propriétés chimiques qualitativement identiques, mais la différence des masses permet aux processus physiques, chimiques ou biologiques d'opérer un fractionnement entre les isotopes légers et les isotopes lourds d'un même élément, au cours des réactions physiques ou chimiques auxquelles cet élément participe.

Les rapports isotopiques de l'oxygène ($\delta^{18}O$), du carbone ($\delta^{13}C$) et de l'hydrogène (δD) portent, de ce fait, une information environnementale.

La composition isotopique de l'oxygène des précipitations est une fonction de la température aux hautes et moyennes latitudes. Dans les sols, l'évaporation peut affecter le rapport isotopique original. La plupart des végétaux utilisent l'eau du sol *stricto sensu* ; il existe donc un risque pour que l'eau prélevée par les végétaux soit une eau de composition isotopique différente de celle des précipitations, enrichie en ^{18}O. Dans le cas des arbres, les racines puisent l'eau principalement à des profondeurs situées en dessous de la couche superficielle concernée par les processus d'évaporation. La composition isotopique de l'oxygène de l'eau du xylème, qui est le tissu à travers lequel sont transportés l'eau et les nutriments minéraux, est la même que celle de l'eau du sol prélevée par le système racinaire. D'importants fractionnements se produisent néanmoins avant que les isotopes de l'eau ne soient fixés dans les composants du bois (pour une synthèse sur la composition isotopique de l'oxygène dans les plantes, voir Barbour, 2007). L'étape critique se situe dans les feuilles où l'évapotranspiration entraîne une perte d'isotopes légers. Le degré d'enrichissement de la feuille dépend notamment de la différence entre les compositions isotopiques de l'eau du xylème et de la vapeur ambiante, ainsi que du rapport de la pression de vapeur à l'intérieur et à l'extérieur de la feuille. Reflétant ces fractionnements, la composition isotopique du glucose produit dans la feuille est enrichie de 27 ‰ par rapport à l'eau de celle-ci. Au cours de la synthèse de la cellulose à partir du glucose, environ 40 % des atomes d'oxygène sont échangés avec l'eau du xylème. Par conséquent, la composition isotopique de la cellulose des cernes d'arbres reflète celle de la source (eau du xylème, c'est-à-dire des précipitations via le sol) et le degré d'enrichissement par évaporation dans la feuille. Le lien entre la composition isotopique de la cellulose et celle des précipitations est donc complexe. Néanmoins, un nombre croissant d'études fait état de corrélations statistiquement significatives entre le $\delta^{18}O$ de la cellulose des cernes d'arbres (chênes, pins, mélèzes, cèdres) et celui des précipitations, pendant la saison de croissance, ou certains autres paramètres climatiques (température atmosphérique, humidité relative, stress hydrique ...) (voir, par exemple, Mc Caroll et Loader, 2004). La Figure 15.4 donne des exemples de telles corrélations.

Le $\delta^{13}C$ du carbone atmosphérique est proche de –8 ‰ (par rapport au standard PDB). Celui des feuilles et du bois des arbres est de l'ordre de –20 ‰ à –30 ‰. La discrimination isotopique, c'est-à-dire la différence entre le $\delta^{13}C$ du CO_2 de l'air et celui de la plante, est contrôlée au niveau de la feuille par la physiologie de l'arbre et par l'environnement (humidité relative, teneur en eau du sol, température, ensoleillement, disponibilité des éléments nutritifs). Farquhar (1989) a proposé la formalisation suivante :

$$\Delta^{13}C\ (‰) = a + (b - a)p_i/p_a,$$

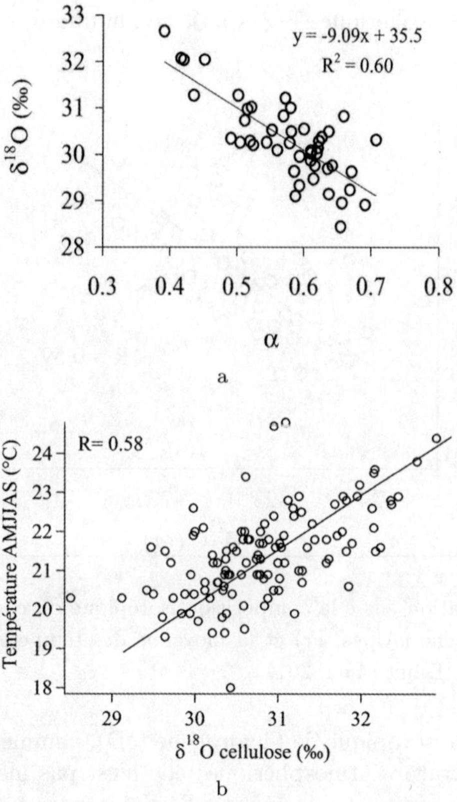

FIG. 15.4 – Relations linéaires entre la composition isotopique de l'oxygène de la cellulose de chênes ... A – ... et le stress hydrique α (Rennes, Fr ; Raffali-Delerce *et al.*, 2004) ; B – ... et la moyenne d'avril à septembre des températures maximales (Fontainebleau).

où $\Delta^{13}C$ représente la discrimination du carbone entre le $\delta^{13}C$ du glucose synthétisé dans la feuille et le CO_2 de l'air, a est le fractionnement dû à la diffusion à travers les stomates (4,4 ‰), b est le fractionnement causé par la carboxylation (27 ‰), p_i et p_a sont, respectivement, les pressions partielles de CO_2 dans la cavité sous-stomatique et dans l'atmosphère. La pression partielle de CO_2 à l'intérieur de la cavité sous-stomatique est conditionnée par l'état d'ouverture des stomates (qui résulte d'un compromis entre la perte d'eau et l'assimilation du CO_2 de l'air ambiant). Des fractionnements isotopiques additionnels, qui accentuent l'appauvrissement en ^{13}C, se produisent au cours de la synthèse de la cellulose et de la lignine. Les échanges plante-air sont contrôlés par l'environnement de l'arbre (climat, état hydrique du sol). Il en résulte une dépendance du $\delta^{13}C$ de la cellulose des cernes d'arbres vis-à-vis de la température atmosphérique (Fig. 15.5), de l'humidité relative et du stress hydrique.

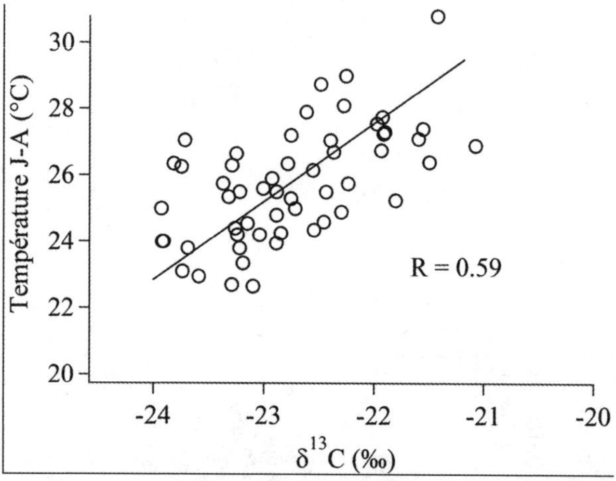

FIG. 15.5 – Corrélation entre la composition isotopique du carbone de la cellulose de mélèzes de Névache (Alpes, Fr) et la moyenne des températures maximales de juillet-août. D'après Daux *et al.*, 2011.

La composition isotopique de l'hydrogène (δD), comme celle de l'oxygène, est liée à la température atmosphérique ; elle n'est pas modifiée au cours du transfert sol-arbre, mais est affectée par l'évapo-transpiration, qui induit un enrichissement isotopique de l'eau de la feuille et subit des fractionnements au cours des processus photosynthétiques. Au cours de la photosynthèse, l'activité enzymatique entraîne des fractionnements cinétiques qui diffèrent suivant la position de l'hydrogène dans la molécule de glucose (Augusti *et al.*, 2006). Pendant la transformation du glucose en cellulose dans le tronc, l'action catalytique des enzymes génère des échanges isotopiques entre sucres et eau du xylème qui impliquent environ 40 % des atomes d'hydrogènes des sucres (Waterhouse *et al.*, 2002). Les fractionnements qui se produisent en liaison avec l'activité métabolique génèrent donc un signal physiologique. Les échanges avec l'eau au cours de la synthèse cellulosique restaurent en partie la signature de l'eau source qui porte un signal « température ». L'interférence entre des deux types de signaux explique pourquoi le δD de la cellulose des arbres corrèle mal avec la température (Pendall, 2000).

Comme les séries de largeur de cernes, le δ^{13}C de la cellulose des cernes d'arbres peut présenter des tendances liées à l'âge. L'effet dit « juvénile » se caractérise par des valeurs plus basses du δ^{13}C de la cellulose du bois produit au cours des premières décennies (Francey et Farquhar, 1982). Dans la plupart des cas, les compositions isotopiques de l'oxygène et de l'hydrogène de la cellulose ne sont pas affectées par des effets juvéniles, ce qui confère à ces paramètres un intérêt particulier pour la reconstitution des variations climatiques à basse fréquence.

Reconstitution isotopique des variations des paramètres climatiques au cours du temps Les variations de compositions isotopiques de la cellulose des cernes sont interprétées en des termes divers. En effet, les paramètres climatiques reconstruits sont, suivant les cas, la température, l'humidité relative, les précipitations des mois précédents, ou encore la composition isotopique de ces précipitations. Les fractionnements isotopiques au cours de la fabrication de la cellulose sont contrôlés, comme on l'a vu, par plusieurs facteurs. Les conditions dans lesquelles s'effectue la croissance déterminent quel est le facteur dominant. Par exemple, pour des arbres qui vivent dans des milieux qui connaissent des épisodes de sécheresse, la conductance stomatique domine les processus de fractionnement isotopique du carbone. Les facteurs de contrôle environnementaux sont, dans ce cas, l'humidité relative de l'air et l'humidité du sol ; quand les arbres poussent, au contraire, dans des conditions peu contraignantes d'un point de vue hydrique, les fractionnements sont conditionnés par le taux de photosynthèse qui, lui-même, dépend du rayonnement incident et de la température. La disparité des reconstructions, évoquée en début de paragraphe, est à l'image des disparités environnementales. Les changements possibles de facteur dominant au cours du temps doivent inciter à la prudence quand il est question d'effectuer des reconstructions temporelles de la variation des paramètres climatiques.

Nous présentons ci-après deux reconstructions de la température atmosphérique réalisées l'une à partir du $\delta^{13}C$ de la cellulose de sapins de la Forêt-Noire (Allemagne) couvrant la période 1004-1980 (Lipp *et al.*, 1991) (Fig. 15.6), et l'autre à partir du $\delta^{18}O$ de la cellulose de chênes de la région de Rennes (forêt et bâtiments anciens) couvrant les derniers 400 ans (Raffeli-Delerce *et al.*, 2004 ; Masson-Delmotte *et al.*, 2005) (Fig. 15.7). La correspondance entre données isotopiques et températures a été établie par des calibrations réalisées sur la période 1959-1988 pour les sapins de Forêt-Noire, et sur la période 1951-1996 pour les chênes bretons. Pour Lipp *et al.* (1991), d'après l'évolution du $\delta^{13}C$ de la cellulose des sapins allemands, il y aurait eu une augmentation de température vers 1100 AD, qui correspondrait au début de la période médiévale chaude, une diminution des températures vers 1240 AD, suivie d'une augmentation de température qui aurait atteint un maximum vers 1330 AD, puis une nouvelle diminution qui aurait initié une période froide se terminant vers 1850 et qui correspondrait au Petit Âge glaciaire.

La reconstruction réalisée à partir du $\delta^{18}O$ de la cellulose des chênes bretons présente, dans le détail, quelques divergences avec celle issue des sapins allemands. Il y a, néanmoins, des points de concordance. Les deux approches reconstruisent une augmentation de la température estivale à partir de la fin du XIXe siècle, en accord avec les données thermométriques. La similitude des

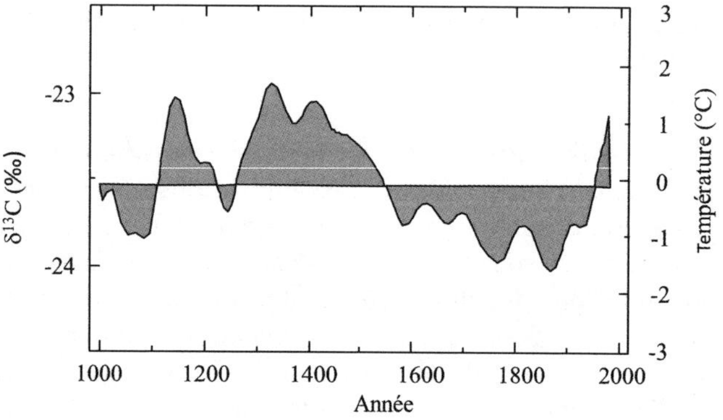

FIG. 15.6 – Valeurs de δ^{13}C de la cellulose extraite du bois d'été de sapin (*Abies alba*) de la Forêt-Noire (Allemagne), de 1004 à 1980 AD. La série de valeurs est lissée par un filtre gaussien. Les températures atmosphériques reconstruites sont mises en correspondance sur l'échelle de droite (d'après Lipp *et al.*, 1991).

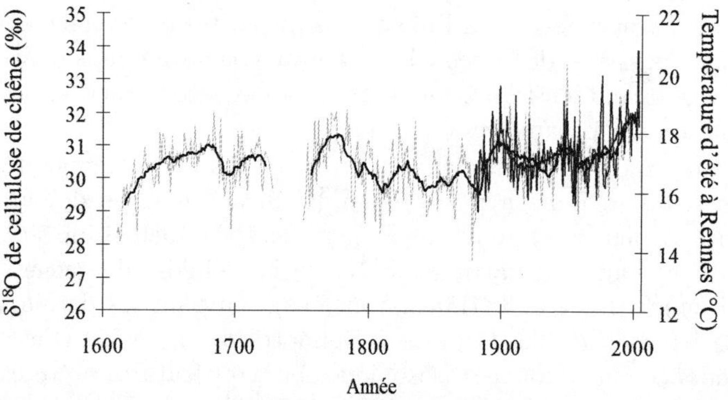

FIG. 15.7 – Valeurs du δ^{18}O de la cellulose extraite du bois d'été de chênes (*Quercus robur*) de la forêt et de bâtiments rennais (France) de 1610 à 1996 AD. Les valeurs des températures reconstruites sont indiquées par l'échelle de gauche. Les températures instrumentales, mesurées par Météo-France, de 1890 à 2003, sont reportées à titre de comparaison. D'après Masson-Delmotte *et al.*, 2005.

formes générales des courbes de δ^{18}O des chênes et des températures instrumentales montre que ce paramètre dendro-isotopique peut être utilisé avec un bon degré de confiance pour restituer les tendances climatiques à l'échelle pluriannuelle.

Références bibliographiques

Augusti, A., Betson, T. R. et Schleucher, J. (2006), « Hydrogen Exchange During Cellulose Synthesis Distinguishes Climatic and Biochemical Isotope Fractionation in Tree Rings », *New Phytologist,* 172, pp. 490-499.

Barbour, M. M. (2007), « Stable Oxygen Isotope Composition of Plant Tissue: a Review », *Functional Plant Biology,* 34, pp. 83-94.

Briffa, K. R., Osborn, T. J., Schweingruber, F. H. (2004), « Large-Scale Temperature Inferences from Tree-Rings: a Review », *Global Planet Change,* 40, p. 11.

Cook, E. R. et Kairiukstis, L. A. (Ed.), (1990), *Methods of Dendrochronology: Applications in the Environmental Sciences,* International Institute for Applied Systems Analysis, Kluwer Academic Publishers, Boston, MA.

Daux, V., Edouard, J. L., Stievenard, M., Mestre, O., Guibal, F., Masson-Delmotte, V. et Thomas, A. (2011), « Ring Width, and Carbon and Oxygen Isotopic Composition of the Cellulose in Larix Decidua as Climatic Proxies: A Case Study in the French Alps », *Earth Planet. Sci. Lett.*, sous presse.

Douglass, A. (1920), « Evidence of Climatic Effects in the Annual Rings Of Trees », *Ecology,* 1(1), pp. 24-32.

Farquhar, G. D., O'Leavy, M. H. et Berry, J. A. (1982), « On the Relationship between Carbon Isotope Discrimination and Intercellular Carbon Dioxide Concentration in Leaves », *Australian J. Plant Physiol.*, 9, pp. 121-137.

Francey, R. J., et Farquhar, G. D. (1982), « An Explanation of 13C/12C Variations in Tree Rings », *Nature,* 297, pp. 28-31.

Fritts, H. C. (1976), *Tree-Rings and Climate,* Academic Press, New-York, 567 p.

Guiot, J. et Nicault, A. (2010), « Méthodes de dendroclimatologie à l'échelle continentale : fonctions de réponse et fonctions de transfert », dans Payette, S et Fillion, L. (Ed.), *La Dendroécologie, principes, méthodes et applications,* Les Presses de l'Université Laval, Québec, pp. 225-249.

Guiot, J., Corona, C. et ESCARSEL members, (2010), « Growing Season Temperatures in Europe and Climate Forcings over the Last 1400 Years », PLoS-one, 5(4), e9972. doi :10.1371/journal.pone.0009972.

Lipp, J., Trimborn, P., Fritz, P., Moser, H., Becker, B. et Frenzel, B. (1991), « Stable Isotopes in tree Ring Cellulose and Climatic Change », *Tellus,* 43B, pp. 322-330.

McCaroll, D., et Loader, N. J. (2004), « Stable isotopes in tree rings », *Quatern. Sci. Rev.*, 23, pp. 771-801.

Masson-Delmotte, V., Raffali-Delerce, G., Danis, P., Yiou, P. Stievenard, M., Guibal, F., Mestre, O., Bernard, V., Goose, H., Hoffmann, G. et Jouzel, J. (2005), « Changes in European Precipitation Seasonality and in Drought Frequencies Revealed by a Four-Century-Long Tree-Ring Isotopic Record from Brittany, Western France », *Climate Dynamics*, 24, pp. 57-69.

Nicault, A., Bégin, Y. et Guiot, J. (2010), « Standardisation des séries dendrochronologiques », dans Payette, S et Fillion, L. (Ed.), *La Dendroécologie, principes, méthodes et applications*, Les Presses de l'Université Laval, Québec, pp. 199-227.

Pendall, E. (2000), « Influence of Precipitation Seasonality on Piñon Pine Cellulose δD Values », *Global change biology,* 6, pp. 287-301.

Raffali-Delerce, G., Masson-Delmotte, V., Dupouey, J. L., Stievenard, M., Breda, N. et Moisselin, J. M. (2004), « Reconstruction of Summer Droughts Using Tree-Ring Cellulose Isotopes : A Calibration Study with Living Oaks from Brittany (Western France) », *Tellus*, 56, pp. 160-174.

Schweingruber, F. H., Fritts, H. C., Braeker, O. U., Drew, L. G. et Schaer, E. (1978), « The X-Ray Technique as Applied to Dendroclimatology », *Tree-Ring Bulletin*, 38, pp. 61-91.

Waterhouse, J. S., Switsur, V. R., Barker, A. C, Carter, A. H. C. et Robertson, I. (2002), « Oxygen and Hydrogen Isotope Ratios in Tree Rings: How Well Do Models Predict Observed Values? », *Earth Planet. Sci. Lett.*, 201, pp. 421-430.

Chapitre 16

Interface air-végétation : un exemple d'utilisation de données historiques sur les vendanges

Valérie Daux, *Laboratoire des Sciences du climat et de l'Environnement, LSCE/IPSL, Laboratoire CEA-CNRS-UVSQ, Orme des Merisiers, 91191 Gif-sur-Yvette Cedex, France.*

Les données historiques fournissent des indications souvent précises de phénomènes climatiques que les sociétés ont subis. L'exemple ci-dessous illustre la démarche scientifique permettant d'utiliser les relevés de dates de vendanges pour estimer quantitativement l'évolution des températures d'une région.

La vigne est une plante méditerranéenne, rustique et pérenne, bien adaptée aux conditions climatiques chaudes et sèches. La température est un facteur environnemental prépondérant pour le déclenchement de ses différents stades phénologiques. L'apparition des bourgeons se produit quand les températures diurnes atteignent au moins 10 °C pendant une période prolongée, en avril généralement. La date de floraison se situe environ deux mois plus tard (c'est-à-dire en juin), quand le cumul de températures journalières a atteint un certain seuil. La date du tout début du mûrissement, la véraison (en août), dépend de celle de la floraison et des températures depuis la floraison. Enfin, le raisin est à maturité une trentaine de jours après la véraison, soit en septembre le plus souvent. Les vendanges ont lieu quand le raisin est à parfaite maturité. Le temps qui sépare la véraison de la vendange est assez constant ; il dépend de la température, de l'état phytosanitaire du vignoble et de l'importance des précipitations. Les périodes données pour les différents stades phénologiques sont indicatives et varient en fonction des cépages et des régions.

Les dates de vendanges, puisqu'elles dépendent largement des températures qui ont présidé à la croissance et à la maturation de la vigne, peuvent être regardées comme des indicateurs thermiques. Leurs variations au cours des siècles passés traduisent les variations historiques des températures printano-estivales.

16.1 Les séries historiques de dates de vendanges

Au Moyen Âge, le ban des vendanges (date d'ouverture de la récolte) était fixé par décision seigneuriale éclairée. Après la Révolution, le ban fut théoriquement abandonné ; chaque propriétaire pouvait débuter les vendanges à sa guise. Le ban fut toutefois maintenu dans la plupart des paroisses, pour des raisons de sécurité et d'ordre public. Après 1791, ce fut le maire, sur l'avis des vignerons, qui fixa la date du début des vendanges. La date effective de la vendange peut être postérieure (de quelques jours) à la date du ban. Les bans et dates effectives de vendanges ont été consignés dans différents types de registres suivant les lieux et les époques : elles peuvent figurer dans des registres monastiques, des chapitres de chanoines, des registres hospitaliers (tels que ceux des Hospices de Beaune), des registres municipaux ou privés (ceux de vignerons). Au cours de « l'Optimum climatique médiéval » (environ Xe-XIIIe siècle), des vignobles étaient plantés à des latitudes aussi septentrionales que les côtes de la Baltique ou le Sud de l'Angleterre. À l'inverse, suite au refroidissement du « Petit Âge glaciaire » (XIVe-XIX siècle), la plupart des vignobles nordiques ont périclité, et la saison de croissance de la vigne s'est vue si raccourcie que les vendanges furent difficiles, même dans certains vignobles méridionaux.

Les séries de dates de vendanges publiées sont pour la plupart des séries composites construites à partir de plusieurs séries de dates issues de différents sites d'un même vignoble. La série la plus longue et la plus complète publiée à ce jour est celle du vignoble bourguignon (Fig. 16.1). C'est une série composite construite à partir de données issues de plusieurs sites des côtes de Beaune et peut-être des côtes dijonnaises. Les cépages récoltés dans cette région depuis le XIVe siècle sont essentiellement du pinot noir et du chardonnay. Idéalement, les séries composites doivent être construites à partir de séries locales de dates de vendanges d'un même cépage, pour éviter d'introduire des biais liés à une phénologie qui varie suivant les variétés de vigne.

16.2 Reconstruction des températures printano-estivales à partir des dates de vendanges

Des données vendémiologiques du XXe siècle, issues de différents vignobles et cépages, ont été confrontées à des données météorologiques régionales (Daux

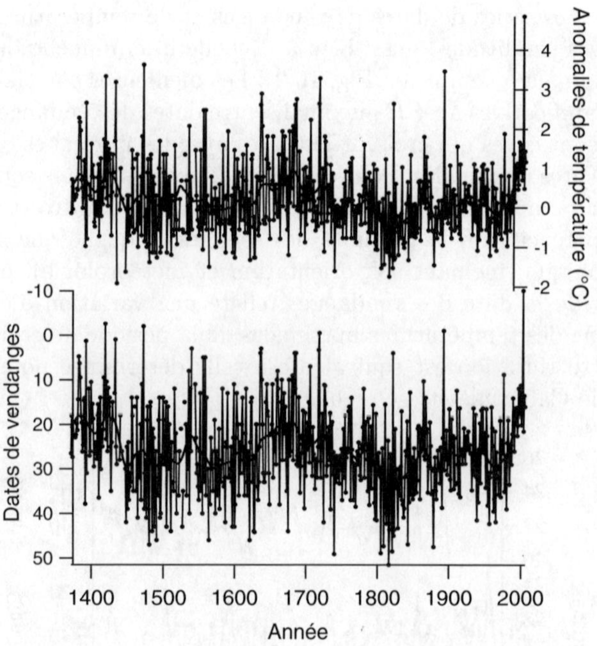

FIG. 16.1 – A – Dates des vendanges en Bourgogne depuis 1370. Les dates sont exprimées arbitrairement en nombre de jours après le 31 août. B – Anomalies de températures correspondantes, calculées avec un modèle phénologique. Les anomalies sont calculées par rapport à la période de référence 1960-1989 ; d'après Garcia de Cortazar *et al.*, 2010. Les courbes épaisses sont des moyennes glissantes sur 29 ans. On peut décrire les principaux événements climatiques des sept derniers siècles de la façon suivante : tendance chaude des années 1380, et de 1415 à 1435, période qui inclut la famine « d'échaudage » de 1420 ; rafraîchissement, ensuite, lors de la seconde moitié du « *Quattrocento* » qui se manifesta notamment par la famine de 1481, consécutive à la pluie et au froid ; bouffées de chaleur lors des décennies 1520, 1530, et 1550 ; forte poussée du Petit Âge glaciaire (PAG) à partir de 1560. Un « long XVIIe siècle » froid ? C'est le cas de 1570 à 1630 (avec un léger mieux vers 1600-1620), en 1675, lors des années 1690 et au siècle suivant, de 1709 à 1715 ; vagues d'étés chauds lors des décenniesc 1630, 1660, et 1680. réchauffement pendant le XVIIIe siècle, manifeste au cours des années 1704-1707, 1718-1719, les décennies 1720 et 1730, les années 1757-1765 et surtout 1778-1781, et les années 1780. Néanmoins, millésimes frais-froids-humides du pot au noir (1725, 1740, 1770) ; le PAG, qui ne s'est jamais tout à fait interrompu, redevient vigoureux de 1812 à 1860, à cause de grosses neiges hivernales. À quoi s'ajoutent les vraies fraîcheurs de 1812-1817. Forte canicule de 1846, anti-céréales ; - fin (sans retour) du PAG à partir de 1860 et jusqu'à nos jours. Réchauffement du XXe siècle à partir de 1900, date large, avec accélération de celui-ci depuis 1976 et les années 1990. D'après Le Roy Ladurie *et al.*, (2006).

et al., 2007). Les séries de dates de vendanges et de températures présentent de nombreuses similitudes, aussi bien à l'échelle interannuelle que décennale ou pluri-décennale (exemple en Fig. 16.2). Les meilleures corrélations (statistiquement significatives avec R maximal) entre dates de vendanges et données climatiques sont celles qui croisent les dates avec les moyennes d'avril à août des températures maximales. Pour ces corrélations, les pentes sont proches de –0,1 °C/jour pour tous les vignobles (Fig. 16.3). En d'autres termes, quelle que soit la précocité ou la tardivité des cépages et quelle que soit la situation géographique (incluant sol, orientation et météorologie), une variation de dix jours de la date des vendanges reflète une variation d'environ 1 °C de la moyenne des températures maximales de la période de croissance (avril à août). Cette variation est équivalente à celle déterminée pour les cépages américains de Californie et d'Oregon.

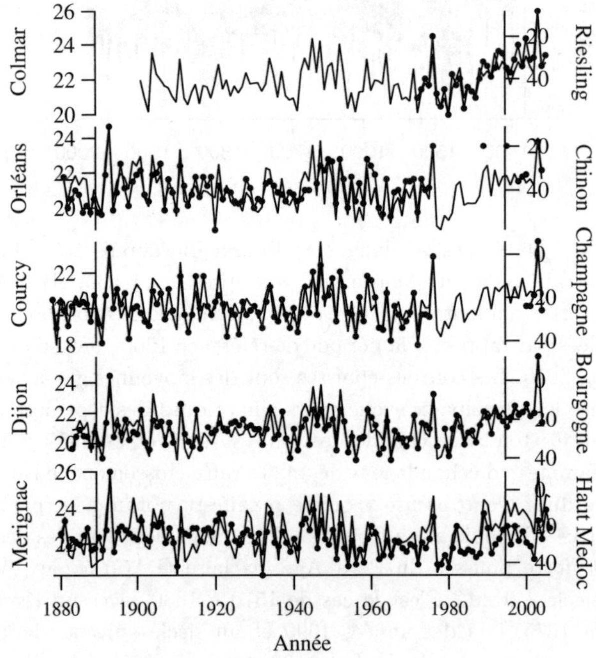

FIG. 16.2 – Séries de dates de vendanges (courbes noires avec symboles, échelles de droites) et températures maximales diurnes de la région correspondante (courbes noires, échelles de gauche) en fonction du temps.

La phénologie des espèces ligneuses peut être simulée par des modèles qui expriment la dépendance entre processus de maturation et températures diurnes. Un modèle est adapté à décrire la phénologie d'une espèce, d'une variété dans le cas de la vigne. Chuine *et al.* (2004) ont ainsi utilisé des observations phénologiques récentes du développement du pinot noir, réalisées entre

1964 et 2001, à Colmar (France), par l'INRA, pour modéliser la phénologie de cette variété. Le modèle utilisé permet de calculer des dates de véraisons et de vendanges à partir de températures. L'inversion de ce modèle permet de réaliser le calcul de la moyenne des températures maximales diurnes d'avril à août. Le modèle inversé a été utilisé pour reconstruire les variations des températures printano-estivales en Bourgogne depuis le XIVe siècle, à partir de la série de dates présentée à la Figure 16.1. Cette reconstruction montre notamment que le refroidissement du climat de 1690 à 1800, début d'un longue période fraîche qui durera jusqu'aux années 1970, est d'un peu plus d'un degré. Le caractère exceptionnellement chaud de l'été 2003 apparaît très nettement (Chuine *et al.*, 2004).

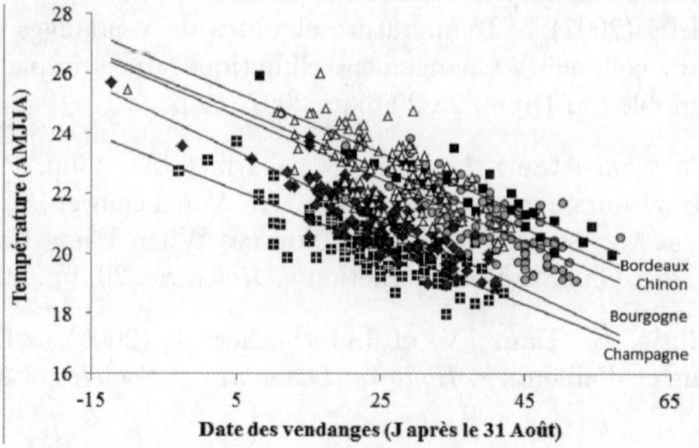

FIG. 16.3 – Corrélations entres dates de vendanges et moyennes des températures mensuelles diurnes sur la période d'avril à août, pour des vignobles champenois, bourguignons, alsaciens, bordelais et tourangeaux. Pentes de régressions proches de –0,1 °C/jour.

16.3 Limites de ces reconstructions : les effets anthropiques

La décision de vendanger repose sur un principe simple : il faut vendanger quand le raisin est mûr et ne pas trop tarder quand cet état est atteint pour ne pas s'exposer à des aléas climatiques, tels que grêles ou forte pluies. L'appréciation de l'état idéal de maturité a pu évoluer au cours du temps en fonction du contexte politico-économique, des pratiques culturales et œnologiques et du goût du consommateur. Les variations temporelles de ces paramètres peuvent créer des tendances et des ruptures dans les séries de données. Ces variations d'origine non-climatiques ne sont pas nécessairement décelables dans une série isolée. En toute rigueur, une reconstruction climatique doit donc être basée sur un ensemble de séries (d'un même cépage, d'une même région viticole idéalement), dont on teste ruptures et inter-corrélations. L'approche historique peut apporter un éclairage complémentaire et participer à l'identification de la part de variabilité attribuable aux effets anthropiques.

Références bibliographiques

Chuine, I., Yiou, P., Viovy, N., Seguin, B.,Daux, V. et Le Roy Ladurie, E. (2004), « Grape Ripening as a Past Climate Indicator », *Nature*, 432, pp. 289-290.

Daux, V., Yiou, P., Le Roy Ladurie, E., Mestre, O., Chevet, J.-M., et l'équipe d'OPHELIE (2007), « Température et dates de vendanges en France », Articles du colloque « Changement climatique, quels impacts probables sur le vignoble ? », Dijon, 28-29 mars 2007, 10 p.

Garcia de Cortazar-Atauri, I., Daux, V., Garnier, E., Yiou, P., Viovy, N., Seguin, B., Boursiquot, J. M., Parker, A., Van Leeuwen, C., et Chuine, I. (2010), « An Assessment of Error Sources When Using Grape Harvest Date for Past Climate Reconstruction », *Holocene*, 20, pp. 599-608,

Le Roy Ladurie, E., Daux, V. et Luterbacher, J. (2006), « Le climat de Bourgogne et d'ailleurs », *Histoire, Economie et Sociétés*, 3, pp. 421-436.

Chapitre 17

Interface air-sols : les traceurs sédimentologiques des lacs tropicaux

David Williamson, *Institut de Recherches pour le Développement, UMR LOCEAN, Université Pierre et Marie Curie, World Agroforestry Centre, P.O. Box 30, 677-00100, Nairobi, Kenya.*

Les archives climatiques disponibles aux basses latitudes sont pour la plupart sédimentaires ou géomorphologiques. Elles dépendent intrinsèquement de conditions morphologiques et climatiques favorables à leur constitution, ainsi qu'à leur préservation. Elles diffèrent donc selon le milieu, la région et le climat : moraines abandonnées par des glaciers de montagne, paléo-lignes de rivage d'anciens lacs, dunes, niveaux de crue, sites d'occupation animale ou humaine, carbonates continentaux (spéléothèmes, travertins, stromatolites), et séquences sédimentaires carottées dans les lacs et tourbières. S'y ajoutent les dépôts côtiers (par exemple, les coraux) et marins hémipélagiques à forte vitesse de sédimentation, en particulier à proximité des deltas ou des *upwellings* côtiers de Mauritanie, du Benguela ou de Somalie. La datation et l'étude d'aquifères, ainsi que les cernes d'arbres complètent la palette d'archives actuellement disponibles ou étudiées, en particulier dans les zones semi-arides.

À cause de la spécificité locale ou régionale des milieux de dépôt, les contrôles physico-chimiques ou biologiques de l'enregistrement sédimentaire varient. Par exemple, le mélange de la colonne d'eau d'un lac, enregistré par certains traceurs biologiques (diatomées) ou organiques, peut être activé par la fonte d'une couche de glace hivernale, l'intensification du vent, une baisse de niveau lacustre ou une recharge de l'aquifère profond. Les traceurs climatiques ou hydrologiques (signature physico-chimique ou isotopique de l'eau et des sédiments, marqueurs de végétation terrestre ou aquatique, marqueurs d'érosion ou d'apports atmosphériques) n'ont donc *a priori* pas la même signification d'un site à l'autre. Pour restreindre les incertitudes sur la chronologie et l'interprétation, la reconstitution détaillée des processus de dépôt en plusieurs sites caractéristiques d'une région et d'un climat donné est incontournable. Parmi les méthodes de mesures physico-chimiques non destructives, les mesures magnétiques (susceptibilité champ faible, aimantations rémanentes) sont particulièrement adaptées à cette problématique, car elles permettent de multiplier les mesures. Elles sont sensibles aux changements de concentration, minéralogie et nature du fer, et sont particulièrement utilisées, parce que les assemblages de minéraux du fer dépendent étroitement des processus d'érosion chimique ou mécanique : lessivage de matériaux primaires, pédogénèse, feu de biomasse, érosion, processus gravitaires, changements de conditions redox, action microbienne et authigenèse. Le magnétisme permet donc de détailler les processus de surface enregistrés le long d'une séquence sédimentaire et d'identifier les principaux modes de variabilité environnementale et climatique [18].

17.1 Variabilité hydrologique intertropicale en Afrique

L'Afrique est caractérisée par une grande variété de climats, principalement définis par la quantité et la répartition des pluies aux échelles saisonnière, annuelle (moins de 100 mm/an à plus de 3 000 mm/an) à interannuelle, et la température (en particulier aux moyennes latitudes et en altitude). Depuis le climat équatorial humide du bassin du Congo jusqu'aux climats subtropicaux arides ou désertiques du Sahel/Sahara et du Kalahari/Namibie, les climats régionaux répondent aux caractéristiques annuelles et saisonnières de la circulation atmosphérique globale, aux températures et courants de surface des océans Indien, Austral et Atlantique voisins, et aux orographies régionales (par exemple, rift Est-Africain, grand escarpement de Namibie). Associés au cadre géomorphologique local, ces climats régionaux contraignent de manière déterminante la présence, la nature et la continuité chronologique de la plupart des archives continentales du climat.

17.2 Sahara, Kalahari et zone arides : des preuves discontinues d'inversions hydrologiques

Grâce aux nombreux témoins de gigantesques lacs interdunaires, aux assemblages faunistiques ou végétaux, aux sites témoignant d'une occupation humaine sédentaire et de bilans hydrologiques positifs pendant plusieurs siècles ou millénaires, les deux déserts subtropicaux africains ont apporté, dès les années 1950 et 1960, les premières preuves robustes de changements hydrologiques majeurs au cours de la fin du Pléistocène et de l'Holocène. Un résultat essentiel de ces recherches est, pour le Sahara, l'intensification de la mousson africaine et la remontée des pluies tropicales d'été (limite nord de la ZCIT) au nord de 20 °N pendant la première moitié de l'Holocène, ainsi que la réduction considérable du Sahara en tant que barrière biogéographique majeure pendant cette période [5, 8]. Des preuves très comparables de changements hydrologiques majeurs sont obtenus dans le Kalahari [17]. Comme le montre la Figure 17.1, ces archives montrent l'asynchronisme des « *optima* » humides holocènes au nord (de 11 à 6 ka BP) et au sud (postérieurement à 6 ka BP) de l'équateur, illustrant le forçage des changements d'insolation régionale sur les circulations de mousson et les précipitations tropicales d'été (de juin à septembre dans le Sahara et de décembre à mars dans le Kalahari). D'autre part, à l'échelle millénaire, les discontinuités sédimentaires suggèrent l'existence de seuils climatiques et des migrations apparemment rapides de l'ITCZ d'une latitude à l'autre, en relation avec les fluctuations rapides du climat des hautes latitudes [7]. Toutefois, l'inconvénient de ces archives reste la discontinuité des enregistrements et l'imprécision chronologique sur les périodes d'assèchement. Les dépôts conservés contiennent les stades initiaux de périodes humides, mais la préservation du signal, notamment des phases d'aridification est hypothétique. Les *hiatus* de sédimentation et l'ablation différentielle des dépôts

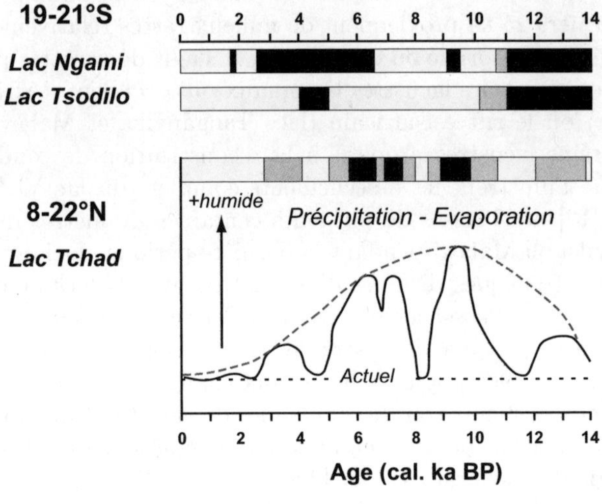

FIG. 17.1 – Chronostratigraphie comparée des séquences lacustres du Kalahari [17] et du lac Tchad [11]. En noir, le haut-niveau ; en gris, le niveau intermédiaire ; en blanc, le bas-niveau ou assèchement. Remarquer le déphasage entre les bilans hydrologiques de la région tropicale sud (Kalahari) et bord (Tchad).

existants ne permettent pas de reconstruire une dynamique hydrologique et climatique continue, en particulier pour ce qui concerne la période glaciaire.

La dynamique des déserts d'Afrique est alors reconstruite à partir du domaine marin marginal et hémipélagique, notamment au débouché des grands fleuves (Sénégal, Niger, fleuve Orange, Zambèze) et dans les zones d'*upwelling* (Mauritanie, Benguela), où les vitesses de sédimentation permettent d'obtenir une résolution millénaire, doublée d'une stratigraphie isotopique pour le (ou les) dernier(s) cycle(s) glaciaire(s). Les données obtenues confirment le rôle majeur de l'insolation des basses latitudes vis-à-vis des circulations de mousson et de l'hydrologie des zones subtropicales. Elles confirment également l'instabilité des marges du Sahara et du Kalahari aux échelles millénaires [2, 6], déjà mise en évidence pour l'Holocène à partir du lac Tchad [11]. Le couplage entre la variabilité millénaire du climat des hautes latitudes pendant la période glaciaire et l'humidité du Sahara est clairement démontré à partir des sédiments marins, notamment grâce aux traceurs d'érosion [1] ou d'écosystèmes [10]. Cependant, les informations obtenues manquent souvent de précision spatiale, et la contribution déterminante des processus de transport vis-à-vis de l'interprétation des traceurs reste souvent hypothétique [9].

17.3 Zone (sub-)équatoriale : changements d'activité et de position de la ZCIT

Les archives continentales les plus continues de la variabilité du climat au cours des derniers 25 ka proviennent de milieux restés relativement humides, situés en région équatoriale ou en altitude. Il s'agit de carottes prélevées soit dans de larges réservoirs lacustres terminaux qui occupent l'Afrique centrale (lac Victoria) ou le rift est-africain (lacs Tanganyika et Malawi), soit dans de petits bassins lacustres propices à la reconstitution de conditions régionales. Comme l'illustrent les assèchements complets du lac Victoria à 18 et à 16 ka BP [12], les baisses de plusieurs centaines de mètres du niveau des lacs Tanganyika ou Malawi pendant la dernière période glaciaire ou les mises en eau rapides (quelques dizaines d'années) de grands lacs aujourd'hui peu profonds ou en voie d'assèchement (Rukwa, Victoria, Tchad) [21], l'ensemble de la zone intertropicale a enregistré des changements majeurs et rapides du bilan hydrique, couplés le plus souvent aux changements de température régionale. Ces changements sont accompagnés de variations de plusieurs ordres de grandeur de la concentration en minéraux magnétiques ou de changements de minéralogie des minéraux du fer [20].

Grâce à leur résolution chronologique et spatiale inégalée, les données obtenues à partir des tourbières ou des lacs de cratère démontrent que ces modifications rapides de la circulation atmosphérique et de la composition de l'atmosphère (eau, CO_2) ont été responsables de profondes réorganisations des écosystèmes, notamment pour ce qui concerne l'étagement des écosystèmes de montagne et le cycle photosynthétique dominant (en C3 ou C4). Ces enregistrements confirment le forçage remarquable de l'insolation sur l'hydrologie tropicale. Aux échelles millénaires, le climat tropical apparaît clairement couplé au climat des hautes latitudes, avec un déplacement vers le nord de la limite nord de la ZCIT lors des réactivations abruptes de la circulation thermohaline (par exemple, à la fin du Dryas récent).

17.4 L'anthropisation récente des archives climatiques : une preuve et un outil pour évaluer les impacts du développement local et régional

Surimposé à la contrainte climatique, l'impact anthropique sur l'hydrologie et les environnements de surface du continent africain reste peu documenté. C'est à l'Holocène que les premières traces significatives d'anthropisation des écosystèmes apparaissent, en particulier au cours des trois derniers millénaires, avec les déforestations et feux de biomasse associés à la métallurgie du fer et au développement de l'agriculture : augmentations rapides des flux de microcharbons, des apports détritiques (notamment magnétiques) et des pollens de plantes rudérales (plantes qui poussent spontanément dans les friches à proximité des habitats) ou de taxons pionniers [16]. En Afrique centrale, ce n'est cependant qu'à partir de la fin du XIXe siècle et surtout de la Seconde Guerre mondiale, que les archives témoignent de modifications radicales de l'environnement par l'Homme [3] : les composantes organiques (terrestre et aquatiques) et inorganiques, dissoutes ou en suspension (magnétiques notamment) de l'environnement sont affectées [4].

Dans ce contexte, à l'instar des changements de composition de l'atmosphère reconstruits à partir des carottes de glace, les archives continentales du climat et de l'environnement tropical présentent aujourd'hui un nouvel intérêt : elles constituent en effet les références locales et régionales d'une variabilité décennale à millénaire des environnements non ou peu anthropisés. Nous en avons besoin pour quantifier les changements de structure des paysages et de biodiversité, de production végétale, de flux de matière érodée ou stockée (incluant les polluants), et ainsi évaluer l'ampleur et la durabilité des modifications imposées par l'Homme à la surface du globe, leur gravité, leur intérêt.

Références bibliographiques

[1] Adegbie, A. T., Schneider, R. R., Röhl, U. et Wefer, G. (2003), « Glacial Millenial-Scale Fluctuations in Central African Precipitation Recorded in Terrigeneous Sediment Supply and Freshwater Signals Offshore

Cameroon », *Palaeogeography, Palaeoclimatology, Palaeoecology*, 197, pp. 323-333.

[2] DeMenocal, P., Ortiz, J., Guilderson, T., Adkins, J., Sarnthein, M., Baker, L. et Yarusinsky, M. (2000), « Abrupt Onset and Termination of the African Humid Period : Rapid Climate Responses to Gradual Insolation Forcing », *Quaternary Science Reviews*, 19, pp. 347-361.

[3] Eriksson, M. G. (1998), *Landscape and soil erosion history in Central Tanzania*, PhD thesis, Stockholm University, 120 p.

[4] Garcin, Y., Williamson, D., Bergonzini, L., Radakovitch, O., Vincens, A., Buchet, G., Guiot, J., Brewer, S., Mathé, P.E. et Majule, A. (2007), « Solar and Anthropogenic Imprints on Lake Masoko (Southern Tanzania) During the Last 500 Years », *Journal of Paleolimnology*, 37, pp. 475-490.

[5] Lézine, A. M., Casanova, J. et Hillaire-Marcel, C. (1990), « Accross an Early Holocene Humid Phase in Western Sahara: Pollen and Isotope Stratigraphy », *Geology*, 18, pp. 264-267.

[6] Little, M. G., Schneider, R. R., Kroon, D., Price, B., Summerhayes, C. P. et Segl, M. (1997), « Trade Wind Forcing of Upwelling, Seasonality, and Heinrich Events as a Response to Sub-Milankovitch Climate Variability », *Paleoceanography*, 12, pp. 568-576.

[7] Mayewski, P. A., Rohling, E. E., Stager, J. C., Karlén, W., Maasch, K. A., Meeker, L. D., Meyerson, E. A., Gasse, F., van Kreveld, S., Holmgren, K., Lee-Thorp, J., Rosqvist, G., Rack, F., Staubwasser, M., Schneider, R. et Steig, E. J. (2004), « Holocene Climate Variability », *Quaternary Research*, 62, pp. 243-255.

[8] Petit-Maire, N. et Riser, J. (1981), « Holocene Lake Deposits and Palaeoenvironments in Central Sahara, Northeastern Mali », *Palaeogeography Palaeoclimatology Palaeoecology*, 35, pp. 45-61.

[9] Pichevin, L., Cremer, M., Giraudeau, J. et Bertrand, P. (2005), « A 190 Ky Record of Lithogenic Grain-Size on the Namibian Slope: Forging a Tight Link Between Past Wind-Strength and Coastal Upwelling Dynamics », *Marine Geology*, 218, pp. 81-96.

[10] Schefuß, E., Schouten, S. et Schneider, R. R. (2005), « Climatic Controls on Central African Hydrology during the Past 20,000 Years », *Nature*, 437, pp. 1 003-1 006.

[11] Servant, M. et Servant-Vildary, S. (1980), *L'Environnement quaternaire du bassin du Tchad. The Sahara and the Nile*, Williams, M. A. J. et Faure, H. (Ed.), Balkema, Leiden, pp. 133-162.

[12] Stager, J. C., Mayewski, P. A. et Meeker, L. D. (2002), « Cooling cycles, Heinrich Event 1, and the Dessication of Lake Victoria. *Paleogeography, Paleoclimatology, Paleoecology*, 183, pp. 169-178.

[13] Stager, J. C., Ryves, D., Cumming, B. F., Meecker, L. D. et Beer, J. (2005), « Solar Variability and the Levels of Lake Victoria, East Africa, During the Last Millenium », *Jounal of Paleolimnology*, 33, pp. 243-251.

[14] Stute, M. et Talma, A. S. (1998), *Glacial Temperatures and Moisture*

Transport Regimes Reconstructed from Noble Gases and d18O, Stampriet Aquifer, Namibia, Isotope Techniques in the Study of Environmental Change, IAEA, Vienna, pp. 307-318.

[15] Therrell, M. D., Stahle, D. W., Ries, L. P. et Shugart, H. H. (2006), « Tree-Ring Reconstructed Rainfall Variability in Zimbabwe », *Climate Dynamics*, 26, pp. 677-685.

[16] Thevenon, F., Williamson, D., Vincens, A., Taieb, M., Merdaci, O., Decobert, M. et Buchet, G. (2003), « A Late Holocene Charcoal Record from Lake Masoko, SW Tanzania: Climatic and Anthropologic Implications », *The Holocene*, 15, pp. 785-792.

[17] Thomas, D. S. G., Brook, G., Shaw, P., Bateman, M., Appleton, C., Nash, D., McLaren, S. et Davies, F. (2003), « Late Pleistocene Wetting and Drying in the NW Kalahari : an Integrated Study from the Tsodilo Hills, Botswana », *Quaternary International*, 104, pp. 53-67.

[18] Thompson, R. et Oldfield, F. (1986), *Environmental magnetism*, Allen and Unwin, London.

[19] Verschuren, D., Laird, K. R. et Cumming, B. F. (2000), « Rainfall and Drought in Equatorial East Africa during the Past 1,100 Years », *Nature*, 403, pp. 410-414.

[20] Williamson, D., Jelinowska, A., Kissel, C., Tucholka, P., Gibert, E., Gasse, F., Massault, M., Taieb, M., Van Campo, E. et Wieckowski, K. (1998), « Mineral-Magnetic Proxies of Erosion/Oxidation Cycles in Tropical Maar-Lake Sediments (Lake Tritrivakely, Madagascar): Paleoenvironmental Implications », *Earth and Planetary Science Letters*, 155, pp. 205-219.

[21] Williamson, D., Taieb, M., Damnati, B., Icole, M. et Thouveny, N., (1993), « Equatorial Extension of the Younger Dryas Event: Rock-Magnetic Evidence from Lake Magadi », *Global and planetary change*, 7, pp. 235-242.

Chapitre 18

Interface air-eau : les diatomées des lacs tropicaux et la modélisation hydrologique

Françoise Gasse, *CEREGE, UMR 6665, Université Marseille 3-CNRS-IRD-Collège de France, BP 80, Aix-en-Provence Cedex 04, France.*

Quelle que soit l'échelle de temps, les tropiques se caractérisent par une grande variabilité du cycle de l'eau, en particulier le bilan hydrique P-E (précipitation moins [évaporation + évapotranspiration]). Cette variabilité conditionne bien davantage la vie sur les continents tropicaux que les changements de température, d'amplitude modérée comparés aux hautes et moyennes latitudes. Il faut établir le calendrier, la vitesse et l'amplitude des événements hydrologiques pour en comprendre les causes et les mécanismes. Ces événements sont archivés dans les sédiments d'origine aquatique (dépôts lacustres, dépôts de grotte...), dans les eaux fossiles piégées dans les aquifères profonds, ou enregistrés dans les paysages par des empreintes géomorphologiques (chenaux de rivière abandonnés, anciens rivages lacustres...).

Les archives lacustres sont particulièrement performantes. Les lacs tropicaux répondent aux variations du climat par des fluctuations de niveau d'ampleur parfois spectaculaire, accompagnées de profondes modifications de la chimie, de la biologie, de la dynamique des masses d'eaux et des transferts de chaleur eau-atmosphère. Ils offrent ainsi une large panoplie d'indicateurs (ou *proxies*) complémentaires permettant d'accéder à différents paramètres climatiques. La vitesse de sédimentation est souvent élevée, de l'ordre de 1 mm/an, assurant une haute résolution temporelle. Les lacs sont aujourd'hui nombreux dans les zones équatoriales et tropicales humides, mais les témoins d'anciens lacs abondent dans certaines régions actuellement arides, telles que le Sahara. Cette bonne distribution spatiale permet des comparaisons inter-régionales.

L'exemple ici choisi est la reconstruction des paléoprécipitations depuis 14 000 ans BP à partir d'un site d'Afrique nord-tropicale, le bassin de Ziway-Shala en Éthiopie (Fig. 18.1).

18.1 Sélection du site et collection du matériel

Un critère de choix fondamental est la sensibilité du système lacustre (le lac et son basin versant) aux variations de P-E. La variation de volume d'un lac pendant l'intervalle de temps Δt est représentée par l'équation :

$$\Delta V_{\mathrm{L}}/\Delta t = S_{\mathrm{L}}(P_{\mathrm{L}} - E_{\mathrm{L}}) + A - D. \qquad (1)$$

V_{L} est le volume du lac (m^3), S_{L} sa surface (m^2). V_{L} et S_{L} sont fonction du niveau du lac (H_{L}). P_{L} et E_{L} sont les taux de précipitation et d'évaporation à la surface du lac (m), A (m^3) est la somme des apports de surface et souterrains. A dépend du bilan P-E sur le bassin versant ($P_{\mathrm{B}} - E_{\mathrm{B}}$) et de sa surface, S_{B}. D (m^3) est la somme des pertes par un exutoire de surface et par infiltration au fond du lac.

L'équation 1 montre que les lacs fermés ($D = 0$), fréquents en régions semi-arides ou arides, sont les plus sensibles car ils cumulent les variations de P-E sur le lac et son bassin versant. Ils amplifient ainsi la réponse aux changements du climat. Ils accumulent aussi les sels dissous dans l'eau des apports. La salinité (ou la conductivité) des eaux est inversement corrélée au volume du lac et représente un indicateur indirect du bilan hydrique.

Le bassin de Ziway-Shala est aujourd'hui occupé par une chaîne de quatre lacs d'altitude décroissante et de salinité croissante du nord au sud ; aucun ne s'écoule vers l'océan (Fig. 18.1A). Les pluies de mousson sont la principale source d'alimentation en eau. Les lacs amont, Zway et Langano, aux eaux très diluées, sont directement alimentés par des rivières descendant des hauts plateaux voisins. Leur niveau, réglé par celui de leur exutoire de surface, est relativement stable. Ces exutoires se déversent dans le lac Abiyata, fermé, salé. Le lac Abiyata cumule le trop-plein des lacs amont, et son niveau est très fluctuant (Fig. 18.1B). Le lac le plus bas du système, Shala, fermé et salé, est aujourd'hui isolé des autres lacs. On recueille le maximum d'informations morphologiques, géologiques, météorologiques, hydrologiques et hydrochimiques sur le bassin par imagerie satellitaire, photographies aériennes, observations de terrain, et données instrumentales. La distribution spatiale des dépôts lacustres exondés et des anciens rivages perchés (dépôts de plages, encoches d'érosion par les vagues dans les falaises...) est mesurée par GPS et replacée dans un modèle numérique de terrain (MNT). Des échantillons d'eau et des vases actuelles sont récoltés comme références pour l'interprétation du passé. Les sédiments sont prélevés à l'affleurement et par carottage ; les sites sont choisis en fonction de la bathymétrie et de la continuité des sédiments identifiées sur profils sismiques.

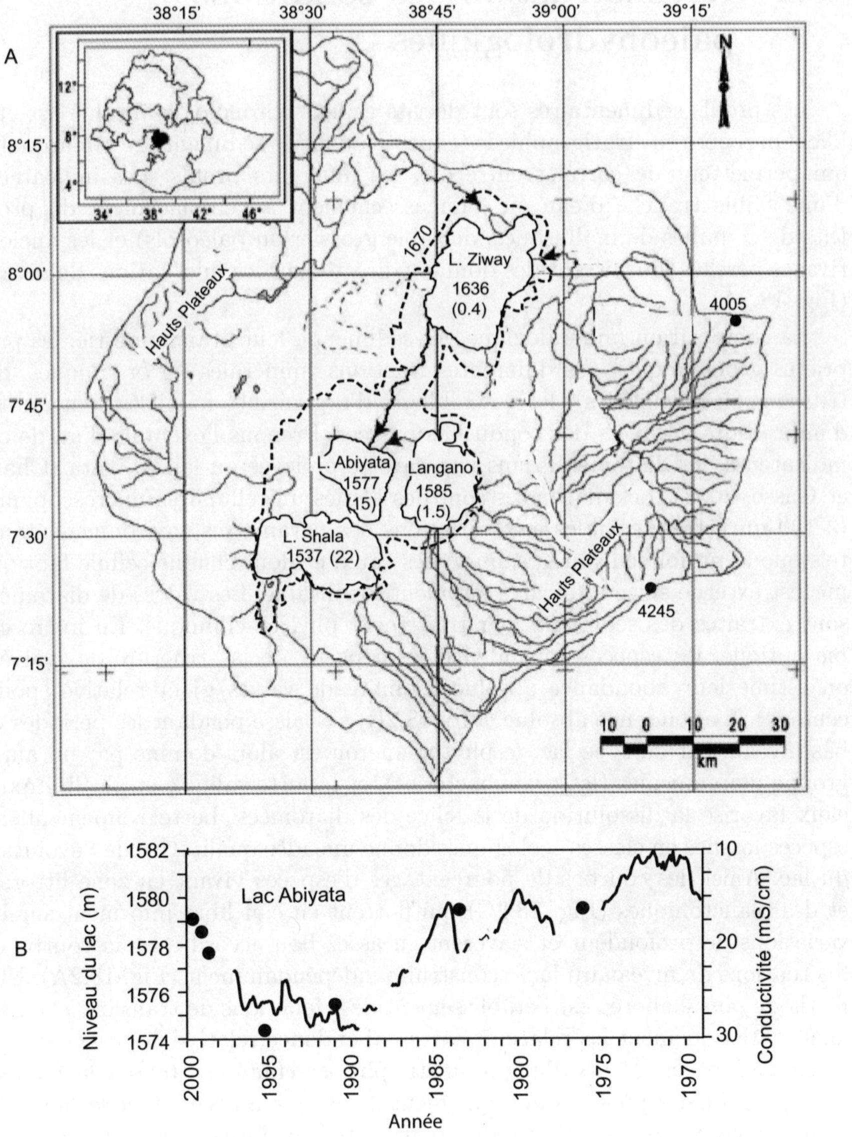

FIG. 18.1 – Le bassin hydrologique de Ziway-Shala (14 700 km^2), rift éthiopien. A – Situation du bassin en Éthiopie, lacs actuels (surface totale de 1 900 km^2) et contour du paléolac unique Ziway-Shala (courbe en trait gras pointillé), voici environ 7 000 ans (2 700 km^2) Les altitudes sont en m. La conductivité des eaux (en mS/cm) est indiquée entre parenthèses. B – Fluctuations du niveau et de la conductivité des eaux du lac Abiyata au cours des dernières décennies (Dagnachew Legesse *et al.*, 2004, et Dagnachew Legesse, com. pers.).

18.2 Reconstruction des conditions paléohydrologiques

Les profils sédimentaires sont décrits et leur chronologie absolue est établie. On repère en stratigraphie les couches au faciès sédimentaire remarquable qui permettent de corréler entre eux les différents profils. Les indicateurs d'une faible tranche d'eau ou d'un assèchement à l'emplacement du profil (lits de coquilles de mollusques, de sable grossier ou paléosols) et les anciens rivages perchés fournissent des données directes sur les fluctuations de niveau (Fig. 18.2A).

La composition minéralogique des sédiments, leur granulométrie, les propriétés géochimiques des différentes fractions (minérales ou organiques, détritiques ou authigènes), les assemblages d'organismes fossilisés sont autant d'indicateurs indirects des conditions passées. Prenons l'exemple d'un de ces indicateurs, les diatomées, dans une carotte prélevée au lac Abiyata (Chalié et Gasse, 2002). Les diatomées sont des algues unicellulaires microscopiques (3-100 μm), très sensibles aux variations des paramètres environnementaux, tels que la profondeur ou la salinité des eaux, et dont chaque cellule fabrique un test externe siliceux bivalve aisément fossilisable. Les valves de diatomées sont extraites des sédiments par traitement physico-chimique. En microscopie optique, les espèces sont identifiées à partir de la structure des valves ; on estime leur abondance absolue (nombre de valves/g) et relative (pourcentage). L'abondance absolue (Fig. 18.2B) s'abaisse pendant les périodes de bas niveau, car dans ce lac, le phytoplancton est alors dominé par un autre groupe d'organismes (les cyanobactéries), et la forte salinité et alcalinité des eaux favorise la dissolution de la silice des diatomées. Le regroupement des espèces fossiles en classes écologiques donne une idée qualitative de l'évolution du lac. Ainsi, les courbes de pourcentages d'espèces vivant en zone littorale et des planctoniques (Fig. 18.2C) qui flottent en eau libre informent sur les variations de profondeur et s'avèrent en assez bon accord avec la courbe de fluctuations de niveau du lac reconstruite indépendamment (Fig. 18.2A). Une méthode plus élaborée est l'établissement de « fonctions de transfert » qui relient statistiquement les relations entre l'abondance relative des espèces d'un assemblage et les valeurs d'un paramètre physico-chimique (tel que la conductivité), optimales pour le développement de chaque espèce. On a recours aux mêmes techniques statistiques que pour le pollen. La conductivité des eaux ainsi reconstituée au lac Abiyata a varié d'un facteur cent (Fig. 18.2D). Les causes d'incertitudes sur ces estimations sont toutefois nombreuses. Certaines espèces tolèrent un large éventail de conditions écologiques. D'autres sont absentes ou mal représentées dans le référentiel actuel. Les valeurs obtenues correspondent à la saison de *bloom* des diatomées et non aux conditions annuelles moyennes. La dissolution sélective des valves les plus fragiles pendant la sédimentation peut biaiser l'enregistrement. Des remaniements de matériel sont suspectés, par exemple vers 8500-8000 ans BP, quand une régression

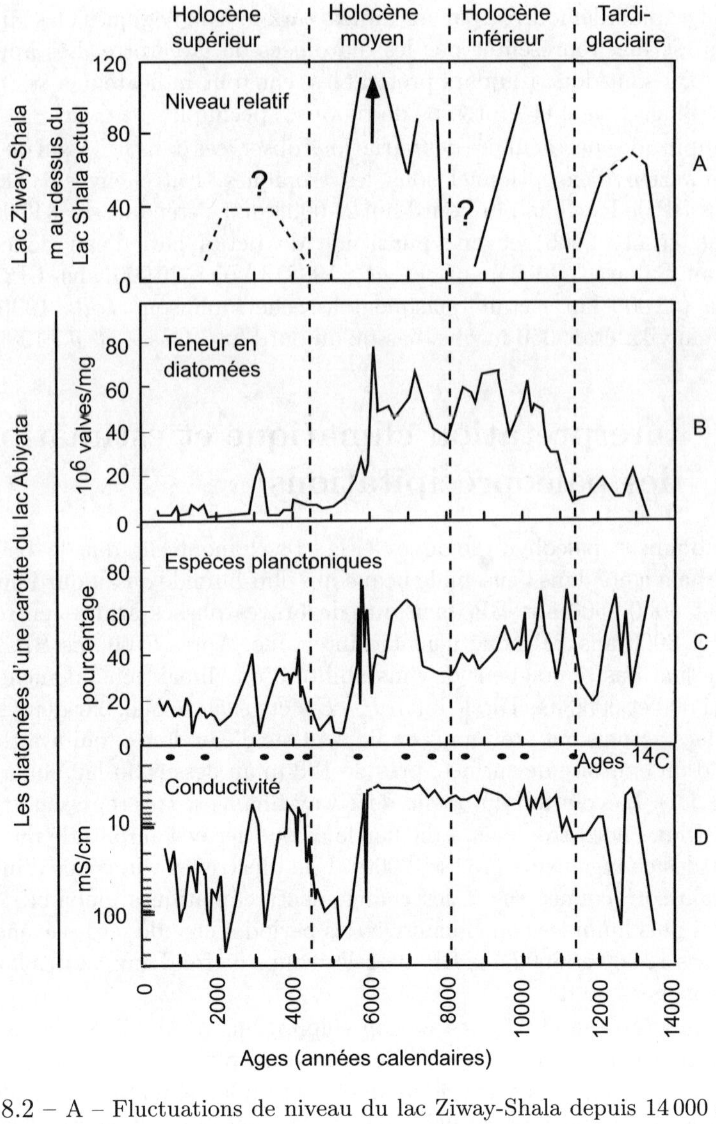

FIG. 18.2 – A – Fluctuations de niveau du lac Ziway-Shala depuis 14 000 ans, reconstituées à partir des anciennes lignes de rivage et des dépôts à l'affleurement (d'après Street, 1979a et Gillespie *et al.*, 1983, modifié par Chalié et Gasse, 2002). B-D – Les diatomées d'une carotte prélevée sous 6 m d'eau dans le lac Abiyata : outil de reconstitution paléohydrologique (Chalié et Gasse, 2002). B – Teneur des sédiments secs en diatomées. C – Pourcentages des espèces planctoniques. D – Conductivité des eaux du lac reconstruite à partir d'une fonction de transfert diatomées-chimie des eaux établie pour les lacs africains (Gasse *et al.*, 1995).

ample et rapide démontrée par les indicateurs morphologiques et sédimentologiques est mal représentée par les diatomées de la carotte. Les approches *multi-proxy* sont donc toujours préférables, car tout indicateur a ses propres sources d'incertitude et un temps de réponse spécifique.

L'amplitude spectaculaire des variations observées dans le bassin de Ziway-Shala n'a rien d'exceptionnel sous les tropiques. Entre environ 11 000 et 5500 ans BP, le lac Tchad (aujourd'hui 21 000 km^2) s'étendait sur 340 000 km^2 (Leblanc *et al.*, 2006) et une multitude de petits lacs d'eau douce existaient au Sahara (Hoelzmann *et al.*, 1998). Voici 20 000 ans BP, le lac Victoria (68 000 km^2) était quasiment asséché (Johnson *et al.*, 1996) et le lac Tanganyika était 350 m plus bas qu'aujourd'hui (Gasse *et al.*, 1989).

18.3 Interprétation climatique et estimation des paléoprécipitations

Les données paléohydrologiques (Fig. 18.2) montrent que le bassin de Ziway-Shala a été dans l'ensemble beaucoup plus humide qu'aujourd'hui entre 14 000 et 6000-5500 ans BP, bien que de brèves phases arides centrées sur 12 000 et 8000 ans BP ponctuent cet intervalle. Après 5500 ans BP, les petites fluctuations témoignent de l'instabilité d'un climat généralement aride. Entre 11 000 et 6000 ans BP, le bilan $P - E$ a été si élevé que, par deux fois, les quatre lacs actuels ont été réunis en un seul lac d'eau douce, qui avait atteint le seuil d'un exutoire de surface, près de 120 m au dessus du lac Shala actuel (Fig. 18.1A). L'évolution du bassin de Ziway-Shala est très représentative des lacs d'Afrique nord tropicale, tant par le calendrier et l'amplitude que par la rapidité des changements (Gasse, 2000). Elle illustre les variations d'intensité de la mousson, connectées à des changements climatiques globaux. Les périodes les plus humides coïncident avec les périodes chaudes et les événements arides vers 12 000 et 8000 ans BP avec des coups de froid aux hautes latitudes de l'hémisphère nord.

L'estimation quantifiée des paléoprécipitations ou de P-E s'obtient par modélisation hydrologique. Les modèles utilisés, plus ou moins sophistiqués, s'appuient tous sur l'équation de bilan en eau du lac (équation 1). On établit d'abord le bilan hydrique actuel à partir des données instrumentales disponibles et des relations entre H_L, V_L et S_L construites avec le modèle numérique de terrain (MNT). L'évaluation de l'évaporation, fonction de la température, de la radiation solaire, de l'humidité de l'air, du vent et du couvert végétal est toujours délicate. Elle fait appel à différents concepts hydrologiques et climatiques. Elle est mieux contrainte si on couple le bilan hydrique au bilan en sels (Vallet-Coulomb *et al.*, 2001) à un modèle de ruissellement sur le bassin versant (Dagnachew Legesse *et al.*, 2004), ou à un modèle de balance d'énergie (Kutzbach, 1980). L'application du modèle au passé est généralement réalisée pour un intervalle de temps où le lac est considéré à l'équilibre ($\Delta V_L = 0$).

On connaît S_B, H_L (d'où on calcule V_L et S_L), les radiations solaires fournies par les calculs astronomiques, la paléotempérature et la paléovégétation sur le bassin versant déduites de la palynologie. Un simple modèle de bilan hydrique appliqué au bassin de Ziway-Shala suggère une augmentation des précipitations d'au moins 28 à 47 % par rapport à l'actuel vers 11 000 ou 7000 ans BP (Street, 1979b). Les modèles de bilans en eau et en sels, ou en eau et en énergie, sont mieux contraints ? mais les incertitudes restent grandes. On cumule les imprécisions sur les données et, en plus, certains facteurs importants sont paramétrés à partir d'hypothèses simplificatrices ou négligées. En particulier, la couverture nuageuse, l'humidité de l'air, la force du vent, le régime des pluies, le stock d'eau souterraine... sont inconnus pour le passé. Certains sont simulés par les modèles climatiques de circulation générale, mais à résolution spatiale généralement faible par rapport à la taille du lac. Des expériences de sensibilité permettent d'en évaluer l'impact potentiel. Quelle que soit la complexité du modèle hydrologique et l'intervalle de confiance acquis, les estimations de paléoprécipitation en Afrique nord tropicale (Hoelzmann *et al.*, 2000 ; Kutzbach, 1980) et équatoriale (Hastenrath et Kutzbach, 1983 ; Bergner *et al.*, 2003) pendant l'Holocène inférieur et moyen sont cohérentes et de même ordre de grandeur (20-100 % plus grandes que l'actuel). Les pluies de mousson étaient renforcées, en réponse aux changements d'insolation estivale modulés par les interactions avec les océans et la végétation.

Cet exemple est loin de représenter toutes les potentialités des lacs tropicaux en paléoclimatologie. Les grands lacs profonds (lacs Tanganyika et Malawi en Afrique, Titicaca en Amérique du Sud) détiennent des archives couvrant en continu des millions d'années, et les techniques de carottage modernes permettent d'acquérir des séquences sédimentaires de plusieurs centaines de mètres. Des variables autres que P ou P-E, telles que la température de surface des eaux (Powers *et al.*, 2005) ou la direction des vents dominants (Talbot *et al.*, 2007), sont accessibles en utilisant d'autres indicateurs et d'autres méthodes d'approche, telles que la géochimie élémentaire, isotopique et moléculaire.

Références bibliographiques

Chalié, F. et Gasse, F. (2002), « Late Glacial-Holocene Diatom Record of Water Chemistry and Lake Level Change from the Tropical East African Rift Lake Abiyata (Ethiopia) », *Palaeogeography, Palaeoclimatology, Palaeoecology*, 187, pp. 259-283.

Legesse, D., Vallet-Coulomb, C., et Gasse, F. (2004), « Analysis of the Hydrological Response of a Tropical Terminal Lake, Lake Abiyata (Main Ethiopian Rift Valley) to Changes in Climate and Human Activities », *Journal of Hydrological Processes*, 18, pp. 487-504.

Gasse, F. (2000), « Hydrological Changes in the African Tropics since the Last Glacial Maximum », *Quaternary Science Reviews*, 19, pp. 189-211.

Gasse, F., Juggins, S. et Ben Khelifa, L. (1995), « Diatom-Based Transfer Functions for Inferring Past Hydrochemical Characteristics of African Lakes », *Palaeogeography, Palaeoclimatology, Palaeoecology*, 117, pp. 31-54.

Gasse, F., Ledée, V., Massault, M. et Fontes, J.-C. (1989), « Water-Level Fluctuations of Lake Tanganyika in Phase with Oceanic Changes during the Last Glaciation and Deglaciation », *Nature*, 342, pp. 57-59.

Gillespie, R., Street-Perrott, F. A. et Switsur, R. (1983), « Post-Glacial Arid Episodes in Ethiopia Have Implications for Climate Prediction », Nature, 306, pp. 680-683.

Johnson, T. C., Sholtz, C. A., Talbot, M. R., Kelts, K., Ricketts, R. D., Ngobo, G., Beuning, K., Ssemanda, I. et McGill, J. W. (1996), « Late Pleistocene Desiccation of Lake Victoria and Rapid Evolution of Cichlid Fishes », *Science*, 273, pp. 1 091-1 094.

Hastenrath, S., Kutzbach, J. E. (1983), « Paleoclimatic Estimates from Water and Energy Budgets of East African Lakes », *Quaternary Research,* 19, pp. 141-153.

Hoelzmann, P., Jolly, D., Harrison, S. P., Laarif, F., Bonnefille, R. et Pachur, H.-J. (1998), « Mid-Holocene Land-Surface Conditions in Northern Africa and the Arabian Peninsula: a Data Set for the Analysis of Biogeophysical Feedbacks in the Climate System », *Global Biochemical cycles*, 12, pp. 35-51.

Hoelzmann, P., Kruse, H.-J. et Rottinger, F. (2000), « Precipitation Estimates for the Eastern Saharan Palaeomonsoon Based on a Water Balance Model of the West Nubian Palaeolake Basin », *Global and Planetary Change*, 26, pp. 105-120.

Kutzbach, J. E. (1980), « Estimate of past climate at paleolake Chad, North Africa, Based on a Hydrological and Energy Balance Model », *Quaternary Research*, 14, pp. 210–223.

Leblanc, M., Favreau, G., Maley, J., Nazoumou, Y., Leduc, C., Stagnitti, F., van Oevelen, P.J., Delclaux, F. et Lemoalle, J. (2006), « Reconstruction of Megalake Chad using Shuttle Radar Topographic Mission data », *Palaeogeography, Palaeoclimatology, Palaeoecology*, 239, pp. 16-27.

Powers, L. A., Johnson, T. C., Werne, J. P., Castaneda, I. S., Hopmans, E. C., Sinninghe Damsté, J. S. et Shouten, S. (2005), « Large Temperature Variability in the Southern African Tropics since the Last Glacial Maximum », *Geophysical Research Letters*, 32, pp. 1-4.

Street, F. A. (1979a), *Late Quaternary Lakes in the Ziway-Shala Basin, southern Ethiopia*, PhD thesis, Cambridge University, 493 p.

Street, F. A. (1979b), « Late Quaternary Precipitation Estimates for the Ziway-Shala Basin, Ethiopia », *Palaeoecology of Africa*, 11, pp. 135-143.

Talbot, M. R., Filippi, M. L., Jensen, N. B., Tiercelin, J.-J. (2007), « An Abrupt Change in the African Monsoon at the End of the Younger Dryas », *Geochemistry, Geophysics and Geosystems*, 8, Q03005. DOI 10.1029/2006GC001465.

Vallet-Coulomb, C., Legesse, D., Gasse, F., Travi, Y. et Chernet, T. (2001), « Lake Evaporation Estimates in Tropical Africa (Lake Ziway, Ethiopia) », *Journal of Hydrology,* 245, pp. 1-18.

Chapitre 19

Interface air-glace : les glaciers tropicaux

Françoise Vimeux, *Institut de Recherche pour le Développement (IRD), Laboratoire HydroSciences Montpellier (HSM).*
et
Laboratoire des Sciences du Climat et de l'Environnement (LSCE/IPSL), CE Saclay, Orme des Merisiers, Bât. 701, 91191 Gif-sur-Yvette Cedex, France.

De manière similaire aux calottes polaires, les glaciers tropicaux de haute altitude constituent d'excellentes archives du climat passé. En effet, les conditions de température et d'humidité qui y règnent assurent généralement une très bonne conservation des traceurs chimiques et isotopiques. Ces archives sont donc utilisées depuis près de 25 ans pour étudier la variabilité du climat tropical au cours des derniers siècles et millénaires. Elles se concentrent essentiellement dans les Andes sud-américaines entre 0° et 20°S (Vimeux, 2009 ; Vimeux *et al.*, 2009), bien que des forages aient été réalisés sur le Kilimandjaro (Thompson *et al.*, 2002) et dans le sud de l'Himalaya (Thompson *et al.*, 2000, 2006). Nous nous concentrerons ici sur l'exemple des informations climatiques extraites des glaciers andins.

La dynamique rapide de ces glaciers, la forte accumulation neigeuse par an (entre 0,5 et 1 m) et les épaisseurs de glace réduites (entre 100 et 150 m) ne permettent pas d'accéder à des périodes climatiques aussi anciennes que celles atteintes par les carottages polaires. Les carottes les plus âgées remontent jusqu'au dernier maximum glaciaire, il y a environ 20 000 ans, et la carotte du Sajama (Bolivie, 6 542 m, cordillère occidentale, 18°06′S, 68°53′O) permet même de remonter jusqu'à ∼25 000 ans (Thompson *et al.*, 1998). En contrepartie, les glaces tropicales permettent d'étudier notre climat avec une très bonne résolution temporelle, atteignant la saison sur les derniers siècles.

19.1 Les marqueurs paléoclimatiques

Plusieurs types de variables climatiques quantifiées peuvent être extraites des glaciers tropicaux : l'accumulation nette, la température dans le trou de forage et la précipitation régionale. Nous proposons de les passer en revue et de présenter les principaux résultats en terme de variabilité climatique. Bien que complémentaires, nous n'aborderons pas ici les résultats qualitatifs issus des analyses chimiques de la glace, qui nous renseignent essentiellement sur les changements environnementaux, les processus de transport atmosphérique et la pollution atmosphérique.

Sur les derniers siècles, les cycles saisonniers des éléments chimiques et des isotopes stables des précipitations nous permettent de dater les couches annuelles avec une précision relativement correcte ($\pm$5 à 10 ans vers 1900). Il est ainsi possible de calculer l'accumulation nette annuelle. Pour corriger des effets de compaction de la neige en profondeur, on applique un modèle d'écoulement de la glace, ou bien on corrige de l'amincissement des couches, en observant directement la relation entre l'épaisseur annuelle et la profondeur, le long de la carotte. Cette dernière méthode ne peut cependant pas être utilisée pour discuter des tendances climatiques qui sont, par principe même de la méthode, corrigées. La question qui se pose alors est : que représente l'accumulation nette qui est en fait la combinaison de l'accumulation totale (contrôlée par la précipitation et le vent) moins l'ablation (sublimation, érosion par le vent), ces processus pouvant avoir des saisonnalités différentes ? Si l'on considère des sites où l'accumulation est faible (0,31 m d'eau/an) et la sublimation importante tout au long d'une longue saison sèche, comme au Cerro Tapado (Chili, diagonale aride, 5 550 m, 30°08′S, 69°55′W), il est difficile d'utiliser ce paramètre comme traceur de la quantité de précipitation déposée. Il en est autrement pour des sites comme celui de l'Illimani (Bolivie, cordillère orientale, 6 350 m, 16°37′S, 67°46′W) où la saison des précipitations est plus étendue, l'accumulation neigeuse annuelle plus importante (0,58 m d'eau/an) et la sublimation concentrée sur une petite période de l'année, différente de la saison d'accumulation (Ginot *et al.*, 2006). Dans ce cas, seule la fin de la saison des pluies peut être tronquée dans les enregistrements, ce qui représente environ 10 % de l'accumulation annuelle. Aussi peut-on supposer que les grandes variations d'accumulation nette reflètent la quantité de précipitation. Les calculs d'accumulation réalisés sur la carotte de Quelccaya (Pérou, 5 670 m, 13°56′S, 70°50′O, seule carotte offrant une datation saisonnière sur les 1 500 dernières années) montrent des successions de phases de fortes (au XVIIe et XVIIIe siècles puis au XXe siècle) et de faibles (au XIXe siècle) accumulations (Thompson *et al.*, 2006).

Comme dans les glaces polaires, il est possible de mesurer la température dans le trou de forage. Cette méthode ne permet pas de reconstruire les variations passées de température avec une grande résolution temporelle, mais elle offre la possibilité de mesurer de lentes fluctuations. Dans les glaciers de hautes altitudes, ce profil dépend du bilan énergétique en surface et du flux de chaleur géothermique en profondeur. La proximité de la glace du socle rocheux ne permet pas d'exploiter ces profils sur la seconde moitié des carottes ; cependant, les profils en surface peuvent être interprétés. Sur l'ensemble des carottages où de tels profils sont disponibles, on observe au cours des dernières décennies une augmentation de la température (Vimeux *et al.*, 2009) qui atteint 1,1 °C sur le XXe siècle.

La mesure de la composition isotopique ($\delta^{18}O$ et δD) des glaces tropicales renseigne sur le régime des précipitations que la masse d'air subit tout au long de sa trajectoire. La relation linéaire bien connue dans les régions polaires entre la composition isotopique de la neige et la température de l'air en surface n'existe pas dans les régions tropicales. Cette relation résulte principalement du fait qu'aux moyennes et hautes latitudes, la quantité de précipitation formée et la température atmosphérique sont intimement liées via la loi de Clausius-Clapeyron. Ce n'est pas le cas dans les régions tropicales, où la majorité des précipitations est convective et où le cycle de l'eau est complexe (recyclage de la vapeur d'eau par la surface). Le couplage d'observations, à travers des réseaux de collecte des précipitations, et de la modélisation du cycle atmosphérique des isotopes stables de l'eau avec une hiérarchie de modèles (modèle atmosphérique de circulation générale, modèle méso-échelle représentant correctement l'orographie et modèle de convection à une dimension) a permis de montrer qu'à l'échelle saisonnière et interannuelle, la composition isotopique des neiges andines est fortement reliée à la précipitation en amont des sites de forage le long des trajectoires, en Amazonie et au-dessus de l'Atlantique tropical, régions où se trouvent les phénomènes de convection les plus intenses (Vimeux *et al.*, 2005 ; Vuille et Werner, 2005 ; Vimeux *et al.*, 2011) (Fig. 19.1). Récemment, il a été montré que cette relation entre isotopes dans les Andes et précipitation est fortement dépendante des conditions de convection (réévaporation des gouttelettes d'eau et recyclage de la vapeur résultante dans la colonne convective) (Risi *et al.*, 2008).

19.2 Quelques résultats importants de l'interprétation des enregistrements isotopiques andins

Des études récentes ont cherché à relier les changements de précipitation en Amérique du Sud tropicale à des processus de plus grande échelle sur le dernier siècle. La majeure partie de la variabilité interannuelle des précipitations dans cette région est liée aux variations d'intensité et d'extension géographique de la branche ascendante et convective de la cellule de Hadley-Walker, affectant le régime de mousson sud-américaine. Cette cellule est fortement perturbée par des anomalies de la température des eaux superficielles dans le Pacifique tropical. On pense donc que des événements de type ENSO seraient

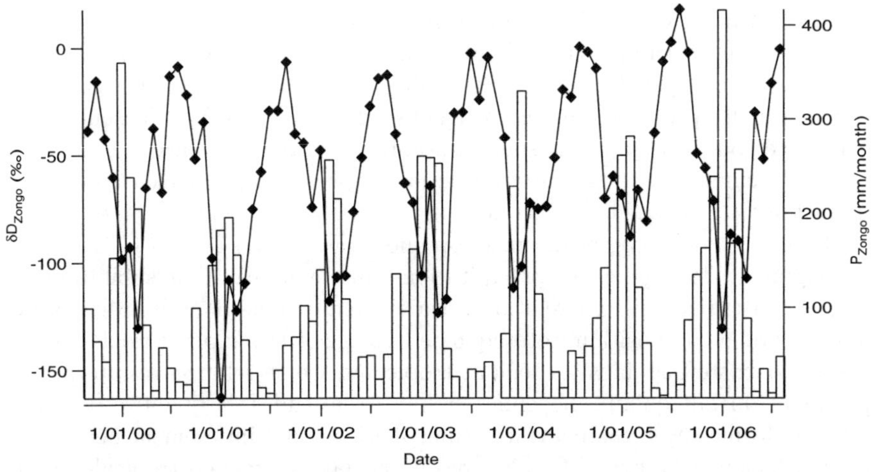

FIG. 19.1 – Exemple de relation entre la composition isotopique en deutérium (‰) de précipitations prélevées dans la vallée du Zongo sur plusieurs sites (Bolivie, 16°S, vallée reliant les sommets andins à l'Amazonie) (points reliés) et la quantité de précipitation (en mm/mois) (barres), à l'échelle mensuelle sur plusieurs années. Lors de la saison des pluies, la composition isotopique est fortement appauvrie en isotopes lourds, alors qu'au cours de la saison sèche, elle est plus enrichie. La corrélation avec la précipitation locale n'explique que 50 % du signal isotopique. Le reste de la variance peut s'expliquer par la précipitation à l'échelle régionale. Cette figure est adaptée de Vimeux *et al.*, 2005.

susceptibles de marquer la composition isotopique des glaces andines (Bradley *et al.*, 2003 ; Hoffmann *et al.*, 2003). L'enregistrement de la composition isotopique sur plusieurs carottes andines au cours du dernier siècle montre en effet un signal décennal commun, appelé Index Isotopique Andin, fortement relié aux variations de précipitation en Amazonie, engendrées par le phénomène ENSO (Fig. 19.2). Cependant, les variations de température des eaux de surface dans l'Atlantique tropicale ont aussi un fort impact sur le système de mousson sud-américaine, et il devient difficile de déconvoluer les différentes causes dans le signal isotopique (Hoffmann, 2003).

Les carottes de glace d'Illimani et de Quelccaya et leur datation fine jusqu'à 1700 environ montrent un appauvrissement significatif d'environ 1,5 ‰ du δ^{18}O entre la fin du XVIIe et le début du XIXe siècle. Cette période correspond aussi à des extensions maximales des moraines glaciaires en Bolivie, au Pérou et en Équateur, datées par lichénométrie (Jomelli *et al.*, 2009). Cette comparaison entre l'extension des glaciers et les δ^{18}O des glaces suggère qu'au Petit Âge glaciaire, les Andes tropicales auraient été plus humides (isotope appauvri et accumulation plus forte sur les glaciers pour augmenter la masse à leur base) et plus froides (extension maximale des glaciers).

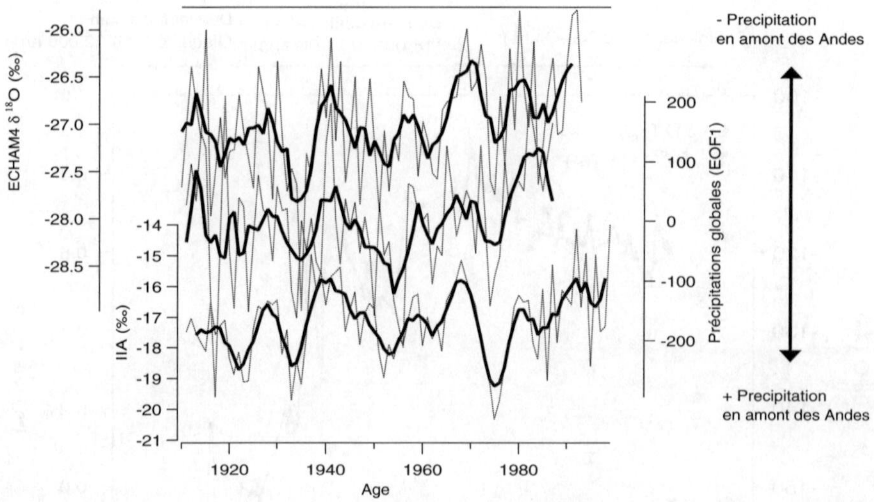

FIG. 19.2 – L'index isotopique andin (IAA) est construit à partir de la composition isotopique de quatre carottes de glace andines présentant des variations interannuelles similaires et une datation suffisamment précise sur le dernier siècle (en Bolivie : Illimani (16°S, 6 300 m) et Sajama (18°S, 6 542 m) ; au Pérou : Huascarán (9°S, 6 048 m) et Quelccaya (14°S, 5 670 m)). Il est comparé ici à : 1– la première composante d'une analyse en composantes principales des précipitations globales (EOF1) qui reflète le premier mode de variation climatique à l'échelle interannuelle qui est l'ENSO ; 2– la composition isotopique de l'oxygène-18 de la vapeur d'eau amazonienne, simulée par le modèle atmosphérique ECHAM-4. Les courbes en gras représentent une moyenne mobile sur 5 années. Cette figure est adaptée de Hoffmann *et al.*, 2003.

À l'échelle glaciaire-interglaciaire, les profils isotopiques obtenus sur trois carottes boliviennes et péruvienne (Illimani ; Huascarán, Pérou, 6 050 m, 9°06′S, 77°30′O et Sajama) montrent un signal isotopique commun en terme de variabilité et d'amplitude (Fig. 19.3). Ce signal, très similaire à celui enregistré par la composition isotopique des carottes polaires, met en évidence des valeurs fortement appauvries au cours du dernier maximum glaciaire et un enrichissement progressif au cours de la déglaciation, avec un retour vers des conditions appauvries juste avant d'atteindre un optimum vers 11 000 ans. Cette structure est similaire à celle décrite dans les glaces polaires, où des périodes climatiques connues sont enregistrées (maximum glaciaire, Dryas récent et optimum de l'Holocène), bien que l'interprétation des isotopes dans les glaces andines (humidité) soit différente de celle des glaces polaires (température). La traduction de cette variation glaciaire-interglaciaire en terme d'humidité montre qu'il y a 20 000 ans, les masses d'air subissaient des vidanges plus importantes le long de leurs trajectoires, ce qui correspondait à

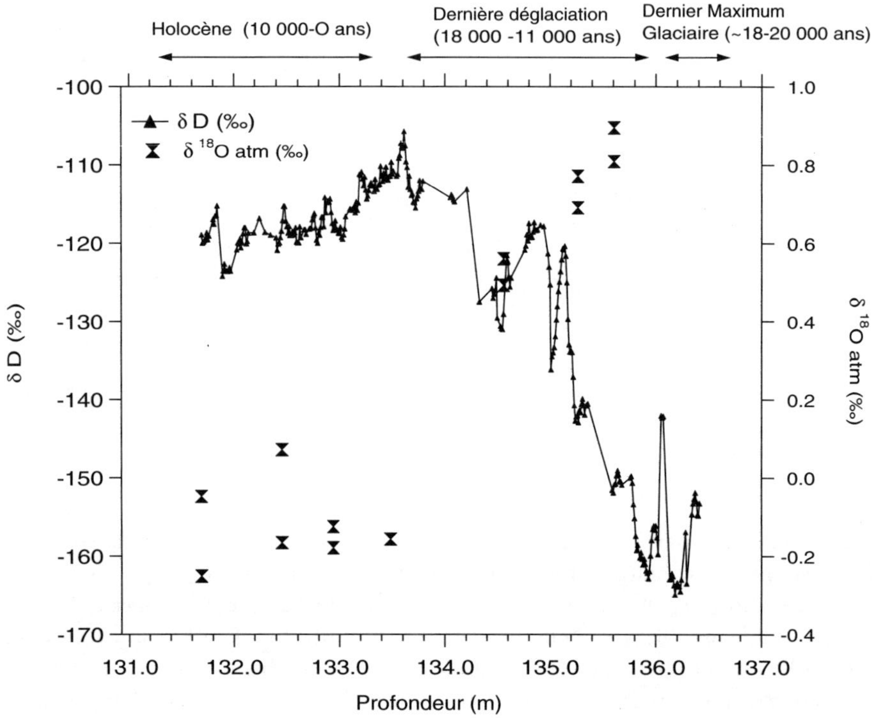

FIG. 19.3 – Composition isotopique en deutérium (‰) sur les derniers mètres de la carotte d'Illimani et composition isotopique de l'oxygène (‰) de l'air piégé dans les bulles.

une augmentation des précipitations d'environ 10 % (Vimeux *et al.*, 2005). Une étude utilisant les modèles climatiques couplés océan-atmosphère sur cette période glaciaire montre qu'en effet, les précipitations étaient plus intenses, il y 20 000 ans, dans le Nordeste brésilien et sur l'Atlantique tropical Sud, berceau des précipitations andines (Khodri, 2009).

Références bibliographiques

Bradley, R. S., Vuille, M. Hardy, D., Thompson, L. G. (2003), « Low Latitude Ice Cores Record Pacific Sea Surface Temperatures », *Geophys. Res. Lett.*, 30, doi:10.1029/2002GL016546.

Gilbert, A., Wagnon, P., Vincent, C., Ginot, P. et Funk M. (2010), « Atmospheric Warming at a High-Elevation Tropical Site Revealed by Englacial Temperatures at Illimani, Bolivia (6340 m Above Sea Level, 16° S, 67° W) », *J. Geophys. Res.*, 115, D10109, doi:10.1029/2009JD012961.

Ginot, P., Kull, C., Schotterer, U., Schwikowski, M., Gäggeler, H. W. (2006), « Glacier Mass Balance Reconstruction by Sublimation Induced Enrichment of Chemical Species on Cerro Tapado (Chilean Andes) », *Climate of the Past*, 2, pp. 21-30.

Hoffmann, G., Ramirez, E., Taupin, J. D., Francou, B., Ribstein, P., Delmas, R., Dürr, H., Gallaire, R., Simoes, J., Schotterer, U., Stievenard, M. et Werner, M. (2003), « Coherent Isotope History of Andean Ice Cores over the Last Century », *Geophys. Res. Lett.*, 30, pp. 1 179-1 184.

Hoffmann, G. (2003), « Taking the Pulse of the Tropical Water Cycle », *Science*, 301, pp. 776-777

Jomelli, V., Favier, V., Rabatel, A., Brunstein, D., Hoffmann, G. et Francou, B. (2009), « Fluctuations of Glaciers in the Tropical Andes over the Last Millennium and Palaeoclimatic Implications: A Review », *Palaeogeography, Palaeoclimatology, Palaeoecology*, 281, pp. 269-282, 10.1016/j.palaeo.2008.10.033.

Khodri, M., (2009), *Sensitivity of South American tropical climate to last glacial maximum boundary conditions: focus on teleconnections with tropics and extratropics*, Vimeux, F., Sylvestre, F. et Khodri, M. (Ed.), Springer, Developments in Paleoenvironmental Research Series (DPER), Vol. 14, XVII, 418 p. 106 illus., 61 in color., ISBN 978-90-481-2671-2.

Risi, C., Bony, S. et Vimeux, F. (2008), « Influence of Convective Processes on the Isotopic Composition (δ^{18}O and δD) of Precipitation and Water Vapor in the Tropics, Part 2: Physical Interpretation of the Amount Effect », *Journal of Geophysical Research*, 113, D19306, doi:10.1029/2008JD009943.

Thompson, L. G., Davis, M. E., Mosley-Thompson, E., Sowers, T.A., Henderson, K. A, Zagorodnov, V. S., Lin, P.-N., Mikhalenko, V. N., Campen, R. K., Bolzan, J. F., Cole-Dai, J. et Francou, B. (1998), « A 25,000-Year Tropical Climate History from Bolivian Ice Cores », *Science*, 282, pp. 1 858-1 864.

Thompson, L. G., Yao, T., Mosley-Thompson, E., Davis, M. E, Henderson, K. A. et Lin, P.-N. (2000), « A High-Resolution Millennial Record of the South Asian Monsoon from Himalayan Ice Cores », *Science*, 289, pp. 1 916-1 919.

Thompson, L. G., Mosley Thompson, E., Davis, M. E., Henderson, K. A., Brecher, H. H., Zagorodnov, V. S., Mashiotta, T. A., Lin, P.-N., Mikhalenko, V. N., Hardy, D. R. et Beer, J. (2002), « Kilimanjaro Ice Core Records: Evidence of Holocene Climate Change in Tropical Africa », *Science*, 298, 589-593.

Thompson, L. G., Mosley Thompson, E., Brecher, H., Davis, M., Leon, B., Les, D., Lin, P.-N., Mashiotta, T. et Mountain, K. (2006), « Abrupt Tropical Climate Change: Past and Present », *Proceedings of the National Academy of Sciences*, 103, pp. 10 536-10 543.

Vimeux F., Gallaire, R., Bony, S., Hoffmann, G., Chiang, J. et Fuertes, R. (2005), « What Are the Climate Controls on Isotopic Composition (δD) of Precipitation in Zongo Valley (Bolivia) ? Implications for the Illimani Ice Core Interpretation », *Earth Planet. Sci. Lett.*, 240, pp. 205-220.

Vimeux, F., Ginot, P., Schwikowski, M., Vuille, M., Hoffmann, G., Thompson, L. G. et Schotterer, U. (2009), « Climate Variability during the Last 1000 Years Inferred from Andean Ice Cores : A Review of Methodology and Recent Results », *Palaeogeography, Palaeoclimatology, Palaeoecology*, 281, pp. 229-241, doi :10.1016/j.palaeo.2008.03.054.

Vimeux, F. (2009), « Similarities and Discrepancies Between Polar and Andean Ice Cores over the Last Deglaciation in Past Climate Variability from the Last Glacial Maximum to the Holocene in South America an Surrounding Regions », Vimeux, F., Sylvestre, F. et Khodri, M. (Ed.), Springer, *Developments in Paleoenvironmental Research Series* (DPER), Vol. 14, XVII, 418 p., 106 illus., 61 in color., ISBN 978-90-481-2671-2.

Vimeux, F., Tremoy, G., Risi, C. et Gallaire, R. (2011), « A Strong Control of the South American SeeSaw on the Intra-Seasonal Variability of the Isotopic Composition of Precipitation in the Bolivian Andes », *Earth and Planetary Sciences Letters*, 307, pp. 47-58.

Vuille, M. et Werner, M. (2005), « Stable Isotopes in Precipitation Recording South American Summer Monsoon and ENSO Variability: Observations and Model Results », *Clim. Dyn.*, 25, doi:10.1007/s00382-005-0049-9.

Chapitre 20

L'évolution de l'océan et du climat, les données de la paléocéanographie

Elsa Cortijo, **Laurent Labeyrie** et **Jean-Claude Duplessy**, *Laboratoire des Sciences du Climat et de l'environnement LSCE/IPSL, Laboratoire CEA-CNRS-UVSQ, Domaine du CNRS, Bât. 12, avenue de la terrasse, 91198 Gif-sur-Yvette, France.*

20.1 Introduction : le développement des outils et des concepts

L'idée de reconstruire l'histoire passée des océans et du climat à partir de carottes sédimentaires marines est assez tardive par rapport aux débuts de l'océanographie. Elle n'a débuté qu'au XXe siècle, bien après les premières tentatives pour mesurer la température de l'eau de mer à toutes profondeurs, qui elles remontent au XVIIIe siècle, avec les grandes expéditions de circumnavigation. Les premières tentatives ont été menées par les géologues continentaux qui étudiaient les séries marines exondées. Les informations ainsi obtenues ne concernaient que des mers qui avaient été proches des continents. Il n'a été possible d'envisager la reconstitution de la température de l'eau de mer dans le passé qu'à partir du moment où le suédois Kullenberg, en 1947, a inventé le premier carottier à piston susceptible de prélever sans perturbation des carottes des sédiments déposés au fond des grands bassins océaniques. Une description du fonctionnement d'un carottier à piston moderne est disponible sur le lien : http://www.institutpolaire.fr/ipev/bases_et_navires/le_marion_dufresne/installations_et_equipements).

Les géologues ont pu ainsi ramener en laboratoire des séries continues, parfois longues de plus de 20 m, qui contenaient un enregistrement des conditions environnementales au fur et à mesure que les sédiments se déposaient. L'expédition suédoise de 1947-1948 a prélevé grâce à ce carottier plus de 300 carottes des différents bassins océaniques profonds. Elles ont servi de base aux premières études sur l'histoire géologique des océans. En parallèle, Maurice Ewing, le créateur du Lamont-Doherty Geological Observatory (USA), et l'inventeur de la cartographie sédimentaire sismique du fond des océans, a initié dans les années 1950 la première collecte systématique de carottes marines. À partir de ces carottes, les principaux systèmes sédimentaires, les variations des faunes fossiles et le cadre temporel des premières échelles biostratigraphiques ont été décrits. C'est ainsi qu'a été mise en évidence pour la première fois l'alternance des phases chaudes et froides du Pléistocène.

Incontestablement, le mérite d'initiateur de la paléocéanographie quantitative revient à Cesare Emiliani. Après la découverte des fractionnements isotopiques et la mise au point d'une méthode précise de mesure des rapports isotopiques, Harold Urey et son groupe à Chicago ont développé l'utilisation des variations du rapport isotopique $^{18}O/^{16}O$ des fossiles carbonatés comme paléothermomètre. Dans la ligne de la voie ouverte par Urey, Emiliani (1955) [8] a utilisé le rapport $^{18}O/^{16}O$ mesuré sur le CO_2 extrait des coquilles de foraminifères pour estimer les températures de surface de l'océan dans le passé et décrit les changements de la température de surface de la mer des Caraïbes au cours des derniers 400 ka (Fig. 20.1). Il a établi aussi les grandes règles méthodologiques pour ce type d'étude : disposer d'un enregistrement continu, le dater avec précision et baser son interprétation sur un paramètre lié quantitativement à une variable clé du système climatique.

Emiliani avait réalisé que le rapport $^{18}O/^{16}O$ des coquilles de foraminifères dépendait en fait de deux variables, la température de l'eau de mer mais aussi le rapport $^{18}O/^{16}O$ de cette eau. Les variations de la température de l'eau se traduisent par une variation du fractionnement isotopique entre le carbonate et l'eau lors de la formation de la coquille : pour une eau de composition isotopique donnée, plus la température est élevée, plus le rapport $^{18}O/^{16}O$ est petit. Les variations de la composition isotopique de l'eau sont aussi intégralement enregistrées dans le rapport $^{18}O/^{16}O$ des foraminifères. Emiliani souligne que le rapport $^{18}O/^{16}O$ de l'eau de mer est affecté par l'évaporation et les précipitations : la phase vapeur est appauvrie en isotope lourd ^{18}O par rapport au liquide. Inversement, au moment de la condensation de la vapeur d'eau des nuages, les précipitations sont plus riches que la vapeur en ^{18}O. Par une gigantesque distillation fractionnée qui affecte la vapeur d'eau évaporée dans les basses latitudes, le transport des masses d'air vers les hautes latitudes s'accompagne d'une baisse progressive du rapport $^{18}O/^{16}O$ de l'eau atmosphérique et des précipitations. C'est ainsi que le rapport $^{18}O/^{16}O$ des précipitations neigeuses qui alimentent les calottes polaires est appauvri de plus de 30 ‰ par rapport à celui de l'océan. Aussi la croissance ou la fonte de

A

Cesare Emiliani au début des années 50, à l'université de Chicago.
(photo: archives de « Rosenstiel School of Marine and Atmospheric Science », Université de Miami).

B

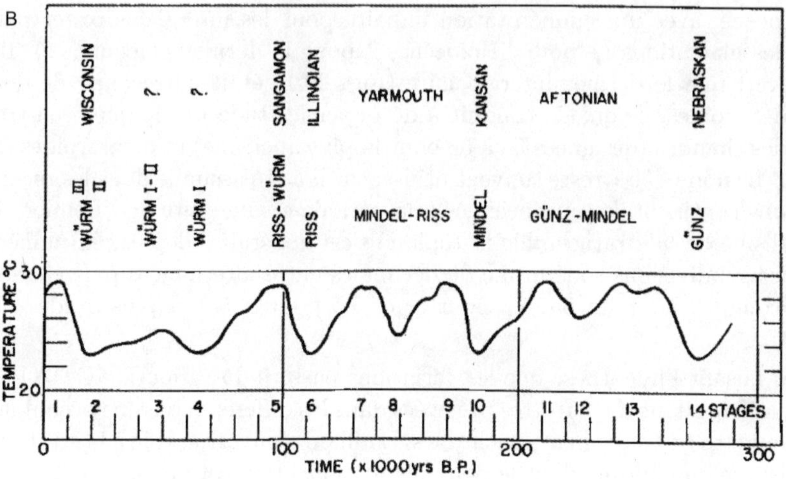

Extrait de Emiliani, 1955 (figure 15)

FIG. 20.1 – En haut – Cesare Emiliani, initiateur de la paléoclimatologie isotopique marine. En bas – Première tentative d'estimation des variations de la température des eaux superficielles en mer des Caraïbes [8]. On notera que les études ultérieures ont démontré que l'échelle de temps était sous-estimée d'environ 25 % (le dernier interglaciaire, appelé Sangamon dans la littérature américaine, datant en fait d'environ 125 000 ans et non de 100 000 ans) et que l'amplitude des variations de température était calculée à partir d'un modèle trop simple (voir ci-dessous).

ces calottes, qui concerne des volumes considérables d'eau (plusieurs dizaines de millions de kilomètres cubes), affecte directement la salinité et le rapport moyen $^{18}O/^{16}O$ de l'océan et celui des foraminifères qui s'y développent. Ce n'est qu'assez tardivement qu'on a réalisé qu'un changement climatique s'accompagne en outre d'une variation locale de l'évaporation et des précipitations et donc d'un changement supplémentaire, différent d'une région à une autre, de la salinité de l'eau de mer superficielle et de son rapport $^{18}O/^{16}O$.

Emiliani (1955) [8] a estimé que le développement des grandes calottes glaciaires qui avaient recouvert le Canada (la Laurentide) et le nord de l'Europe avait provoqué un enrichissement en ^{18}O de l'océan mondial de +0,4 ‰ au maximum de la glaciation. Ce n'était qu'une première approximation : on sait maintenant que l'enrichissement en ^{18}O de l'océan glaciaire était en fait voisin de +1,1 ‰. Malgré ces inexactitudes, les travaux d'Emiliani ont été les premiers à montrer que les observations paléoclimatiques présentaient des variations aux périodes prédites par la théorie de Milankovitch (voir chapitre 7, tome 2). Emiliani a aussi proposé une nomenclature, maintenant universellement adoptée, pour caractériser l'alternance des phases chaudes et froides du Pléistocène, avec une numérotation impaire pour les interglaciaires et paire pour les glaciations (1 pour l'Holocène, 2 pour le dernier glaciaire...). Il a découvert que le dernier interglaciaire (Fig. 20.1) était entrecoupé de deux périodes froides, ce qui l'a conduit à découper le stade isotopique 5 en trois périodes chaudes (désignées 5a à 5e pour la plus ancienne) et deux froides (5b et 5d). Le nom « 5e » reste souvent utilisé, car il a été assimilé dans les reconstitutions continentales européennes à la période chaude dite de l'Eemien. Le formalisme de la stratigraphie isotopique s'est généralisé depuis, en numérotant les subdivisions sous forme de décimales entre alternances plus chaudes (par exemple, 5.1 pour 5a, 5.3 pour 5c et 5.5 pour le 5e) et plus froides (5.2 et 5.4).

En faisant l'hypothèse que les variations passées du rapport $^{18}O/^{16}O$ des foraminifères dans des carottes prélevées dans les différents bassins océaniques devaient être grossièrement synchrones, Emiliani a ouvert la voie à la stratigraphie isotopique marine dont le domaine d'application est global. La démonstration plus tardive que le signal enregistré dans les carottes marines possède une composante dominante liée aux variations de volume des calottes glaciaires n'a fait que renforcer sa valeur stratigraphique. Aussi le travail d'identification des stades isotopiques est-il devenu un outil de référence. La mise en œuvre de navires foreurs dans le cadre des programmes internationaux de forages océaniques a permis d'obtenir des carottes de sédiments datant de plusieurs dizaines de millions d'années. Les stades isotopiques peuvent y être reconnus en des enregistrements quasi continus, bien au-delà du Quaternaire (Fig. 20.2), et même jusqu'au Paléocène, il y a 60 Ma.

Dès les années 1970-1980, la communauté des paléoclimatologues était arrivée à la conclusion que les variations de la composition isotopique de l'oxygène était un remarquable outil stratigraphique permettant des corrélations

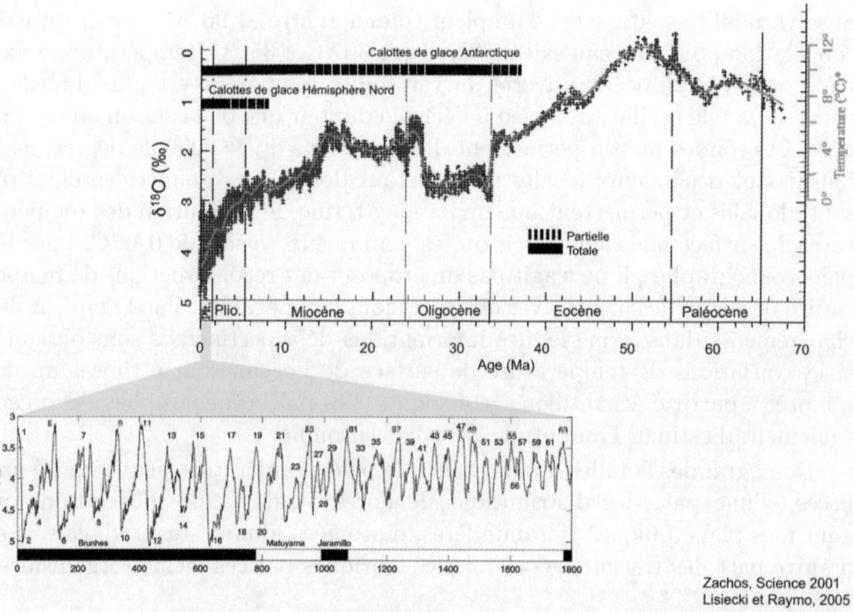

FIG. 20.2 – Variations de la composition isotopique de l'oxygène des foraminifères benthiques depuis 70 millions d'années (Zachos *et al.*, 2001 [30]) avec un détail des derniers 1,8 Ma montrant les périodicités prédites par la théorie astronomique des paléoclimats (Liesecki et Raymo, 2005 [19]).

à grande distance, mais qu'il restait à développer de nouveaux outils pour reconstituer les paléotempératures de l'eau de mer et les traceurs de la circulation océanique (salinité, direction des courants...). C'est ce que nous allons présenter dans ce chapitre. Nous nous focaliserons sur l'emploi des foraminifères, car ces fossiles sont présents dans tous les océans et dans toutes les gammes de température. Leurs associations faunistiques et leurs compositions isotopiques sont des indicateurs paléoclimatiques très largement utilisés. D'autres indicateurs comme les coraux ou les coquilles de mollusques constituent des sources d'informations pertinentes, mais elles ne peuvent être étendues à l'ensemble de l'océan.

20.2 Température de l'eau de surface

La température de surface des océans est un paramètre essentiel du climat. C'est de lui que dépendent les échanges de chaleur avec l'atmosphère (chaleur sensible et chaleur latente, celle associée à l'évaporation en surface de l'océan et la condensation dans les nuages). Elle module aussi la solubilité des gaz et leur taux d'échange avec l'atmosphère (oxygène, CO_2 en particulier).

Si sa variabilité spatiale est d'ampleur connue (entre –1,96 °C température de congélation pour une eau salée à 35 psu et 30 °C à 35 °C, température maximale observée en océan ouvert), la variabilité temporelle est plus difficile à définir, car elle oscille aussi bien à l'échelle du jour que de la saison ou des années. Les sondes *in situ* permettent des précisions du 1/1 000 de degrés, mais fournissent des valeurs locales à un instant donné. Les données satellitaires sont globales et permettent un suivi à long terme de l'évolution des températures de surface mais leur précision reste au mieux voisine de 0,1 °C. Pour les paléocéanographes, il ne s'agit pas de proposer des reconstructions de température des eaux de surface avec des précisions comparables. Vue l'ampleur des changements dans le passé, des informations déjà pertinentes sont obtenues si les variations de température de surface de l'océan sont estimées au degré près à partir d'échantillons géologiques. Les paléocéanographes s'efforcent également d'estimer l'amplitude du cycle saisonnier.

Deux grandes familles d'indicateurs de paléotempérature peuvent être utilisées, d'une part, les distributions de flores ou de faunes de certains organismes planctoniques (foraminifères, diatomées, dinokystes, radiolaires) et d'autre part, les traceurs géochimiques fabriqués par ces mêmes organismes.

20.2.1 Distribution des faunes et flores marines

La distribution des différents groupes composant l'écosystème marin a été abondamment observée au cours des grandes campagnes d'exploration qui ont jalonné le XIXe siècle. Ce sont les foraminifères planctoniques qui ont fait l'objet de la plus grande quantité d'observations. Il s'agit d'organismes unicellulaires qui appartiennent au groupe des protozoaires et sécrètent une coquille calcaire. Ils présentent une grande diversité et on les trouve dans tous les océans du globe, depuis les plus froids jusqu'aux plus chauds. Toutefois, chaque espèce présente une tolérance limitée aux variations d'environnement et notamment de température. Aussi dès la fin du XIXe siècle, les biologistes avaient-ils mis en évidence la distribution zonale de bon nombre d'espèces. Ils avaient également établi des relations entre climat et abondance de certaines espèces. C'est cette observation qui a servi de base pour des reconstructions quantitatives de la température, lorsque Imbrie et Kipp [12] ont développé une méthode statistique, les fonctions de transfert (voir chapitre 9) permettant d'estimer les températures de l'eau de mer pendant la saison froide et la saison chaude, à partir des faunes fossiles des sédiments marins. Le principe de base de toute fonction de transfert est de supposer que les caractéristiques écologiques des écosystèmes actuels sont inchangées à l'échelle de temps de la période passée étudiée. Une base de données d'abondance de foraminifères planctoniques de sommets de carottes d'âge moderne forme une matrice (*distribution des espèces* dans n stations) dont on peut extraire les vecteurs propres correspondant aux facteurs principaux des abondance de faune. La méthode proposée par Imbrie et Kipp permet d'obtenir la meilleure corrélation entre l'évolution de ces facteurs et les changements associés des paramètres environnementaux modernes, sélectionnés *a priori* pour les n stations (température d'été, d'hiver, ou autres paramètres, à condition qu'ils soient statistiquement indépendants). Une analyse factorielle comparable appliquée aux assemblages fossiles d'une carotte de sédiment permet alors de proposer des paléotempératures en leur appliquant les équations écologiques déterminées sur les sommets de carottes modernes. Ces travaux ont conduit au grand succès du groupe CLIMAP (Climat Long-range Investigation, Mapping And Prediction), qui a reconstruit la première carte globale des températures de surface d'été et hiver lors du dernier maximum glaciaire, il y a environ 20 ska (Fig. 20.3).

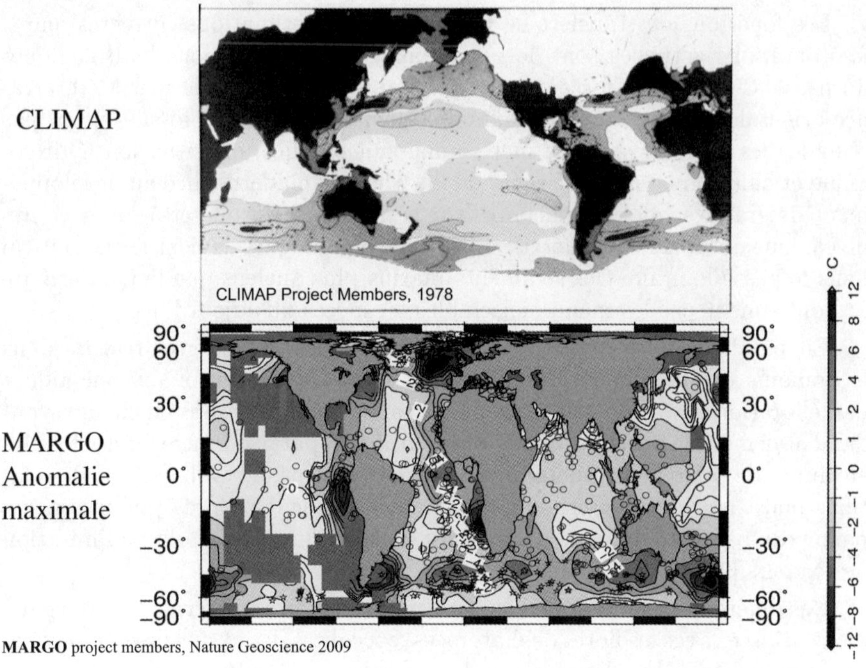

FIG. 20.3 – Reconstitutions de la différence de température des eaux de surface entre le dernier maximum glaciaire et l'actuel obtenues dans le cadre du programme CLIMAP (1981) et du programme MARGO [22]. On notera que les deux reconstitutions présentent de nombreux traits communs mais que le grand nombre de carottes étudiées dans le cadre du programme MARGO a mis en évidence une structure moins zonale dans l'Atlantique Nord qu'estimée par la reconstitution CLIMAP [2].

Cette méthode présente toutefois le défaut de dépendre d'une corrélation à grande échelle entre les changements des facteurs définis par la micropaléontologie et les paramètres définis *a priori*, comme la température. D'autres facteurs peuvent intervenir, qui changeront d'une région à l'autre la sensibilité des faunes de foraminifères à la température : l'apport de nourriture par exemple. C'est pourquoi la méthode introduite par Imbrie et Kipp a été progressivement remplacée par la méthode dite *des meilleurs analogues* (voir Chapitre 9). Le principe en est simple : comparer les assemblages fossiles à des assemblages modernes utilisés comme référence, sans *a priori* sur la cause des variabilités observées. On définit les plus proches analogues par un calcul de distance mathématique. L'hypothèse de base de la méthode est que plus l'assemblage fossile est proche d'une ou de plusieurs références actuelles, plus leur environnement de croissance a été semblable (température, mais aussi apport en nutritifs...). Les écarts avec les meilleurs analogues, leur localisation et la dispersion des conditions environnementales associées permettent d'estimer les incertitudes des reconstitutions [28].

Les fonctions de transfert ne fournissent des estimations correctes que si les conditions actuelles sont de bons analogues des situations hydrologiques du passé. Ce n'est pas forcément le cas. Par exemple, pour la mer Méditerranée orientale, lors du dernier maximum glaciaire, les faunes fossiles n'ont pas d'analogues modernes. Cette mer connaissait en effet une situation hydrologique et climatique bien différente de la situation moderne, liée au développement de grandes calottes glaciaires sur le nord de l'Europe et à un cycle hydrologique notablement différent. L'absence d'analogues devient le cas général dans le passé lointain : les sédiments marins plus anciens que le Quaternaire ne contiennent pas les mêmes ensembles d'espèces qu'aujourd'hui.

En parallèle à ces développements statistiques, les progrès récents dans le domaine de l'intelligence artificielle et des réseaux neuronaux ont aidé à l'amélioration des reconstructions paléocéanographiques, sans en changer fondamentalement le principe. Basés aussi sur la comparaison entre faunes fossiles et faunes de référence moderne, ils ne demandent pas l'établissement de relations mathématiques déterminées, mais réalisent leur propre apprentissage à partir des bases de données disponibles et selon un principe de minimisation des erreurs [21].

Ces différentes méthodes, évoquées ici pour les foraminifères, ont été également utilisées avec les flores de diatomées, coccolites, les kystes de dinoflagellés ou les radiolaires. Les diatomées, très abondantes dans les eaux froides riches en silice, ont en particulier été utilisées pour reconstruire les variations de couverture de glace de mer dans les zones polaires. Une nouvelle reconstitution de la température des eaux de surface de l'océan mondial pendant le dernier maximum glaciaire, bénéficiant de l'apport des diverses méthodes développées pour reconstituer les températures des eaux superficielles de l'océan, a été obtenue dans le cadre du programme MARGO (Fig. 20.3).

Les méthodes statistiques présentent de nombreuses limitations : i) elles ne peuvent être utilisées que si les assemblages faunistiques sont proches des assemblages modernes ; ii) la diversité génétique des espèces d'un océan à un autre peut introduire des changements dans les réponses des faunes aux changements de température et il est nécessaire d'établir des fonctions de transfert spécifiques pour chaque bassin océanique ; iii) les reconstructions de température à partir des variations d'abondances des faunes ou flores fossiles supposent que les autres facteurs, comme la productivité par exemple, n'ont pas d'influence directe sur les abondances relatives respectives des différentes espèces ; iv) en raison de l'activité des animaux fouisseurs, les sédiments marins sont généralement mélangés sur plusieurs centimètres, de sorte qu'on retrouve à un même niveau dans une carotte de sédiment un mélange de faunes ayant vécu au cours de plusieurs siècles, voire plusieurs millénaires si le taux de sédimentation est faible. Or on admet pour calibrer les fonctions de transfert que les assemblages trouvés en surface des sédiments reflètent les conditions hydrologiques modernes. Cette hypothèse néglige en particulier les variations qui ont affecté le climat au cours des derniers millénaires et qui pourraient être suffisamment importantes pour introduire un biais dans les calibrations. Ces limitations ont favorisé le développement de nouvelles méthodes dont les bases sont soit biologiques, soit géochimiques.

L'approche biologique n'en est qu'à ses débuts. C'est une nouvelle stratégie, dérivée des études paléo-écologiques en milieu continental, qui est en phase de développement. Elle comporte deux volets. Le premier repose sur la calibration directe des *proxys* à partir de cultures contrôlées en laboratoires et de l'étude physiologique et géochimique des processus associés à la croissance des organismes marins. Le second demande une modélisation des conditions de croissance et de dépôt dans le milieu naturel, à partir des contraintes physiologiques et écologiques des systèmes concernés. C'est par de telles méthodes que l'on peut espérer, par exemple, obtenir une reconstruction fiable de l'hydrologie correspondant à l'habitat précis des différentes espèces de foraminifères planctoniques, lorsque celles-ci vivent en dessous de la thermocline (saisonnalité, profondeur dans la colonne d'eau).

20.2.2 Méthodes géochimiques

20.2.2.1 Traceurs organiques

La géochimie organique des sédiments marins est à l'origine de nouveaux traceurs. Celui qui a donné les résultats les plus remarquables est le rapport d'abondance des alcénones di et tri insaturés (molécules à 37 atomes de carbone contenant deux ou trois doubles liaisons) qui est fonction de la température de croissance des organismes. Ces molécules sont synthétisées par des algues, les coccolithophoridés, et en particulier l'espèce *Emiliania huxlei* dans l'océan moderne. La quantité de doubles liaisons est inversement liée à la température : plus la température diminue et plus le nombre de doubles liaisons augmente (Prahl and Wakeham, 1987 [23]). Le rapport d'abondance des alcénones di et tri insaturés s'exprime conventionnellement par l'indice :

$$U_{37}^{k}{}' = [C_{37:2}]/[C_{37:2} + C_{37:3}].$$

Des calibrations directes, à partir de cultures d'algues, ont été réalisées. Elles ont été vérifiées à partir de prélèvements dans l'eau ou en surface des sédiments.

Comme tous les indicateurs paléoclimatiques, l'indice U_{37}^{k}' comporte, lui aussi, des biais qui rendent son utilisation parfois difficile dans certains contextes océanographiques. Nous n'en citerons que quelques-uns parmi les plus importants :

- L'évolution dans le temps des espèces productrices. *E. huxlei*, qui est actuellement le producteur majeur d'alcénones, n'a pas toujours existé en abondance dans le passé. Or la calibration de la méthode a été effectuée sur cette espèce. Une autre espèce, *Gephyrocapsa oceanica*, produit également des alcénones dont l'indice U_{37}^{k}' ne suit pas la même fonction de la température que *E. huxlei*. Aujourd'hui *G. oceanica* n'est pas l'espèce dominante mais elle l'a été dans le passé. La méthode U_{37}^{k}' pour des sédiments anciens doit donc être appliquée dans un contexte où l'algue productrice est bien identifiée.

- Les coccolithophoridés, de très petite taille, sont facilement transportables par les courants marins et ces algues peuvent parcourir de longues distances entre le lieu de production et le lieu de sédimentation. Le problème est particulièrement important pour les zones à faible productivité ou les zones de front séparant deux masses d'eau de caractéristiques bien distinctes. Une part significative des flux résiduels vers les sédiments a parfois pour origine des zones lointaines, de climatologie très différentes.

- Bien que la calibration sur des cultures en milieu contrôlé ait été réalisée, les calibrations utilisées sont définies pour des pêches en milieu naturel et des analyses de sommet de carotte avec, comme référence, la température moyenne annuelle. Or, suivant les zones, la production primaire présente de fortes variabilités saisonnières et la référence à une température moyenne annuelle peut fausser les estimations.

20.2.2.2 Traceurs chimiques

La composition chimique des carbonates des tests de foraminifères ou des squelettes de coraux recèle également de nombreux autres indicateurs de paléotempérature. Par exemple, la concentration en magnésium incorporé au sein du carbonate de calcium des foraminifères est une fonction empirique de la température à laquelle le foraminifère a cristallisé son test (voir par exemple, Elderfield et Ganssen, 2000 [7]). Le magnésium se substituant plus facilement au calcium à température élevée qu'à température basse, le rapport Mg/Ca augmente exponentiellement avec la température. Le temps de résidence du Mg dans la colonne d'eau est très élevé et les fluctuations de sa teneur dans un carbonate biogénique ne peuvent être liées qu'à des facteurs externes en lien avec la physiologie de la cellule. Néanmoins, ces mécanismes physiologiques sont mal connus et il est de plus en plus admis que les variations de température à elles seules n'expliquent pas la totalité des changements de concentration du magnésium dans les fossiles. La salinité ou l'alcalinité de l'eau de mer pourraient jouer également un rôle majeur selon des processus qui feraient appel à l'équilibre chimique au sein de la cellule. Le magnésium n'a été cité que comme principal exemple ; d'autres, comme le strontium, peuvent être envisagés. Toutefois, on ne connaît toujours pas l'ensemble des facteurs qui gouvernent le comportement géochimique des métaux traces, et ces méthodes de paléotempérature sont encore en phase de développement.

20.2.2.3 Traceurs isotopiques

La première approche isotopique à laquelle on ait pensé a été la relation qui existe entre la température de l'eau de mer, sa composition isotopique et celle du carbonate qui s'est développé au sein de cette eau. Conventionnellement, les compositions isotopiques sont exprimées en utilisant la notation δ qui est l'écart relatif (exprimé en pour mille) entre le rapport isotopique R de l'échantillon et celui d'un standard de référence :

$$\delta = [(R_{\text{éch}}/R_{\text{st}}) - 1] \times 1\,000.$$

On note δ_{w} le δ^{18}O de l'eau et δ_{c} celui d'un carbonate et on a désigné sous le nom de formule des paléotempératures la relation reliant la température T, δ_{c} et δ_{w}. Cette relation a été déterminée expérimentalement par l'école de Urey dès les années 1950 et a été précisée par Shackleton [25] sous la forme que nous adopterons ci-dessous :

$$T = 16{,}9 - 4{,}38 \times (\delta_{\text{c}} - \delta_{\text{w}}) + 0{,}10 \times (\delta_{\text{c}} - \delta_{\text{w}})^2. \quad (1)$$

Dans cette formule empirique, δ_{c} représente le δ^{18}O du CO_2 extrait du carbonate par attaque à l'acide phosphorique, δ_{w} représente le δ^{18}O du CO_2 obtenu par équilibration avec l'eau de mer à analyser, et δ_{c} et δ_{w} sont mesurés au spectromètre de masse, en utilisant, pendant l'analyse, le même CO_2 comme standard de travail.

Encadré

L'utilisation pratique de la formule des paléotempératures

Aujourd'hui, les laboratoires de géochimie isotopique ont adopté la convention consistant à exprimer les compositions isotopiques δ_{c} par rapport au standard international PDB et δ_{w} par rapport au standard international SMOW (Standard Mean Ocean Water). Ces standards sont distribués par des agences internationales.

Pour appliquer correctement la formule des paléotempératures, qui suppose que toutes les compositions isotopiques sont exprimées par rapport à un même standard, il a été nécessaire de comparer la composition isotopique du CO_2 extrait du PDB par attaque à l'acide phosphorique et celle du CO_2 équilibré avec le SMOW. Ce dernier est plus pauvre en ^{18}O de 0,27 ‰ que le CO_2 extrait du PDB, de sorte que pour tout échantillon d'eau :

$$\delta_w(vs.\ \text{PDB-CO}_2) = \delta_w(vs.\ \text{SMOW-CO}_2) - 0{,}27. \qquad (2)$$

Si on veut utiliser dans la formule des paléotempératures le PDB comme standard des carbonates et le SMOW comme standard des eaux, la formule de Shackleton devient donc :

$$T = 16{,}9 - 4{,}38 \times (\delta_c - \delta_w + 0{,}27) + 0{,}10 \times (\delta_c - \delta_w + 0{,}27)^2.$$

La formule des paléotempératures présente l'inconvénient majeur que des températures ne peuvent être estimées que si la composition isotopique de l'eau est connue, ce qui n'est pratiquement jamais le cas pour des échantillons géologiques. Une méthode isotopique nouvelle, encore en phase de développement, devrait permettre de s'affranchir de cette contrainte. Le réseau cristallin d'un carbonate est constitué de groupes CO_3^{2-} et de cations (Ca^{2+} par exemple). Parmi les ions CO_3^{2-} d'un échantillon, les isotopes lourds ^{13}C et ^{18}O ne vont pas se répartir au hasard. Leur abondance va dépendre de la réaction d'équilibre isotopique :

$$^{13}C^{16}O_3^{2-} + ^{12}C^{18}O^{16}O_2^{2-} \leftrightarrow {}^{13}C^{18}O^{16}O_2^{2-} + {}^{12}C^{16}O_3^{2-}$$

de sorte que les abondances de ces quatre espèces isotopiques dépendent de leur énergie propre, elle-même fonction de la température.

On évalue l'abondance des diverses espèces isotopiques en attaquant le carbonate à l'acide phosphorique et en mesurant dans le CO_2 extrait l'abondance des molécules $^{13}C^{18}O^{16}O$ de masse 47, comparée aux abondances des autres espèces isotopiques, dont les masses sont 45 et 46. On prend comme référence l'état « stochastique », défini par une répartition aléatoire des isotopes de C et O au sein des molécules.

La variable thermodynamique, notée Δ47, qui décrit l'état du dioxyde de carbone et dont on déduit une paléotempérature, est définie par la relation :

$$\Delta 47 = [(R47/R^*47 - 1) - (R45/R^*45 - 1) - (R46/R^*46 - 1)] \times 1\,000$$

où $R45$, $R46$ et $R47$ désignent respectivement les rapports d'abondance de masse 45/44, 46/44 et 47/44 dans le CO_2, et où R^*45, R^*46 et R^*47 désignent ces rapports pour un gaz de même composition totale mais dans l'état « stochastique » [10].

Le principal avantage de cette méthode (dite du Δ47) est que la grandeur thermodynamique que l'on mesure reflète un équilibre interne du cristal et n'exige donc aucune connaissance de la composition de l'eau d'origine. Un autre avantage de cette mesure est qu'elle repose sur des principes thermodynamiques, donc qu'elle est applicable sans modification de principe aux époques géologiques les plus anciennes et à des environnements très divers. En revanche, comme pour la formule des paléotempératures, la calibration qui a été effectuée par Ghosh *et al.* (2006) [10] ne s'applique qu'à des carbonates précipités à l'équilibre thermodynamique. Il conviendra donc toujours de tester l'existence possible d'effets de fractionnement isotopique parasites, d'origine cinétique, biologique ou diagénétique.

20.3 Salinité et densité de l'eau de surface

Alors que la température de l'eau de mer varie dans une gamme de plus de 30 °C, en océan ouvert, la salinité varie dans une gamme beaucoup plus étroite, comprise entre 33 et 38 g de sel par litre (psu). La salinité est la plus élevée dans les zones tropicales, là où l'évaporation l'emporte sur les précipitations (Fig. 20.4), et elle diminue lorsque dominent les précipitations, dans la bande équatoriale et dans les hautes latitudes. Le cycle hydrologique ayant été profondément affecté par les grandes glaciations, on peut s'attendre à d'importantes variations de la salinité de l'océan au cours du Quaternaire. Or ce sont conjointement la température et la salinité qui conditionnent la densité de l'eau de mer. C'est cette dernière qui est responsable de la circulation profonde de l'océan, l'eau dense plongeant dans les hautes latitudes et s'écoulant lentement sous forme de courants profonds dans les divers bassins de l'océan mondial. La détermination de la salinité des masses d'eau océaniques dans le passé est donc nécessaire pour comprendre pourquoi et comment la circulation

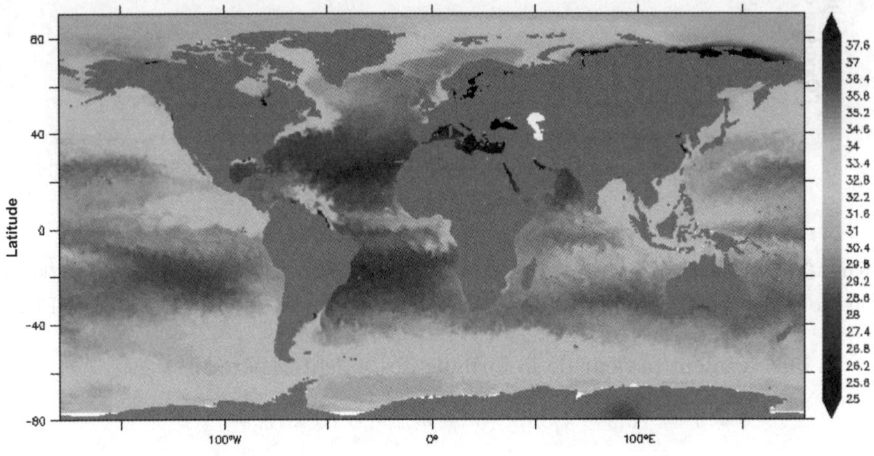

FIG. 20.4 – Salinité de surface de l'océan actuel.

de l'océan mondial a changé lorsque les conditions climatiques étaient différentes de celles d'aujourd'hui.

20.3.1 Stratégie pour estimer la salinité dans le passé

L'estimation de la salinité de l'eau de mer dans le passé est difficile. En effet, température et salinité sont généralement étroitement corrélées. Dans les zones chaudes où l'évaporation domine, la salinité est élevée, tandis que dans les zones froides, ce sont les précipitations qui l'emportent sur l'évaporation et la salinité des eaux superficielles est faible. Il n'est donc pas possible d'estimer des salinités de l'océan à l'aide de fonctions de transfert appliquées aux faunes fossiles, pour lesquelles le signal dominant est la température.

Il est alors nécessaire de bâtir une approche nouvelle et c'est la géochimie isotopique qui le permet. En effet, dans l'océan ouvert, la composition isotopique de l'eau de mer est étroitement corrélée à la salinité (Fig. 20.5), car l'eau qui s'évapore est plus pauvre en ^{18}O que l'eau superficielle des océans, tandis que les pluies déversent une eau pauvre en ^{18}O qui appauvrit la teneur moyenne en ^{18}O de toute la couche de mélange des eaux superficielles. Il existe donc localement, à l'échelle d'un bassin océanique, une relation linéaire entre la salinité et le $\delta^{18}O$ de l'eau de mer. L'existence de cette relation permet de développer une méthode d'estimation des salinités dans le passé.

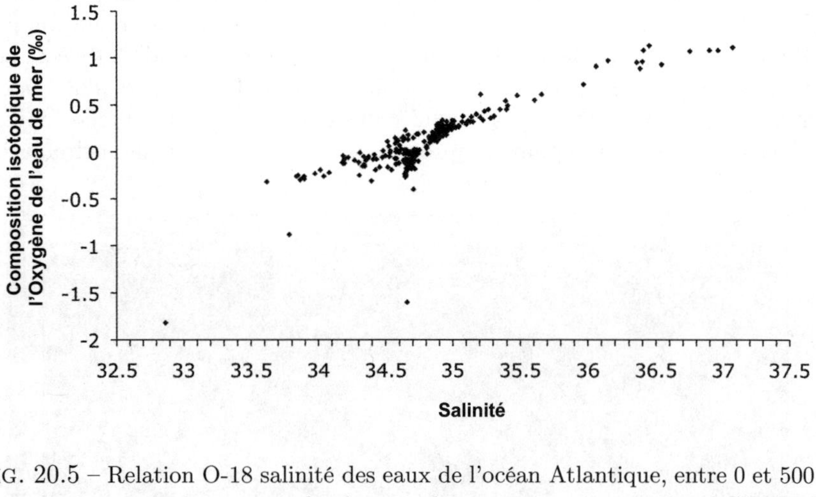

FIG. 20.5 – Relation O-18 salinité des eaux de l'océan Atlantique, entre 0 et 500 m de profondeur, calculée à partir des données du programme international GEOSECS.

L'inconvénient majeur de la formule des paléotempératures

$$T = 16{,}9 - 4{,}38 \times (\delta_c - \delta_w) + 0{,}10 \times (\delta_c - \delta_w)^2 \qquad (3)$$

dans laquelle la composition isotopique des carbonates δ_c est fonction à la fois de T et de δ_w devient maintenant un avantage. En effet, l'équation 1 est une équation du second degré en δ_w. Par conséquent, si la température à laquelle le foraminifère a formé sa coquille calcaire est déterminée empiriquement à l'aide d'une des méthodes décrites précédemment, alors il est possible de calculer la composition isotopique de l'eau δ_w, puis, dans un second temps, la salinité de cette eau. Les différentes étapes pratiques nécessaires à la détermination des paléosalinités sont décrites ci-dessous.

20.3.2 L'estimation de la température à laquelle les foraminifères sécrètent leur coquille

Les différentes espèces de foraminifères planctoniques vivent à des profondeurs différentes dans la colonne d'eau. Un profil de température en fonction de la profondeur (Fig. 20.6) permet de reconnaître trois zones :

- les quelques dizaines de mètres situés juste en dessous de la surface sont chauffées en conditions estivales ou toute l'année dans les basses latitudes et constituent une zone bien agitée par les vents : c'est la couche de mélange dans laquelle la température est quasi constante ;
- en dessous de cette couche de mélange, la température décroît rapidement en quelques dizaines de mètres. C'est la thermocline saisonnière qui fait la liaison avec les eaux profondes froides ;
- en dessous de la thermocline saisonnière, la température diminue lentement avec la profondeur. C'est la thermocline principale qui s'étend jusqu'à environ mille mètres de profondeur.

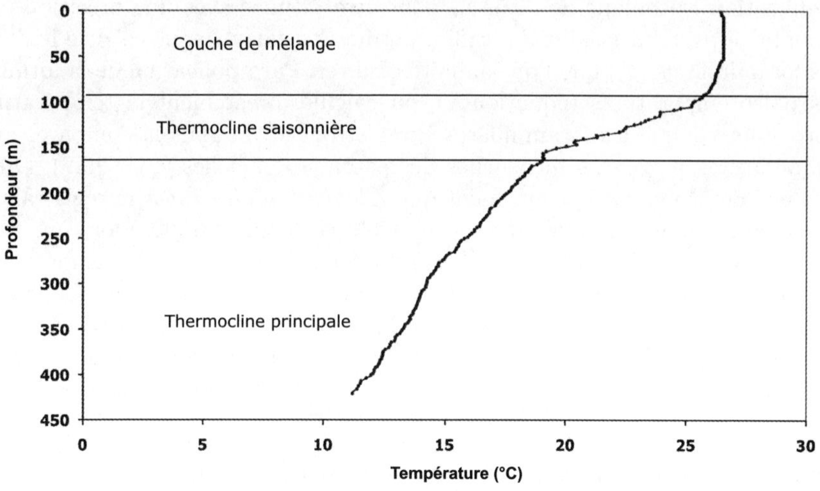

FIG. 20.6 – Profil vertical de T au large du cap Hatteras en Atlantique Nord (35°N, 75°W).

Certaines espèces de foraminifères planctoniques, comme *Globigerinoides ruber*, sécrètent leur coquille dans la couche de mélange. D'autres, vivent essentiellement dans la thermocline saisonnière, qui constitue une véritable barrière de densité dans laquelle les éléments nutritifs et les proies sont abondants. Enfin, quelques espèces vivent dans la thermocline principale. Il est donc impossible *a priori* de savoir à quelle température ces animaux ont vécu.

Une complication supplémentaire vient du fait que la durée de vie des foraminifères planctoniques est de l'ordre du mois, et que leur abondance dans le plancton varie considérablement au fil des saisons. Or, s'il est possible d'espérer mesurer directement à l'avenir la température à laquelle les foraminifères ont sécrété leur coquille, à l'aide des méthodes reposant sur la teneur en métaux traces des carbonates ou le $\Delta 47$, force est de constater que ces méthodes sont encore en développement, et qu'on ne dispose en routine que des fonctions de transfert qui fournissent des températures moyennes pendant les saisons froides et chaudes, ou de l'approche U_{37}^{k}' qui ne permet d'estimer que la température pendant une saison, celle de croissance des coccolithophoridés. Il est donc indispensable de faire une calibration empirique sur la situation actuelle, afin de déterminer quelle température enregistre chacune des espèces de foraminifères planctoniques dans une zone donnée.

Pour calibrer une espèce donnée, vivant non loin de la surface, on mesure le $\delta^{18}O$ de coquilles prélevées dans des sédiments récents (les quelques derniers millénaires) et on choisit un ensemble de carottes couvrant une large zone géographique. Pour ces conditions que l'on suppose similaires à celles observées actuellement, on connaît par les atlas la température et la salinité moyennes en surface, pour chaque point où une carotte a été prélevée ; la composition isotopique de l'eau δ_w peut être estimée avec une précision raisonnable à partir des salinités. Enfin, on mesure dans chaque carotte le $\delta^{18}O$ des foraminifères (δ_c) que l'on souhaite calibrer. Par application de la formule des paléotempératures (équation 1), on calcule directement la température isotopique T^* que les foraminifères enregistrent et on peut la comparer aux températures moyennes mensuelles des eaux superficielles (Fig. 20.7). On a pu ainsi déterminer empiriquement que *Globigerinoides ruber* enregistrait la température moyenne mensuelle la plus élevée moins 1,5 °C, alors que l'espèce froide *Neogloboquadrina pachyderma* sénestre enregistre la température du mois le plus chaud moins 2,5 °C dans l'Atlantique Nord, mais seulement moins 1 °C dans l'océan Austral. Ces différences reflètent les écarts moyens entre la température de surface actuelle en été et la température des eaux, à la profondeur et pendant la brève saison à laquelle les foraminifères ont vécu.

20.3.3 Détermination de la composition isotopique de l'eau où les foraminifères ont vécu

Si l'on considère maintenant une carotte de sédiments couvrant une longue période de temps dans le passé, on peut mesurer au spectromètre de masse la

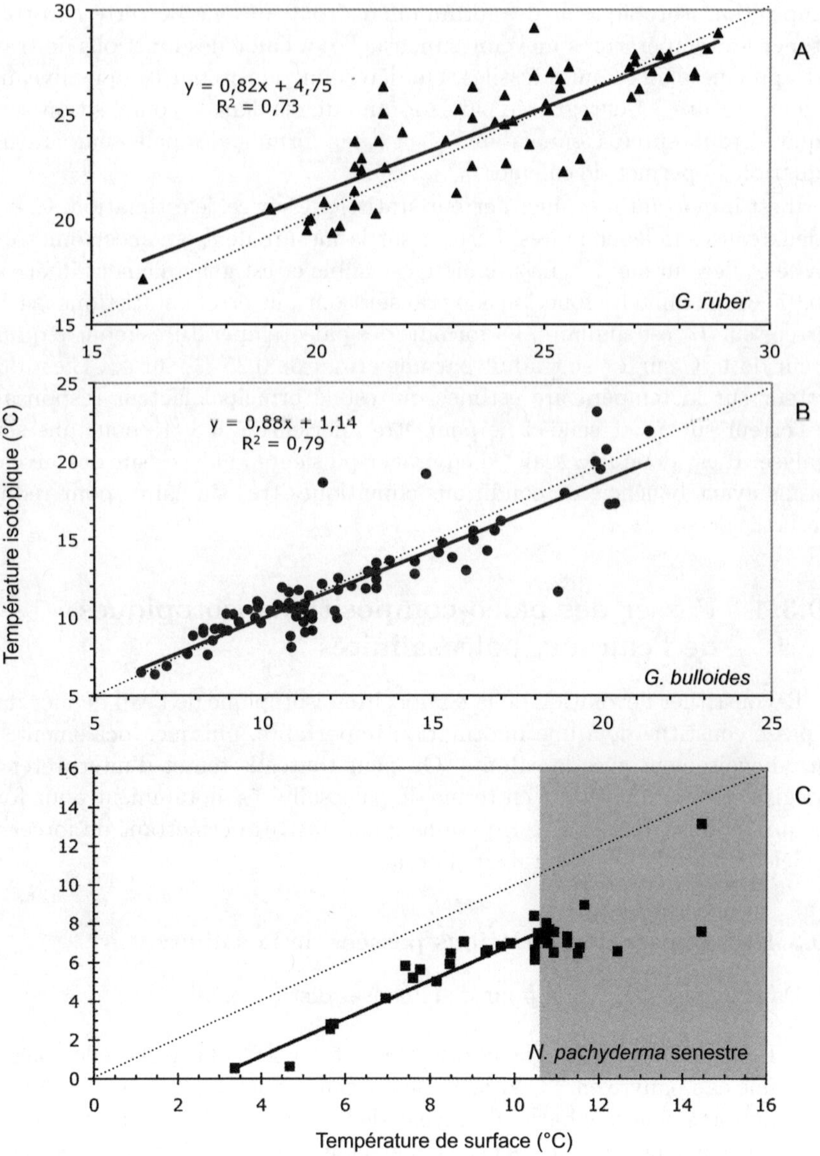

FIG. 20.7 – Température isotopique indiquée par différentes espèces de foraminifères planctoniques en fonction de la température d'été des eaux superficielles. On notera que dans les zones où la température d'été est ⩾11 °C, l'espèce froide *Neogloboquadrina pachyderma* sénestre indique souvent des températures inférieures aux températures moyennes données dans les atlas. On suppose que cette espèce ne se développe qu'occasionnellement, pendant des périodes où les conditions estivales sont exceptionnellement froides.

composition isotopique δ_c des foraminifères tout au long de cette carotte et estimer les températures moyennes mensuelles à l'aide des fonctions de transfert appliquées aux faunes fossiles. On détermine ainsi pour chaque niveau δ_c et température T^* enregistrée par le foraminifères dont la composition isotopique a été mesurée. Connaissant T^* et δ_c, la formule des paléotempératures (équation 1) permet de calculer δ_w.

Il est important d'évaluer l'erreur statistique sur cette estimation. Celle-ci a deux causes indépendantes, l'erreur sur la mesure de δ_c au spectromètre de masse et l'erreur sur T^*. La première est faible et est généralement inférieure à 0,07 ‰. Comme les fonctions de transfert ont une erreur statistique $\geqslant$1 °C, l'erreur sur T^* est similaire. La formule des paléotempératures montre qu'une erreur de 1 °C sur T^* se traduit par une erreur de 0,25 ‰ sur δ_w. C'est donc l'erreur sur la température estimée qui est le principal facteur responsable de l'erreur sur δ_w et celle-ci ne peut être inférieure à 0,3 ‰ pour une seule analyse. Il est donc nécessaire d'envisager plusieurs analyses sur des niveaux voisins ayant bénéficié de conditions climatiques très similaires pour réduire l'incertitude sur δ_w.

20.3.4 Passer des paléo-compositions isotopiques de l'eau aux paléosalinités

Reconstituer l'évolution de la composition isotopique de l'eau de mer dans le passé constitue déjà une information importante, puisque, localement, δ_w varie linéairement avec la salinité. On peut toutefois tenter d'interpréter un enregistrement de paléo δ_w en terme de paléosalinités, notamment pour fournir aux modélisateurs des estimations quantitatives permettant de forcer un modèle de circulation générale de l'océan.

20.3.4.1 Causes des variations passées de la salinité

Dans le passé, δ_w varie pour deux causes distinctes :

- Lorsque les calottes glaciaires croissent sur les continents, elles piègent une eau pauvre en ^{18}O et le δ_w de l'océan augmente. On observe donc simultanément une baisse du niveau de la mer et une augmentation de δ_w. Inversement, lorsque les calottes glaciaires fondent, la mer monte et δ_w diminue. Les études les plus récentes (voir chapitre 2, tome 2) estiment que le niveau de la mer avait baissé d'environ 120 mètres lors du dernier maximum glaciaire, et que la composition isotopique moyenne de l'océan était alors de +1,1 ‰ *vs.* SMOW (alors que la valeur actuelle est 0 ‰ par définition du SMOW, Standard Mean Ocean Water). Diverses approches visent à reconstituer les variations du niveau de la mer associées à l'évolution du volume des glaces gelées sur les continents. Il est alors facile d'en déduire la valeur de δ_w pour ces conditions climatiques.

- Localement, les variations du cycle hydrologique (évaporation, précipitation, déplacements de masses d'eau) sont susceptibles d'entraîner une variation supplémentaire de δ_w dont l'origine est climatique et hydrologique.

20.3.4.2 Calcul pratique des paléosalinités

L'estimation des paléosalinités par l'étude complète d'une carotte nécessite les phases suivantes :

- Mesurer δ_c et T^* à chaque niveau pour en déduire un enregistrement de paléoδ_w en fonction du temps couvert par la carotte ;

  Calculer la variation de δ_w pendant cette même période à partir d'un enregistrement connu des variations du niveau de la mer en prenant en compte qu'une baisse de 120 mètres du niveau marin s'accompagne d'une augmentation de δ_w de +1,1 ‰. On notera δ_w^{glace} l'enregistrement ainsi obtenu, qui a une valeur globale puisqu'il ne dépend que du niveau marin. La profondeur moyenne de l'océan actuel étant de 3 900 mètres et sa salinité moyenne de 34,7 psu, la quantité de sel restant constante dans l'océan, une baisse du niveau marin de 120 mètres s'accompagne d'une augmentation de salinité et la salinité moyenne de l'océan devient alors :

$$(34{,}7 \times 3\,900)/3\,780 = 35{,}8 \text{ psu.}$$

  La salinité a donc augmenté d'environ 1,1 psu et δ_w de +1,1 ‰. D'une façon générale, les variations du volume des glaces continentales se traduisent par une variation $\Delta\delta_w^{\text{glace}}$ de 0,009 2 ‰ pour une variation de niveau marin de 1 mètre.

- Soustraire pour chaque niveau de la carotte δ_w^{glace} de la valeur calculée de δ_w, le résiduel représente la variation de composition isotopique locale δ_w^{locale} due aux changements d'hydrologie. La variation de salinité correspondante peut être estimée à partir des observations actuelles (Fig. 20.5).

20.3.4.3 Estimation de l'erreur sur l'estimation

L'erreur statistique associée à cette approche est grande. L'incertitude sur δ_w est égale à 0,30 ‰ et celle sur δ_w^{glace} peut être estimée à 0,07 ‰, ce qui correspond à une incertitude de 8 m sur le niveau de la mer. Dans les hautes latitudes, une variation de δ_w^{locale} s'accompagne d'une variation pratiquement double de salinité. On peut espérer une estimation de la salinité avec une précision meilleure que 0,75 psu pour une analyse effectuée sur un seul niveau d'une carotte de sédiment. Cette méthode ne fournit donc d'informations que pour des variations très importantes des salinités dans le passé. Dans les basses latitudes, δ_w varie généralement très peu avec la salinité, et les erreurs expérimentales sur la détermination de T^* et sur la pente de la relation S/δ_w sont telles que la méthode ne peut permettre une reconstitution quantitative fiable des variations de paléosalinité, l'erreur pouvant excéder 2 psu.

20.3.5 Un exemple en Atlantique Nord pour le dernier maximum glaciaire

Duplessy *et al.* ([4]) ont utilisé cette approche pour reconstituer les salinités des eaux superficielles de l'océan Atlantique Nord lors du dernier maximum glaciaire. Il faut souligner que ces auteurs ont bénéficié de l'effort du programme international CLIMAP de reconstitution du champ de température des eaux de surface et donc d'une estimation optimale des températures T^* auxquelles les foraminifères ont sécrété leur coquille. La carte obtenue (Fig. 20.8) montre que le front polaire qui s'étendait à la latitude de la péninsule ibérique séparait les eaux tropicales plus salées qu'aujourd'hui (même en tenant compte de l'effet du développement des calottes glaciaires) des eaux polaires, beaucoup moins salées. En outre, on observe au Sud de l'Islande la pénétration d'une langue d'eau anormalement salée pour cette bande de latitude, qui a été interprétée comme la remontée ultime des eaux de la dérive Nord Atlantique. Ces eaux salées, en se refroidissant pendant l'hiver, constituaient une masse d'eau plus denses que les eaux environnantes, susceptibles de plonger pour former les eaux profondes de l'océan Atlantique glaciaire.

20.4 Reconstitution de l'hydrologie de l'océan profond

20.4.1 Les grands traits de la circulation actuelle

Sur une planète en rotation comme la Terre, la circulation superficielle des océans est gouvernée par les vents et la position des continents qui définissent la forme des bassins océaniques. La circulation profonde est pour sa part gouvernée par les faibles variations de densité des masses d'eau. Comme la densité dépend de la température et de la salinité, on parle de circulation thermohaline. La reconstruction des changements de température, salinité et densité des eaux intermédiaires et profondes est donc nécessaire pour comprendre les changements de circulation et de distribution des masses d'eau ; elle fournit également un terme de comparaison aux simulations réalisées à l'aide des modèles de circulation générale.

Comme nous l'avons vu dans le chapitre 1, dans les conditions actuelles, les eaux profondes de l'océan mondial se forment en hiver dans des zones très localisées des hautes latitudes, la mer de Norvège et la mer du Labrador dans l'hémisphère nord, la mer de Weddell et la mer de Ross au voisinage de l'Antarctique. Au cours de l'hiver, les eaux de surface y deviennent plus denses,

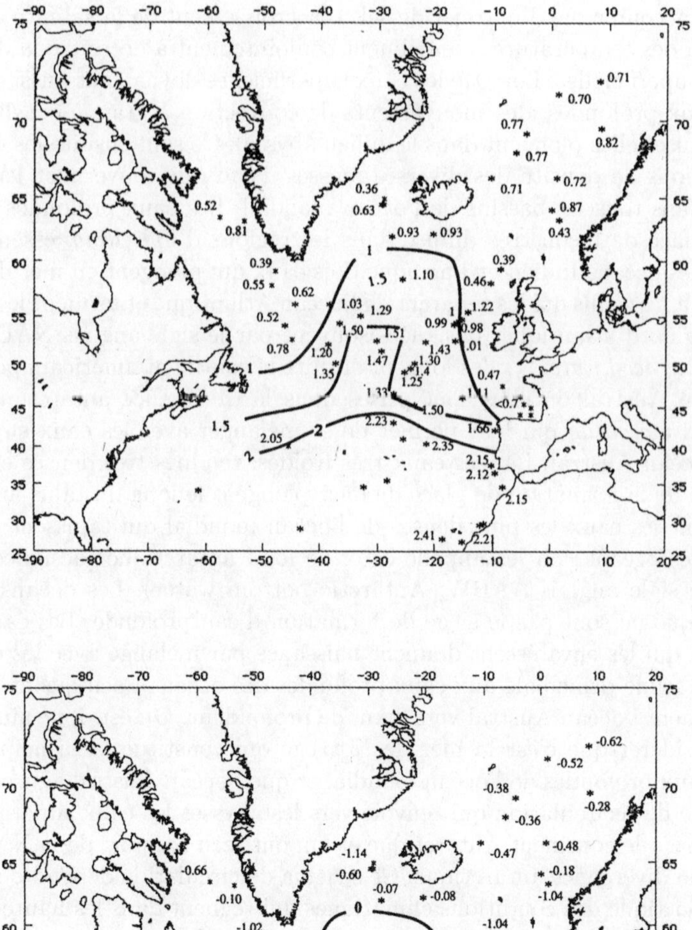

FIG. 20.8 – Reconstitution des variations de la composition isotopique de l'oxygène (A) et de la salinité (B) des eaux superficielles de l'océan Atlantique Nord pendant le dernier maximum glaciaire.

parce qu'elles se refroidissent mais aussi parce que la formation de glace de mer s'accompagne d'un rejet de sel. L'accroissement de la salinité et la diminution des températures contribuent conjointement à accroître la densité des eaux superficielles. Lorsque les eaux superficielles deviennent aussi denses que les eaux profondes, des mouvements de convection à grande échelle se développent et elles plongent dans le milieu abyssal. Ce sont ensuite les très faibles variations de densité des diverses masses d'eau qui gouvernent leur circulation dans tous les bassins de l'océan mondial. Les eaux profondes regagnent la surface de façon très diffuse dans les régions d'*upwelling*, essentiellement dans les océans Indien et Pacifique. Les eaux qui plongent en mer de Norvège passent les seuils qui les séparent de l'océan Atlantique et forment les eaux profondes nord atlantique (désignées souvent par le sigle anglais NADW, *North Atlantic deep water*) ; elles longent ensuite le continent américain pour gagner l'océan Austral où elles sont prises dans la divergence antarctique, grande zone d'*upwelling* qui leur permet de se mélanger avec les eaux superficielles de l'océan Austral. Là, ces eaux très froides, rendues très denses en hiver en raison de la formation de glace de mer, plongent le long du talus antarctique. Ce sont les eaux les plus denses de l'océan mondial qui tapissent le fond de tous les océans ; on les appelle eaux de fond antarctique (désignées souvent par le sigle anglais AABW, Antarctic bottom water). Les océans Indien et Pacifique ne sont pas le siège de formation d'eau profonde. Les eaux antarctiques qui les envahissent donnent naissance par mélange avec les eaux de la thermocline principale aux eaux profondes des océans Pacifique et Indien qui regagnent l'océan Austral vers 3 km de profondeur. On est donc ainsi conduit à considérer que c'est la mer de Norvège qui constitue la principale source des eaux profondes de l'océan mondial et que l'océan Austral agit comme une pompe de recirculation qui renvoie vers les abysses les eaux superficielles qui entourent le continent Antarctique et qui ont reçu l'apport de la NADW prise dans la divergence antarctique. Ce schéma de circulation dépend donc de manière critique des conditions climatiques qui règnent dans les hautes latitudes de l'hémisphère nord (océan Atlantique, mer de Norvège et mer du Labrador) et de l'hémisphère sud, dans l'océan Austral.

20.4.2 Reconstituer les températures et les salinités des eaux profondes

L'évolution passée de l'océan profond a été l'objet de multiples recherches. Or, le problème est extrêmement complexe car il n'a pas été possible d'établir des fonctions de transfert liant l'abondance des espèces benthiques à la température de l'eau de mer au voisinage du sédiment. En effet, ces abondances sont essentiellement gouvernées par la disponibilité en nourriture et la teneur en oxygène dissous pour certaines espèces, notamment les formes épibenthiques, qui vivent fixées sur d'autres organismes benthiques et donc en pleine eau, juste au-dessus de la surface du sédiment. Les paléocéanographes ont donc tenté des approches très variées.

20.4.2.1 Rechercher comme référence une zone dont la température n'a pas varié

Dès 1967, Shackleton [24] avait suggéré que le $\delta^{18}O$ des foraminifères benthiques devait suivre assez fidèlement le $\delta^{18}O$ des eaux profondes car celles-ci sont formées dans des conditions proches de la congélation et leur température ne devait pouvoir baisser significativement en période glaciaire. Labeyrie *et al.* [18] ont précisé ce concept, en analysant le $\delta^{18}O$ des foraminifères benthiques d'une carotte de la mer de Norvège, dont la température, bien inférieure à 0 °C dans les bassins profonds, est contrainte par les échanges avec la glace. Par comparaison de l'enregistrement isotopique ainsi obtenu avec ceux des océans Pacifique et Indien, ces auteurs ont pu mettre en évidence, en contradiction des hypothèses de Shackleton, des changements significatifs de la température des eaux profondes des autres grands bassins océaniques au cours de l'entrée dans la dernière glaciation, avec un refroidissement de l'ensemble des océans profonds à une température proche du point de congélation ($\sim$−1 °C) lors du dernier maximum glaciaire. Ce résultat a été ponctuellement confirmé depuis par d'autres traceurs, comme le rapport Mg/Ca des foraminifères benthiques Malheureusement, l'enregistrement isotopique benthique de la mer de Norvège est loin d'être continu et cette méthode n'a pas pu être appliquée avec succès pour reconstituer l'évolution des températures des eaux abyssales au cours de tout le Quaternaire.

Il faut toutefois souligner que les très basses températures des eaux profondes en conditions glaciaires sont logiques. En effet, dans les conditions actuelles, l'eau profonde nord atlantique (NADW) se forme à partir de l'eau très froide, proche du point de congélation, qui déborde de la mer de Norvège par les seuils situés entre l'Écosse, les îles Faeroe, l'Islande et le Groenland. Mais cette eau qui passe par dessus les seuils dont la profondeur est inférieure à un kilomètre se mélange avec les eaux atlantiques, beaucoup plus chaudes, qu'elle rencontre, de sorte que la NADW formée est caractérisée par une température de +3 °C, et une salinité de +34,95 psu. Elle a une densité qui reste élevée (1,027 9), très proche mais très légèrement inférieure à celle de l'eau antarctique de fond (AABW, température −1 à 0 °C, salinité 34,6). C'est donc AABW qui tapisse les grands fonds océaniques et, dans l'océan Atlantique, elle est surmontée par NADW. Tout changement dans le mode de formation ou les caractéristiques de ces eaux ou dans leurs flux respectifs va directement affecter l'hydrologie profonde. Pendant la dernière glaciation, la plongée d'eau très froide directement dans l'Atlantique Nord (et non plus dans la mer de Norvège, avec obligation de déborder au-dessus d'un seuil peu profond) explique que les eaux profondes de l'océan mondial se soit toutes trouvées à des températures proches du point de congélation.

20.4.2.2 Estimer la température indépendamment de la formule des paléotempératures

L'idée la plus simple est effectivement de déterminer la température des eaux au voisinage du sédiment en utilisant la teneur en métaux traces dans la coquille carbonatée des foraminifères benthiques, puis de calculer le δ^{18}O de l'eau à l'aide de la formule des paléotempératures. En fait, le problème est loin d'être définitivement résolu. Cette difficulté tient notamment aux incertitudes sur l'estimation des paléotempératures de l'eau de mer lorsqu'on utilise les méthodes géochimiques. À titre d'exemple, de nombreux facteurs (comme la salinité, l'alcalinité), encore mal quantifiés, ajoutent leurs effets à celui de la température pour modifier le rapport Mg/Ca des foraminifères. La méthode du $\Delta 47$, de découverte récente, n'a encore jamais été appliquée à ce type de problème.

20.4.2.3 Rechercher la signature géochimique des eaux anciennes dans les eaux interstitielles

Adkins et Schrag [1] ont observé que dans les longues carottes prélevées à l'aide des navires foreurs, les eaux interstitielles emprisonnées au sein des sédiments présentent des variations mesurables de salinité et de δ^{18}O : celles-ci croissent tout d'abord avec la profondeur, puis passent par un maximum pour décroître lentement. Ils ont interprété l'existence de ce maximum comme la signature des eaux très salées datant du dernier maximum glaciaire et qui ont diffusé dans la colonne sédimentaire. À l'aide d'un modèle simple de diffusion, ces auteurs ont estimé les valeurs de salinité et de δ^{18}O de l'eau de fond il y a 20 ka. Les valeurs de δ^{18}O de l'eau de fond étant maintenant connues, la formule des paléotempératures appliquée au δ^{18}O des foraminifères benthiques confirme que les eaux profondes de l'océan glaciaire étaient effectivement à une température proche du point de congélation et sursalées. Les quelques carottes qui ont été traitées par cette méthode sont en nombre très insuffisant pour donner une image complète de l'océan glaciaire. Elles témoignent toutefois d'une importante disparité des salinités d'un bassin à un autre, l'océan Austral étant le plus salé, contrairement à la situation actuelle.

20.4.2.4 Mettre en évidence des gradients forts séparant deux masses d'eau

Lynch-Stieglitz [20] a montré qu'une relation directe approximative pouvait être établie entre le δ^{18}O des foraminifères benthiques et la densité de l'eau de mer dans la gamme de température pour laquelle les relations température-salinité-densité sont à peu près linéaires (T supérieures à 2 °C). Elle a pu ainsi étudier les déformations géostrophiques de la thermocline profonde dans le détroit de Floride et proposer des estimations des changements du flux méridien lié à la circulation thermohaline atlantique entre le dernier maximum glaciaire et l'actuel.

La reconstitution des gradients verticaux du δ^{18}O des foraminifères benthiques montre de grands changements de la structure de la colonne d'eau lors du dernier maximum glaciaire : dans l'océan Atlantique, le gradient de température observé actuellement à la base de NADW, vers 3 000 m, se retrouvait alors vers 2 000 m et était beaucoup plus accentué que celui qui sépare actuellement NADW et AABW [17] ; dans l'océan Indien, un fort gradient séparait deux masses d'eau de caractéristiques bien distinctes vers 2 000 m de profondeur [14].

20.4.3 Reconstituer la circulation des eaux profondes

20.4.3.1 Reconstituer les lignes de courant à partir du δ^{13}C des foraminifères benthiques

Une approche originale, indépendante de la température et de la salinité, a pour objectif de caractériser les grands traits de la circulation de l'eau profonde, sans chercher à en comprendre les mécanismes physiques responsables. Elle repose sur le cycle du carbone et son traceur, le rapport $^{13}C/^{12}C$ conventionnellement reporté dans la notation δ^{13}C, le standard de référence étant le PDB. À la surface des océans, les eaux échangent facilement leur contenu gazeux avec l'atmosphère ; elles contiennent du gaz carbonique et sont riches en oxygène dissous ; la teneur en oxygène dissous est proche de la saturation si elles sont bien ventilées. Lors de la photosynthèse, le phytoplancton absorbe préférentiellement les molécules de gaz carbonique $^{12}CO_2$ par rapport aux molécules $^{13}CO_2$. La matière organique ainsi produite a un δ^{13}C voisin de -20 ‰, alors que le δ^{13}C du CO_2 dissous des eaux de surface varie entre $+1$ et $+2$ ‰. Cette matière organique qui constitue la base de la chaîne alimentaire tombe finalement en profondeur, entraînée par les pelotes fécales du zooplancton et des animaux supérieurs. Dans la colonne d'eau, la matière organique sédimentant subit une oxydation lente de reminéralisation sous l'action des bactéries qui consomment, tant qu'il y en a, l'oxygène dissous et produisent du CO_2 pauvre en ^{13}C. Les eaux profondes sont le siège d'une consommation d'oxygène dissous et d'une production de CO_2 qui s'accompagne d'une diminution du δ^{13}C (Fig. 20.9). Le δ^{13}C du CO_2 dissous des eaux profondes est plus petit que celui des eaux de surface.

La minéralisation des matières organiques est un phénomène lent. Aussi, les eaux profondes sont-elles caractérisées par un δ^{13}C encore élevé lorsqu'elles sont proches de leur zone de plongée (c'est le cas dans l'océan Atlantique Nord). Au fur et à mesure qu'elles s'en éloignent et circulent dans le milieu abyssal, elles n'ont pas la possibilité d'échanger avec l'atmosphère et elles deviennent de plus en plus pauvres en oxygène dissous tandis que leur δ^{13}C diminue. Comme ordre de grandeur, on peut considérer que le δ^{13}C des eaux profondes diminue d'environ 1 ‰ en 1 000 ans. Ce sont donc les eaux des

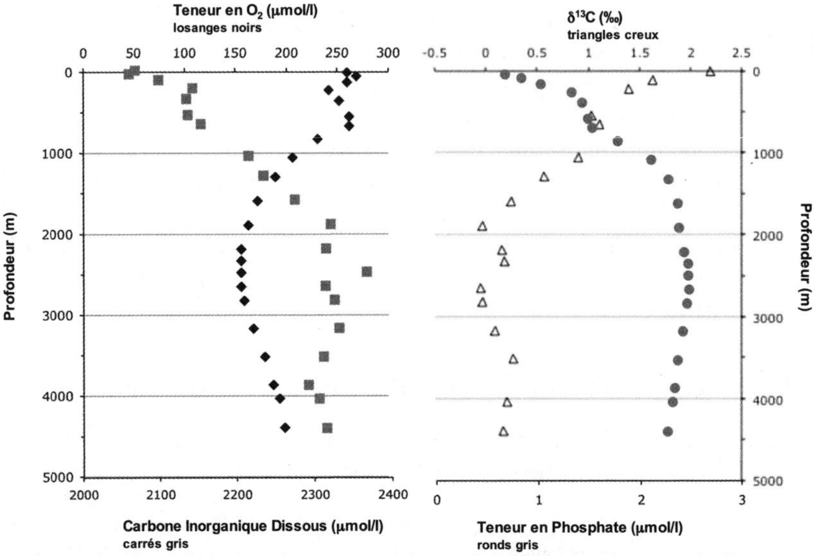

FIG. 20.9 – Variations en fonction de la profondeur de la teneur en oxygène dissous, de la teneur en CO_2 total dissous et du rapport $^{13}C/^{12}C$ du CO_2 total dissous ($\delta^{13}C$) à la station GEOSECS 322 dans l'océan Pacifique (43°O'5/29°56'W). La consommation d'oxygène par les bactéries marines se traduit par l'existence d'un minimum d'oxygène. La production de CO_2 qui en résulte est marquée par un maximum de CO_2 et un minimum de $\delta^{13}C$ puisque le carbone des matières organiques est appauvri d'environ 20 ‰ par rapport au carbone inorganique dissous.

bassins profonds des océans Pacifique et Indien qui ont les $\delta^{13}C$ les plus faibles. L'évolution des $\delta^{13}C$ dans l'océan profond constitue donc un traceur qui permet de caractériser les lignes de courant et les échanges entre les diverses masses d'eau profonde.

Les foraminifères épibenthiques, comme l'espèce *Cibicides wuellerstorfi*, reflètent cette évolution. Des variations du $\delta^{13}C$ des foraminifères benthiques dans les carottes prélevées dans les différents bassins océaniques témoignent de profondes modifications de la circulation océanique lors des grands changements climatiques. Pendant le dernier maximum glaciaire, contrairement à aujourd'hui, les eaux intermédiaires de l'océan Atlantique étaient bien ventilées (avec un $\delta^{13}C$ élevé) et les eaux profondes très peu ventilées (Fig. 20.10). La mise en évidence de la grande variabilité de la circulation thermohaline, qui constitue un des grands mécanismes régulateurs du climat, a suscité de nombreuses études, tant analytiques qu'en modélisation.

20.4.3.2 Utiliser les éléments trace des foraminifères benthiques

Dans l'océan actuel, les géochimistes ont montré que le cadmium (Cd) est inclus dans la partie organique de organismes, de sorte que son cycle suit celui

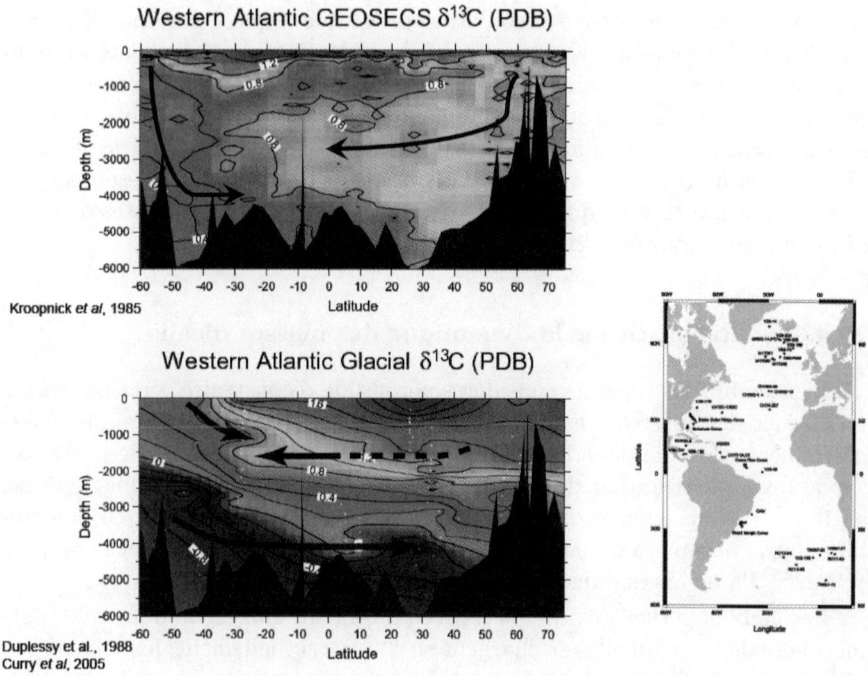

FIG. 20.10 – Variations du $\delta^{13}C$ du CO_2 total dissous dans les eaux profondes de l'océan Atlantique mesurée pendant les campagnes GEOSECS (Kroopnick, 1985) et le dernier maximum glaciaire (Curry et Oppo, 2005 [3] ; Duplessy *et al.*, 1988 [6]).

du phosphate. Aussi la concentration en Cd dissous dans les eaux océaniques présente-t-elle des variations très similaires à celles du phosphate dissous. Ce dernier est un élément nutritif dont le cycle est bien connu. Il est assimilé par le phytoplancton pour assurer sa croissance, et son devenir est celui des matières organiques formées par photosynthèse. Il tombe donc dans la colonne d'eau avec les débris organiques et il est libéré dans les eaux profondes au fur et à mesure que les bactéries oxydent les matières organiques. On observe donc dans les eaux profondes de l'océan une consommation d'oxygène dissous et une production de gaz carbonique (pauvre en ^{13}C comme nous l'avons vu), de phosphate et de cadmium.

L'ion Cd a la même charge et un rayon ionique proche de celui du Ca. Il est donc facilement incorporable comme métal présent à l'état de trace dans les coquilles carbonatées des foraminifères benthiques, et le rapport Cd/Ca reflète la concentration en Cd dans l'eau de mer dans laquelle le foraminifère s'est développé. Le rapport Cd/Ca constitue donc un traceur de la concentration en éléments nutritifs des diverses masses d'eau océaniques et des paléocirculations. Le Cd et le ^{13}C ont des comportements géochimiques voisins, la différence essentielle étant que les eaux de surface peuvent échanger leur gaz carbonique dissous avec l'atmosphère, alors que Cd ne participe pas aux échanges océan-atmosphère. En général, il existe une excellente anticorrélation entre les variations du rapport Cd/Ca et $^{13}C/^{12}C$ des foraminifères benthiques dans une carotte de sédiment. Une exception notable – que l'on ne sait toujours pas expliquer – est l'océan Austral, pour lequel les foraminifères benthiques ayant vécu pendant la dernière glaciation présentent des $\delta^{13}C$ très négatifs, alors que leurs teneurs en Cd sont peu différentes de celles des sédiments Holocène récents.

20.4.3.3 Reconstituer la dynamique des masses d'eau

L'ensemble des traceurs considérés permet de reconstruire certaines caractéristiques des masses d'eau dans le passé, mais pas leur dynamique. Nous n'évoquerons pas ici dans le détail les traceurs liés au transport de particules sur le fond (distribution des tailles de particules, susceptibilité magnétique, argiles...). Nous évoquerons par contre deux traceurs radioactifs en déséquilibre dans l'océan : la teneur en ^{14}C des foraminifères benthiques et le rapport $^{231}Pa/^{230}Th$ en excès dans les sédiments.

Les eaux superficielles de l'océan échangent du gaz carbonique avec l'atmosphère de sorte qu'elles se chargent en ^{14}C, et actuellement, leur teneur est 95 % de celle de l'atmosphère. Lorsque les eaux superficielles plongent à grande profondeur, elles entraînent avec elles le gaz carbonique dissous et le ^{14}C qu'il contient. Une fois en profondeur, les eaux sont isolées de l'atmosphère et le ^{14}C décroît du fait de sa radioactivité propre avec sa période de 5 720 ans. Les eaux les plus anciennes, dans le nord des océans Pacifique et Indien ont des âges apparents d'environ 800 ans (voir chapitre 3). Les foraminifères planctoniques qui vivent dans les eaux superficielles et les foraminifères benthiques qui vivent dans les eaux profondes incorporent dans leur coquille le ^{14}C présent dans les eaux qui les baignent. En comparant dans un même niveau de sédiment les âges ^{14}C des foraminifères planctoniques et benthiques, on peut estimer l'âge apparent des eaux profondes au cours des 30 000 dernières années. Cette méthode d'apparence très simple comporte en fait de nombreuses difficultés. Tout d'abord, les foraminifères benthiques sont très peu abondants et il est difficile d'obtenir la quantité de carbonate nécessaire à une analyse, même en utilisant la technique la plus sensible, la spectrométrie de masse par accélérateur. Ensuite, les âges ^{14}C des foraminifères benthiques une fois sédimentés sont très sensibles à la bioturbation : l'abondance d'une même espèce présente des variations considérables au cours du temps et les coquilles que l'on retrouve peuvent avoir été déplacées par l'activité des animaux fouisseurs et donc provenir d'un niveau d'âge significativement différent du niveau sélectionné. Enfin, la teneur en ^{14}C de l'atmosphère a subi des variations de grande amplitude, si bien que la différence d'âge ^{14}C entre les foraminifères planctoniques et benthiques ne reflète pas directement le temps de résidence des eaux dans le milieu profond.

L'autre approche fait appel au comportement géochimique des descendants de l'uranium dans l'eau de mer. La composition isotopique de l'uranium dissous est constante dans tout l'océan. Deux des isotopes de l'uranium, ^{235}U et ^{234}U, se désintègrent en produisant respectivement ^{231}Pa et ^{230}Th avec un rapport de production constant et égal à 0,093. ^{231}Pa et ^{230}Th sont très réactifs vis-à-vis des particules qui sédimentent dans la colonne d'eau. Ils s'adsorbent à leur surface et sédimentent avec elles. Cependant, le ^{231}Pa est moins réactif que le ^{230}Th, de sorte que le temps de résidence dans l'eau de mer de ^{231}Pa à l'état dissous est voisin de 200 ans, alors que celui de ^{230}Th à l'état dissous est de seulement une trentaine d'années (Yu *et al.*, 1996 [29]). Ce temps de résidence du ^{231}Pa est voisin de celui de la NADW dans l'Atlantique. Aussi, une fraction de la phase dissoute du ^{231}Pa est-elle advectée hors de l'océan Atlantique Nord par la NADW (environ 50 % dans l'océan moderne), alors que le ^{230}Th n'est pas affecté et sédimente complètement avec les particules. La perte nette de ^{231}Pa dans la colonne d'eau, à des profondeurs supérieures ou égales à celles où coule la NADW conduit à un déficit de ^{231}Pa dans les sédiments et donc des rapports ^{231}Pa/^{230}Th inférieurs au rapport de production (0,093). Si la circulation de NADW devient plus lente, moins de ^{231}Pa est advecté hors du bassin et le rapport ^{231}Pa/^{230}Th des particules qui alimentent le sédiment augmente, tout en restant inférieur ou égal au rapport de production.

Il faut noter que les sédiments contiennent aussi du ^{231}Pa et du ^{230}Th présents comme descendants de l'uranium des argiles et à l'équilibre séculaire avec leurs pères respectifs. L'apport de ^{231}Pa et ^{230}Th par les particules qui sédimentent produit donc un excès de ces deux radioisotopes dans le sédiment. La mesure du rapport ^{231}Pa/^{230}Th en excès dans les sédiments permet alors de tracer les variations du flux des eaux profondes de l'Atlantique Nord vers l'océan Austral et de détecter les variations associées aux grands changements climatiques [9, 11].

20.5 Les grands domaines de la paléocéanographie

Une condition indispensable pour reconstituer la circulation océanique dans le passé est que la tectonique des plaques n'ait pas enfoui les sédiments dans le manteau via les zones de subduction. Le renouvellement des fonds océaniques est tel que les sédiments les plus anciens datent du Trias, il y a environ 200 millions d'années. Encore sont-ils très réduits et très localisés dans l'océan Pacifique. En pratique, on peut espérer obtenir des informations quasi globales pour toute l'ère Tertiaire et de plus en plus restreintes en remontant dans l'ère Secondaire. Nous nous limiterons ici à analyser quelques-uns des grands traits de l'évolution du climat et de la paléocéanographie de l'ère Tertiaire, en nous focalisant sur les 25 derniers millions d'années au cours desquels on a vu s'établir progressivement les conditions glaciaires dans les hautes latitudes des deux hémisphères.

20.5.1 De « l'âge de l'effet de serre » aux « âges de glace »

Le Quaternaire, la période qui couvre les derniers 2,6 millions d'années de l'histoire de notre planète, est caractérisé par la persistance d'importantes calottes glaciaires dans les hautes latitudes des deux hémisphères ; le volume de ces calottes et leur extension géographique fluctuent à des échelles de 10^4 à 10^5 ans en réponse aux changements d'insolation contrôlés par les paramètres orbitaux de la Terre (voir chapitre 7, tome 2).

L'origine de ces grandes phases glaciaires est discutée dans plusieurs chapitres montrant la vision des géophysiciens, des géochimistes et des modélisateurs. Il ne fait guère de doute qu'à ces échelles de temps, supérieures au million d'années, ce sont les rétroactions liées à la tectonique des plaques qui en sont les causes majeures (voir chapitres 3, 5 et 6, tome 2). On peut citer en particulier :

- la forme et la position variable des continents et des bassins océaniques,
- l'existence de passages entre bassins,
- la localisation et l'altitude des chaînes de montagnes, océaniques ou continentales, qui affectent les circulations océaniques et atmosphériques, les transferts de chaleur par l'atmosphère et les courants marins superficiels,
- le volcanisme, l'érosion et leurs conséquences sur la chimie de l'atmosphère et la $p\mathrm{CO}_2$ atmosphérique.

La courbe décrivant l'évolution du δ^{18}O des foraminifères benthiques en fonction du temps présentée sur la Figure 20.2 est le résultat d'une compilation d'analyses effectuées dans plus de quarante sites de forage océaniques. Cette courbe enregistre conjointement les changements du δ^{18}O et de la température de l'eau, conformément à la formule des paléotempératures. Elle montre que le climat actuel est l'aboutissement d'une longue dégradation qui a démarré à la fin de l'optimum climatique de l'Éocène inférieur (-52 à -50 Ma). Cette dégradation est caractérisée par une augmentation du δ^{18}O au cours du temps, qui traduit la baisse des températures des hautes latitudes (là où se forment les eaux profondes) dans un monde sans grands glaciers, présents uniquement dans les montagnes, puis la croissance des calottes de glace. Le δ^{18}O des foraminifères benthiques va ainsi passer d'une valeur moyenne de $\sim+0{,}2$ ‰ lors de l'optimum climatique de l'Éocène inférieur, à une valeur moyenne de $\sim+4$ ‰ à la fin du Quaternaire. Cette lente dégradation climatique a été généralement attribuée à deux facteurs principaux, la diminution de la teneur en CO_2 de l'air et l'isolement thermique croissant du continent Antarctique, en raison de l'élargissement des passages océaniques qui l'entourent.

Mais des accidents relativement abrupts (c'est-à-dire à beaucoup plus brève constante de temps que la tendance moyenne) et de grande amplitude se superposent à cette lente dérive, ce qui montre que d'autres mécanismes de contrôle du climat terrestre (seuils, rétroactions rapides...) sont aussi entrés en jeu. Le premier de ces changements intervient à la toute fin du Paléogène, à la limite Éocène/Oligocène, vers 33,5 Ma. Il se traduit par une augmentation rapide du $\delta^{18}O$ des foraminifères benthiques, dont la valeur passe de +1,6 à +2,8 ‰ en ~100 à 200 ka seulement (Fig. 20.2). Cette dérive des $\delta^{18}O$ est attribuée au développement de la calotte glaciaire Antarctique. Le déplacement vers le nord du bloc australien a en effet permis l'ouverture du détroit de Tasmanie et la mise en place du courant Circum-Antarctique [30]. Cet isolement s'est traduit par une baisse des températures et la mise en place d'une calotte pérenne sur Antarctique de l'Est. Le volume de glace pourrait avoir atteint ~50 % de son volume actuel. Après une période où le climat évolue peu pendant une dizaine de millions d'années, deux phases de réchauffement, l'une à la fin de l'Oligocène, l'autre au Miocène moyen provoquent une réduction significative de la calotte de glace antarctique. L'augmentation des températures et la diminution du volume de la calotte se traduisent par une diminution de 1,2 ‰ du signal $\delta^{18}O$ benthique. On ne connaît pas encore les causes de ces changements de climat.

C'est à partir du Miocène moyen, dans l'intervalle 14,2-12,2 Ma, que débute la phase finale de dégradation qui va conduire aux grandes glaciations du Quaternaire. Elle est marquée par une augmentation du $\delta^{18}O$ des foraminifères benthiques de +1,0 ‰ en deux millions d'années. Des reconstructions de paléotempératures basées sur l'analyse du rapport Mg/Ca des coquilles de foraminifères benthiques suggèrent que la température des eaux profondes de l'océan a peu varié et que c'est la croissance de la calotte antarctique qui représente la plus grande partie du signal $\delta^{18}O$ benthique (soit ~0,8 ‰). Si ces estimations sont correctes, la calotte localisée sur la partie orientale de l'Antarctique aurait alors atteint 85 % de son volume actuel. Quant à la calotte ouest antarctique, elle ne semble s'être mise en place qu'à partir de 6 Ma, comme l'attestent les premiers dépôts de sédiments grossiers en mer de Weddell, provenant de la fonte des icebergs émis en bordure de cette calotte. Ces sédiments transportés par les glaces dérivantes résultent de l'érosion des continents par la friction des glaciers et sont souvent désignés par leur acronyme anglais IRD (*ice rafted detritus*).

Si le développement d'une calotte permanente sur l'Antarctique commence très tôt, dès le début du Néogène, il faut en revanche attendre la fin du Néogène pour assister au développement de calottes continentales pérennes dans les hautes latitudes de l'hémisphère nord. Les premiers dépôts d'IRD en mer de Norvège, témoins du développement encore timide d'une calotte (peut-être non permanente) sur le Groenland, ne sont pas observés avant 5,5 Ma [13].

L'augmentation rapide du $\delta^{18}O$ à partir de ~3,2 Ma pourrait signer le démarrage de la glaciation permanente des hautes latitudes de l'hémisphère nord. Cette glaciation va s'intensifier très rapidement vers 2,6 Ma, comme l'atteste l'augmentation massive des IRD en mer de Norvège. De nombreuses études ont porté, au cours des dernières années, sur l'hypothèse de la « fermeture de l'isthme de Panama » qui pourrait être à l'origine du développement des calottes glaciaires sur les hautes latitudes de l'hémisphère nord : les eaux chaudes intertropicales ne pouvant plus passer de l'Atlantique vers le Pacifique seraient déjetées vers l'Atlantique Nord, favorisant l'évaporation océanique et l'accumulation de neige sur les hautes latitudes. D'autres études mettent aussi en avant une baisse de la teneur en CO_2 atmosphérique, qui aurait été responsable d'un refroidissement, d'une augmentation de la formation d'eau profonde en Atlantique Nord et d'un changement de circulation facilitant le démarrage des glaciations

20.5.2 La « Révolution du Pleistocène moyen » et la mise en place des cycles de 100 ka

La Figure 20.2 montre l'évolution détaillée du $\delta^{18}O$ océanique global au cours des deux derniers millions d'années. La tendance à la dégradation climatique (augmentation du $\delta^{18}O$ benthique) se poursuit lors des deux derniers millions d'années. Sur cette tendance, se superposent des oscillations quasi-périodiques. Elles traduisent l'alternance de périodes glaciaires – qui correspondent à des refroidissements des eaux profondes et à l'accroissement du volume des calottes des hautes latitudes de l'hémisphère nord – et de périodes interglaciaires, qui correspondent à des réchauffements et à la fonte d'une fraction plus ou moins importante des calottes boréales. Il convient de bien insister ici sur le fait que l'opposition entre les termes interglaciaire et glaciaire ne signifie nullement la fonte totale des calottes lors des périodes interglaciaires. Lors des périodes interglaciaires, les calottes de glace ne disparaissent pas, même si leur extension dans l'hémisphère nord diminue très fortement. Par exemple, lors du dernier maximum glaciaire (en anglais, *last glacial maximum*, LGM), il y a 21 000 ans, les calottes glaciaires de l'hémisphère nord s'étendaient sur une large portion de l'Amérique du Nord et de l'Europe. À l'Holocène, la période interglaciaire dans laquelle nous vivons actuellement, ces calottes se sont largement résorbées et leur fonte a contribué à une remontée de 120 mètres du niveau de la mer depuis le LGM. Mais une calotte de 2,8 millions de km^3 persiste encore sur le Groenland. Sa fonte totale occasionnerait une nouvelle montée du niveau des mers d'environ 7 mètres.

L'amplitude des oscillations glaciaires-interglaciaires augmente nettement entre 1,2 Ma et 0,6 Ma (Fig. 20.2). Au cours de cette période appelée « Révolution du Pleistocène moyen », l'augmentation d'amplitude est essentiellement due aux valeurs de plus en plus élevées atteintes par le $\delta^{18}O$ lors des périodes glaciaires. Il n'existe pas encore de reconstruction fiable de la température des eaux profondes pour cette période. Il est cependant communément admis que cette augmentation du $\delta^{18}O$ traduit un accroissement du volume maximal des calottes atteint lors des périodes glaciaires successives.

Le changement d'amplitude des oscillations glaciaires-interglaciaires s'accompagne d'un bouleversement du contenu fréquentiel du signal $\delta^{18}O$ global. Alors que les oscillations du $\delta^{18}O$ des foraminifères benthiques montrent principalement une période de ~41 ka sur la plus grande partie du Néogène et au début du Quaternaire, les 600 000 dernières années sont dominées par des oscillations dont la période est ~100 ka (Fig. 20.2). Plusieurs auteurs ont conclu au caractère progressif de la « Révolution du Pleistocène moyen », l'amplification des cycles de 100 ka se faisant sur une période de plusieurs centaines de milliers d'années. Toutefois, dans certaines zones océaniques, des changements ne présentent pas ce caractère progressif. C'est le cas, par exemple, dans l'Atlantique équatorial, où la dynamique de la thermocline, reconstruite à partir de traceurs micropaléontologiques, change de mode de variabilité autour de ~930 ka. Les mécanismes responsables de cette transition sont encore mal connus. Il semble qu'un rôle essentiel soit attribuable à l'établissement de l'énorme calotte glaciaire Laurentide, qui par son inertie favoriserait la périodicité autour de 100 ka (voir le chapitre 7, tome 2).

20.5.3 Le dernier maximum glaciaire

Le LGM a été pendant longtemps et reste encore un grand domaine d'intérêt en paléoclimatologie, parce qu'il représente un extrême très différent du climat actuel sur lequel les modèles de circulation générale de l'atmosphère ou du système couplé océan-atmosphère pouvaient être validés. Les premières études définissaient cette période comme le dernier grand maximum de froid (enregistré par la micropaléontologie et les pollens) et le maximum d'extension des glaces (indiqué par la position des moraines sur les continents). Les datations ^{14}C plaçaient ce maximum aux alentours de 16-20 ka ^{14}C (soit en âge calendaire 18-23 ka). C'est la première période qui ait fait l'objet d'une étude paléoclimatique globale, grâce aux efforts du groupe CLIMAP. Le maximum isotopique ($\delta^{18}O$ des foraminifères planctoniques ou benthiques), interprété comme addition des effets du maximum de froid et du volume des glaces a été utilisé comme marqueur stratigraphique, et les températures de surface des océans (été-hiver) ont été déterminées à partir des fonctions de transfert micropaléontologiques. Ainsi ont été établies les cartes CLIMAP (CLIMAP, 1981 [2]) (Fig. 20.3) qui ont constitué les conditions aux limites pour les premières expériences de modélisation globale d'un paléoclimat. Les résultats de CLIMAP ont eu un retentissement considérable. Pour la première fois, on a pu chiffrer l'amplitude des changements de température entre une période glaciaire et une période interglaciaire (l'actuel) : la température moyenne de la planète avait baissé de 6 °C, mais ce refroidissement était loin d'être uniforme ; il dépassait 10 °C aux hautes latitudes nord, alors qu'il n'était que de quelques degrés dans la région intertropicale. Cet intense refroidissement était associé au développement des grandes calottes glaciaires sur les continents de l'hémisphère nord qui, avec pourtant environ 50 millions de kilomètres cubes de glace, était l'hémisphère le plus englacé. En outre, les analyses effectuées dans les glaces antarctiques montraient que la pCO_2 atmosphérique était inférieure d'environ 100 ppm aux valeurs préindustrielles.

Rapidement, il est apparu nécessaire de préciser ces premières études. Les traceurs continentaux des régions intertropicales, comme les séries polliniques ou la teneur en gaz rare dans les aquifères (qui dépend de la température des pluies à l'origine de ces aquifères) indiquaient des refroidissements de 3 à 6 °C au LGM, supérieurs à ceux que l'on pouvait déduire des estimations de température pour l'océan voisin. Dans l'océan, les alcénones témoignaient de refroidissements d'environ 2 °C là où les fonctions de transfert micropaléontologiques ne montraient que peu ou pas de changement. Des études détaillées ont donc été menées ces dernières décennies pour expliquer les différences observées. En tout premier lieu, il est apparu que beaucoup de carottes prélevées dans l'océan Pacifique tropical et utilisées pour la reconstitution CLIMAP avait un taux de sédimentation très faible et les remaniements du sédiment par les animaux fouisseurs (bioturbation) faisaient disparaître les contrastes de faune survenus au fil du temps. Ensuite, on a découvert que, dans les eaux chaudes, la faune présentait une variabilité importante qui ne reflétait pas seulement les variations de la température, de sorte que les fonctions de transfert micropaléontologiques devenaient peu sensibles pour des températures supérieures à 25 °C, celles du domaine tropical. Enfin, les études à haute résolution ont mis en évidence une grande variabilité entre 17 ka et 25 ka BP. Dans Atlantique Nord, le LGM ne correspond pas aux conditions les plus froides qui, elles, sont associées à deux HE qui encadrent le LGM, HE2 vers 24-22 ka BP et HE1 vers 19-17 ka BP.

Il devenait donc nécessaire de reprendre la reconstitution de l'océan de surface pendant le LGM. La synthèse la plus récente et la plus complète a été réalisée dans le programme MARGO (MARGO Project Members, 2009 [22]) qui s'est focalisé sur la période 20-22 ka BP correspondant au LGM *stricto sensu* pour bien faire la distinction entre le climat pendant le maximum d'extension des calottes glaciaires et celui correspondant aux HE. La reconstitution MARGO (Fig. 20.3) présente un bon accord global avec la reconstitution CLIMAP mais elle fait apparaître quelques différences notables :

- les mers nordiques étaient libres de glace pendant l'été ;
- les gradients thermiques latitudinaux et longitudinaux étaient forts ; ce sont les latitudes moyennes de l'océan Atlantique Nord qui ont connu les plus forts refroidissements (~–10 °C) ; la Méditerranée occidentale en avait subi le contrecoup (~–6 °C) ;
- la baisse des températures était généralement plus importante dans la partie orientale que dans la partie occidentale des océans ; elle était

particulièrement marquée le long des côtes africaines, notamment dans les zones côtières d'*upwelling* de Namibie et d'Afrique du Sud ;

- le refroidissement des eaux tropicales était voisin de 2 °C, même si localement, certaines eaux des océans Pacifique et Indien avaient connu un faible réchauffement ;
- dans l'océan Austral, un refroidissement de 2 °C à 6 °C marque un déplacement du front polaire vers le nord.

En complément des reconstitutions de la température des eaux superficielles, de nombreuses études ont été consacrées à l'océan profond. Nous en avons évoqué plusieurs en décrivant les différentes approches qui ont été développées au cours des quarante dernières années. Des différences significatives avec les conditions actuelles ont été mises en évidence :

- la plongée hivernale des eaux superficielles dans l'Atlantique Nord, en océan ouvert, conduisant à la formation d'eau profonde très froides et qui trouvaient leur équilibre de densité vers 2 000 m de profondeur ;
- des eaux de fond formées dans l'hémisphère sud, très froides et très denses, envahissant tout l'océan profond jusqu'à 2-2,5 km de profondeur ; elles occupaient donc un volume beaucoup plus importants qu'aujourd'hui ;
- la séparation entre les eaux profondes et les eaux de fond s'accompagnait d'un gradient beaucoup plus marqué qu'aujourd'hui des propriétés physiques (T, S, densité) et géochimiques ($\delta^{18}O$, $\delta^{13}C$) de ces eaux ;
- les taux de ventilation et de renouvellement des eaux profondes dans les divers bassins océaniques sont encore mal contraints en raison des informations discordantes fournies par les différents traceurs (^{14}C, $^{231}Pa/^{230}Th$) dont le comportement géochimique est complexe ; cette incertitude se retrouve également dans les simulations effectuées à l'aide des modèles de circulation générale de l'océan ou les modèles couplés océan-atmosphère.

20.5.4 La dernière déglaciation

Le réchauffement par oscillations successives au cours de la disparition des grandes calottes glaciaires nordiques, période qui s'étend de 20 à 8 ka BP a été décrit depuis plusieurs dizaines d'années grâce aux travaux des paléoclimatologues continentaux, puis reconnu par les paléocéanographes dans des carottes de sédiment marin à forte vitesse de sédimentation (Fig. 20.11). La terminologie de cette succession de réchauffements/refroidissements est d'ailleurs directement héritée des premières descriptions faites dans des enregistrements continentaux sur la base des assemblages de pollens : Dryas ancien, Dryas

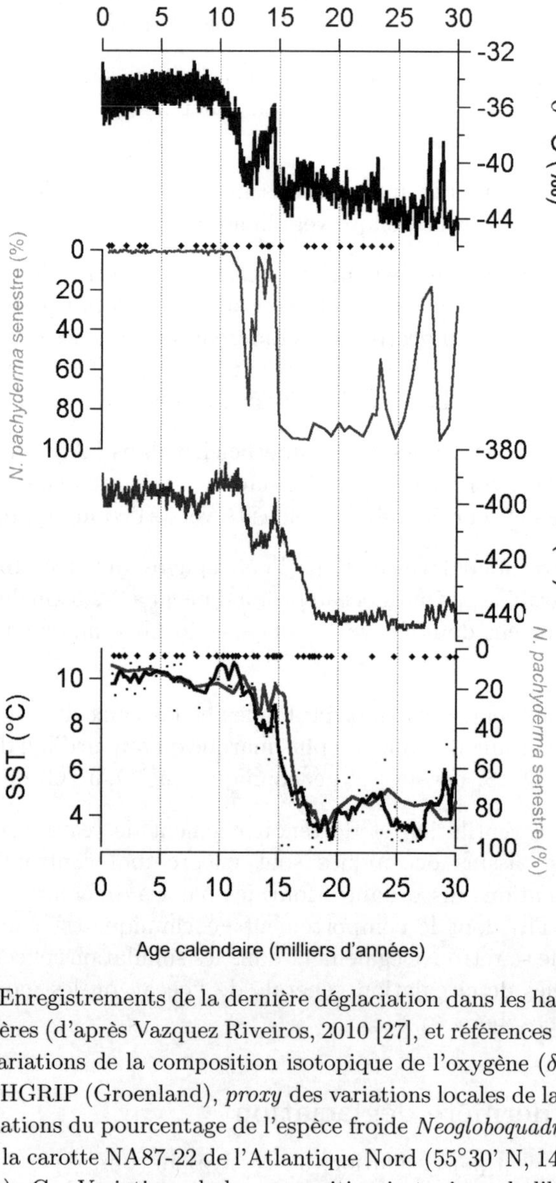

FIG. 20.11 – Enregistrements de la dernière déglaciation dans les hautes latitudes de deux hémisphères (d'après Vazquez Riveiros, 2010 [27], et références citées dans cette thèse). A – Variations de la composition isotopique de l'oxygène (δ^{18}O) de la glace au site NORTHGRIP (Groenland), *proxy* des variations locales de la température de l'air ; B – Variations du pourcentage de l'espèce froide *Neogloboquadrina pachyderma sénestre* dans la carotte NA87-22 de l'Atlantique Nord (55°30' N, 14°42' W, 2 161 m de profondeur) ; C – Variations de la composition isotopique de l'hydrogène δD de la glace au Dôme C (Antarctique), *proxy* des variations locales de la température de l'air ; D – Variations du pourcentage de l'espèce froide *Neogloboquadrina pachyderma sénestre* et température des eaux superficielles estimées par la méthode Mg/Ca dans la carotte MD07-3076 de l'océan Austral (44°09' S, 14°13' W, 3 700 m de profondeur).

moyen, Bølling-Allerød, Dryas récent sont autant de noms qui tirent leur origine de pollens de plantes (c'est le cas du Dryas, associé à la réapparition de la fleur froide *Dryas octopetala*), ou de lieux de prélèvements (le lac proglaciaire Bølling et la ville Allerød au Danemark). L'origine de cette succession reste encore un sujet d'étude. S'il ne fait plus guère de doute que le démarrage de la déglaciation est lié à l'évolution des paramètres astronomiques de l'insolation grâce à une forte augmentation de l'insolation d'été de l'hémisphère nord entre 20 000 et 10 000 ans BP (théorie de Milankovitch), les mécanismes des déphasages entre les deux hémisphères au cours de l'évolution de la déglaciation sont encore incompris. En effet, c'est en Antarctique, vers 19 000 ans, qu'une tendance nette au réchauffement apparaît. Simultanément, l'hémisphère nord, après une brève tendance au réchauffement, se refroidit sous l'influence de la débâcle d'icebergs liée à l'événement de Heinrich 1 (voir chapitre 8, tome 2). À la fin de cet événement, vers 14 000 ans BP, le réchauffement s'amplifie fortement au nord jusqu'à culminer pendant le Bølling-Allerød, alors que les températures de l'hémisphère sud marquent une pause et baissent même en Antarctique (Antarctic *cold reversal*). Pendant tout ce début de déglaciation, caractérisé par une augmentation de l'insolation à 65°N en été, l'anti-phase nord-sud est similaire à ce qu'elle était au cours de la période glaciaire avec une tendance générale au réchauffement.

Cependant, à la fin de l'événement chaud du Bølling-Allerød vers 12 500 ans BP, la fonte des calottes s'arrête, le niveau marin se stabilise et la déglaciation s'interrompt : c'est le Dryas récent (*Younger Dryas,* en anglais) caractérisé par un retour à des conditions très froides pendant environ 1 500 ans, alors que l'insolation atteint des valeurs maximales. Ce retour à des conditions de type glaciaire suscite encore bien des interrogations. L'explication la plus couramment admise est un changement brutal du chemin suivi par les eaux de fonte de la calotte glaciaire Laurentide. Jusque vers 12 500 ans BP, cet énorme apport d'eau était transporté par le Mississippi. Déversée dans le golfe du Mexique, l'eau douce était entraînée par la circulation de surface de l'océan Atlantique (*Gulf Stream* puis dérive nord atlantique) et se diluait très progressivement au sein des eaux tropicales salées, sans impact climatique majeur. Pendant le Dryas récent, le débit du Mississippi chute considérablement, ce qui a conduit à l'hypothèse que le panache de fonte ait pu changer de bassin versant et s'écouler par le fleuve Saint-Laurent vers le nord-ouest de l'océan Atlantique. La salinité de cette zone de plus haute latitude, où se développent les plongées d'eaux profondes, aurait ainsi été abaissée, interrompant la circulation thermohaline et provoquant un refroidissement et une nouvelle croissance de certains glaciers. Une telle hypothèse a été appuyée par des modélisations simples de la circulation océanique (voir chapitre 4, tome 2). Néanmoins, aucune donnée isotopique n'est venue étayer cette hypothèse puisque les carottes de sédiment marin analysées dans la zone attendue d'évacuation des eaux de fonte n'ont enregistré aucune trace d'un tel événement. Aucune autre explication satisfaisante n'a à ce jour été proposée pour expliquer le Dryas récent, alors qu'il s'agit d'un événement dont l'étude détaillée pourrait nous permettre de mieux comprendre les interactions entre océan, glace et atmosphère dans des conditions de très forte insolation.

20.5.5 Les périodes interglaciaires, l'Holocène et le dernier millénaire

C'est pour expliquer la succession des périodes glaciaires – interglaciaires du dernier million d'années que Milankovitch a développé la théorie astronomique des paléoclimats. Depuis, des modèles conceptuels peuvent en décrire assez précisément les évolutions générales (comme par exemple, les changements du volume des glaces) et leurs périodicités principales centrées autour de 100, 40 et 20 ka (voir chapitre 7, tome 2). Si les changements de volume des calottes de glaciaires et les constantes de temps de leur réponse aux variations d'insolation sont relativement bien compris, il n'en va pas de même pour l'évolution du climat au cours des périodes interglaciaires. En particulier, les mécanismes à l'origine des différences de durée, de température de l'atmosphère et de l'océan, de circulation océanique sont encore mal connus, alors que les différences de forçage sont très précisément calculées. Cette méconnaissance tient d'abord à la faible différence des températures de l'océan au cours des diverses périodes interglaciaires ; celles-ci sont le plus souvent inférieures à la barre d'erreur des fonctions de transfert et ne peuvent être estimées avec la précision nécessaire que par des analyses détaillées. Une complication supplémentaire résulte de ce que les mécanismes internes au système climatique doivent être étudiés à travers ses différentes composantes (atmosphère, océan, continent), ce qui implique la construction d'échelles de temps communes aux différentes archives utilisées et rend l'étude des interglaciaires antérieurs à l'Holocène particulièrement difficile.

Dans ce paragraphe, nous nous bornerons à l'analyse des deux derniers interglaciaires, l'Éemien, il y a environ 125 000 ans et l'Holocène dans lequel nous vivons. Éemien et Holocène sont des termes empruntés aux palynologues pour définir ces deux interglaciaires et seront utilisés dans ce chapitre. Une troisième partie sera plus particulièrement consacrée aux résultats récemment obtenus sur la période du dernier millénaire qui offre l'avantage d'un plus grand nombre d'enregistrements tant continentaux que marins, et donc qui peuvent, dans certains cas, être comparés aux enregistrements de données météorologiques.

20.5.5.1 L'interglaciaire marin 5.5 ou Éemien

Avant toute présentation des principales connaissances sur cette période de temps, il est important de définir ce qu'est un interglaciaire. Il peut en effet être défini de multiples façons selon que l'on considère, par exemple, la variabilité des flores, de la circulation océanique, de la température de l'air, de l'eau... Nous adopterons ici le volume de glace comme marqueur.

La période interglaciaire au sens strict est donc définie comme l'intervalle de temps pendant lequel le volume de glace est minimum et reste constant pendant plusieurs millénaires.

Dans l'océan, le stade isotopique marin 5 (*marine isotopic stage* ou MIS utilisé dans la suite) est découpé en cinq phases chaudes et froides d'intensités variables (Fig. 20.1). L'interglaciaire au sens strict, c'est-à-dire comparable à la période dans laquelle nous vivons, est appelé MIS 5.5 (autrefois 5e) et s'étend entre 126 000 et 118 000 ans BP environ. Dès 115 000 ans BP, point moyen de la transition marquant l'entrée dans le MIS 5.4, le volume de glace a déjà augmenté de manière significative, de sorte que le niveau de la mer s'est abaissé de plusieurs mètres, jusqu'à –40 m lors du paroxysme du MIS 5.4, il y a 110 000 ans.

Pendant le MIS 5.5, le forçage de l'insolation était caractérisé par une excentricité relativement forte, avec la conjonction d'une forte inclinaison et d'un périhélie proche du solstice d'été. Cette configuration orbitale était à l'origine d'une augmentation d'insolation d'été dans l'hémisphère nord de plus de 30 W/m^2 par rapport à la situation actuelle. Malgré ces différences dans les forçages, l'évolution générale du MIS 5.5 paraît au premier ordre assez semblable à celle de l'Holocène : des températures assez élevées à haute latitude nord jusqu'à environ 123 000 ans (en accord avec une insolation et une hauteur du Soleil sur l'horizon plus élevée), puis un refroidissement progressif associé à la baisse d'insolation estivale à haute latitude nord en parallèle à l'initiation progressive des conditions glaciaires. Néanmoins, l'augmentation d'insolation d'été dans l'hémisphère nord a eu un impact puisque les températures des eaux de surface étaient globalement de 2 à 5 °C plus chaudes que pour l'Holocène dans les mers nordiques et les hautes latitudes de l'Atlantique Nord. Cette différence significative a eu un double impact :

- le réchauffement de l'ordre de 0,4 °C des températures des eaux de la masse d'eau Atlantique profonde, qui l'ont transportée jusque dans les eaux profondes circumpolaires antarctiques (Fig. 20.12) ;
- la fonte partielle du Groenland et de l'Antarctique de l'Ouest.

Ces deux actions conjuguées ont ainsi conduit à une élévation du niveau marin de 4 à 6 m par rapport à l'actuel

L'entrée dans le premier épisode froid (MIS 5.4) il y a environ 115 000 ans, liée à la diminution de l'insolation d'été aux hautes latitudes de l'hémisphère nord, est marquée par des instabilités rapides de périodicité millénaire. Entre 120 000 et 110 000 ans, différentes rétroactions majeures ont été diagnostiquées :

- une augmentation du gradient de température entre basses et hautes latitudes de l'hémisphère nord en réponse au forçage de l'insolation qui conduit à l'augmentation de l'évaporation aux basses latitudes pendant la période de refroidissement aux hautes latitudes, induisant ainsi des chutes de neige accrues et la nucléation d'une première calotte de glace ;

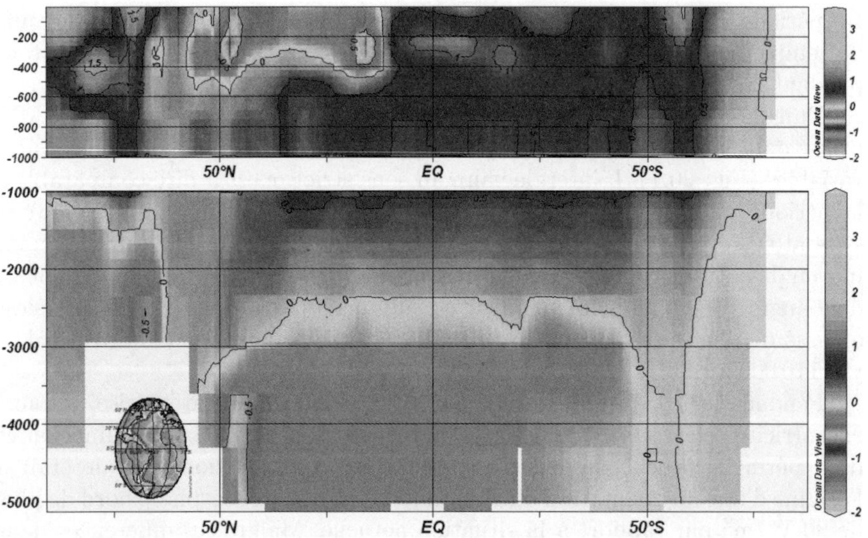

FIG. 20.12 – Reconstitution de la température des eaux profondes de l'océan Atlantique pendant le dernier interglaciaire [5].

- un renforcement de la circulation thermohaline provoquant une expansion des eaux superficielles chaudes dans les moyennes latitudes, conduisant là encore à un renforcement du gradient thermique séparant les eaux chaudes des eaux nordiques froides ;
- une baisse de la ventilation de l'océan Austral profond liée au refroidissement des eaux de surface aux hautes latitudes sud, favorisant ainsi l'expansion des eaux profondes antarctiques ;
- un changement de couvert végétal sur les continents nordiques entraînant un changement d'albédo : le remplacement de la forêt par une toundra facilement enneigée augmente le pouvoir réflecteur des continents aux hautes latitudes et favorise l'installation de glaces pérennes.

20.5.5.2 L'Holocène

La période Holocène a débuté il y a environ 10 000 ans. Les dernières grandes calottes glaciaires n'avaient pas encore complètement disparu, mais des changements majeurs étaient intervenus depuis le début de la déglaciation, tant en terme de niveau marin que de température océanique et continentale. Au premier ordre, le climat de ces 10 000 dernières années est considéré comme stable, mais cette apparente stabilité masque des fluctuations régionales très prononcées pour le cycle hydrologique, la circulation des eaux superficielles de l'océan, notamment pendant la phase ultime de fonte des calottes glaciaires résiduelles, ou encore la circulation générale de la Méditerranée, mer bordée de continents, communiquant de manière restreinte avec l'océan ouvert et dramatiquement affectée par les variations de l'intensité des pluies sur son bassin d'alimentation. L'Holocène est la période des déplacements majeurs de population et de leur développement. Son étude bénéficie de la chronologie précise offerte par le carbone-14 et permet une analyse approfondie de l'impact des changements d'insolation sur le système climatique et des interactions entre ses différents compartiments. Dans un contexte où les activités humaines ont encore un impact négligeable sur l'environnement global, l'évolution du climat des derniers millénaires constitue une référence pour détecter la perturbation résultant des activités industrielles et agricoles.

Le forçage de l'insolation d'été à 65°N au début de l'Holocène atteint plus de 390 W/m^2 et favorise un réchauffement global qui durera jusqu'à environ 6 000 ans BP. L'optimum thermique affecte toutes les hautes latitudes du bassin de l'Atlantique Nord et notamment l'Islande, la mer de Norvège et les côtes scandinaves [16]. En mer de Barents, le maximum des températures est restreint à la période 7,9-6,9 ka BP car l'apport de chaleur par la Dérive nord atlantique a d'abord servi à fondre les glaces environnantes. À plus basse latitude, l'augmentation des températures s'accompagne d'un déplacement de la zone de convergence intertropicale et d'une modification majeure de la dynamique des moussons, en particulier de la mousson africaine, et donc du cycle de l'eau atmosphérique. En effet, l'augmentation du contraste thermique entre continent et océan a accentué le phénomène des moussons jusqu'au cœur du continent africain.

Les études effectuées sur des carottes de sédiment prélevées tant en mer Méditerranée que dans des lacs africains témoignent ainsi de réorganisations majeures. Par exemple, avant 6 000 ans, le Sahara n'était pas l'étendue désertique que l'on connaît aujourd'hui mais une savane herbeuse, parsemée de lacs et propice à l'implantation d'agriculteurs, appelée parfois de façon imagée – mais abusivement – Sahara vert. Il y a 6 000 ans, cette période humide a progressivement pris fin et les conditions se sont lentement dégradées. La végétation tropicale des forêts-galeries le long des cours d'eau diminue lentement, puis la végétation sahélienne à son tour disparaît pour céder la place il y a environ 2 700 ans aux environnements désertiques que nous connaissons aujourd'hui. Ce bouleversement majeur est lié à la diminution de l'insolation reçue du Soleil depuis 10 000 ans mais aussi à la rétroaction induite par la disparition progressive de la végétation qui modifie l'albédo.

Pendant cette période humide, la mer Méditerranée recevait davantage d'eau douce, notamment dans le bassin oriental [15]. Les plongées hivernales d'eau superficielles bien ventilées sont devenues impossibles dans le bassin levantin, et les eaux y étaient devenues totalement anoxiques, entraînant la disparition des faunes benthiques en dessous de 800 m de profondeur. Cet événement est marqué par une couche de sédiments noirs, riches en matière organique, les sapropèles. Bien que la ventilation des eaux de la Méditerranée

Orientale ait repris depuis environ 6 000 ans, la faune profonde de ce bassin, dont la colonisation est lente, est toujours très pauvre.

L'optimum climatique s'achève par un refroidissement brutal dans les plus hautes latitudes (mer de Barents), et la fin de l'Holocène est caractérisée par une détérioration climatique qui s'atténue de plus en plus vers les latitudes moyennes de l'Atlantique Nord ; dans le même temps, les basses latitudes présentent un faible réchauffement. À l'inverse de l'évolution de l'Atlantique, les estimations de températures des eaux superficielles dans le Pacifique Nord présentent un réchauffement progressif de l'ordre du degré.

Au-delà de ces réorganisations qui s'interprètent comme une réponse du système climatique au forçage de l'insolation, l'Holocène a également enregistré un brusque événement, de très courte durée, il y a 8 200 ans. Sans atteindre l'ampleur des variations climatiques rapides et brutales de la dernière période glaciaire, cet événement a néanmoins laissé une empreinte significative sur les températures de l'hémisphère nord. Comme ses homologues glaciaires, cet événement est associé à une décharge d'eau douce liée, dans ce cas, à la rupture d'un lac de barrage proglaciaire, le lac Agassiz, créé par le retrait de la calotte Laurentide. Le déversement soudain de plusieurs dizaines de milliers de km^3 d'eau en un temps très réduit de l'ordre de 1 à 5 ans (les estimations varient de 50 000 à 120 000 km^3 d'eau) a eu plusieurs conséquences, notamment la diminution de la température (environ 1 °C) et de la salinité des eaux de surface de l'Atlantique Nord, la diminution de 2 à 6 °C de la température de l'atmosphère au-dessus du Groenland, la diminution de la température de l'air et de l'eau des lacs en Europe occidentale, et la diminution de l'intensité de la circulation océanique pendant une période d'environ 100 ans après la décharge d'eau douce.

L'étude de cet événement à 8 200 ans a permis de montrer que la circulation océanique de type interglaciaire telle qu'elle était au début de l'Holocène pouvait également être sensible à une intense décharge d'eau douce, aussi brève soit-elle.

Le climat du dernier millénaire fait l'objet de beaucoup d'attentions puisqu'il permet de donner une perspective de relativement long terme aux observations récentes du réseau météorologique mondial (limitées aux derniers 150 ans) et des satellites dédiés à l'observation de la Terre (limitées à quelques décennies). Les reconstitutions de la température de l'air sur l'hémisphère nord, étendues ensuite à l'ensemble de la planète, proviennent de données essentiellement continentales. Les températures des eaux de surface et les courants ont eux aussi fluctué pendant la période historique. Les archives islandaises, par exemple, ont tenu un registre précis du nombre de semaines pendant lesquelles les glaces de mer atteignaient les côtes d'Islande : du début du XVIIe à la fin du XIXe siècle, un englacement de plus de 3 mois était fréquent, le record étant de 38 semaines pour l'année 1750.

Les études de paléocéanographie à haute résolution témoignent que la circulation océanique varie selon des échelles de temps de l'ordre de plusieurs centaines d'années tout au long du Quaternaire. Reconstituer et comprendre l'évolution de l'océan au cours du dernier millénaire est donc particulièrement difficile, puisque les observations des océanographes couvrent à peine plus d'un siècle, et que, pour les paléocéanographes, cette période est enregistrée dans la partie la plus superficielle du sédiment, souvent mal consolidée et difficile à prélever. Aussi les études en milieu océanique sont-elles limitées par le faible nombre de zones géographiques dont le taux de sédimentation est suffisamment élevé pour permettre un enregistrement précis des changements hydrologiques. Des études récentes, par exemple, sont venues confirmer les relevés historiques islandais et replacer les variations observées historiquement dans le contexte des deux derniers millénaires. L'étude d'une carotte prélevée au large de la côte nord de l'Islande montre que les températures des eaux de surface présentaient une variabilité multidécadale attribuée à l'oscillation nord atlantique à travers le forçage par les vents (Fig. 20.13). L'enregistrement de l'Optimum climatique médiéval (entre 1000 et 1350 ans BP) suggère une augmentation du transport d'eau chaude en provenance de la dérive nord atlantique via le courant nord islandais pendant cette période de temps. Le Petit Âge de glace montre quant à lui un refroidissement continu jusqu'au début du XXe siècle, interprété comme une diminution de l'apport d'eau chaude

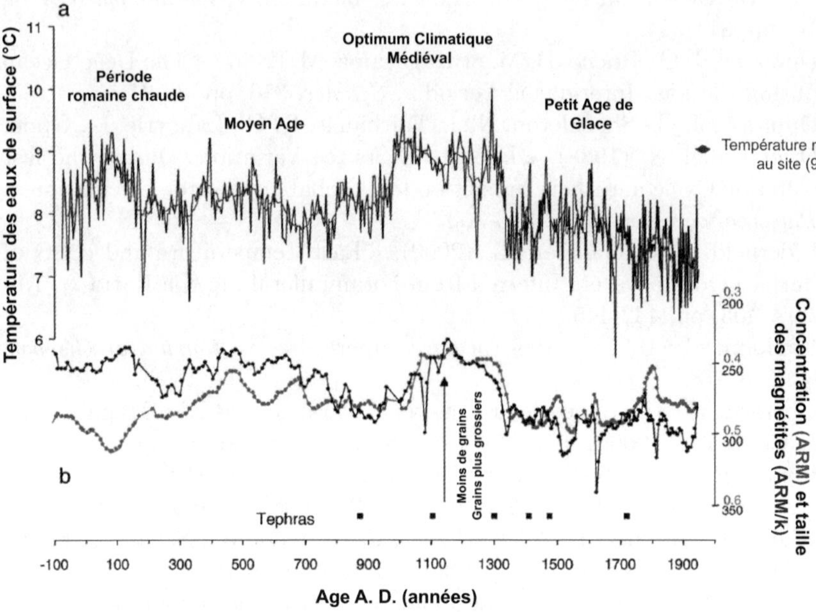

FIG. 20.13 – Évolution du climat des deux derniers millénaires enregistrée dans la carotte MD99-2275 située au nord de l'Islande (66°33' N, 17°42' W, 470 m de profondeur) [26].

via le courant nord islandais et une augmentation de l'export de glace de mer et donc d'eau douce par les mers nordiques. Ces tendances ont été confirmées par l'analyse de quelques carottes prélevées en Atlantique Nord. Toutefois, ces quelques études ponctuelles ne sont que le point de départ des études nécessaires pour bien documenter les variations de l'océan au cours des derniers millénaires.

Références bibliographiques

[1] Adkins, J. F., McIntyre, K. et Schrag, D. P. (2002). « The Salinity, Temperature and $\delta^{18}O$ of the Glacial Deep Ocean », *Science*, 298, pp. 1 769-1 773.

[2] CLIMAP (1981) « Seasonal Reconstructions of the Earth's Surface at the Last Glacial Maximum », *Geol. Soc. Am. Map and Chart Ser.*, MC-36.

[3] Curry, W. B. et Oppo, D. W. (2005) « Glacial Water Mass Geometry and the Distribution of δ13X of $\sum CO_2$ in the Western Atlantic Ocean », *Paleoceanography*, 20, doi:10.1029/2004PA001021.

[4] Duplessy, J. C., Labeyrie, L., Juillet-Leclerc, A., Maitre, F., Duprat, J. et Sarnthein, M. (1991), « Surface salinity reconstruction of the North Atlantic Ocean during the last glacial maximum », *Oceanologica Acta*, 14, pp. 311-324.

[5] Duplessy, J. C., Roche, D. M. et Kageyama, M. (2007) « The Deep Ocean during the Last Interglacial Period », *Science*, 316, pp. 89-91.

[6] Duplessy, J. C., Shackleton, N. J., Fairbanks, R. G., Labeyrie, L., Oppo, D. et Kallel, N. (1988), « Deepwater Source Variations During the last Climatic Cycle and their Impact on the Global Deepwater Circulation », *Paleoceanography*, 3, pp. 343-360.

[7] Elderfield, H. et Ganssen, G. (2000), « Past Temperature and d18O of Surface Ocean Waters Inferred from Foraminiferal Mg/Ca Ratios », *Nature*, 405, pp. 442-445.

[8] Emiliani, C. (1955), « Pleistocene temperatures », *Journal of Geology*, 63, 538-578.

[9] Gherardi, J. M., Labeyrie, L., Nave, S., Francois, R., McManus, J. F. et Cortijo, E. (2009) « Glacial-Interglacial Circulation Changes Inferred from $^{231}Pa/^{230}Th$ Sedimentary Record in the North Atlantic Region », *Paleoceanography*, 24, PA2204, doi:10.1029/2008PA001696.

[10] Ghosh, P., Adkins, J., Affek, H., Balta, B., Guo, W., Schauble, E. A., Schrag, D. P. et Eiler, J. M. (2006), « 13C-18O Bonds in Carbonate Minerals: a New Kind of Paleothermometer », *Geochim. Cosmochim. Acta*, 70, pp. 1 439-1 456.

[11] Guihou, A., Pichat, S., Nave, S., Govin, A., Labeyrie, L., Michel, E. et Waelbroeck, C. (2010) « Late Slowdown of the Atlantic Meridional Overturning Circulation during the Last Glacial Inception: New Constraints

From Sedimentary (^{231}Pa/^{230}Th) », *Earth and Planetary Science letters*, 289, pp. 520-529.

[12] Imbrie, J. et Kipp, N. G. (1971), « A New Micropaleontological Method for Quantitative Paleoclimatology: Application to a late Pleistocene Caribbean Core », dans Turekian, K. K. (Ed.), *The late Cenozoic glacial ages*, Yale University Press, pp. 71-181.

[13] Jansen, E. et Sjoholm, J. (1991) « Reconstruction of Glaciation over the 6 Myr from Ice-Borne Deposits in the Norwegian Sea », *Nature*, 349, pp. 600-603.

[14] Kallel, N., Labeyrie, L. D., Juillet-Leclerc, A. et Duplessy, J. C. (1988) « A Deep Hydrological Front Between Intermediate and Deep-Water Masses in the Glacial Indian Ocean », *Nature*, 333, pp. 651-655.

[15] Kallel, N., Paterne, M., Duplessy, J. C., Vergnaud-Grazzini, C., Pujol, C., Labeyrie, L., Arnold, M., Fontugne, M. et Pierre, C. (1997) « Enhanced Rainfall in the Mediterranean Region During the Last Sapropel Event », *Oceanologica Acta*, 20, pp. 697-712.

[16] Koç, N., Jansen, E. et Haflidason, H. (1993) « Paleoceanographic Reconstructions of Surface Ocean Conditions in the Greenland, Iceland and Norwegian Seas through the Last 14 Ka Based on Diatoms », *Quaternary Science Reviews*, 12, pp. 115-140.

[17] Labeyrie, L., Duplessy, J. C., Duprat, J., Juillet-Leclerc, A., Moyes, J., Michel, E., Kallel, N., and Shackleton, N. J. (1992) « Changes in Vertical Structure of the North Atlantic Ocean between Glacial and Modern Times », *Quaternary Science Reviews*, 11, pp. 401-413.

[18] Labeyrie, L. D., Duplessy, J. C. et Blanc, P. L. (1987) « Variations in Mode of Formation and Temperature of Oceanic Deep Waters over the Past 125 000 Years », *Nature*, 327, pp. 477-482.

[19] Liesecki, L. E. et Raymo, M. E. (2005), « A Pleiocene-Pleistocene Stack of 57 Globally Distributed d18O Records », *Paleoceanography*, 20, doi:10.1029/2004PA001071.

[20] Lynch-Stieglitz, J., Curry, W. B. et Slowey, N. (1999) « A Geostrophic Transport Estimate for the Florida Current from the Oxygen Isotope Composition of Benthic Foraminifera », *Paleoceanography*, 14, pp. 360-373.

[21] Malmgren, B. A., Kucera, M., Nyberg, J. et Waelbroeck, C. (2001), « Comparison of Statistical and Artificial Neuronal Network Techniques for Estimating Past Sea Surface Temperatures from Planktonic Foraminifer Census Data », *Paleoceanography*, 16, pp. 520-530.

[22] MARGO Project Members (2009) « Constraints on the Magnitude and Patterns of Ocean Cooling at the Last Glacial Maximum », *Nature geoscience*, DOI: 10.1038/NGEO411.

[23] Prahl, F. G. et Wakeham, S. G. (1987), « Calibration of Unsaturation Patterns in Long-Chaine Ketone Compositions for Paleotemperature Assessment », *Nature*, 330, pp. 367-369.

[24] Shackleton, N. J. (1967), « Oxygen Isotope Analysis and Pleistocene Temperature Reassessed », *Nature*, 2151, pp. 15-17.

[25] Shackleton, N. J. (1974) « Attainment of Isotopic Equilibrium between Ocean Water and Benthonic Foraminifera Genus Uvigerina: Isotopic Changes in the Ocean during the Last Glacial » dans *Les méthodes quantitatives d'étude des variations du climat au cours du Pleistocène* CNRS, Gif-surYvette, pp. 203-209.

[26] Sicre, M.-A., Yiou, P., Reiriksson, J., Ezat, U., Guimbaut, E., Dahhaoui, I., Knudsen, K.-L., Jansen, E. et Turon, J.-L. (2008) « A 4500-Year Reconstruction of Sea Surface Temperature Variability at Decadal Time-Scales off North Iceland », *Quaternary Science Reviews*, 27, pp. 2 041-2 047.

[27] Vazquez Riveiros, N. (2010), *Reconstruction des conditions climatiques, du niveau de la mer et de la circulation océanique pendant le stade 11*, Université de Paris Sud.

[28] Waelbroeck, C., Labeyrie, L., Duplessy, J. C., Guiot, J., Labracherie, M., Leclaire, H. et Duprat, J. (1998), « Improving Past Sea Surface Temperature Estimates Based on Planktonic Fossil Faunas », *Paleoceanography*, 13, pp. 272-283.

[29] Yu, E.-F., Francois, R. et Bacon, M. (1996) « Similar Rates of Modern and Last-Glacial Ocean Thermohaline Circulation Inferred from Radiochemical Data », *Nature*, 379, pp. 689-694.

[30] Zachos, J. C., Shackleton, N. J., Revenaugh, J. S., Pälike, H. et Flower, B. P. (2001), « Climate Response to Orbital Forcing Across the Oligocene-Miocene Boundary », *Science*, 292, pp. 274-278.

Dépôt légal : novembre 2013 N° imprimeur : 111346552

Imprimé en France par Présence Graphique - Monts.